全国锅炉压力容器标准化技术委员会　**组织编写**

压力容器用不锈钢

YALIRONGQIYONG BUXIUGANG

黄嘉琥　主编

新华出版社

图书在版编目（CIP）数据

压力容器用不锈钢 / 黄嘉琥著. ——北京：新华出版社，2015.12
ISBN 978-7-5166-2243-8

Ⅰ. ①压… Ⅱ. ①黄… Ⅲ. ①不锈钢—压力容器 Ⅳ. ①TH490.4

中国版本图书馆 CIP 数据核字（2015）第 296217 号

压力容器用不锈钢

主　　编：黄嘉琥
责任编辑：刘广军　白　玉
特约编辑：胡若莹　常　敬
　　　　　曹晓霞　刘淑香
出版发行：新华出版社
网　　址：http://www.xinhuapub.com
　　　　　http://press.xinhuanet.com
地　　址：北京石景山区京原路 8 号
邮　　编：100043
经　　销：新华书店
印　　刷：北京市庆全新光印刷有限公司
开　　本：880mm×1230mm　1/16
印　　张：19
字　　数：415 千字
版　　次：2015 年 12 月第一版
印　　次：2015 年 12 月第一次印刷
书　　号：ISBN 978-7-5166-2243-8
定　　价：120.00 元

前　言

　　压力容器存在安全问题，各国政府都对压力容器的建造和使用进行强制性的安全管理。压力容器用材亦为控制压力容器的安全和质量的基本环节。我国在用的压力容器已约有 320 多万台。

　　压力容器均要求所用材料应能安全承载，其中有相当多的压力容器同时还具有腐蚀、高温或低温等苛刻的服役条件，因而要求所用材料具有能同时满足这些条件的性能。不锈钢除应具有优良的力学性能外，还应同时具有优良的耐腐蚀性能、耐高温性能及耐低温性能，价格也比镍、钛、锆及其合金低得多，因此这些压力容器大部分采用不锈钢制造。据 2009 年对中国不锈钢消费结构的统计，用于压力容器的不锈钢材的数量约占不锈钢整个消费量的百分之十几。由于压力容器的腐蚀条件多比其他不锈钢设备机具更为苛严，因而压力容器更多地应用耐腐蚀性能较好的不锈钢牌号，绝大部分应用含铬 18% 以上的奥氏体不锈钢，也会采用一些双相不锈钢。奥氏体不锈钢和双相不锈钢在固溶处理的状态具有最佳的耐腐蚀性能，但不锈钢压力容器在制造中必须经过冷变形与焊接，组焊后的不锈钢压力容器基本上不能进行整体的固溶热处理，只能在制造状态应用，耐腐蚀性能等均比固溶处理供货状态的原材料明显下降。压力容器用不锈钢应要求在制造状态时仍具有足够良好的耐腐蚀等性能，即压力容器所用不锈钢应采用更高档次的不锈钢。

　　不锈钢的腐蚀形态除均匀腐蚀外，在多数腐蚀介质中都可能产生晶间腐蚀，在含氯离子的介质溶液中奥氏体不锈钢很容易产生点腐蚀、缝隙腐蚀、应力腐蚀等局部腐蚀。统计表明，不锈钢压力容器的腐蚀失效要比强度失效事故多得多。在腐蚀失效事故中均匀腐蚀失效事故约占 10%，绝大部分多为局部腐蚀失效。故而在压力容器设计中，选用对各种可能的腐蚀形态都有优良耐腐蚀性能的不锈钢牌号是一件比较复杂的工作。

　　不锈钢的牌号很多，在各国的不锈钢牌号标准中所列的压力加工牌号数，美国为 200 个，欧盟为 160 个，中国为 143 个。并不是所有的牌号均可用于压力容器，按压力容器规范规定，只有列入压力容器标准中的牌号才能用于压力容器，除非经过专门的评审手续。列入各国压力容器标准中的压力加工不锈钢牌号数，ASME—2013 为 95 个，EN 13445:2009 为 63 个，GB 150—2011 为 19 个。

　　中国不锈钢的发展过程甚为曲折，按粗钢的年产量计，1960 年为 1.5 万吨，1970 年 6 万吨，1980 年 8.6 万吨，1990 年 25.7 万吨。长期严重地供不应求。进入 21 世纪后，中国不锈钢的生产得到快速发展。2001 年 62.78 万吨，2006 年 529.9 万吨，2010 年 1183.8 万吨，2014 年 2169.2 万吨，已占世界产量的一半以上。中国不锈钢的自给率已达 94.5%，如果说过去我国压力容器建造选用不锈钢处于很困难的处境，应当说本世纪以来已具备了很好的条件。

　　压力容器用材应要求可靠性、先进性及经济性。近二十年来，各国均大力发展生产并应用了含氮不锈钢、现代双相不锈钢、超级不锈钢、超低温不锈钢等高性能不锈钢。例如耐腐蚀性能优越的超级不锈钢已列入各国不锈钢材料标准的牌号数有 28 个（类）。美国有 26 个，欧盟有 11 个，中国有 7 个。其中已为压力容器标准采用的超级不锈钢牌号数，美国为 14 个，欧盟为 6 个，中国为 1 个。含氮 0.1%～0.4%的中氮型奥氏体不锈钢可明显地提高耐腐蚀等性能。在各国压力容器标准中所采用的牌号数，美国为 12 个牌号，欧盟为 14 个牌号，而中国压力容器标准中尚未采用。当然，一个性能优越的不锈钢牌号，从不锈钢生产厂基本上能生产，到压力容器行业能够成熟地应用，中间还应有大量技术工作要做。本书的愿望为通过技术交流与讨论，共同为提高我国不锈钢压力容器的技术水平而做一些工作，本书重点为介绍现代高性能不锈钢。

　　压力容器用不锈钢的经济性，并不见得就是尽量采用价格便宜的不锈钢牌号。压力容器多为过程工业的核心设备，一般没有备件。一个腐蚀失效事故往往会造成过程工业全系统的停产，所造成的经济损失往往要比材料费的差值大得多。压力容器的强度计算中都采用了一定的安全系数，耐蚀设计中增加一些腐蚀裕量只能对耐均匀腐蚀有些好处，而对局部腐蚀起不了多大作用。如果在不锈钢选材中，有意识地选用耐腐蚀性能高一个档次的牌号，相当于考虑了腐蚀安全系数，材料成本可能会稍高些，如果能使意外的腐蚀失效事故减少或消除，延长计划大修的时间，即增加正常生产的时间，可能会对经济性更有利。

　　本书由全国锅炉压力容器标准化技术委员会组织编写，由委员会的有关负责人寿比南、陈学东（工程院院士）、谢铁军、杨国义审阅。全书由合肥通用机械研究院的黄嘉琥编写，著者曾在全国锅炉压力容器标准化技术委员会秘书处工作，亦被中国特钢企业协会不锈钢分会聘为专家委员会专家。书中内容主要为在上述单位工作的积累与心得，未必都正确，欢迎讨论修正。

目 录

1 不锈钢概述

1.1 不锈钢的定义

不锈钢为耐腐蚀钢,最重要的性能为耐腐蚀性能。铬加入铁中随铬含量提高,耐蚀性也随之提高。问题在于铁中含有多少铬含量以上才能称其为不锈钢,铬在体心立方晶格的铁中可以无限溶解。塔曼(Tammann)在研究固溶体合金的耐腐蚀性能时指出:在某些固溶体中,将较稳定的 A 组分加入到较活泼的 B 组分中时,若 A 量达到 $n/8$ 克分子时,固溶体的耐腐蚀性能会有一个急剧变化,这就是著名的塔曼定律,或称 $n/8$ 定律。对于铁-铬合金而言,n 值为 1 和 2,当 $n=1$ 时,铬含量应为 11.7%;当 $n=2$ 时,铬含量应为 23.4%。这种腐蚀性的突变也与合金的其他组分及腐蚀介质有关。因而铬含量引起耐蚀性突变的第一拐点可在 11.7%左右,第二拐点可在 23.4%左右,铬含量当然应当稍高于拐点较为合算。因此低铬不锈钢的名义铬含量常为 13%,高铬不锈钢的名义铬含量常为 25%。中铬不锈钢(铬含量 17%～20%)则和钝化膜的非晶态等有关,与塔曼定律无关。

合金成分最低的铬不锈钢至少应在室温大气中不生锈才能称为不锈钢。图 1-1 为低碳铬钢的铬含量对在大气中的失重的影响。图 1-2 及图 1-3 为铬含量对在稀硝酸及海水中腐蚀的影响。由图 1-1 ~ 图 1-3 可见,铬钢在腐蚀性较弱的介质中,产生耐腐蚀性突然提高的铬含量的第一拐点大约在 10.5%～12%左右。在现行各国的不锈钢标准中有少数铬不锈钢牌号的化学成分规定中将铬含量的下限定为 10.5%,如中国的 06Cr11Ti,美国的 409,ISO 的 X2CrNi12,EN 的 X6CrNiTi12(1.4516),日本的 SUS409LTP 等。

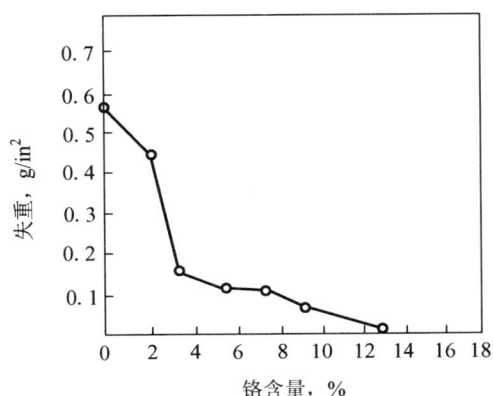

图 1-1 低碳钢中的铬含量对在大气中
52 个月腐蚀失重的影响

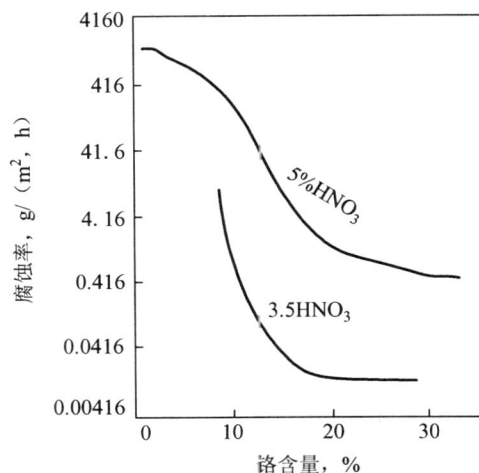

图 1-2 钢中铬含量对室温稀硝酸
中腐蚀率的影响

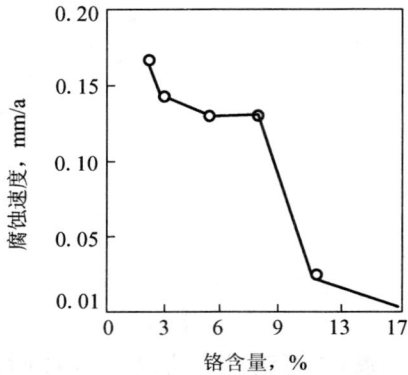

图1-3 铬钢的铬含量对在海水中腐蚀速度的影响

GB/T 20878—2007《不锈钢和耐热钢 牌号及化学成分》、ASTM A941-06a《钢、不锈钢、相关合金及铁合金的有关术语清单》、EN10088-1：2005《不锈钢清单》以及 ISO/DIS 15510：2008《不锈钢——化学成分》等主要标准中均明确规定：不锈钢为 Cr≥10.5%，C≤1.2%的钢。因为 Cr≥10.5%后，钢在大气中的耐蚀性才能产生一个突变，从容易生锈变为不易生锈，成为不锈钢（图1-1）。在弱腐蚀介质中也可有类似规律（图1-2及图1-3），因而将不锈钢的铬含量下限定为 10.5%。但铬为铁素体形成元素，当铬钢中铬含量提高时必须相应提高奥氏体形成元素碳才能在高温获得奥氏体组织，快冷后得到马氏体不锈钢。马氏体不锈钢一般控制铬含量不超过 19%，相应控制其碳含量不超过 1.2%。其他不锈钢类的碳含量均低于 0.3%。

习惯上将钢中的合金元素名义含量的总量低于 10%的钢称为低合金钢（名义含量的总量为 5%～10%的钢也可称为中合金钢），高于 10%的钢称为高合金钢。不锈钢属于高合金钢。

1.2 不锈钢与耐热钢的交叉

GB/T 20878—2007 为包含了不锈钢和耐热钢的牌号与化学成分的标准。中国自1952年首次发布不锈钢和耐热钢标准以来，没有单独制定不锈钢和耐热钢的牌号标准，牌号与化学成分均主要分别按照不锈钢棒材和耐热钢棒材标准。

GB/T 20878—2007 是中国首个不锈钢与耐热钢的共同牌号标准，标准中对不锈钢定义为：以不锈、耐蚀性为主要特性，且 Cr≥10.5%，C≤1.2%的钢。对耐热钢的定义为：在高温下具有良好的化学稳定性或较高强度的钢。实际上对耐热钢的合金元素并没有定量规定。常将耐热钢的性能分为抗氧化不起皮钢和热强钢，热强性能中有时主要要求高温短时拉伸强度，有时主要要求高温持久强度和高温蠕变强度等高温长时拉伸强度。

耐热钢中有高合金钢，也有低（中）合金钢。不锈钢与高合金的耐热钢在合金化上常有许多共性，例如合金元素铬，既是提高不锈钢耐蚀性的最基本的元素，也是提高耐热钢抗氧化性的最基本的元素。抗氧化性实际上也是耐蚀性的一种类型，都是由于在与氧化性介质接触后，钢表层与介质产生化学或电化学反应，反应产物中含有 Cr_2O_3、$FeCr_2O_4$ 等组分，表面膜在一定程度上由晶态变为非晶态，形成了致密而不易脱落的富铬的氧化膜，与钢基层有很好的粘结力，成为钝化膜，阻滞了介质与钢基体反应的速度。其成分元素对钢的化学稳定性与力学性能也有类似的作用。因此许多牌号的不锈钢也同时是优良的耐热钢，有些标准将不锈钢与耐热钢的牌号都包含在内。中国的牌号标准中包含了不锈钢和耐热钢，而板、棒等制品标准则分为不锈钢标准和耐热钢标准。可以认为相当大部分的不锈钢牌号与高合金耐热钢牌号是相互交叉的，或是相互重复的。有时称为不锈耐热钢。

GB/T 20878—2007 中总共 143 个不锈钢牌号和耐热钢牌号，有 5 个牌号铬含量下限为 5%～10%，1 个牌号 158Cr12MoV（S46110）碳含量 1.45%～1.70%，应为耐热钢，不属于不锈钢。其他 138 个牌号只标明部分牌号可作耐热钢使用，并不明确标明任一牌号属于不锈钢还是耐热钢，或两者均可。

ASTM A959—2009《压力加工不锈钢经协调的标准牌号成分》中说明，该标准中列入 UNS 中的所有不锈钢牌号 220 个，但没有列入铬含量下限低于 10.5% 的耐热钢牌号。在标准中，与 C≤0.08% 的普通级牌号 304、309、309Cb、310、310Cb、316、321、347、348 牌号相对应，列出了在 540℃ 以上高温用的奥氏体 H 级牌号 304H、309H、309HCb、310H、316H、321H、347H、348H，其碳含量 0.04%～0.10%，要求晶粒度 7 级或更粗，H 级应属耐热型不锈钢。

EN 10088-1：1995 亦为不锈钢牌号标准，但将共 160 个牌号按应用特性分为耐腐蚀钢、耐热钢及抗蠕变钢三类。标准中说明，X10CrAlSi7（1.4713）铬含量为 6.0%～8.0%，属铁素体耐热钢，另有 5 个牌号（1.4903、1.4905、1.4911、1.4913、1.4922）为马氏体抗蠕变钢，铬含量下限为 8%～10%，均低于 10.5%。按规定，这 6 个牌号应属低（中）合金耐热钢。

ISO/DIS 15510：2008 不锈钢牌号标准中共 188 个牌号，均为 Cr≥10.5%，C≤1.2%，实际上也包括了不锈钢和高合金耐热钢牌号。

1.3 不锈钢与铁镍基合金的界别

在不锈钢的定义中，只对铬含量下限和碳含量上限作了限制。不锈钢中应用最多的应为铬镍奥氏体不锈钢，镍为必不可少的合金元素。按镍含量分类，Ni≥99% 为纯镍，镍含量 99%～50% 为镍基合金，镍含量低于 50% 而又比较高时为铁镍基合金（美国称为镍-铁-铬合金）。镍基合金与铁镍基合金统称镍合金（镍含量高于其他合金元素）。铬镍奥氏体不锈钢中的镍含量应低于铁镍基合金。从铬镍奥氏体不锈钢，到铁镍基合金、到镍基合金、到纯镍，应为合金中镍含量逐渐提高的过程。问题在于铬镍奥氏体不锈钢与铁镍基合金之间，镍含量应有一个明显的界别。某镍含量以上为铁镍基合金（或镍合金），该镍含量以下则为铬镍奥氏体不锈钢，即铬镍奥氏体不锈钢的镍含量应有一个上限值。由于在不锈钢中铬镍奥氏体不锈钢中的镍含量最高，铬镍奥氏体不锈钢的镍含量上限即为不锈钢的镍含量上限。

GB/T 15007—2008《耐蚀合金牌号》（指耐蚀镍合金）标准中规定，含镍 30%～50%，且镍与铁之和≥60% 的合金为铁镍基合金。意即镍含量低于 30% 的合金不能称为铁镍基合金，应为不锈钢。GB/T 20878—2007 中只有 1 个牌号 12Cr16Ni35（S33010）为耐热钢，镍含量为 33.00%～37.00% 外，其他牌号的镍含量上限均≤27%，说明中国不锈钢确实 Ni≤30%。

在美国金属和合金统一数字编号系统（UNS）中，SXXXXX 为不锈钢和耐热钢，NXXXXX 为镍及镍合金。N08XXX 为镍含量低于 50% 的镍-铁-铬合金，镍-铁-铬合金中不仅包括镍合金 30%～50% 的合金，还包括镍含量虽低于 30%，但在合金中镍含量却高于除铁外的其他合金含量，仍将其作为 N08XXX。例如 N08904，简称 904L。相当于中国牌号 015Cr21Ni26Mo5Cu2（S31782 或 S39042），此牌号在中国应为不锈钢，美国则为镍–铁–铬合金（属镍合金）。此外，在 ASTM A959-09 及其他不锈钢标准中除列有 SXXXXX 的不锈钢和耐热钢牌号外，还将镍合金标准中所列的 N08XXX 镍–铁–铬牌号中的 8 个牌号 N08020、N08367、N08700、N08800、N08810、N08811、N08904 及 N08926 也作为不锈钢列于标准中。而中国 GB/T 20878—2007 只将 Ni≤30% 的 904L 列作不锈钢，Ni > 30% 的牌号则列为铁镍基合金。

ISO/DIS 15510：2008 的 188 个牌号中，14 个牌号为 N08XXX 的镍铁铬合金，174 个牌号为 SXXXXX 不锈钢和耐热钢，其中只有 1 个牌号 X6NiCrSiNCe35-25（S35396）属典型的耐热钢，其镍含量 34.0% ~ 36.0%。其他 173 个牌号镍含量均低于 28%。

可见中国不锈钢的概念为 Ni≤30% 的牌号，不包括含镍 30% ~ 50% 的铁镍基合金。而美、欧、ISO 不锈钢标准中却包括了部分含镍 30% ~ 50% 的镍–铁–铬合金，概念是有区别的。

1.4　不锈钢的分类

不锈钢可按组织、合金成分、性能及应用等分别分类。

1.4.1　不锈钢按组织结构分类

不锈钢按组织结构分类是最重要的分类，所有不锈钢标准中都将不锈钢的牌号按组织结构分类列出。除俄罗斯标准外，ISO、EN 及各主要国家的标准中均将不锈钢按组织结构分为铁素体不锈钢、奥氏体不锈钢、铁素体–奥氏体不锈钢、马氏体不锈钢及沉淀硬化不锈钢共五类。仅俄罗斯标准中未列沉淀硬化不锈钢，而增列了马氏体–铁素体不锈钢及奥氏体–马氏体不锈钢共六类。不锈钢按组织结构分类既与牌号成分有关，也与状态有关，只按不锈钢在常温时的组织结构确定类型，不包括高温时的组织类型。现对五种类型分述如下：

（1）铁素体不锈钢

退火状态下常温基体的晶体结构主要为体心立方晶格的铁素体组织。有时某些牌号也含有少量的体心立方和体心四方的马氏体组织，一般作为非热处理强化不锈钢。

（2）奥氏体不锈钢

固溶处理状态下常温基体的晶体结构主要为面心立方晶格的奥氏体组织。有的牌号中可含有少量（如低于 15%）的铁素体组织，称为亚稳定奥氏体不锈钢，在低温下或冷变形后部分奥氏体会转变为马氏体。奥氏体不锈钢的应用量可占不锈钢的 70%。压力容器用不锈钢的应用量中，奥氏体不锈钢占 90% 以上。奥氏体不锈钢可分铬镍不锈钢（300 系）和铬锰不锈钢（200 系）两类。现代不锈钢压力容器只用铬镍奥氏体不锈钢，很少用铬锰奥氏体不锈钢。

（3）奥氏体–铁素体（双相）不锈钢

固溶处理状态常温时兼有奥氏体与铁素体两相组织，两相体积各占一半时具有最佳的综合性能，较少相的最低量不得低于规定量。对最低量较少相的规定各国标准规定得并不一致：GB 为 15%、ISO 为 20%、ASTM 为 25%、EN 为 30%。

（4）马氏体不锈钢

适当的热处理高温时组织基本上为奥氏体，冷却后相变为马氏体。碳含量较高时为体心四方晶格，碳含量较低时可为体心立方晶格，属热处理强化不锈钢。可分为 Cr13 型和 Cr18 型两类。可为铬不锈钢，也可为铬镍不锈钢，压力容器用得很少。

（5）沉淀硬化不锈钢

未经沉淀硬化热处理前，室温时可为奥氏体、马氏体或铁素体组织。经适当的沉淀硬化热处理，基体中可析出碳化物、金属间化合物等析出相使钢强化和硬化。主要可分为马氏体沉淀硬化不锈钢、半奥氏体沉淀硬化不锈钢及奥氏体沉淀硬化不锈钢。属热处理强化不锈钢，压力容器用的很少，主要用于非焊件如高强度耐蚀螺栓等。

1.4.2 不锈钢按主要特征元素分类

（1）按主要特征元素铬、镍、锰分类，可分为铬不锈钢（400 系）、铬镍不锈钢（300系）、铬锰（镍、氮）不锈钢（200 系）。铬镍不锈钢多为奥氏体不锈钢和奥氏体–铁素体（双相）不锈钢，也有马氏体不锈钢。铬不锈钢多为铁素体不锈钢和马氏体不锈钢。铬锰（镍、氮）不锈钢为节镍奥氏体不锈钢，其锰含量多为 4% ~ 19%；

（2）中国早期的不锈钢标准 YB10-59 和 GB 1220—1975 中，将铬的名义含量约为 13%的牌号称为不锈钢，镍含量超过 17% 的牌号称为耐酸钢，两者统称为不锈耐酸钢，简称为不锈钢。1989 年以后的标准中没有再用耐酸钢的名称；

（3）EN 13445：2009 欧盟压力容器标准中将铬镍奥氏体不锈钢按铬含量分为两类，一为 Cr ≤ 19%（8·1 亚组），一为 Cr > 19%（8·2 亚组）；

（4）一般将铁素体不锈钢按铬含量分为 3 种类型：铬含量 10.5% ~ 15% 为低铬型、16% ~ 22% 为中铬型、23% ~ 32% 为高铬型。铁素体不锈钢中在 Cr > 15% 时才可能析出 α' 相，产生"475℃脆性"。低铬型铁素体不锈钢，如 405（中国牌号 06Cr13，称为马氏体不锈钢）不会产生"475℃脆性"；

（5）EN 10027《钢的命名系统　第 2 部分：数字系统》中将耐腐蚀及耐热不锈钢牌号按镍含量分为 Ni < 2.5% 及 Ni ≥ 2.5% 两类；

（6）碳对不锈钢的耐晶间腐蚀性能及高温强度影响较大。按中国的习惯，C ≤ 0.08%称为低碳级不锈钢；C ≤ 0.03% 称为超低碳级不锈钢；C ≤ 0.01% 称为极低碳级不锈钢（按GB/T 221—2000 "钢铁产品牌号表示方法"标准）。美国标准中则将 C ≤ 0.03% 称为低碳级（L 级），C ≤ 0.08% 称为一般级，将 304H、309H、310H、316H、321H、347H、348H，碳含量为 0.04% ~ 0.10%，800H 为 0.05% ~ 0.10%，碳含量均规定了上、下限，称为 H 型高温用奥氏体铬镍不锈钢。要求检测其平均晶粒度按 ASTM E112 为 7 级或更粗。L 级等奥氏体不锈钢为非 H 级；

（7）氮在不锈钢中的普遍且大量应用是近十多年不锈钢领域的重大进展，特别是奥氏体不锈钢和双相不锈钢均普遍用氮进行合金化，进入了现代不锈钢时代。不锈钢中 N ≤0.04% 为非含氮钢，> 0.04% 为含氮钢。奥氏体不锈钢中，N0.05% ~ 0.10%（或 0.11%）为控氮型不锈钢；0.10%～0.4%为中氮型不锈钢；N≥0.4%（或0.6%）为高氮型不锈钢；

（8）按耐点蚀当量 PRE=Cr+3.3Mo+16N 计，奥氏体不锈钢和双相不锈钢 PRE≥40 为超级（super）奥氏体不锈钢和超级双相不锈钢；双相不锈钢的 PRE≥45 为超特级（hyper）双相不锈钢；铁素体不锈钢 PRE≥35 为超级铁素体不锈钢；

（9）铁素体不锈钢中的碳和氮的总含量应尽量低，（C+N）≤0.015%称为高纯级铁素体不锈钢；（C+N）≤0.025%称为超低碳氮铁素体不锈钢；（C+N）为 0.03%～0.08% 为低碳级铁素体不锈钢；

（10）奥氏体不锈钢和铁素体不锈钢中加入足以稳定碳和氮的钛和（或）铌称为稳定化不锈钢；不含钛和（或）铌的牌号为非稳定化不锈钢；

（11）不锈钢中钼含量不超过 0.5%称为无钼钢；Mo≤4%为低钼钢；钼含量 4%～8% 为高钼钢；

（12）不锈钢中硅含量低于 1%作为杂质对待；奥氏体不锈钢中硅含量低于 4%为含硅不锈钢；＞4%为高硅不锈钢；

（13）奥氏体不锈钢中含铜 1%～4%为含铜奥氏体不锈钢；

（14）奥氏体不锈钢中硫含量为 0.15%～0.35%时称为易切削不锈钢；

（15）铬镍奥氏体不锈钢中一般杂质元素或有害元素的含量，C 为 0.03%～0.08%，Si＜1%，Mn＜2%，S＜0.03%，P＜0.045%。降低这些元素的含量，如 C＜0.01%，Si＜0.1%，Mn＜0.5%，P＜0.01%，S＜0.01%，称为高纯奥氏体不锈钢，可明显提高在硝酸等腐蚀介质中的耐蚀性能；

（16）双相不锈钢可按合金含量高低及 PRE 值高低分为五类：第一类为低合金型，代表牌号为 UNS S32304,典型 PRE 值 24～26;第二类为中合金型，代表牌号 UNS S31803、UNS S32205，典型 PRE32～37；第三类为高合金型，代表牌号 UNS S31260、PRE 38~39；第四类为超级双相钢，代表牌号 UNS S32760、UNS S32750，PRE≥40；第五类为特超级双相不锈钢,代表牌号 UNS S33207、PRE≥45。另有经济型双相不锈钢，铬含量多为 21%～23%，超低碳、低钼、低镍，经济性好，宜代替 18-8 型奥氏体不锈钢；

（17）按双相不锈钢发展的历史，主要由 PRE 与氮含量确定了四代双相不锈钢。第一代为 1970 年前研制，不含氮；第二代为 1971 年～1989 年研制，氮含量 0.1%～0.25%；第三代为 1990 年～1999 年研制，氮含量 0.25%～0.35%，PRE＞40；第四代为 2000 年后研制，氮含量 0.30%～0.6%，PRE＞45。第二、三、四代双相不锈钢称为现代双相不锈钢。有时也将经济型双相不锈钢称为第四代双相不锈钢的一种类型。

1.4.3 不锈钢按应用性能分类

（1）EN 10088-1：2005 不锈钢牌号标准中将不锈钢按应用性能分为三类。一为耐腐蚀钢，分别在各种腐蚀性介质中具有一定的耐蚀性能；二为耐热钢，主要在＞550℃的气相和燃烧物中有良好的抗氧化性、抗硫侵蚀性；三为抗蠕变钢，在＞500℃时，在应力作用下具有良好的抗蠕变性能。标准中未将低温用奥氏体不锈钢单列为一类，低温奥氏体不锈钢主要从耐腐蚀奥氏体不锈钢的牌号中选取；

（2）在一些典型的腐蚀介质中有好的耐蚀性的钢类：如硝酸级不锈钢、抗强氧化性酸用不锈钢、硫酸用不锈钢、尿素级不锈钢、海水用不锈钢、磷酸用不锈钢；

（3）一些专门应用场合用不锈钢，如压力容器用不锈钢、超临界锅炉用不锈钢（管）、核用不锈钢、建筑用不锈钢、装饰用不锈钢（光亮级）、炊具餐具用不锈钢、高强不锈钢、低温用不锈钢、无磁不锈钢、彩色不锈钢；

（4）按耐局部腐蚀性能有耐应力腐蚀不锈钢、耐点蚀和缝隙腐蚀不锈钢、耐腐蚀疲劳用不锈钢、耐磨蚀不锈钢、耐选择性腐蚀不锈钢等；

（5）具有某些制造工艺性能的不锈钢。如易切削不锈钢、低冷成形硬化倾向的不锈钢（如含铜的铬镍奥氏体不锈钢）等；

（6）奥氏体不锈钢中大部分常用的铬镍奥氏体不锈钢从固溶处理的高温快冷到室温所获得的奥氏体基体组织都是亚稳定型的，在低温或冷变形时，其中一部分或大部分奥氏体会转变为马氏体，提高强度降低塑性和韧性。典型牌号如 301（12Cr17Ni7），称为亚稳定型奥氏体不锈钢。305（10Cr18Ni12）等含有较高的奥氏体形成元素，室温以上的冷变形不会形成马氏体，称为稳定型奥氏体不锈钢；

（7）304、316 的 C≤0.08%，耐晶间腐蚀性能较差，而 $R_{p0.2}$≥205MPa；304L、316L 的 C≤0.03%，耐晶间腐蚀性能较好，但 $R_{p0.2}$≥170MPa。将 304L 和 316L 的氮含量控制为 0.06%~0.12% 成为控氮级，既保持了超低碳的良好的耐晶间腐蚀性能，又能达到 $R_{p0.2}$≥205MPa，使室温的许用应力值提高了约 20%。常将这样的控氮型 304L 和 316L 称为"双牌号"，即耐晶间腐蚀性能达到 304L、316L 的水平，同时许用应力值达到了 304、316 的水平。这种"双牌号"已在中、美、日、法等国工程中应用。

1.5　不锈钢牌号标示方法

1.5.1　中国牌号标示方法

中国不锈钢采用两种牌号标示方法。一为按 GB/T 17616—1998《钢铁及合金牌号统一数字代号体系》采用统一数字代号 SXXXXX。S1XXXX 为铁素体不锈钢，S2XXXX 为双相不锈钢，S3XXXX 为奥氏体不锈钢，S4XXXX 为马氏体不锈钢，S5XXXX 为沉淀硬化不锈钢。另一种牌号表示方法基本按 GB/T 221—2000《钢铁产品牌号表示方法》用主要合金元素符号及其百分含量的平均值（取整数，不用百分号）来表示。在 GB/T 20878—2007 标准中牌号的碳含量表示法没有按 GB/T 221—2000 的规定，分别用两位数字或三位数字置于牌号之首表示碳含量，取决于标准中的碳含量只有上限而无下限，或有上限及下限以及碳含量的高低不同，有不同的表示方法，见表 1-1。

要注意中、美在化学成分基本相同时，中国的统一数字代号 SXXXXX 和美国 UNS SXXXXX 的阿拉伯数字大部分都不相同。

表 1-1　GB/T 20878—2007 中不锈钢牌号的碳含量标示方法

标准碳含量的上下限	只有上限，没有下限						有上限，有下限	
标准碳含量 %	≤0.03		>0.03~0.01		>0.01~0.20			
碳含量标示数字	碳含量上限×3/4×100		碳含量上限×3/4×100		碳含量上限×4/5×100		上下限平均值×100	
标示数字位数	三位数字		二位数字		二位数字		二位或三位数字	
举例	碳含量 %，≤	标示	碳含量 %，≤	标示	碳含量 %，≤	标示	碳含量 %	标示
	0.01	008	0.04	03	0.12	10	0.04~0.10	07
	0.02	015	0.05	04	0.15	12	0.09~0.14	12
	0.025	019	0.07	05	0.18	14	0.10~0.15	12
	0.03	022	0.08	06	0.20	16	0.08~0.18	13
			0.09	07	0.25	20	0.10~0.16	13
							0.95~1.20	108

中国不锈（耐蚀）铸钢的牌号按 GB/T 5613—1995《铸钢牌号表示方法》标示，如 ZG07Cr19Ni9，ZG 为"铸钢"汉语拼音的首个字母，两位阿拉伯数字表示碳含量，碳含量只有上限时，取上限的一万倍，碳含量有上限和下限时取其平均值的一万倍。后为主要合金元素符号及其含量（100 倍）。

1.5.2　美国牌号标示方法

美国不锈钢标准中主要采用 UNS 统一数字系统的牌号表示方法，UNS SXXXXX 表示不锈耐热钢，不锈钢标准中也列一些镍铁铬合金，因而也列有 UNS N08XXX 牌号。不锈铸钢用 UNS J9XXXX 牌号。UNS SXXXXX 5 位数字中第 1 位数字表示不锈钢类型，铬镍奥氏体钢多为 3，也有 1 和 6；节镍的铬锰奥氏体钢为 2；铬镍双相不锈钢为 3；铁素体钢多为 4，也有 1 和 3；马氏体钢为 4，也有 6；沉淀硬化不锈钢有 1、3、4、6。

美国不锈钢标准中部分 UNS 牌号同时还标明类型（Type），原为 AISI（美国钢铁协会）的 3 位数标示方法，第 1 位数表示钢的类型。2XX 表示铬锰镍氮奥氏体钢，3XX 表示铬镍奥氏体钢和双相钢，4XX 为铁素体钢和马氏体钢，6XX 为沉淀硬化不锈钢。也有少数牌号用 XM-XX，4 位数等标示。由于 304、316、317、321、348、309、310、405、430 等 AISI 老牌号已长期使用，至今各国已将其作为习惯用牌号。但在正规场合美国牌号主要采用 UNS 牌号。

1.5.3　日本牌号标示方法

日本不锈钢牌号按日本工业标准（JIS）的方法 SUS XXX 标示，3 位阿拉伯数字基本采用美国 AISI XXX 的数字。改型牌号可加 J₁、J₂ 表示。必要时牌号后可加大写的英文字母表示材料形状，如 HP 为热轧板，CP 为冷轧板，B 为热轧棒，F 为锻件，TP 为配管，TB 为换热管。

SCSXX 为不锈钢铸件，阿拉伯数字为 1 位数或 2 位数。耐热钢牌号用 SUHXXX 或 SUHXX 标示。

1.5.4 欧盟牌号标示方法

EN 不锈钢牌号采用两种标示方法。一为数字编号方法，一为用合金成分与含量标示的牌号。数字编号方法按 EN 10027-2《钢的命名系统——第 2 部分：数字系统》规定，实际上与德国 DIN 17007 系统的数字材料号表示方法相似。不锈钢用 1XXXX 表示，"1"为钢，1.40XX ~ 1.49XX 为不锈钢。EN 不锈钢数字编号的分类见表 1-2。

按成分含量的牌号标示方法与德国 DIN 17006 系统的牌号标示方法相似，也与 ISO 的牌号相近。

表 1-2 EN 不锈钢的数字编号的分类

合金元素	耐腐蚀钢类					耐热钢类		抗蠕变钢类
	1.40XX	1.41XX	1.43XX	1.44XX	1.45XX 1.46XX	1.47XX	1.48XX	1.49XX
镍含量/%	< 2.5	< 2.5	≥2.5	≥2.5		< 2.5	≥2.5	
有无钼	无	有	无	有				
有无特殊元素	无	无	无	无	Ti、Nb、Cu 等			

钢牌号开始冠以字母"X"表示为高合金钢。其后用阿拉伯数字表示碳含量，当碳含量只有上限没有下限时，按表 1-3 标示碳含量。

表 1-3 标准碳含量只有上限时，EN 标示碳含量的数字

标示碳含量数	1	2	3	4	5	6	7	8	10	12	15
标准碳含量上限 %，≤	0.015 0.020	0.025 0.030	0.04 0.05 0.035	0.06	0.06 0.07 0.08	0.08	0.09	0.10	0.12	0.15	0.20

如果标准碳含量有上限和下限时，应取其平均值取整，按其 1 万倍的两位数或三位数标示碳含量。

碳含量的标示后，用化学成分英文字母及其含量（100 倍）数字表示牌号。如 X2CrNiMo17-12-2（1.4404）相当于美国的 316L。

按规定，欧盟各国的不锈钢标准均应采用 EN 标准的牌号，因此欧盟其他各国的牌号标示方法不再介绍。

1.5.5 俄罗斯牌号标示方法

不锈钢和耐热钢牌号用主要合金元素俄文缩写字母及其含量平均值（100 倍）标示，前面用两位阿拉伯数字标示碳含量。碳含量仅有上限时用上限，有上限和下限时用平均值，取含量的 1 万倍标示。俄文缩写字母表示的合金元素为：X 铬、H 镍、M 钼、Г 锰、Д 铜、С 硅、A 氮、T 钛、Б 铌、Ю 铝、B 钨等。

1.5.6 国际标准牌号标示方法

国际标准不锈钢牌号的标示方法类似采用了德国、欧盟按成分含量的标示方法，如 304L 相应牌号为 X2CrNi18-9。"X"表示高合金钢，其后用阿拉伯数字表示碳含量。当碳含量只有上限没有下限时，按表 1-4 标示碳含量。当碳含量有上、下限时，按其平均值取整后一百倍的数字标示。合金主要元素列出后，分别取整标示百分含量。

表 1-4 ISO 牌号中碳含量标示数字标示的碳含量上限

碳含量上限 %，≤	碳含量标示数	相同碳含量，不同标示数的说明	碳含量上限 %，≤	碳含量标示数	相同碳含量，不同标示数的说明
0.01	1			4	沉淀硬化钢
0.02	1		0.08	5	铁素体钢 X5CrNiMoTi15-2 奥氏体钢 X5CrNiN19-9 及 X5CrMo17-12-2
0.025	2				
0.03	2				
0.035	3			6	其他奥氏体钢，双相钢
0.04	2	奥氏体钢 Mn＞4%，双相钢	0.09	7	
0.04	3	奥氏体钢 Mn≤2.5%	0.10	5	铁素体钢 X5CrAl19-3
0.05	3		0.10	8	奥氏体钢，沉淀硬化钢
0.06	4		0.12	10	
0.07	4	高镍牌号 X4NiCrCuMo35-20-4-3	0.15	8	高镍奥氏体钢 X8NiCr35-16 马氏体钢 X8CrPb13
0.07			0.15	10	X10CrNi25-21
0.07	5	非高镍牌号	0.15	12	18 铬奥氏体钢
			0.20		

在 ISO/DIS 15510—2008"不锈钢——化学成分"标准中，还分别按 ASTM 的 UNS 数字牌号及 EN 的数字牌号在后面加上两位数字，成为 UNS-ISO 数字牌号及 EN-ISO 数字牌号，如 X2CrNi18-9 的 UNS-ISO 数字牌号为 S30490，EN-ISO 数字牌号为 1.430790。后加两位数字的含义见表 1-5。

表 1-5 ISO 数字牌号后面两位数字的含义

后两位数	含义	后两位数	含义	后两位数	含义	后两位数	含义
90	低碳	95	低碳，增氮、钼	70	加钛	75	低碳，加铜
91	低碳，增镍	96	常规碳	71	加铌	76	常规碳，加铜
92	低碳，增钼	97	常规碳，增钼	72	加铈、铝、硅、硒或铅	77	其他
93	低碳，增钼、镍	98	常规碳，增氮	73	高碳，增镍	78	其他
94	低碳，增氮	99	高碳	74	加硫	79	其他

1.6　不锈钢的主要技术进展

不锈钢的发明与应用已超过百年历史。在技术上取得了很大进展：

（1）不锈钢的合金化进行了系统研究；

（2）对不锈钢的晶间腐蚀机制进行了深入研究，采用低碳、稳定化、热处理及晶间腐蚀的标准检验等措施较好地控制了晶间腐蚀失效事故；

（3）采用了炉外精炼、连续铸锭及森吉米尔多辊式精轧机，被称为冶金工艺和设备的三大突破技术；

（4）进一步发现了氮在奥氏体不锈钢和双相不锈钢中的重要作用，发展了含氮不锈钢，成为现代奥氏体不锈钢和现代双相不锈钢的基础；

（5）发展了低碳、氮的高纯铁素体不锈钢，及用钛和铌的双稳定化铁素体不锈钢；

（6）耐点蚀当量 PRE（Pitting Resistance Equivalent）=Cr+3.3Mo+16N 已被 ASTM 和 GB、EN 不锈钢标准所确认。不仅用于评定耐点蚀性能，而且也在多数场合用于按化学成分来相对定量评定不锈钢的综合耐蚀性。并据此发展与应用了超级奥氏体不锈钢、超级双相不锈钢及超级铁素体不锈钢等，具有更高的耐蚀性能；

（7）发展与应用了高性能的耐高温、耐低温及高强度等不锈钢。

2 不锈钢的合金化

2.1 不锈钢中的合金元素

不锈钢亦为铁合金，为获得不锈钢所需要的组织和性能，钢中除含 Fe 外，还常控制一定含量范围的金属元素 Cr、Ni、Mo、Mn、Cu、W、Al、Ti、Nb、V、Ce 等及非金属元素 C、N、Si 等。还含有多数情况为有害金属元素 Pb、Sn、Bi、Te 等及有害非金属元素 S、P、H、O、As 等。在不锈钢标准中对主要的合金元素含量进行了具体规定，一种是规定了含量上限和下限的范围，例如对 Cr 含量必须规定上限和下限。有时对部分合金元素只规定上限，如 P 只规定上限。多数情况下，对 S、Si、Mn、C 等大多只规定上限。对没有规定含量的成分也应按惯例控制在很低的含量。C≥0.04%时，规定碳含量一般取两位小数，C≤0.03%时，规定碳含量一般取三位小数。碳含量只规定上限时，常为 C≤0.08%、C≤0.030%、C≤0.020%及 C≤0.010%。除高锰钢外，锰含量只规定上限，Mn≤2.00%或 Mn≤1.00%。除含硅或高硅钢外，硅含量只规定上限，板、管 Si≤0.75%，锻件与长材 Si≤1.00%。铬的上下限范围多为 2%，也有 3%。镍的上下限范围多不大于 3%。钼的上下限范围多不大于 1%。合金元素在不锈钢中的存在形式有单质、固溶体、非金属化合物及金属间化合物等。

2.2 合金元素在不锈钢中的存在形式之一——单质

对于不锈钢而言，合金元素以单质形式存在时一般都对不锈钢的性能起有害作用，如铅（Pb）、锡（Sn）、锑（Te）、铋（Bi）、砷（As）等，熔点低，在不锈钢中的固溶度小，与不锈钢的热膨胀系数的差别大。凝固时常在晶界和相界偏析，降低结合力，热应力大，热成形时易裂，易产生"热脆"。按铅当量=[Pb]+1.65[Bi]+0.53[Te]+0.26[Sb]+0.020[Sn]+0.013[As]计。18-8 不锈钢的"热脆"临界铅当量应低于 0.0084%，才能满足性能要求。因此应尽量避免熔炼不锈钢所用炉料中含有这些有害元素，并带入钢中。实际上在不锈钢的正常生产中一般不会产生这种现象。

2.3 合金元素在不锈钢中的存在形式之二——固溶体

合金元素固溶于基体中使固溶体合金化是提高不锈钢性能的最重要的措施。人为地在不锈钢中加入或控制某些合金元素并固溶于基体中，目的当然是为了提高不锈钢的性能。有时溶入某些合金元素对提高某些性能是有利的，但可能对另外的性能会起不利影响，因此必须按照对主要性能的要求来选用不同合金元素及其含量的不锈钢牌号，并充分考虑合金元素对某些性能的不利影响。

合金元素固溶于基体应考虑下列因素：

（1）合金元素能固溶于基体中的量一般不超过溶解度；

（2）合金元素固溶于不锈钢基体中时，基体并不是纯铁，而是已经含有一些合金元素的不锈钢。合金元素在纯铁中的溶解度与在已含一些合金元素的不锈钢基体中的溶解度并不相同；

（3）铁与不锈钢基体的组织基本上有体心立方晶格的铁素体和面心立方晶格的奥氏体两类。任何合金元素在铁素体中的溶解度和在奥氏体中的溶解度并不相同；

（4）不同温度下合金元素在基体中的溶解度并不相同，一般温度较高时溶解度较高，温度较低时溶解度较低；

（5）合金元素向基体中的溶解过程及合金元素从基体上脱除溶解而析出的过程都是原子扩散过程。原子扩散速度与温度有关，温度较高时扩散速度较快，温度低于 300℃ ~ 400℃时，原子扩散速度很慢，或基本上不能扩散，即不能进行溶解和析出过程；

（6）不锈钢材料成品的热处理主要是固溶处理和退火处理，温度较高，合金元素在基体中的溶解度也较高。不锈钢多存在于常温或较低的应用温度，溶解度较低。当不锈钢在固溶或退火热处理的高温时，合金元素可溶入基体较多的量，其至饱和溶解达到较高的溶解度。如果快冷至常温，虽然溶解度下降，已溶入基体的合金元素应有析出的倾向，但有时来不及扩散充分析出，低于 300℃ ~ 400℃后不能再析出，仍然过饱和地溶于基体中。这些过饱和溶解的合金元素留在基体中仍能起到与非过饱和溶解类似的提高不锈钢性能的作用。因此合金元素常温时在基体中的溶解度固然重要，合金元素在高温下的较高的溶解度也很重要。一般常用的溶解度有常温溶解度和热处理高温时的溶解度，或高温最大溶解度；

（7）合金元素在不锈钢基体中的溶解度不但与温度有关，而且与不锈钢基体的组织与化学成分有关，因而所掌握的溶解度数据并不很多。不锈钢基体中含量最多的是铁，因而合金元素在纯铁中的溶解度可供合金元素在不锈钢基体中的溶解度参考。表 2-1 中列出不锈钢中常用的合金元素分别在铁素体铁和奥氏体铁中的最大溶解度。应注意到，对于纯铁而言，温度在 1 538℃（熔点）~ 1 395℃之间，及低于 912℃时为 α-Fe；在温度 1 395℃ ~ 912℃之间为 γ-Fe。碳在 α-Fe 中的溶解度，1 495℃时为 0.09%，727℃时为 0.021 8%，600℃时为 0.01%，室温时为 0.006%。碳在 γ-Fe 中的溶解度在 1 148℃最大，达到 2.11%，727℃时为 0.77%；

表 2-1　合金元素在铁素体铁和奥氏体铁中的最大溶解度

合金元素	Al	B	C	Co	Cr	Cu	Mn	Mo	N
铁素体铁中的最大溶解度/%	36	0.008	0.02	76	无限	2		4	0.1
奥氏体铁中的最大溶解度/%	0.6	0.02	2.11	无限	12.5	8.5	无限	37.5	2.8
合金元素	Si	Ti	V	W	Zr	Nb	Ni	O	P
铁素体铁中的最大溶解度/%	18.5	7	无限	33	0.3	1.8	10	0.03	2.8
奥氏体铁中的最大溶解度/%	2.15	0.75	1.35	3.2	0.7	2.0	无限	0.003	0.25

（8）合金元素在不锈钢中的溶解度由于影响因素很多，确切的数据甚少。铬、镍等

元素由于溶解度较高，加入的含量多不受溶解度的限制。主要是溶解度较低而对性能影响较大的合金元素，加入量受到溶解度的限制，如碳、氮、钼、铜、硅、铝、钛、铌等。

常用铬镍奥氏体不锈钢中的碳溶解度高温时可达0.08%～0.15%。图2-1为碳在18Cr-8Ni型奥氏体不锈钢中各温度时的溶解度曲线。碳在铁素体不锈钢中的溶解度很低。含铬26%的铁素体不锈钢中，1 093℃时为0.04%、927℃时为0.004%，室温时更低。

氮在铬镍奥氏体不锈钢中的溶解度比碳高得多。图2-2为氮在900℃，18%Cr-Ni不锈钢中的溶解度。图中可见，18%Cr-10%Ni不锈钢中氮的溶解度不低于0.25%。图2-3和表2-2为不同铬含量的奥氏体不锈钢在不同温度和不同相区中氮的溶解度，可见氮在1 000℃～1 200℃固溶温度的奥氏体相中的溶解度要高于1 600℃熔化液相中的溶解度，更高于1 400℃铁素体相中的溶解度。图2-4和表2-3为含镍14%的奥氏体不锈钢在固溶温度时铬、锰含量对氮的溶解度的影响，氮的溶解度会随铬、锰含量提高而增大。

氮在铁素体不锈钢中的溶解度也很低，但比碳的溶解度稍高。含铬26%的铁素体不锈钢中，927℃以上时氮的溶解度为0.023%，593℃时为0.006%。

不锈钢中合金元素含量与合金的最大溶解度有关，列于表2-4。

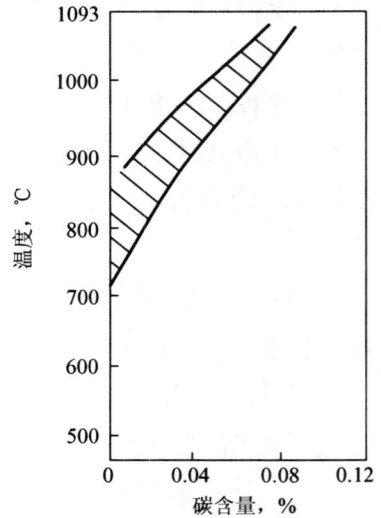

图2-1 碳在18Cr-8Ni奥氏体不锈钢中各温度的溶解度范围，溶解度为在图中阴影区域

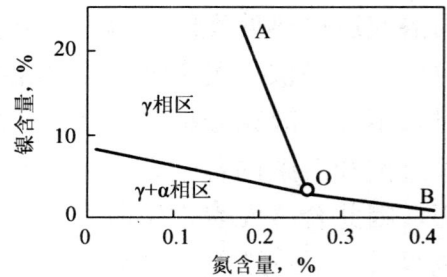

图2-2 氮在18Cr-Ni不锈钢中900℃时的溶解度，OA为奥氏体中的溶解度，OB为γ+α双相组织中的溶解度

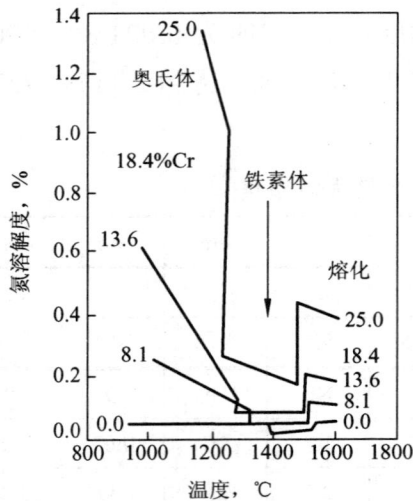

图2-3 氮在不同温度奥氏体不锈钢中的溶解度

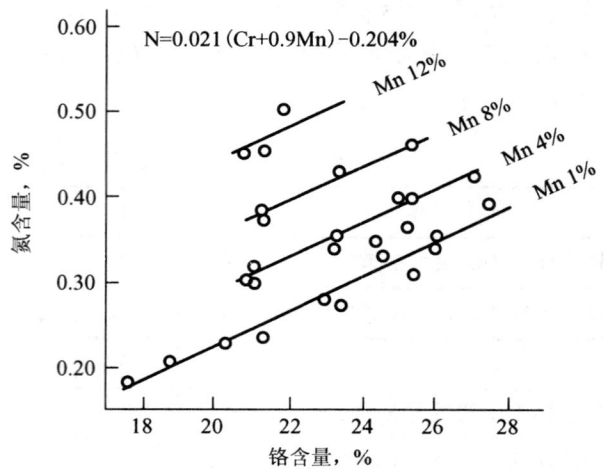

图2-4 含14%Ni的奥氏体不锈钢中铬、锰含量对氮在钢中溶解度的影响（固溶温度）

表 2-2　氮在奥氏体不锈钢不同温度区的溶解度

钢中铬含量/%	25	18.4	13.6
约 1 600℃熔化液相中氮的溶解度/%	0.4	0.3	0.2
约 1 400℃铁素体相中氮的溶解度/%	0.2	0.15	0.1
1 000℃～1 200℃奥氏体相中氮的溶解度/%	1.4	0.9	0.6

表 2-3　含镍 14%的不同铬、锰含量的奥氏体不锈钢中固溶温度时氮的溶解度

铬含量/%		18	20	22	24	25	26	28
氮的溶解度/%	Mn=2%	0.22	0.25	0.30	0.34	0.36	0.38	0.42
	Mn=4%	0.25	0.29	0.33	0.38	0.40	0.42	0.46
	Mn=6%	0.29	0.33	0.37	0.41	0.43	0.46	0.50

表 2-4　奥氏体、双相、铁素体不锈钢标准中规定的主要合金元素上限或范围　　　%

标准中的合金元素	奥氏体不锈钢	双相不锈钢	铁素体不锈钢
C	0.25，耐蚀牌号 0.08	0.08	0.2，耐蚀牌号 0.08
Si	非合金1，合金7	非合金1，合金2	非合金1
Mn	非合金2，合金19	非合金2，合金6	2.5
P（非合金）	非合金 0.045，合金 0.06	0.045	0.04
S（非合金）	0.04	0.03	0.03
Cr	13～29	19.5～33	10.5～32
Ni	35	9	4.5
Mo	高钼8；低钼4	5	4.5
Cu	4	3	1.25
N	0.6	0.6	0.045（个别 0.25）
W	2.75	2.5	
Al	1.5		0.3
Ti	2.35		1.1
Nb	1.25		0.75

注：非合金指该合金元素含量低于上限时，对不锈钢性能影响不大。含量不规定下限。

（9）合金元素作为溶质固溶于不锈钢的基体（作为溶剂）中，存在间隙型（或插入式）溶解与置换型溶解两种型式，见图 2-5。

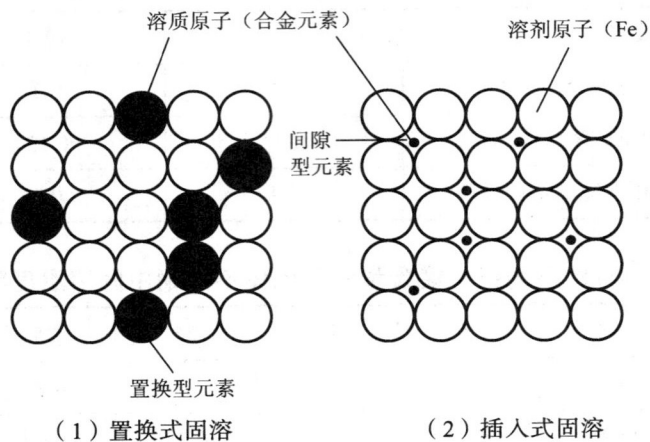

图 2-5　置换式固溶与插入式固溶示意图

合金元素的固溶型式为溶质原子挤入溶剂晶格结点的空隙中称为插入式固溶。由于晶格结点的空隙很小，只有原子直径很小的合金元素才能产生插入式固溶。在不锈钢中常见的元素如碳、氮、硼等，称为间隙型元素。碳的原子直径为 0.18nm，氮的原子直径为 0.15nm。间隙式固溶引起晶格的畸变大，固溶强化作用也大。如铬镍奥氏体不锈钢中每溶入 0.10% 的氮可提高室温抗拉强度和屈服强度约 60MPa ~ 100MPa。溶入碳和氮均为提高奥氏体不锈钢强度的重要措施，由于晶格结点的空隙有限，因而碳和氮的溶解度均较低。溶质原子挤走溶剂原子而取代其位置的固溶型式称为置换式溶解，一般的金属合金元素如铬、镍、钼等原子直径较大，如铬为 0.26nm，钼为 0.4nm。在不锈钢基体中不能产生插入式固溶，只能产生置换式固溶，称为置换型元素。置换式溶解产生的晶格畸变小，固溶强化作用也小，但溶解度常可较高；

（10）合金元素溶入基体和从基体中析出的速度与合金元素的原子扩散速度密切相关。合金原子在铁素体不锈钢中的扩散速度要比在奥氏体不锈钢中的扩散速度高得多。如600℃时，碳在铁素体中的扩散速度约为在奥氏体中扩散速度的 600 倍；700℃左右时，铬在铁素体中的扩散速度约为在奥氏体中的扩散速度的 100 倍，因而合金元素在铁素体中的溶解和析出速度要比在奥氏体中的速度快得多。

2.4　合金元素在不锈钢中的存在形式之三——非金属化合物

合金元素在不锈钢中还可以化合物的形式存在于晶内或晶间，有非金属与金属的化合物及金属与金属的化合物两类。非金属与金属的化合物中，原子直径很小的碳、氮元素与金属的化合物为碳化物、氮化物及碳氮化合物可称为间隙化合物，对不锈钢的性能常起重要作用，有时为有益作用，有时为有害作用。非金属元素硫、氧、硅及氮与金属化合产生的硫化物、氧化物、氮化物及硅酸盐等常对不锈钢性能有害，称为非金属夹杂物。金属间化合物通常称为金属间相，多数情况下对耐腐蚀性、塑性及韧性不利，而对提高强度有利。

2.4.1 碳化物

按碳与合金元素的亲和力，可将合金元素分为三类：

（1）强碳化物形成元素：钛、铌、钒、锆、钽等；

（2）弱碳化物形成元素：铬、钼、锰、钨、铁等；

（3）非碳化物形成元素：镍、钴、铝、铜等（非金属元素硅、硫、磷等亦为非碳化物形成元素）。

将金属元素用"M"表示，不锈钢中碳化物的形式有 $M_{23}C_6$、MC、M_6C 及 M_7C_3 等形式。不锈钢中最重要的金属合金元素为铬，在不含强碳化物合金元素时，$M_{23}C_6$ 中最重要的是 $Cr_{23}C_6$，有时也标为 $(Cr, Fe)_{23}C_6$ 及 $(Cr, Fe, Mo)_{23}C_6$，首先在晶界析出。在含强碳化物合金元素钛、铌时，MC 中最常见的为 TiC 和 NbC。M_6C 主要出现在含钼或铌的奥氏体不锈钢中，主要分布于晶内。M_7C_3 如 $(Fe, Cr)_7C_3$ 只能在碳含量很高时才能形成，一般奥氏体不锈钢中不会形成。

2.4.2 氮化物和碳氮化物

氮化物主要出现在含氮的奥氏体及双相不锈钢中，在不含钛、铌、钒、铝等元素的奥氏体不锈钢中，由于氮的溶解度比碳高得多，很少析出氮化物。氮化物主要为 Cr_2N 和 CrN。存在钛和铌时可生成 TiN 和 NbN，存在铝时为 AlN。由于氮在铁素体相中的溶解度低，扩散速度高，Cr_2N 溶解与析出均更容易进行。氮化物会降低韧性，提高脆性转变温度，增加铸锭表面缺陷。

在含氮的奥氏体和双相不锈钢中，$M_{23}C_6$、MC 及 M_6C 等碳化物中的部分碳原子也可能被氮原子取代而形成 $M_{23}(C \cdot N)_6$、$M(C \cdot N)$ 及 $M_6(C \cdot N)$ 等碳氮化物。

2.4.3 硫化物

硫在不锈钢中的溶解度很低，室温时溶解度低于 0.01%。硫与不锈钢中的镍、锰、钛、锆等合金元素的亲和力远大于铁，因而不锈钢中常见 MnS、NiS、TiS 等硫化物。奥氏体不锈钢中加入 0.1%～0.35% 的硫可用作易切削钢。其他场合中硫化物均作为有害的非金属夹杂物，硫含量宜尽量降低，如 S≤0.01% 可明显提高耐点腐蚀等性能。硫化物常为低熔点化合物，奥氏体不锈钢焊接熔池冷凝时，在结晶后期，奥氏体柱状晶、树枝状晶之间残存着低熔点的硫化物，由于奥氏体的热膨胀系数比铁素体大得多，晶粒冷却收缩变形量较大，对晶间半凝固状态的低熔点化合物的拉应力较大，容易产生热裂，因而硫含量宜控制较低。

2.4.4 氧化物

不锈钢的氧可与铝、硅、铬、锰、铁元素反应形成 Al_2O_3、SiO_2、Cr_2O_3、MnO、Fe_2O_3、FeO 氧化物和 $FeO \cdot Cr_2O_3$ 等复杂氧化物作为非金属夹杂物，在钢中起有害作用。不锈钢的标准中一般不提出对氧含量的控制要求，但一般应 ≤0.03%，且越低越好，如 ≤0.004% 或 ≤0.002%。氧化物夹杂物会降低塑性、韧性，增加铸坯的表面缺陷，降低耐点腐蚀及耐缝隙腐蚀性能。

2.4.5 硅酸盐

不锈钢中的 FeO 与 SiO_2 可反应成 $FeO \cdot SiO_2$，Al_2O_3 与 SiO_2 反应可形成 $Al_2O_3 \cdot SiO_2$，这些硅酸盐会破坏基体的连续性，降低塑性和韧性及耐点蚀与缝隙腐蚀性能。

2.4.6 精炼提高不锈钢的纯净度

目前已普遍采用且已成熟有效的提高不锈钢纯净度的精炼方法为氩氧脱碳法（AOD法）、真空吹氧脱碳法（VOD 法）等。炉外精炼可将碳、硫、磷、氢、氧、氮等元素的含量降至较低，见表 2-5。

表 2-5　精炼可降低一些元素的含量　　　　　　　　　　　　　　　　　%

元　素	H	O	N	C	S	P
AOD 法精炼	0.000 2 ~ 0.000 4	≤0.01	≤0.01	≤0.01	≤0.001	≤0.01
VOD 法精炼	0.000 2 ~ 0.000 3	≤0.003	≤0.003	≤0.001	≤0.001	≤0.01
转炉+VOD 三步法精炼	0.000 2 ~ 0.000 3	≤0.005	≤0.003	≤0.006		

2.5　合金元素在不锈钢中的存在形式之四——金属间化合物

不锈钢中的主要合金元素铬、钼、铁、镍、钛、铌、铝等金属元素在一定的温度区域可以形成金属间化合物在晶间和晶内析出，在高于析出温度时仍可分解为合金元素固溶于基体中。金属间化合物中的铬、钼等耐蚀合金元素的含量一般多高于基体中的含量。即为高铬相、高钼相。高铬相、高钼相的析出过程中会使其邻近的基体中的铬、钼含量降低，形成贫铬区和贫钼区，明显降低耐蚀性。主要的金属间化合物及碳化物、氮化物的成分及析出温度等列于表 2-6。金属间化合物相的析出一般会提高强度，降低塑性、韧性及耐蚀性。金属间化合物相中 σ 相为最典型与重要的相。铬镍奥氏体不锈钢中 σ 相的形成倾向可采用计算电子空位数 $\overline{Nv}$ 判读。

$$\overline{Nv}=0.66Ni+1.71Co+2.66Fe+4.66(Cr+Mo+W)+5.66V+6.66Zr+10.66Nb$$

式中金属合金元素符号表示该元素在钢中的含量。奥氏体不锈钢中金属合金元素含量较高的应为铁、铬、镍、钼。合金元素前的参数越大则该元素单位含量对提高 $\overline{Nv}$ 值的影响越大。铬和钼的参数 4.66 最大，铁的参数 2.66 为其次，镍的参数 0.66 为最小。$\overline{Nv}$ 值大于 2.52 即能形成 σ 相，$\overline{Nv}$ 值越大 σ 相形成倾向越大。部分奥氏体不锈钢的 $\overline{Nv}$ 值列于表 2-7。

表 2-6　主要化合物相的成分及析出温度

类别	名称	代号	化学式	各类不锈钢中主要化合物的析出温度/℃			促进析出化合物的合金元素	化合物存在的钢类	化合物在钢中的分布
				奥氏体钢	双相钢	铁素体钢			
碳、氮化物	铬、钼的碳化物	M_7C_3	$(Cr·Fe·Mo)_7C_3$		950~1050		C、Cr、Ni、Mo	A、A+Fe M、PH	晶界、晶内
		$M_{23}C_6$	$(Cr·Fe·Mo)_{23}C_6$	550~950	600~950	600~950			
		M_6C	$(Cr·Fe·Mo·Nb)_6C$	700~950	700~950	700~950			
	铬氮化物	M_2N	$(Cr·Fe)_2N$	650~950	700~1000	650~950	N、Cr	A、A+F	晶界、晶内
		MN	CrN				N	A	晶界、晶内
	铬铌氮化物		(Cr·Nb)N	700~1000			N	A	晶界、晶内
	钛、铌的碳化物		TiC、NbC	>700			Ti、Nb、C	A、F、A+F	晶内、晶界
	钛、铌的碳氮化物		Ti(C+N)、Nb(C+N)	>700			Ti、Nb、C、N	A、F、A+F	晶内、晶界
金属间化合物	阿尔法相	α'	Cr·Fe·(61%~83%)Cr		235~550	350~550	Cr≥15%, C, N	F,A+F	晶内
	西格马相	σ	(Fe·Cr·Mo·Nb)	550~1050	600~1000	550~1050	Mo, Si, Cr, Ti, Nb, Mo	F, A, A+F	晶内, 晶界
			(Fe·Ni)x(Cr·Mo)y	550~1050					
			55Cr-36Fe·5Mo-4Mn		600~1000				
	开相	ψ	$Fe_{36}Cr_{12}Mo_{10}$	600~900	700~900	600~950	Cr, Mo	F, A, A+F, PH	晶界, 晶内
			(Fe·Ni)$_{36}Cr_{18}$(Ti·Mo)$_4$	600~900	700~900				
			48Fe-28Cr-21Mo-3Ni		700~900				
	拉氏相	η (Laves)	(Fe·Cr)$_2$(Mo·Ni·Ti·Si)	550~900	550~900	500~900	Nb, Ti, Mo	F, A, A+F, PH	晶内
	阿尔相	R	(Fe·Mo·Cr·Ni)		550~750		Mo, Cr	A+F	晶间
			32Fe-25Cr-34Mo-5Ni-Si		550~750				
	陶相	τ			550~650				
	业不西通相	ε	富铜	400~500			Cu	PH, A	晶内
	二次奥氏体相	γ	含 NiAl, Ni_3Ti, Ni_3Nb	500~900	350~1200		Ti, Al, Nb	A, PH	晶内
	贝塔相	β	含 NiAl, Ni_2TiAl	400~600					τ晶内
	派相	π	$Fe_7Mo_{13}N_4$		550~600		Mo, Cr	F+A	晶内
	$Fe_3Cr_3Mo_2Si_2$		$Fe_3Cr_3Mo_2Si_2$		450~750				

注：A——奥氏体钢；A+F——双相钢；F——铁素体钢；M——马氏体钢；PH——沉淀硬化钢。

表 2-7　部分铬镍奥氏体不锈钢的电子空位数 $\overline{Nv}$ 值

项　目	一般奥氏体钢			超级奥氏体钢			
UNS 牌号	S30400	S31600	S31700	S31254	S31277	N08926	S32654
$\overline{Nv}$ 值	2.77	2.81	2.85	2.81	2.65	2.65	2.83

由表 2-7 可见，一般奥氏体不锈钢与超级奥氏体不锈钢的 $\overline{Nv}$ 值差别并不大。虽然超级奥氏体不锈钢中铬、钼含量高于一般不锈钢，可提高 $\overline{Nv}$ 值，但超级奥氏体不锈钢为维持奥氏体组织而提高了镍含量，提高镍含量实际上是降低了铁含量，而铁提高 $\overline{Nv}$ 的作用为镍的 4 倍，因此超级奥氏体不锈钢的形成 σ 相的倾向并不一定超过一般奥氏体不锈钢。

如果铁素体不锈钢中金属合金元素对 σ 相等金属间化合物的形成倾向也有和奥氏体不锈钢有类似的影响规律，由于铁素体不锈钢中主要含铬、钼，不含镍或很少含镍，因而铁素体不锈钢中形成金属间化合物（σ 相等）的倾向应高于奥氏体不锈钢，容易产生 σ 相脆性和 α' 相脆性（475℃脆性）是铁素体不锈钢的主要特点之一。

由于金属间化合物相中的铬、钼等合金元素含量高于不锈钢基体，金属间化合物相的形成过程依赖于基体中铬、钼原子向化合物相的扩散。前已述及，700℃左右时铬在铁素体中的扩散速度约为在奥氏体中扩散速度的 100 倍，因而铁素体不锈钢中形成与析出金属间化合物的速度要比奥氏体不锈钢快得多。

在相同铬、钼含量的双相不锈钢和铁素体不锈钢中，由于双相不锈钢中铁素体相中的铬、钼含量要高于钢的平均含量，同时又含有镍，σ 相等金属间化合物的起始形成温度会提高，即扩大了形成温度的范围，提高了析出倾向，同时具有铁素体相中可快速析出的速度，因此更容易析出更多的金属间化合物。正是由于双相不锈钢更容易析出金属间化合物相，引起塑性、韧性及耐蚀性能的降低，因此在不锈钢中仅提出必要时应检验双相不锈钢及其焊接接头中的金属间化合物，而对奥氏体、铁素体不锈钢尚未提出此要求。1994 年产生了 ASTM A923《奥氏体/铁素体双相不锈钢中有害金属间相的检验方法》标准，现版为 2006 年版，检验有害金属间相的存在量、-40℃的冲击韧性及氯化铁溶液（6%FeCl$_3$ 或 10%FeCl$_3$·6H$_2$O）中的腐蚀速度，均规定了合格标准。ASTM A480-2003C《不锈钢与耐热钢板、带的一般要求》标准中提出，按双方协议可按 ASTM A923 对双相不锈钢进行检验。也有文章提出双相不锈钢可将 ASTM A923 作为焊接工艺评定的内容。

2.6　合金元素对不锈钢基体组织的影响

不锈钢以铁为基本成分，纯铁在不同温度时存在两种基体组织，912℃以下及1395℃～1538℃熔点之间均为体心立方晶格的铁素体相，在 912℃～1395℃之间为面心立方晶格的奥氏体相。合金元素溶于这两种基体相中可以改变基体相存在的温度范围。由图 2-6 可见钢中加入铬元素后可以缩小奥氏体相区的温度范围，扩大铁素体相区的温度范围，称为铁素体形成元素。铁素体形成元素有：Cr、Mo、Si、Ti、Nb、Al、W、Ta、V、Zr、S、Sb、Se、U、P、B、Be、Re（稀土）等。溶入一定量的铁素体形成元素后，可以使不锈钢从凝固温度到室温以下均呈铁素体相存在，成为铁素体不锈钢，由图 2-7 可见钢中加入镍元素后可缩小铁素体相区的温度范围，扩大奥氏体相区的温度范围，称为奥氏体形成元素。奥氏体形成元素有：Ni、Co、C、N、Mn、Cu、H等。溶入一定量的奥氏体形成元素后可以使不锈钢在室温以下均主要呈奥氏体相存在，成为奥氏体不锈钢。在钢中溶入适量的奥氏体形成元素和铁素体形成元素时，不锈钢中可同时存在较多的奥氏体相和铁素体相，因较少相不低于规定量（如15%，25%，30%等）可称为双相不锈钢。在一定成分时高温奥氏体相快冷可成为马氏体相，马氏体相亦为与铁素体相相近的体心立方晶格（或有一定的长方度），可称为马氏体不锈钢。某些奥氏体钢与马氏体钢经沉淀硬化热处理后可成为沉淀硬化不锈钢。

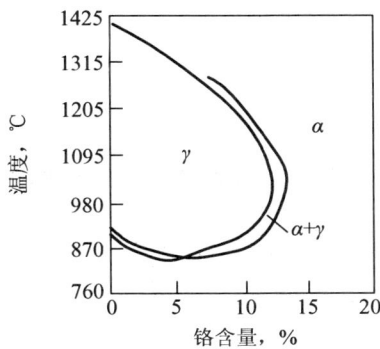

γ——奥氏体；
α——铁素体。

图 2-6　铁中铬含量对基体组织温度范围的影响

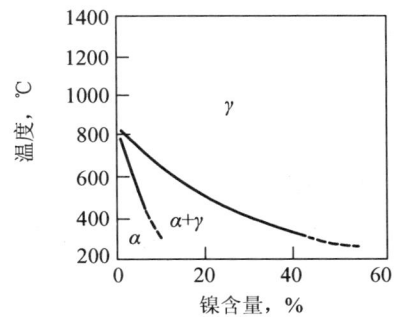

γ——奥氏体；
α——铁素体。

图 2-7　铁中镍含量对基体组织温度范围的影响

各奥氏体形成元素的奥氏体形成能力既与合金元素有关，也与溶入基体的合金含量有关。为相对定量表示不锈钢中的奥氏体形成能力，可用镍当量来标示。以最重要的奥氏体形成元素镍的含量1%作为镍当量1%，以钢中镍的百分含量乘以1%即为钢中镍的镍当量。其他奥氏体形成元素的奥氏体形成能力与镍相比较的倍数再乘以该元素在钢中的百分含量即为钢中该元素的镍当量。不锈钢中各奥氏体形成元素的镍当量之和即为该不锈钢总的镍当量。近年镍当量的常用公式为：

镍当量=[Ni]+[Co]+30[C+N]+0.5[Mn]

式中元素符号表示不锈钢基体中固溶的该元素的百分含量。

各铁素体形成元素的铁素体形成能力也与合金元素及其溶于基体的含量有关，可用铬当量相对定量标示铁素体形成能力。以最重要的铁素体形成元素铬的含量1%作为铬当量1%；以钢中铬的百分含量乘以1%即为钢中铬的铬当量；其他铁素体形成元素的铁素体形成能力与铬相比较的倍数再乘以该元素在钢中的百分含量即为钢中该元素的铬当量；不锈钢中各铁素体形成元素的铬当量之和即为该不锈钢总的铬当量。近年来常用的铬当量公式为：

铬当量=[Cr]+1.5[Mo]+1.5[Si]+1.75[Nb]+1.5[Ti]+5.5[Al]+0.75[W]

图 2-8 为不锈钢铬当量与镍当量的组织图，图 2-9 为铬镍不锈钢铬当量/镍当量比值的组织图。应用这些图时应注意以下几点：

（1）铬当量与镍当量均由不锈钢基体中合金的溶解量所确定，这些值较难测定，常以钢中的合金平均含量代替，并不准确；

（2）历来各种资料中的铬当量与镍当量的公式均稍有差别；

（3）固溶状态、退火状态、热作状态、焊后状态等对组织图有影响；

（4）一种基体相中常有少量其他相。

因此这些组织图只能是半定量的，只能用于宏观分析，不宜用作检验依据。例如钢中铁素体含量的检测不能采用这些组织图，只能用磁性法与金相法。

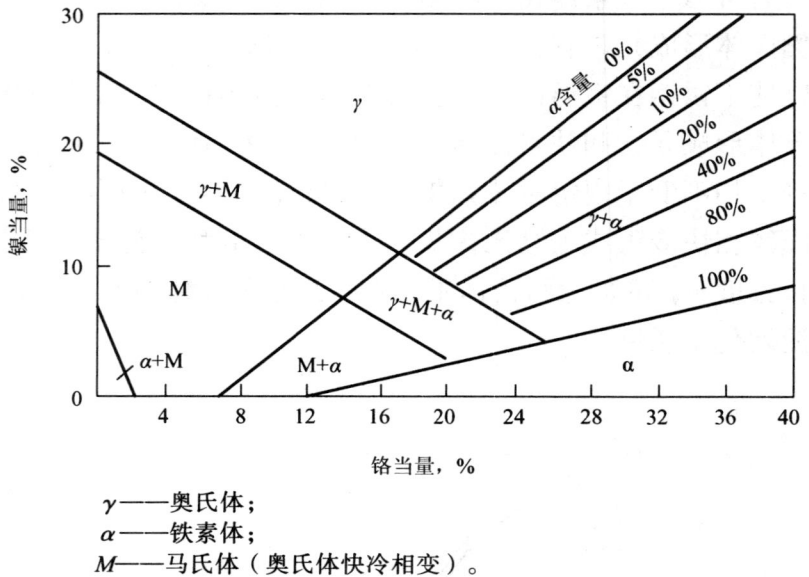

γ——奥氏体；
α——铁素体；
M——马氏体（奥氏体快冷相变）。

图 2-8　不锈钢铬当量与镍当量与室温基体组织的关系图

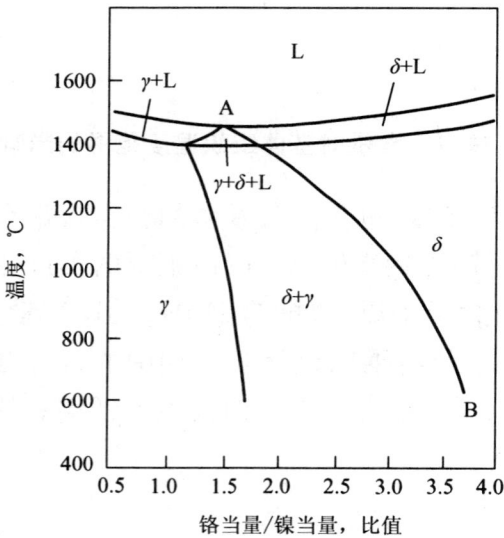

L——液相；
γ——奥氏体；
δ——铁素体；
AB 线——铁素体溶解度曲线。

图 2-9　铬镍不锈钢　铬当量/镍当量的比值对不同温度相区的影响

2.7　合金元素对不锈钢性能的影响

2.7.1　铬

不锈钢为钝化型耐蚀金属，铁不能耐蚀，在介质中腐蚀氧化后的腐蚀产物中含 Fe_2O_3、FeO、$Fe(OH)$ 等，结构粗松，与金属的结合力不强，对继续的腐蚀没有保护作用，在一些腐蚀介质中可产生活化腐蚀。不锈钢的钝化性能主要依靠铬的加入。当铁中加入 10.5% ~ 12%铬后，表面的腐蚀产物中富集了较多的 Cr_2O_3，使表面膜结构致密，与金属的结合力较强，明显阻滞了腐蚀的进行，大大提高了在腐蚀介质中的电位，在一些腐蚀介质中由活化腐蚀转变成为钝化腐蚀。因此铬是使不锈钢具有耐蚀性能的最重要的必不可少的合金元素。

近年的研究表明，随着钢中含铬量的增加，钢表面的钝化膜可从晶态膜变为非晶态膜，见表 2-8。可以认为含铬 10.5% ~ 12%时开始形成非晶态膜，含铬 20%时形成完全的非晶态膜。由于非晶态膜缺陷少，结构表面均匀，铬元素更易富集，比普通的晶态膜具有更好的耐蚀性。

表 2-8 铁铬合金钝化膜的晶态变化

铬含量/%	0	5	12	19	20
钝化膜晶态	良好的晶态	良好的晶态	晶态不完整	大部分呈非晶态	完全为非晶态
注：在 0.5mol/L 硫酸中测钝化电位区获得。					

铁素体不锈钢是以铬为主要耐蚀元素的不锈钢，按铬含量分级可为低铬级 10.5%～16%，中铬级 17%～20%，高铬级 21%～32%。压力容器主要用耐较强腐蚀介质的奥氏体不锈钢和双相不锈钢。EN 13445：2009 压力容器标准中将采用的奥氏体不锈钢分为 16%～19% 中铬级及≥19% 的高铬级。双相不锈钢多采用 21%～33% 的高铬级。EN 13445：2009 将其分为 Cr≤24% 和 Cr＞24% 两类。

铬镍奥氏体不锈钢有良好的耐蚀性及综合性能。当钢中碳含量为 0.1% 时，如铬含量为 18%，为获取稳定的奥氏体不锈钢所需加入的贵重的镍元素仅约为 8%，见图 2-10，可为最经济实惠的含量。据此工业中大量采用 18Cr-8Ni 型的奥氏体不锈钢，如 304、304L、304N、304H、321、321H、347、347H、348 等。含少量钼时则大量采用 18Cr-12Ni-Mo 型奥氏体不锈钢，如 316、316L、316H、316Ti、316Nb、316N、316LN、316LHN、317、317L、317LM、317LMN 等，铬含量约为 18% 的奥氏体不锈钢。铁素体不锈钢、马氏体不锈钢和沉淀硬化不锈钢也大量采用铬含量约为 18% 的牌号。因而铬含量约 18% 的不锈钢成为最常用的钢类。

由图 2-11 可见，铬含量低于 20% 的铬镍奥氏体不锈钢（不含钼）不会析出 σ 相。在铁素体不锈钢中，铬含量低于 15% 时不会形成 475℃ 脆性，铬含量低于 20% 的一般不会析出 σ 相，铬含量 18% 时对减少金属间化合物的析出脆性是有利的，而提高铬含量则对提高耐蚀性能是非常有利的。由于铬主要因在腐蚀介质中在不锈钢表面迅速生成含 Cr_2O_3 等铬的氧化物的钝化膜而提高耐蚀性，因而主要能提高在氧化性介质中的耐蚀性，在有一定还原性的介质中还要靠不锈钢中其他合金元素的作用。在酸性氯化物介质中，铬含量超过 25% 更有效。

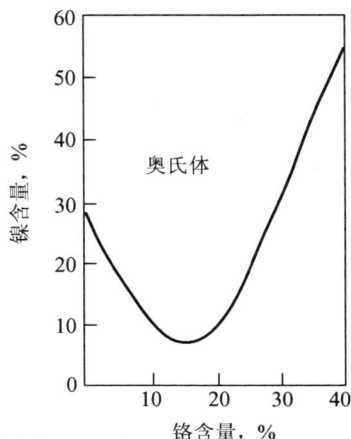

图 2-10 含碳 0.1% 的铬镍不锈钢为获得稳定奥氏体组织，所需铬镍含量

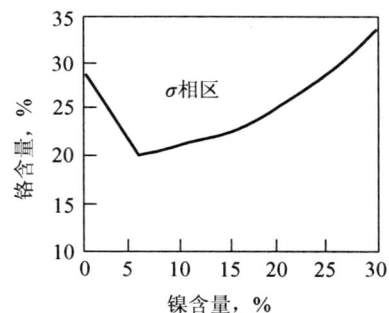

图 2-11 含碳 0.1% 的铬镍奥氏体不锈钢中铬、镍含量对 σ 相形成倾向的影响

2.7.2 镍

不锈钢中镍的最重要的作用为形成与稳定奥氏体，使不锈钢成为奥氏体不锈钢和双相不锈钢。奥氏体不锈钢中提高镍含量可减少或消除钢中的铁素体，降低钢中形成 σ 相的倾向，降低奥氏体转变为马氏体的转变温度，提高奥氏体相的稳定性，提高钢的塑性、韧性，降低冷变形硬化的倾向。

绝大部分不锈钢采用铬镍奥氏体钢和双相钢。铬镍共存时，镍可改善铬的氧化膜的成分，在大多数腐蚀介质中提高耐蚀性，见图 2-12，图 2-13。但镍含量的增加会降低碳在奥氏体不锈钢中的溶解度，降低产生晶间腐蚀的临界碳含量，即增加晶间腐蚀敏感性，见图 2-14，高镍奥氏体不锈钢应要求 C≤0.02%。

奥氏体不锈钢中镍可与硫形成硫化镍低熔点化合物与共晶，NiS 的熔点为 810℃，Ni_3S_2 熔点为 787℃，$Ni-Ni_3S_2$ 共晶的熔点为 625℃~645℃。因而含镍的奥氏体不锈钢不宜用于温度较高的含硫介质中。不锈钢晶界形成低熔点硫化镍后会严重降低热成形性能。

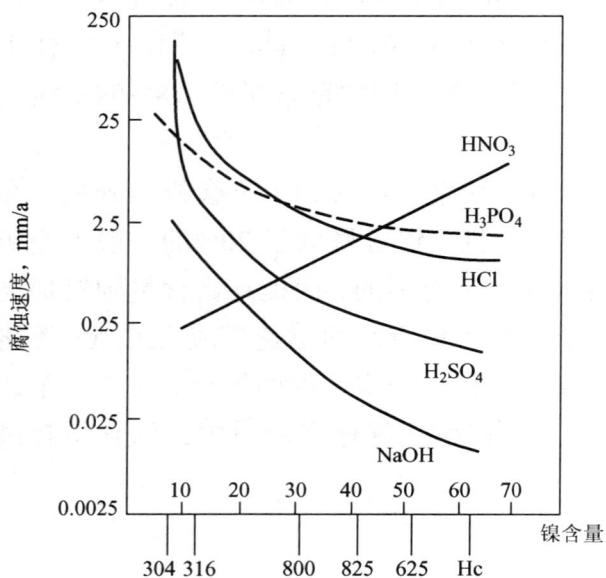

介质：65%HNO₃，沸腾；
83%H₃PO₄，沸腾；
15%HCl，60℃；
15%H₂SO₄，80℃；
50%NaOH，沸腾；
材料：304—0Cr19Ni10；
316—0Cr17Ni12Mo2；
800—0Cr21Ni32Al；
825—0Cr21Ni42Mo3Cu2Ti；
625—0Cr21Ni60Mo9Nb；
Hc—0Cr16Ni65Mo16W4

图 2-12 镍含量对奥氏体不锈钢和镍合金在腐蚀介质中腐蚀速度的影响

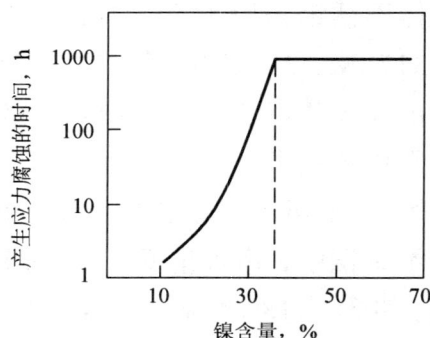

图 2-13 铁-20 铬-镍合金中镍含量对在沸腾 42%MgCl₂ 中的 U 形试样产生应力腐蚀的时间，镍含量＞33%时在 1 000 小时均未产生应力腐蚀

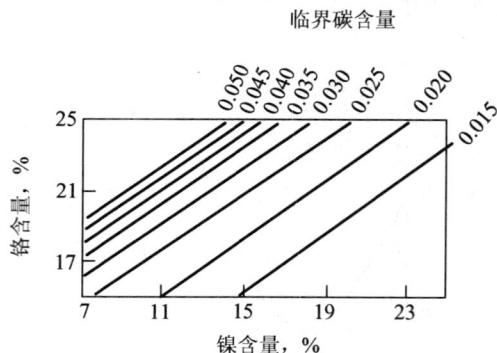

图 2-14 铬镍奥氏体不锈钢中的铬、镍含量与产生晶间腐蚀的临界碳含量的关系。试样 650℃敏化 1h，16%硫酸+硫酸铜+铜屑法试验

2.7.3　钼

钼的主要作用是提高在硫酸、磷酸、有机酸及含卤素离子的介质中的耐蚀性，扩大了不锈钢的耐蚀介质范围。一般认为钼提高耐蚀性的作用为铬的 3.3 倍，但含钼奥氏体不锈钢通常并不用于氧化性较强的硝酸中。不锈钢中钼含量在一些腐蚀介质中对耐腐蚀性能的影响见图 2-15 ~ 图 2-20。钼在不锈钢中能显著促进铬在钝化膜中的富集，增强不锈钢钝化膜的稳定性，强化钢中铬的耐蚀作用，提高大部分腐蚀介质中的耐蚀性。钼对不锈钢耐蚀性的有益作用的前提为不锈钢中必须含有足够量的铬元素，随着钢中铬含量的提高，钢中钼对提高耐蚀性的有利作用也随之增强。不锈钢中含钼可提高钢的再钝化能力，提高耐点腐蚀、耐缝隙腐蚀及耐应力腐蚀性能。含钼的铬镍奥氏体不锈钢中的钼含量对在 6%FeCl$_3$ 溶液中的临界点蚀温度（CPT）及临界缝隙腐蚀温度（CCT）的影响大致符合下式的关系：CPT=A+B×%Mo，CCT=C+D×%Mo。式中 A、B、C、D 为与材料成分有关的常数。

18Cr-12Ni 型奥氏体不锈钢中钼含量不超过 4%，高铬镍奥氏体不锈钢中钼含量可高达 8%，双相不锈钢和铁素体不锈钢中钼含量不超过 5%。

不锈钢中含钼可促进 σ 相等金属间化合物相析出，降低塑性、韧性。

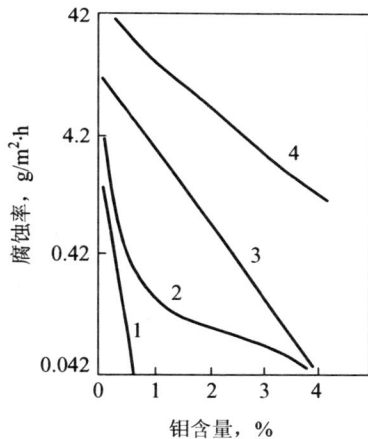

1——10%H$_2$SO$_4$；
2——20%H$_2$SO$_4$；
3——75%H$_2$SO$_4$；
4——50%H$_2$SO$_4$。

图 2-15　18%Cr-（10%~15%）Ni 的奥氏体不锈钢中钼含量对室温不同浓度的硫酸中腐蚀率的影响

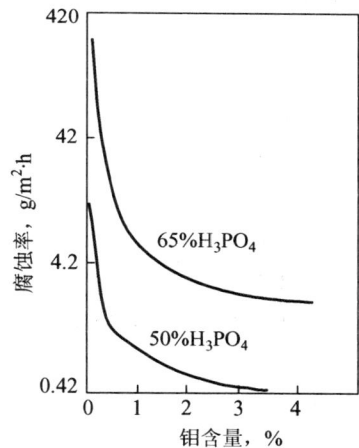

图 2-16　18%Cr-（10%~15%）Ni 奥氏体不锈钢中钼含量对室温磷酸中腐蚀率的影响

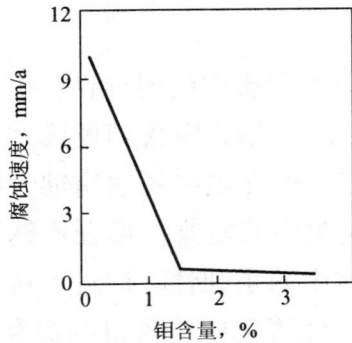

图 2-17　18%Cr-8Ni 奥氏体不锈钢
中钼含量对常温浓醋酸中
腐蚀速度的影响

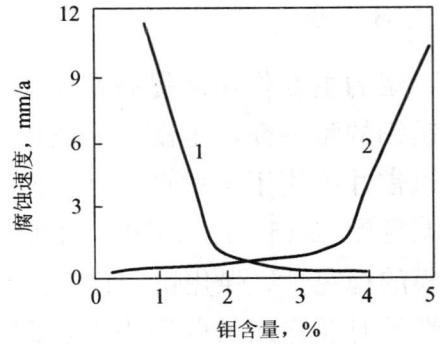

1——16%H_2SO_4+$CuSO_4$+Cu；
2——65%HNO_3。

图 2-18　0Cr19Ni12 奥氏体不锈钢
中钼含量对两种沸腾介质
中腐蚀速度的影响

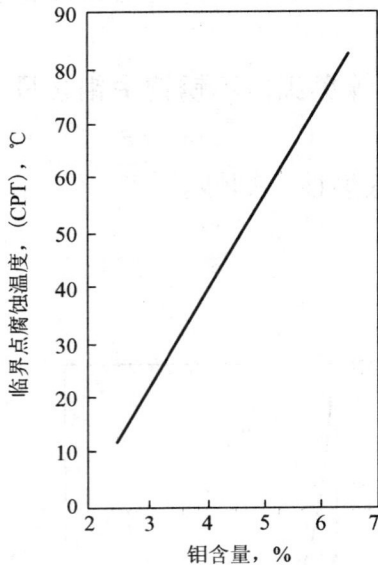

图 2-19　18%Cr+（10%~15%）Ni
奥氏体不锈钢中钼含量对
6%$FeCl_3$ 中 CPT 的影响

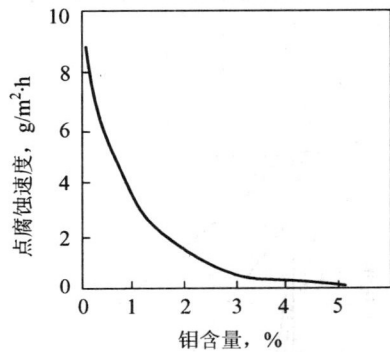

图 2-20　25%Cr-7%Ni 双相含钼不锈钢
中钼含量对 50℃，6%$FeCl_3$ 中
点腐蚀速度的影响

2.7.4　碳

碳为强奥氏体形成元素，且可提高强度。但由于碳在不锈钢中的溶解度低，容易以碳化铬的形成析出，明显降低不锈钢的耐晶间腐蚀性能及其他耐蚀性能，因而用于耐蚀的不锈钢常采用 C≤0.08%或 C≤0.03%的牌号。非稳定化的铁素体不锈钢采用 C≤0.01%的牌号。由于碳含量常较低，尽管碳的镍当量为 30，但并不能将碳作为奥氏体不锈钢和双相不锈钢中的主要的奥氏体形成元素。不锈钢的熔炼已普遍采用精炼，降低钢中的碳含量已成为较容易及便宜的工艺。

2.7.5　氮

氮在不锈钢中普遍且大量应用是最近十多年不锈钢领域中最重大的进展，特别是奥氏体不锈钢和双相不锈钢已大多采用氮进行合金化，使进入现代不锈钢时代。EN 10088-1：

2005 不锈钢牌号标准 85 个奥氏体不锈钢牌号中，40 个牌号采用了控氮型（N≤0.11%），28 个牌号采用了中氮型，含氮钢牌号占 80%，双相不锈钢 100%采用了含氮钢。ASTM A959：2009 不锈钢牌号标准中 109 个奥氏体不锈钢牌号中中氮钢有 46 个牌号，双相不锈钢牌号中 85%为含氮钢。

氮取自空气中，成本很低，氮的奥氏体形成能力为镍的 30 倍。在 18Cr-8Ni 奥氏体不锈钢固溶温度时的溶解度约为 0.9%，使奥氏体不锈钢中氮的含量可以较高（如 0.6%），可明显替代昂贵的镍的奥氏体形成作用，降低了成本。按照 EN 和 ASTM 标准规定，PRE=Cr+3.3Mo+（16~30）N，氮在不锈钢中已成为三大耐蚀合金元素之一，单位质量的氮对提高耐蚀性的作用为铬的 16 倍~30 倍。氮在不锈钢表面氧化膜及膜与基体的界面处富集，形成富铬的氮化层，使钝化膜更为稳定，明显提高不锈钢的耐蚀性。氮可抑制并延缓 $Cr_{23}C_6$ 的析出，推迟 σ 相等金属间化合物相的析出，提高耐晶间腐蚀性能。氮为间隙式元素，固溶强化的作用强，每溶入奥氏体相中 1%的量可提高奥氏体不锈钢的室温抗拉强度和屈服强度 60MPa~100MPa。自 1971 年起双相不锈钢采用含氮钢后，基本解决了焊接区域容易产生单相铁素体组织的问题，使双相不锈钢能在焊接设备中正常应用，使双相不锈钢成为现代双相不锈钢，形成了普遍采用双相不锈钢的局面。由于氮的加入，提高了奥氏体不锈钢的稳定性，提高了奥氏体不锈钢的低温性能。EN 13445：2009 压力容器标准中推荐可用于-273℃的低温用奥氏体不锈钢 10 个牌号中全为含氮钢。EN 13445：2009 压力容器标准采用了 49 个奥氏体不锈钢牌号，其中 36 个牌号为含氮钢，推荐采用的双相不锈钢中全为含氮钢。中氮钢（N＞0.1%）已成为超级不锈钢的主要类型。各国列入材料标准中的 13 个超级奥氏体不锈钢牌号中 12 个牌号为中氮钢（N≥0.1%~0.6%），9 个超级与特超级双相钢牌号中，全为中氮钢。

图 2-21 与图 2-22 中表明奥氏体不锈钢中氮含量对耐蚀性的影响。

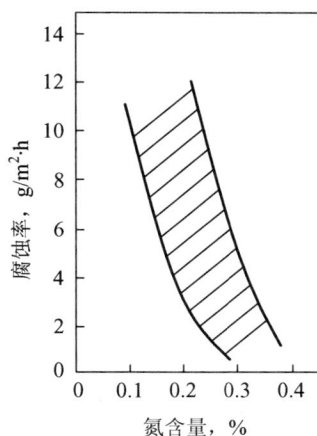

图 2-21　（23%~25%）Cr（7%~14%）Ni（0.5%~1.5%）Mo 奥氏体不锈钢中氮含量对在沸腾 5%HCl 中腐蚀率的影响（阴影区）

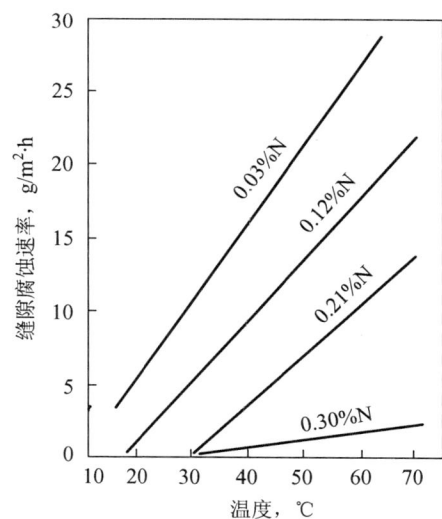

图 2-22　25%Cr（21%~30%）Ni4%Mo 奥氏体不锈钢中氮含量在各温度 6%FeCl₃+0.5N HCl 介质中缝隙腐蚀速率的影响

2.7.6 钛和铌

钛和铌与碳的亲和力远大于铬，不锈钢中加入适量钛和（或）铌可优先形成 TiC 和 NbC，防止 $Cr_{23}C_6$ 的形成，提高耐晶间腐蚀性能。奥氏体不锈钢中 C≤0.03%时一般不再加钛和铌，主要在 C≤0.08%的牌号中加入碳含量 5 倍的钛或碳含量 10 倍的铌，成为稳定化不锈钢。现代双相不锈钢由于大多 C≤0.03%，已基本上不用稳定化不锈钢。超级奥氏体不锈钢中 C≤0.03%，也不用稳定化不锈钢。铁素体不锈钢中由于碳的溶解度低，C≤0.01%时不加钛和铌，碳含量超过 0.025%时才加钛和铌。在不锈钢精炼技术成熟以前，18-8 和 18-12-Mo 不锈钢主要采用稳定化钢 321、347、316Ti 等提高耐晶间腐蚀性能。精炼技术广泛采用后，已很少采用稳定化不锈钢，要求耐晶间腐蚀性能较高时，都采用 C≤0.03%的牌号。许多国家稳定化奥氏体不锈钢的产量已低于铬镍奥氏体不锈钢产量的 2%。含钛钢易形成氧化钛、氮化钛等非金属夹杂物，降低耐点蚀性能，含钛钢的焊接接头有时易产生刀口腐蚀。钛和铌可在钢中形成 Ni_3Ti、Ni_3Nb，可提高强度，但会降低塑性、韧性。

2.7.7 铜

不锈钢中加入 < 4%的铜可以提高耐硫酸腐蚀性能（图 2-23），尤其是同时加入钼和铜效果更佳（图 2-24）。铜可促进不锈钢表面钝化膜中铬的富集，也可显著降低不锈钢的冷加工硬化倾向（图 2-25）。

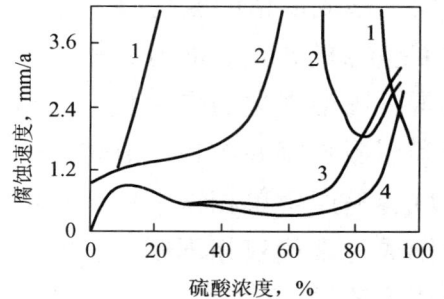

1——0%Cu；
2——1.46%Cu；
3——2.15%Cu；
4——3.7%Cu。

图 2-23　316 中铜含量对 66℃各种浓度硫酸腐蚀速度的影响

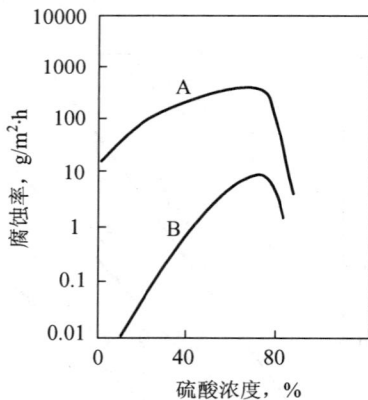

图 2-24　0Cr23Ni23Cu3（A）与 0Cr23Ni23Mo3Cu3（B）在 100℃硫酸中腐蚀率的比较

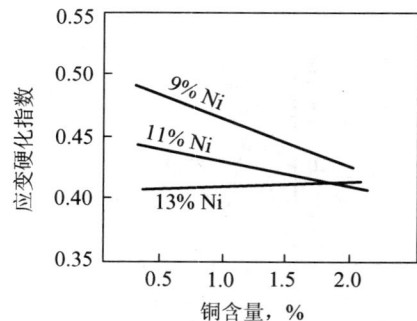

图 2-25　Cr18Ni（9~13）钢中铜含量对冷加工硬化倾向的影响

2.7.8 硅

不锈钢中含硅可使表面膜富硅，提高高浓度硝酸和硫酸中的耐蚀性。高硅奥氏体不锈钢中可加入硅 2%～7%（见图 2-26）。含硅量 1%左右时对耐非敏化型晶间腐蚀性能不利。

将硅含量降至低于 0.1%时有良好的耐非敏化型晶间腐蚀性能（见图 2-27）。有试验认为奥氏体不锈钢中硅含量超过 2%可提高在高浓度氯化物溶液中的耐应力腐蚀性能，但实际应用并不多。

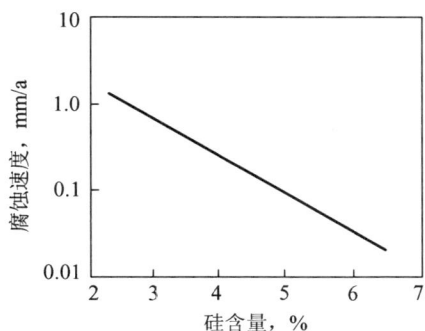

图 2-26　Cr18Ni（15~17）奥氏体不锈钢中硅含量对在室温高浓硝酸中腐蚀速度的影响

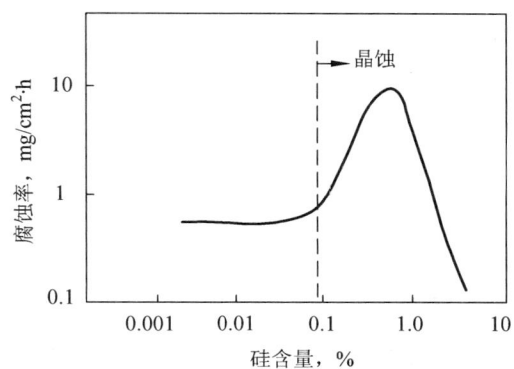

图 2-27　Cr18Ni14 奥氏体不锈钢中硅含量对在沸腾 $5NHNO_3+0.46Cr^{6+}$ 溶液中非敏化态晶间腐蚀的影响（虚线右侧产生非敏化态晶间腐蚀）

3 压力容器用不锈钢

3.1 压力容器用不锈钢的概念

按照压力容器行业的习惯，只将压力容器标准中规定可用的不锈钢材料才称为压力容器用不锈钢。这种规定包括材料的牌号、化学成分、材料状态、材料制品（板、管、棒、锻件）类型、材料尺寸范围、适用的材料标准及其他规定的技术要求等。对压力容器标准中未规定的材料、需经技术评审与批准后方可试用。

各主要国家（与地区）均有自己的压力容器标准，一般只规定采用本国的材料。如需应用境外的材料应符合有关规定，如应满足国内压力容器中规定的技术要求等。中国应按 TSG 21—2015《固定式压力容器安全技术监察规程》等的规定。

材料和不锈钢材料标准可分为通用标准和专用标准两类。压力容器专用的不锈钢材料标准要比通用标准有更严格的技术要求，基本上可满足压力容器的一般要求。压力容器专用不锈钢材标准的名称中应说明为"压力容器用"或"承压用"。压力容器用管材标准的名称中常附有"热交换器用"、"给水器用"、"冷凝器用"、"流体输送用"、"过热器用"等说明。压力容器用的材料制品主要有板、管、锻件，也用棒材与铸件。目前 ISO、ASTM、EN 和 GB 标准中对这 5 种材料制品均已全部或大部都有了压力容器专用不锈钢标准（见附录 A）。其中 EN、ASTM 标准中这 5 种材料制品标准已齐全。GB 标准中只有板、管、锻件的压力容器标准。GB 150 压力容器标准中还没有应用不锈钢铸件。压力容器用不锈钢棒材主要用于螺栓、拉杆等，用量少，且为非焊件，特殊技术要求较少，现在采用 GB/T 1220、GB/T 4226 不锈钢棒的通用标准也是可以的。GB/T 21832 和 GB/T 21833 双相不锈钢管为通用标准，在国内尚无压力容器专用双相不锈钢管的情况下，压力容器标准中只能先采用通用标准，并补充必要的技术要求。

据中国不锈钢消费结构的统计，在不锈钢材的消费量中，压力容器用不锈钢材的消费量约占 10%，有时可能更多。

主要的压力容器标准中所采用的不锈钢牌号数量列于表 3-1，其中奥氏体钢应用牌号最多。

表 3-1　主要的压力容器标准中采用的不锈钢牌号数

压力容器标准号	不锈钢压力加工材						不锈铸钢
	奥氏体钢	双相钢	铁素体钢	马氏体钢	沉淀硬化钢	合计	
GB 150—2011	11	4	3	1		19	
ASME—2013	56	14	19	3	3	95	20
JIS B 8265：2003	24	3	4	3	1	35	13
EN13445：2009	49	6		8		63	10

在 5 类不锈钢中，压力容器用奥氏体不锈钢的量超过压力容器用不锈钢总量的 90%，其次为双相钢，其他 3 类用得很少。压力容器主要采用焊接构件，马氏体不锈钢和沉淀硬化不锈钢基本上不用于压力容器的焊接件，因而用量很少。

3.2 压力容器用不锈钢的特点

3.2.1 对耐蚀性能的要求常较高

（1）腐蚀介质为液相和气相，化工过程工业设备中的介质的腐蚀性常较强。随着化工过程工业的不断发展，往往接触腐蚀性更强的介质。化工过程工业设备可分为两类，一类为压力容器，二类为泵、阀、风机、压缩机等流体机械。压力容器与流体机械接触的介质大致相似，但化工过程的化学反应和物理反应基本上都在压力容器中进行，介质中有时会存在腐蚀性更强的中间反应产物，介质温度也较高，腐蚀性常更强。流体机械中的主要耐蚀零部件常配有备件或有备用设备，换备件时对连续的化工生产过程影响不大。而压力容器为核心设备，一般没有备件或备用设备，一旦产生腐蚀失效事故后常造成整个化工过程的停产，损失很大，因而对压力容器用不锈钢的耐蚀性能与可靠性要求更高；

（2）不锈钢压力容器的腐蚀失效形态除均匀速度外，尚有晶间腐蚀、点腐蚀、缝隙腐蚀、应力腐蚀、腐蚀疲劳等局部腐蚀。据统计，在不锈钢压力容器的腐蚀失效事故中，均匀腐蚀约占 1/10，而局部腐蚀约占 9/10。腐蚀介质为液相与气相，同一种介质在液相时的均匀腐蚀能力要比气相高得多。腐蚀分为电化学腐蚀和非电化学的化学腐蚀两类。在气相介质中只能产生非电化学的化学腐蚀，在液相电解质溶液中才既能产生非电化学的化学腐蚀，又能产生电化学腐蚀。均匀腐蚀可以是非电化学的化学腐蚀，也可以是电化学腐蚀。而局部腐蚀只能为电化学腐蚀，即同一种介质，当温度超过沸点时只能呈气相，只能产生较轻的均匀腐蚀。当温度低于沸点时介质呈液相，且又是电解质溶液时，才能产生较重的均匀腐蚀及局部腐蚀。压力容器中的液相电解质绝大部分为水溶液，如酸、碱、盐的水溶液。常压下水的沸点为 100℃，沸点温度会随压力的提高而提高，表压 1MPa 时沸点约为 185℃，表压 10MPa 时沸点约为 315℃，表压 22.5MPa 时沸点为 374.3℃。由于压力再提高，沸点也不会再提高，水均呈气相存在，称 22.5MPa 为 H_2O 的临界压力，374.3℃为 H_2O 的临界温度。如果压力容器中的介质为 H_2O，在常压时，只能在 100℃以下介质才能呈液相，才可能产生电化学腐蚀的局部腐蚀。压力容器的基本特点是介质有压力（≥0.1MPa），提高压力本身并不能提高介质的腐蚀性，提高温度才能明显提高介质的腐蚀性。但随着压力的提高，介质的沸点也随之提高，介质在沸点以下更高的温度范围可呈液相，液相介质可以产生更高的腐蚀性，尤其是保持了产生局部腐蚀的电化学腐蚀能力。

水中加入了某些溶质成为电介质溶液后，常压下的沸点与电介质溶液的类型及浓度有关，一般比水的沸点要高，见表 3-2。当压力容器中存在压力时，水溶液介质可在较高的温度范围内呈液相，可使介质具有更高的腐蚀性，并保持有产生局部腐蚀的能力。可以说压力容器由于具有压力而可能使介质具有更苛刻的腐蚀能力，比一般机械设备用不锈钢常要求更高的耐腐蚀性能；

31

表 3-2　一些水溶液的常压沸点与浓度的关系

介质浓度 %	各介质水溶液的常压沸点/℃						
	盐酸	硫酸	硝酸	磷酸	醋酸	蚁酸	氢氧化钠
10	104	102	103	100	101	101	103
20	110	104	106				108
30		108	109	102		102	118
50		123	117	108	103		
85		225				106	
98		330					

（3）不锈钢的耐蚀性能主要与化学成分和状态有关，相同或相似化学成分的不锈钢材在不同的状态常具有不同的耐蚀性能。奥氏体不锈钢和双相不锈钢材在固溶处理状态，铁素体不锈钢在退火状态具有最佳的耐蚀性能及综合性能。因此这些不锈钢材必须在规定的固溶状态和退火状态交货。机、泵、阀等不锈钢设备和耐蚀构件在机械制造过程中常不再经受冷、热成形及焊接，设备构件仍可保持原材料的固溶和退火状态，耐蚀性能与综合性能基本不变。有些设备与构件在机械制造过程中必须进行冷、热变形及焊接，由于设备与构件尺寸多不大，构件不太复杂，因而可以在冷、热变形与焊接后重新进行固溶及退火处理，仍可使不锈钢设备与构件保持在最佳的耐蚀性与综合性能的状态下应用。不锈钢压力容器制造时都要进行冷变形及焊接，有的构件还要进行热变形，由于压力容器的尺寸一般都较大，结构较复杂，很难或不可能在制造后重新进行热处理。尤其是固溶处理的温度较高（常为 1 050℃～1 150℃），水冷时产生的变形与内应力较大，一般很难进行。封头热成形后尚可固溶处理，容器筒节组焊后则很难进行固溶热处理。尤其是管壳式热交换器的管子与管板的涨管部位靠冷变形连接，热处理后会失去涨管作用，不允许热处理，因而不锈钢压力容器（除个别非焊结构的小高压釜外）一般均只能在制造状态应用。焊接接头在焊后状态的耐蚀性特别是耐晶间腐蚀性能明显降低，冷变形构件及焊接构件由于存在变形内应力和焊接内应力，提高了产生晶间腐蚀与应力腐蚀的可能性，因此压力容器用不锈钢应当要求所用不锈钢在正常制造后的制造状态仍然应具有足够的耐蚀性，此外在相同的腐蚀介质条件下，压力容器用不锈钢应当比其他设备构件用不锈钢具有更好的耐蚀性能；

（4）不锈钢压力容器中腐蚀性较强的介质主要为液相，多为水溶液。随着水环境的污染加剧，水中含氯化物的浓度越来越高。压力容器用不锈钢90%以上采用综合性能良好的奥氏体不锈钢，而奥氏体不锈钢对含氯化物水溶液的产生应力腐蚀和点腐蚀的敏感性要比铁素体不锈钢和双相不锈钢高得多。因此要求压力容器常应具有优良的耐氯化物溶液产生应力腐蚀和点腐蚀的性能。不锈钢压力容器中大量采用热交换器，大多采用水作为加热或冷却介质的传热介质。一方面由于淡水受污染后氯离子浓度的增高，另一方面由于淡水的稀缺，常采用海水作为传热介质，更加要求压力容器具有良好的抗海水等高氯离子浓度水的耐应力腐蚀与点腐蚀的性能。据以压力容器为主的化工过程中不锈钢设备的腐蚀失效事故统计，全面腐蚀形态约占10%，在局部腐蚀形态中，应力腐蚀与点腐蚀形态占有最大比例。不锈钢压力容器的主要构件在冷成形与焊接后绝大部分场合都不再进行消除应力热处理，以免产生严重的晶间腐蚀敏化与析出金属间化合物相，降低耐蚀性能。因此压力容器用不锈钢常应要求在冷变形及焊后状态仍然具有优良的抗应力腐蚀性能、抗晶间腐蚀及抗点腐蚀性能。

3.2.2 要求良好的综合力学性能

（1）压力容器的基本特性为承压，要求在介质压力的长期作用下，承压构件具有足够的承受应力的能力，具有较高的强度，包括抗拉强度、屈服强度、蠕变强度、持久强度、疲劳强度等；

（2）压力容器要求主要的筒体与壳体承压时宏观上不得产生塑性变形（不包括局部应力集中部位），因而要求所用不锈钢有良好的塑性，压力容器应具有较高的塑性储备。奥氏体不锈钢塑性最高，最宜用于压力容器。铁素体不锈钢易产生 475℃ 脆性，σ 相析出脆性及焊后大晶粒脆性等，较少用于压力容器。马氏体不锈钢和沉淀硬化不锈钢塑性常较低，很少用于压力容器的焊接构件。双相不锈钢也有较好的塑性，可以满足压力容器的要求。

常用的大部分奥氏体不锈钢牌号室温断后伸长率下限保证值多为 35%～45%。屈强比多不超过 0.5。冷变形时有较宽的应力幅度，因而有良好的冷变形性能。当容器中局部应力集中部位所承受的最大应力超过屈服强度时，不锈钢构件可产生塑性变形，降低局部应力峰值，使最大应力较难达到抗拉强度值，减少断裂的发生，提高压力容器的超载安全性。

压力容器的绝大多数材料在由屈服强度确定许用应力时常用 $R_{p0.2}$，由于奥氏体不锈钢的塑性高、屈强比低，在由屈服强度确定许用应力时可用 $R_{p1.0}$。这可使不锈钢材料节约 20%～50%。此时，该奥氏体不锈钢除应检验室温 $R_{p1.0}$ 合格外，同时应有各温度下的 $R_{p1.0}$ 保证值数据，以供压力容器强度计算时采用；

（3）GB 150—2011 中不锈钢的最高应用温度为 800℃，ASME—2013 为 899℃。当应用温度超过 550℃～600℃ 时，许用应力可能按持久强度和蠕变极限来确定。应要求不锈钢具有可靠的高温长时拉伸性能数据；

（4）奥氏体不锈钢常用于超低温压力容器，最低可用于 -273℃（按 EN 13445：2009），应要求良好的低温冲击韧性。低温压力容器用奥氏体不锈钢基本上全采用铬镍奥氏体不锈钢（300 系），不采用以锰、氮代镍的奥氏体不锈钢（200 系）。按 GB 150—2011 规定，铁素体不锈钢的使用温度应不低于 0℃，双相不锈钢的使用温度应不低于 -20℃。其他国家的压力容器标准的允许最低温度稍低些，如 ASME—2013 中规定，厚度 ≤3mm 的铁素体铬不锈钢及厚度 ≤10mm 的双相不锈钢，厚度 ≤6mm 的马氏体铬不锈钢可用于 -29℃，且可免除冲击试验的检验。

3.2.3 工艺要求

（1）由于不锈钢压力容器的承压件多为焊接构件，且很难对其整体进行固溶处理，消除应力热处理也会因敏化作用而降低耐晶间腐蚀等耐蚀性能。尽管采用焊条电弧焊也可达到力学性能要求，但采用热源集中、线能量低的钨极惰性气体保护焊、金属极惰性气体保护焊、等离子焊、电子束焊等焊接工艺，可使不锈钢的焊接构件在焊后状态获得优良得多的耐晶间腐蚀等耐蚀性能。随着焊接技术的发展，这些焊接方法的成本也逐渐降低，因此不锈钢压力容器的焊接方法应尽量采用这些线能量更低的方法,有时耐蚀性能可提高数倍,是提高不锈钢压力容器耐蚀性的重要措施;

(2)奥氏体不锈钢的塑性高,构件的成形宜尽量采用冷成形,以免热成形会产生敏化,降低耐蚀性,且不易进行固溶处理。按 GB 150—2011 规定,奥氏体不锈钢的冷变形率不超过 15%、低温或高温构件不超过 10%时可以免做恢复性能的热处理。可以说,绝大部分的奥氏体不锈钢构件冷成形后均可不进行恢复性能的热处理。在 CODAP—2000 中规定,对于双相不锈钢而言,如果不存在应力腐蚀,冷成形率低于 10%时可不进行恢复性能的热处理。

3.2.4 常采用复合材料

(1)压力容器采用不锈钢,多数情况是为了满足耐蚀要求。当筒体、封头、管板等构件的厚度较厚时,常采用不锈钢复合钢板,不锈钢板衬里及不锈钢堆焊等不锈钢复合材料。接触腐蚀介质的一侧采用较薄的不锈钢复层以达耐蚀目的,而基层则采用较厚的碳素钢和低合金金钢材以满足承载要求,可节约较贵的不锈钢,降低压力容器的材料成本。奥氏体不锈钢的热膨胀系数约比铁素体钢高 1/3。升温后奥氏体不锈钢所受到的热应力为压应力而不是拉应力,不易因热应力而拉裂。当为松衬里时,衬层可能因受压应力,同时衬层与基层之间多数部位没有连接,有时会产生鼓包。随着不锈钢复合板的发展,现在压力容器已很少采用不锈钢衬里结构,而大量采用不锈钢复合板。不锈钢复合板覆层与基层有很好的连接强度,不会因热应力而产生鼓泡。压力容器的管板厚度常较厚,在碳素钢和低合金钢(厚板或锻件)的表层可用带极堆焊覆盖不锈钢堆焊层,覆层与基层的焊接具有很好的连接强度,但堆焊层一般都很难进行固溶处理,耐蚀性能要低于不锈钢板与锻件。当管板采用不锈钢复合材料时,可根据具体情况选用不锈钢复合板或不锈钢堆焊;

(2)不锈钢复合板的生产主要采用爆炸复合和叠轧(热轧)复合两种形式。叠轧的不锈钢复合板的状态一般为热轧后空冷的状态。如果按照奥氏体不锈钢和双相不锈钢的固溶处理工艺在 1 050℃ ~ 1 150℃温度水冷,不锈钢覆层可得到固溶状态,具有良好的耐晶间腐蚀等耐蚀性能。但对于基层的碳素钢和低合金钢而言,加热温度过高(一般应为 900℃左右),水冷后会产生马氏体等淬硬组织,明显降低了塑性和韧性。如再进行回火处理(约600℃左右),虽然能提高基层材料的塑性韧性,但对于覆层的奥氏体不锈钢和双相不锈钢而言,这种温度下会产生敏化,大大降低了耐晶间腐蚀性能,同时也会析出化合物相,降低了不锈钢的塑性、韧性和耐蚀性。基层碳素钢与低合金钢的应用热处理状态为热轧、控轧、正火、正火+回火、调质等状态。如复合板全按基层钢材的热处理状态,均不能使复层不锈钢达到固溶处理的状态。如复合板处于叠轧后的状态,由于叠轧温度低于固溶处理温度,空冷的冷却速度又低于水冷,因而不能使覆层的奥氏体不锈钢和双相不锈钢达到耐腐蚀性能最佳的固溶处理状态,多数情况下也不能是基层碳素钢和低合金钢达到力学性能最佳的状态。可以认为,没有一种热处理状态能同时满足覆层与基层材料的最佳性能要求。

叠轧复合工艺属于热作工艺,而爆炸复合工艺基本上属于冷作工艺。在爆炸复合时,只有覆层与基层的撞击表层的很薄的结合层(如低于几个 μm)区域在极短的时间内产生高温(可超过熔点)并以极快的速度冷却,因此结合层以外的覆层和基层的绝大部分金属均一直处于室温，材料组织、成分状态与性能均没有变化。即均仍保持性能最佳的供货状态，覆层奥氏体不锈钢与双相不锈钢均保持固溶状态，基层碳素钢和低合金钢均保持钢材标准所规定的供货热处理状态，这样可使覆层与基层材料均保持最佳的性能。近年爆炸复合技术已发展得比较成熟，复合成本也较低，不必采用轧机、加热炉等设备。因此在复合板中绝大部分均已应用爆炸复合板，特别是不锈钢压力容器，由于在大部分情况下都要求不锈钢具有较好的耐晶间腐蚀性能，所以压力容器用不锈钢复合板基本上都已采用爆炸复合板。压力容器制造厂只要具有爆炸的场地条件，就能生产不锈钢复合板，应用更为方便。

　　由于奥氏体不锈钢本身具有很好的塑性和韧性，爆炸复合后即使不进行消除应力热处理，也常能达到满意的结合质量。常规的高温消除应力热处理虽然可以提高结合质量，但会使复层不锈钢产生敏化，降低耐晶间腐蚀性能。因此当要求较好的耐晶间腐蚀性能时，不宜进行高温消除应力退火处理，可以选择不进行退火热处理，或在较低温度进行退火热处理。资料报导，200℃～400℃的退火即可明显消除应力，而在此温度短时处理，可以基本上不产生敏化。

3.2.5　检验要求

　　（1）不锈钢压力容器用于高温（气相介质）与低温时不要求进行晶间腐蚀敏感性检，只有用于具有晶间腐蚀能力的电介质中时才必须进行晶间腐蚀检验。实际上不锈钢压力容器大部分都用于耐蚀，而且大部分情况下介质多具有较强的晶间腐蚀能力，因此大部分所用不锈钢材及压力容器构件都要求进行晶间腐蚀检验。由于不锈钢的压力容器基本上都在制造状态应用，焊接热循环等热加工会使压力容器受到不同程度的敏化，明显降低耐晶间腐蚀能力。只有晶间腐蚀检验合格，才能较好地避免（当然有时并不能绝对避免）在长期应用中基本上不产生或少产生晶间腐蚀失效事故。对不锈钢压力容器及其所用不锈钢材的晶间腐蚀检验应当给予特别的重视；

　　（2）不锈钢压力容器采用双相不锈钢的数量越来越多，对耐应力腐蚀、提高强度、降低成本等均起到重要作用。双相不锈钢容易在热加工过程中析出有害金属间化合物相，尤其是双相不锈钢压力容器基本上均在焊后等制造状态下使用，应当对其析出的有害金属间化合物相的量及其对性能的影响有所控制。ASTM A480《不锈钢板的一般要求》中规定，必要时应对双相不锈钢材及其焊接接头中的有害金属间化合物相进行检验。试验方法按 ASTM A923—2006《双相不锈钢有害金属间相的检验方法》分三种方法，A 法为金相检验；B 法为检测-40℃的冲击功不得低于 54J；C 法为在 22℃～40℃，6%FeCl$_3$溶液中腐蚀 24h，腐蚀率不得超过 0.365mm/a。

3.3　主要的压力容器标准中应用的不锈钢

3.3.1　GB 150—2011 标准中应用的不锈钢

　　中国 GB 150—2011 压力容器标准中应用的不锈钢见表 3-3。按中国的习惯，镍含量超过 30%的合金不称为不锈钢，镍含量低于 30%才称为不锈钢，这与美、欧的习惯不同。

应注意到，所采用的 PRE≥40 的超级不锈钢只应用了 022Cr25Ni7Mo4N 双相不锈钢一个牌号，且仅为管材。中氮型（N＞0.1%）奥氏体不锈钢一个牌号也没有应用，因而高耐蚀性的不锈钢牌号的应用比欧、美少得多，共应用压力加工不锈钢牌号 19 个，仅为 ASME—2013 所用牌号的 1/5，留给设计选材的余地较小。美、欧、日标准中均采用了不锈铸钢，而 GB 150—2011 中没有采用不锈铸钢。

低碳级的 06Cr13 牌号在我国不锈钢通用标准中按美、日习惯列为马氏体不锈钢 S41008，表 3-3 中按 GB 24511—2009 承压板规定及欧洲习惯称为铁素体不锈钢，S11306，且 C≤0.06%。

GB 150—2011 压力容器标准中所应用的不锈钢材标准只有板材标准应用了 GB 24511—2009 承压板材标准，锻件应用了 NB/T 47010—2010 承压锻件标准，其他管材、棒材则多应用了通用的不锈钢材标准。同一牌号在承压专用标准中与通用标准中化学成分与力学性能多不相同，见表 3-4。应注意压力容器用不锈钢板应按 GB 24511—2009 订购，锻件按 NB/T 47010—2010 订购；管、棒才可按通用的不锈钢材订购。承压标准中硫、磷含量的上限要比通用标准低，必要时管、棒的硫、磷含量也可参照承压标准中的要求。

表 3-3　GB 150—2011 中应用的不锈钢

不锈钢类	数字代号	牌号	材料制品类型							最高应用温度/℃	PRE 值
			板	锻件	换热无缝管	换热焊管	无缝管	焊接管	棒		
奥氏体钢	S30403	022Cr19Ni10	0	0	0		0	0		450	19
	S30408	06Cr19Ni10	0	0	0	0	0	0	0	700	19.8
	S30409	07Cr19Ni10	0	0	0					700	19
	S31008	06Cr25Ni20	0	0	0		0			800	25
	S31603	022Cr17Ni12Mo2	0	0	0	0	0	0		450	26.05
	S31608	06Cr17Ni12Mo2	0	0	0	0	0	0	0	700	26.05
	S31668	06Cr17Ni12Mo2Ti	0	0	0		0			500	25.25
	S31703	022Cr19Ni13Mo3	0	0	0		0	0		450	30.55
	S31708	06Cr19Ni13Mo3	0		0		0			700	31.35
	S32168	06Cr18Ni11Ti	0	0	0	0	0	0	0	700	18
	S39042	015Cr21Ni26Mo5Cu2	0							350	35.65
双相钢	S21953	022Cr19Ni5Mo3Si2N	0	0			0	0		300	29.19
	S22053	022Cr23Ni5Mo3N	0	0			0	0		300	35.95
	S22253	022Cr22Ni5Mo3N	0	0			0	0		300	34.14
	S25073	022Cr25Ni7Mo4N					0			300	42.52
铁素体钢	S11348	06Cr13Al	0							400	13
	S11972	019Cr19Mo2NbTi	0							350	25.79
	S11306	06Cr13	0	0						400	12
马氏体钢	S42020	2OCr13							0	400	13

表3-4 中国承压标准与通用标准中不锈钢的化学成分与室温拉伸性能

牌号	统一数字代号	标准类型	化学成分、范围或上限/%									R_m MPa ≥	$R_{p0.2}$ MPa ≥	$R_{p1.0}$ MPa ≥	A %
			C	Si	Mn	P	S	Ni	Cr	Mo	其他				
022Cr19Ni10	S30403	承压	0.030	0.75	2.00	0.035	0.020	8.00~12.00	18.00~20.00			490	180	230	40
		通用	0.030	1.00	2.00	0.045	0.030	8.00~12.00	18.00~20.00			485	170		40
06Cr19Ni10	S30408	承压	0.08	0.75	2.00	0.035	0.020	8.00~10.50	18.00~20.00		N0.1	520	205	250	40
		通用	0.08	1.00	2.00	0.045	0.030	8.00~11.00	18.00~20.00			515	205		40
07Cr19Ni10	S30409	承压	0.04~0.10	0.75	2.00	0.035	0.020	8.00~10.50	18.00~20.00			520	205	250	40
		通用	0.04~0.10	1.00	2.00	0.045	0.030	8.00~11.00	18.00~20.00			515	205		40
06Cr25Ni20	S31008	承压	0.04~0.08	1.50	2.00	0.035	0.020	19.00~22.00	24.00~26.00			520	205	240	40
		通用	0.08	1.50	2.00	0.045	0.030	19.00~22.00	24.00~26.00			515	205		40
022Cr17Ni12Mo2	S31603	承压	0.030	0.75	2.00	0.035	0.020	10.00~14.00	16.00~18.00	2.00~3.00	N0.1	490	180	260	40
		通用	0.030	1.00	2.00	0.045	0.030	10.00~14.00	16.00~18.00	2.00~3.00		485	170		40
06Cr17Ni12Mo2	S31608	承压	0.08	0.75	2.00	0.035	0.020	10.00~14.00	16.00~18.00	2.00~3.00	N0.1	520	205	260	40
		通用	0.08	1.00	2.00	0.045	0.030	10.00~14.00	16.00~18.00	2.00~3.00		515	205		40
06Cr17Ni12Mo2Ti	S31668	承压	0.08	0.75	2.00	0.035	0.020	10.00~14.00	16.00~18.00	2.00~3.00	Ti≥5C	520	205	260	40
		通用	0.08	1.00	2.00	0.045	0.030	10.00~14.00	16.00~18.00	2.00~3.00	Ti≥5C	515	205		40
022Cr19Ni13Mo3	S31703	承压	0.030	0.75	2.00	0.035	0.020	11.00~15.00	18.00~20.00	3.00~4.00	N0.1	520	205	260	40
		通用	0.030	1.00	2.00	0.045	0.030	11.00~15.00	18.00~20.00	3.00~4.00		515	205		40
06Cr19Ni13Mo3	S31708	承压	0.08	0.75	2.00	0.035	0.020	11.00~15.00	18.00~20.00	3.00~4.00		520	205	260	35
		通用	0.08	1.00	2.00	0.045	0.030	11.00~15.00	18.00~20.00	3.00~4.00		515	205		35
06Cr18Ni11Ti	S32168	承压	0.08	0.75	2.00	0.035	0.020	9.00~12.00	17.00~19.00		Ti≥5C	520	205	250	40
		通用	0.08	1.00	2.00	0.045	0.030	9.00~12.00	17.00~19.00			515	205		40

表3-4（续）

牌号	统一数字代号	标准类型	C	Si	Mn	P	S	Ni	Cr	Mo	其他	R_m MPa ≥	$R_{p0.2}$ MPa ≥	$R_{p1.0}$ MPa ≥	A %
							化学成分，范围或上限/%								
015Cr21Ni26Mo5Cu2	S39042	承压	0.020	1.00	2.00	0.030	0.010	24.00~26.00	19.00~21.00	4.00~5.00	N0.10 Cu1.20~2.00	490	220	260	35
	S31782	通用	0.020	1.00	2.00	0.045	0.035	23.00~28.00	19.00~23.00	4.00~5.00	N0.10Cu1.00~2.00	490	220		35
022Cr19Ni5Mo3Si2N	S21953	承压	0.030	1.30~2.00	1.00~2.00	0.030	0.020	18.00~19.50	4.50~5.50	2.50~3.00	N0.05~0.12	630	440		25
	S21953	通用	0.030	1.30~2.00	1.00~2.00	0.035	0.030	18.00~19.50	4.50~5.50	2.50~3.00	N0.05~0.12	630	440		25
022Cr23Ni5Mo3N	S22053	承压	0.030	1.00	2.00	0.030	0.020	22.00~23.00	4.50~6.50	3.00~3.50	N0.14~0.20	620	450		25
	S22053	通用	0.030	1.00	2.00	0.030	0.020	22.00~23.00	4.50~6.50	3.00~3.50	N0.14~0.20	620	450		25
022Cr22Ni5Mo3N	S22253	承压	0.030	1.00	2.00	0.030	0.020	21.00~23.00	4.50~6.50	2.50~3.50	N0.08~0.20	620	450		25
	S22253	通用	0.030	1.00	2.00	0.030	0.020	21.00~23.00	4.50~6.50	2.50~3.50	N0.08~0.20	620	450		25
022Cr25Ni7Mo4N	S25073	通用	0.030	0.80	1.20	0.035	0.020	24.00~26.00	6.00~8.00	3.00~5.00	N0.24~0.32 Cu0.50	795	550		15
06Cr13	S11306	承压	0.06	1.00	1.00	0.035	0.020	0.60	11.50~13.50			415	205		20
	S41008	通用	0.08	1.00	1.00	0.040	0.030	(0.60)	11.50~13.50			415	205		20
06Cr13Al	S11348	承压	0.08	1.00	1.00	0.035	0.020	0.60	11.50~14.50		Al0.10~0.30	415	170		20
	S11348	通用	0.08	1.00	1.00	0.040	0.030	(0.60)	11.50~14.50		Al0.10~0.30	415	170		20
019Cr19Mo2NbTi	S11972	承压	0.025	1.00	1.00	0.035	0.020	1.00	17.50~19.50	1.75~2.50	(Ti+Nb)[0.20+4(C+N)]~0.80N: 0.035	415	275		20
	S11972	通用	0.025	1.00	1.00	0.040	0.030	1.00	17.50~19.50	1.75~2.50	同上	415	275		20
20Cr13	S42020	通用	0.16~0.25	1.00	1.00	0.040	0.030	(0.60)	12.00~14.00			520	225		18

注：承压标准指 GB 24511—2009 板与 NB/T 47010—2010 锻件标准，通用标准的成分按 GB/T 20878—2007。通用牌号标准与制品标准中成分有时稍有差别。

3.3.2　ASME—2013 标准中应用的不锈钢材

ASME—2013Ⅷ-1 篇压力容器建造规则中采用的不锈钢压力加工材的牌号 95 个，牌号多可能与标准的历史长有关。奥氏体不锈钢的牌号中仍保留了 200 系的 7 个 Cr-Ni-Mn 牌号，实际上近年已很少应用。所采用的奥氏体不锈钢中有 8 个 Ni-Fe-Cr 牌号，这些牌号在 UNS 系统中也可称为铁镍基合金。所采用的超级不锈钢牌号也比较多，详见表 3-5。

表 3-5　ASME—2013Ⅷ-1 篇中应用的不锈钢材

不锈钢类	合金类型	主要合金	牌号		材料制品类型							最高应用温度/℃	PRE值
			UNS	简称	板	无缝管	焊接管	锻件	棒、型	螺栓	管件		
奥氏体钢	Cr-Ni-Mn（200系）	17Cr-4Ni-6Mn	S20100	201	0							149	21
		16Cr-4Ni-6Mn	S20153	201LN	0							427	19.05
		16Cr-9Mn-2Ni-N	S20400	204	0							482	19.6
		22Cr-13Ni-5Mn	S20910	XM-19	0	0	0	0	0		0	649	34.23
		18Cr-9Ni-8Mn-4Si-N	S21800							0		427	19.08
		21Cr-6Ni-9Mn	S21904	XM-11	0	0	0	0	0		0	316	24.5
		18Cr-3Ni-12Mn	S24000	XM-29	0	0	0					427	22.8
	Cr-Ni（300系）	17Cr-7Ni	S30100	301	0							427	17.8
		18Cr-8Ni	S30200	302	0			0				399	18.8
		18Cr-8Ni	S30400	304	0	0	0	0		0	0	816	19
		18Cr-8Ni	S30403	304L	0	0	0	0	0		0	649	19
		18Cr-8Ni	S30409	304H	0	0	0	0			0	816	19
		18Cr-8Ni-N	S30451	304N	0	0	0			0	0	649	21.08
		18Cr-8Ni-N	S30453	304LN	0	0	0	0	0		0	427	21.08
		18Cr-11Ni	S30500	305	0					0		427	18
		21Cr-11Ni-N	S30815		0	0	0	0	0			899	23.72
		20Cr-10Ni	S30800	ER308				0				427	20
		23Cr-12Ni	S30900	309	0						0	816	23
		23Cr-12Ni	S30908	309S	0	0	0		0			816	23
		23Cr-12Ni	S30909	309H	0	0	0		0			816	23
		23Cr-12Ni-Nb	S30940	309Cb	0	0	0		0			816	23
		25Cr-20Ni	S31000	310	0			0				816	25
		25Cr-20Ni	S31008	310S	0	0	0		0		0	816	25
		25Cr-20Ni	S31009	310H	0	0	0		0			816	25
		25Cr-20Ni-Nb	S31040	310Cb	0	0	0		0			816	25
		25Cr-20Ni-Nb-N	S31042	310HCbN	0							732	29
		25Cr-22Ni-2Mo-N	S31050	310MoLN	0	0	0				0	482	35.33
		20Cr-18Ni-6Mo	S31254		0	0	0	0			0	399	43.83

表 3-5（续）

不锈钢类	合金类型	主要合金	UNS	简称	板	无缝管	焊接管	锻件	棒、型	螺栓	管件	最高应用温度/℃	PRE值
奥氏体钢	Cr-Ni（300系）	27Ni-22Cr-7Mo-Mn-Cu-N	S31277		0	0	0					427	51.28
		16Cr-12Ni-2Mo	S31600	316	0	0	0	0	0	0	0	816	25.25
		16Cr-12Ni-2Mo	S31603	316L	0	0	0	0	0		0	454	25.25
		16Cr-12Ni-2Mo	S31609	316H	0	0	0	0	0		0	816	25.25
		16Cr-12Ni-2Mo-Ti	S31635	316Ti	0							816	26
		16Cr-12Ni-2Mo-Nb	S31640	316Cb	0							816	26.05
		16Cr-12Ni-2Mo-N	S31651	316N	0	0	0	0	0		0	649	27.33
		16Cr-12Ni-2Mo-N	S31653	316LN	0	0	0	0	0		0	427	27.33
		18Cr-13Ni-3Mo	S31700	317	0	0	0				0	816	30.55
		18Cr-13Ni-3Mo	S31703	317L	0	0	0				0	454	30.55
		19Cr-15Ni-4Mo	S31725	317LMN	0	0	0	0				204	35.45
		18Cr-10Ni-Ti	S32100	321	0	0	0	0	0	0	0	816	18.8
		18Cr-10Ni-Ti	S32109	321H	0	0	0	0			0	816	18.8
		18Cr-10Ni-Nb	S34700	347	0	0	0	0	0	0	0	816	18
		18Cr-10Ni-Nb	S34709	347H	0	0	0	0			0	816	18
		18Cr-10Ni-Nb	S34710	347HFG	0							732	18
		18Cr-10Ni-Nb	S34751	347LN	0	0						593	19.78
		18Cr-10Ni-Nb	S34800	348	0	0	0	0	0		0	816	18
		18Cr-10Ni-Nb	S34809	348H		0	0	0			0	816	18
		18Cr-18Ni-2Si	S38100	XM-15	0	0	0					538	18
	Ni-Fe-Cr(UNS列为铁镍基合金)	35Ni-35Fe-20Cr-Nb	N08020	20Cb-3	0	0	0	0	0		0	427	28.25
		46Fe-24Ni-21Cr-6Mo-Cu-N	N08367		0	0	0	0	0		0	427	45.89
		25Ni-47Fe-21Cr-5Mo	N08700	700	0				0			343	36.35
		33Ni-42Fe-21Cr	N08800	800	0	0	0	0	0		0	816	21
		33Ni-42Fe-21Cr	N08810	800H	0	0	0	0	0			899	21
		33Ni-42Fe-21Cr	N08811	800HP	0	0	0	0	0			899	21
		44Fe-25Ni-21Cr-Mo	N08904	904L	0	0	0		0		0	371	36.65
		25Ni-20Cr-6Mo-Cu-N	N08925		0	0	0		0			427	43.85
双相钢	Cr-Ni（300系）	25Cr-6Ni-Mo-N	S31200		0							316	33
		25Cr-6.5Ni-3Mo-N	S31260		0	0	0					343	38.1
		18Cr-5Ni-3Mo	S31500			0	0					399	28.78
		22Cr-5Ni-3Mo-N	S31803		0	0	0		0		0	316	34.14
		23Cr-4Ni-Mo	S32304	2304	0	0	0					316	26.07
		25Cr-5Ni-3Mo-2Cu	S32550	255	0	0	0		0			260	39.52

表 3-5（续）

不锈钢类	合金类型	主要合金	牌号 UNS	简称	板	无缝管	焊接管	锻件	棒、型	螺栓	管件	最高应用温度/℃	PRE值
双相钢	Cr-Ni（300系）	25Cr-7Ni-4Mo-N	S32750	2507	0	0	0				0	316	42.68
		26Cr-4Ni-Mo	S32900	329	0	0	0					260	30.45
		22Cr-2Ni-Mo-N	S32202		0	0	0	0	0			316	26.95
		22Cr-5Ni-3Mo-N	S32205	2205	0	0	0	0	0		0	316	34.97
		25Cr-7.5Ni-3.5Mo-N-Cu-W	S32760		0	0	0	0	0		0	316	40.55
		29Cr-6.5Ni-2Mo-N	S32906		0	0	0		0			316	41.37
		26Cr-4Ni-Mo-N	S32950		0	0	0					316	37.28
		25Cr-7Ni-3Mo-W-Cu-N	S39274			0	0				0	329	39.38
铁素体钢	400系	12Cr-Al	S40500	405	0	0	0		0			538	13
		12Cr-Ti	S40800			0	0					427	12.25
		11Cr-Ti	S40900	409		0	0					427	11.1
		11Cr-Ti	S40910		0							427	11.34
		11Cr-Ti	S40920		0							427	11.34
		11Cr-Ti	S40930		0							427	11.34
		15Cr	S42900	429	0	0	0					649 371（焊管）	15
		17Cr	S43000	430	0	0	0		0			649 538（棒）	17
		18Cr-Ti	S43035	439		0	0					343	18.24
		18Cr-Ti	S43036	430Ti	0	0	0					427	17.75
		18Cr-2Mo	S44400	444	0	0	0					343	25.76
		27Cr	S44600	446	0							343	27
		27Cr-1Mo-Ti	S44626	XM-33	0	0	0					343	30.28
		27Cr-1Mo	S44627	XM-27	0	0	0	0	0			343	30.08
		25Cr-4Ni-4Mo-Ti	S44635	25-4-4	0		0					260	38.73
		26Cr-3Ni-3Mo	S44660	26-3-3	0	0	0					371 316（焊管）	38.37
		29Cr-4Mo	S44700	29-4	0	0	0		0			316	41.87
		29Cr-4Mo-Ti	S44735	28-4C		0	0					316	42.07
		29Cr-4Mo-2Ni	S44800	29-4-2	0	0	0		0			316	41.7
马氏体钢	400系	13Cr	S41000	410	0	0	0	0	0			649（板、管） 518（锻、棒）	12.5
		12Cr	S41003		0							316	11.74
		13Cr	S41008	410S	0							649	12.5
沉淀硬化钢		17Cr-4Ni-4Cu	S17400	630					0			343	16
		19Cr-9Ni-Mo-N	S63198	651						0		538	24.04
		25Ni-15Cr-2Ti	S66286	660					0			371	18.88

3.3.3　JIS B8265：2003 标准中应用的不锈钢材

　　日本压力容器标准中采用的不锈钢材牌号较少。奥氏体不锈钢中主要采用 18-8 型和 18-12-Mo 型的牌号，只有 SUS836L 一个牌号属于超级奥氏体不锈钢。双相钢和铁素体钢都没有应用超级不锈钢。常用的 18-8 型与 18-12-Mo 型奥氏体不锈钢标准中也没有采用控氮型（N≤0.1%）的牌号。具体牌号列于表 3-6。

表 3-6　JIS B 8265：2003 中应用的不锈钢材

不锈钢种类	主要合金	SUS牌号	材料制品类型						最高应用温度/%	PRE值
			板、棒	换热管	配管	焊接配管	炉管	锻件		
奥氏体钢	18Cr-8Ni	302	0						400	18
	18Cr-8Ni	304	0	0	0	0	0	0	800 815（炉管）	19
	18Cr-8Ni	304H		0	0		0	0	800 815（炉管）	19
	超低碳 18Cr-8Ni	304L	0	0	0	0		0	425	19
	18Cr-8Ni-N	304N						0	650	21.08
	23Cr-12Ni	309		0	0				800	23
	23Cr-12Ni	309S	0	0	0	0			800	23
	25Cr-20Ni	310		0	0			0	800	25
	25Cr-20Ni	310S	0	0	0	0			800	25
	16Cr-12Ni-2Mo	316	0	0	0	0	0	0	800 815（炉管）	25.25
	16Cr-12Ni-2Mo	316H		0	0		0	0	800 814（炉管）	25.25
	超低碳 16Cr-12Ni-2Mo	316L	0	0	0	0		0	450	25.25
	16Cr-12Ni-2Mo-N	316N						0	650	27.81
	16Cr-12Ni-2Mo-2Cu	316JI	0						450	24.52
	超低碳 16Cr-12Ni-2Mo-2Cu	316JIL	0						450	24.52
	16Cr-12Ni-2Mo-Ti	316Ti	0						800	25.25
	18Cr-13Ni-3Mo	317	0	0	0	0			800	30.55
	超低碳 18Cr-13Ni-3Mo	317L	0	0	0			0	450	30.55
	18Cr-10Ni-Ti	321	0	0	0	0	0	0	800 815（炉管）	18
	18Cr-10Ni-Ti	321H		0	0		0	0	800 815（炉管）	18
	18Cr-10Ni-Nb	347	0	0	0	0	0	0	800 815（炉管）	18
	18Cr-10Ni-Nb	347H		0	0		0	0	800 815（炉管）	18
	21Cr-25Ni-6Mo	836L	0	0	0				150	43.3
	21Cr-25Ni-5Mo	890L	0	0	0				350	36.85

表 3-6（续）

不锈钢种类	主要合金	SUS牌号	材料制品类型						最高应用温度/℃	PRE值
			板、棒	换热管	配管	焊接配管	炉管	锻件		
双相钢	25Cr-4Ni-2Mo	329J₁	0	0	0				250（板、棒）400（管）	32.1
	超低碳23Cr-5.5Ni-3Mo-N	329J₃L	0						300	37.94
	超低碳25Cr-6.5Ni-3Mo-N	329J₄L	0						300	37.94
铁素体钢	12Cr-Al	405	0	0					525	13
	15Cr	429	0						650	15
	17Cr	430	0	0					650 625	27
	17Cr-1Mo	434	0						425	20.3
马氏体钢	12Cr	403	0						650	12.25
	13Cr	410	0	0					650 625	12.5
	13Cr	410S	0						650	12.5
沉淀硬化钢	17Cr-4Ni-4Cu	630	0						325	21.05

3.3.4　EN 13445：2009 标准中应用的不锈钢材

EN 13445：2009 标准中应用的不锈钢压力加工材见表 3-7。所用不锈钢标准均为承压不锈钢专用标准，所列性能数据较全。如室温 R_m、$R_{p0.2}$、$R_{p1.0}$、A，室温与低温 KV_2 值，高温 R_m、$R_{p0.2}$ 及 $R_{p1.0}$ 保证值，热成形与热处理温度，焊后热处理规定，高温持久强度与蠕变强度，低温拉伸性能以及有关物理性能等。这些性能数据不论供货时是否检验，均为不锈钢材生产厂所能保证，供压力容器建造中放心地应用。

EN 10088-1：2005 不锈钢牌号标准中将不锈钢按组织分为五类，EN 13445：2009 中只应用了奥氏体钢、双相钢和马氏体钢，没有应用铁素体钢和沉淀硬化不锈钢。EN 10088-1：2005 标准中将不锈钢按应用特性分为耐腐蚀钢、耐热钢和抗蠕变钢三类。EN 13445：2009 中只应用了耐腐蚀钢和抗蠕变钢，没有应用耐热钢。

EN 13445：2009 中应用的 32 个奥氏体耐蚀钢中有 21 个牌号为超低碳型。所用 32 个奥氏体耐蚀钢牌号中，推荐 10 个牌号可用至-273℃。15 个牌号的压力加工材可用于-196℃。所用超级奥氏体不锈钢有 1.4529、1.4537、1.4547 及 1.4563（接近）4 个牌号。所用 6 个双相钢牌号均为超低碳钢，且为含钼钢与含氮钢，其中 5 个牌号的铬含量为 22%～25%。所用超级双相不锈钢有 1.4501、1.4507 及 1.4410 三个牌号。

表 3-7　EN 13445：2009 中应用的不锈钢材

不锈钢类	应用类	牌　号	材料号	材料制品类型						最低应用温度/℃	PRE 值
				板	无缝管	焊接管	锻件	棒	紧固件		
奥氏体钢	耐蚀钢	X5CrNi18-10	1.4301	0	0	0	0	0	0	−196	19.38
		X4CrNi18-12	1.4303						0	−196	18.88
		X2CrNi19-11	1.4306	0	0	0		0		−273	19.88
		X2CrNi18-9	1.4307	0	0	0	0	0	0	−196	19.38
		X2CrNiN18-10	1.4311	0	0	0	0	0		−273	21.22
		X5CrNiN19-9	1.4315	0							21.72
		X2CrNiN18-7	1.4318	0							19.9
		X1CrNi25-21	1.4335	0	0					−273	26.21
		X5CrNiMo17-12-2	1.4401	0	0	0	0	0	0	−196	25.81
		X2CrNiMo17-12-2	1.4404	0	0	0	0	0	0	−196	25.81
		X2CrNiMoN17-12-2	1.4406	0			0	0		−273	27.65
		X2CrNiMoN17-13-3	1.4429	0	0	0	0	0	0	−273	29.3
		X2CrNiMo17-12-3	1.4432	0	0	0	0	0		−196	27.46
		X2CrNiMo18-12-4	1.4434	0						−273	31.95
		X2CrNiMo18-14-3	1.4435	0	0	0	0	0		−273	27.96
		X3CrNiMoN17-13-3	1.4436	0	0	0	0	0		−196	27.46
		X2CrNiMo18-15-4	1.4438	0		0				−273	30.93
		X2CrNiMoN17-13-5	1.4439	0	0	0		0		−196	35.07
		X3CrNiMo18-12-3	1.4449				0				26.49
		X1CrNiMoN25-22-2	1.4466		0			0		−273	34.51
		X1NiMoCuN25-20-7	1.4529	0	0	0		0		−196	44.65
		X1CrNiMoCuN25-25-5	1.4537	0						−196	45.52
		X1NiCrMoCu25-20-5	1.4539	0	0	0		0		−196	36.05
		X6CrNiTi18-10	1.4541	0	0	0	0	0		−196	18
		X1CrNiMoCuN20-18-7	1.4547	0	0	0		0		−196	44.97
		X6CrNiNb18-10	1.4550	0	0	0	0	0		−196	18
		X2NiCrAlTi32-20	1.4558		0						33.93
		X1NiCrMoCu31-27-4	1.4563	0	0	0		0		−273	39.43
		X3CrNiCu18-9-4	1.4567						0		18.88
		X6CrNiMoTi17-12-2	1.4571	0	0	0	0	0		−196	24.93
		X6CrNiMoNb17-12-2	1.4580	0	0			0		−196	24.45
		X2CrNiCu19-10	1.4650				0				19.89

表 3-7（续）

不锈钢类	应用类	牌号	材料号	材料制品类型						最低应用温度/℃	PRE 值
				板	无缝管	焊接管	锻件	棒	紧固件		
奥氏体钢	抗蠕变钢	X3CrNiMoBN17-13-3	1.4910	0	0		0		0	-273（螺栓）	27.49
		X7CrNiNb18-10	1.4912		0		0				18
		X6CrNiMo17-13-2	1.4918		0						25.31
		X6CrNiMoB17-12-2	1.4919					0		-196	25.81
		X7CrNiTi18-10	1.4940		0						18.88
		X6CrNiTiB18-10	1.4941	0	0		0		0	-196（螺栓）	18
		X6CrNi18-10	1.4948	0	0		0		0	-196（螺栓）	18.88
		X6CrNi23-13	1.4950	0							23.88
		X6CrNi25-20	1.4951	0							25.88
		X5NiCrAlTi31-20	1.4958	0	0						20.74
		X8NiCrAlTi32-21	1.4959	0	0						20.74
		X8CrNiNb16-13	1.4961	0	0						16
		X6NiCrTiMoVB25-15-2	1.4980					0		-196	18.88
		X8CrNiMoNb16-16	1.4981		0						22.44
		X10CrNiMoMnNbVB15-10-1	1.4982		0			0			19.18
		X_7CrNiMoBNb16-16	1.4986					0			22.44
		X_8CrNiMoVNb16-13	1.4988		0						22.39
双相钢	耐蚀钢	X_2CrNiN23-4	1.4362	0	0	0		0			26.16
		X_2CrNiMoN25-7-4	1.4410	0	0	0	0	0			42.1
		X_2CrNiMoSi18-5-3	1.4424		0						20.78
		X_2CrNiMoN22-5-3	1.4462	0	0	0	0	0			34.46
		X_2CrNiMoCuWN25-7-4	1.4501	0	0	0		0			40.55
		X_2CrNiMoCuN25-6-3	1.4507	0	0			0			40.55
马氏体钢	耐蚀钢	X_4CrNiMo16-5-1	1.4418				0				20.12
		X_3CrN13-4	1.4313				0				14.97
	抗蠕变钢	X_{10}CrMoVNb9-1	1.4903	0	0		0				12.98
		X_{11}CrMoWVNb9-1-1	1.4905		0						13.17
		X_{19}CrMoNbVN11-1	1.4913					0			14.75
		X_{20}CrMoV11-1	1.4922		0		0				14.55
		X_{22}CrMoV12-1	1.4923					0			15.05
		X_{12}CrNiMoV12-3	1.4938					0			18.01

注：1.4903 及 1.4905 两牌号中铬含量分别为 8.0% ~ 9.5% 及 8.5% ~ 9.5%，均低于 10.5%，但 EN 10088-1:2005 不锈钢牌号标准中列入了此两个牌号。

3.3.5 压力容器标准中应用的不锈铸钢

美、日、欧压力容器标准中采用的不锈铸钢牌号列于表3-8。GB 150—2011 中没有应用不锈铸钢；ASME—2013 中采用了20个牌号；JIS B 8265：2003 中采用了13个牌号；EN 13445：2009 中采用了10个牌号，其中5个牌号可用于-196℃低温。

不锈铸钢为铸造组织，一些性能略低于压力加工材，主要用于异形件，容器制造中不再进行变形，构件不大时可进行固溶处理。在铸件的保证强度的基础上，还应考虑必要的铸件质量系数，如0.8，0.85，0.9等。与铸件质量、铸造工艺等有关。

表3-8 美、日、欧压力容器用不锈铸钢

合金成分	ASME—2013			JIS B8265：2003	EN 13445：2009			最低应用温度/℃
	UNS	铸材牌号	铸管牌号	牌号	材料号		牌号	
1Cr13	J91150	CA15	CPCA15	SCS1-T1				
2Cr13				SCS1-T2				
13Cr-4Ni	J91540	CA6NM						
超低碳 18Cr-8Ni	J92500	CF3、CF3A	CPF3 CPF3A	SCS19	1.4309		GX2CrNi19-11	-196
				SCS19A				
19Cr-9Ni-1/2Mo	J92590	CF10						
19Cr-9Ni-2Mo		CF10M						
18Cr-8Ni	J92600	CF8、CF8A	CPF8 CPF8A	SCS13	1.4308		GX5CrNi19-10	-196
				SCS13A				
18Cr-10Ni-Nb	J92700	CF8C	CPF8C	SCS21	1.4552		GX5CrNiNb19-11	
超低碳 16Cr-12Ni-2Mo	J92800	CF3M	CPF3M	SCS16	1.4409		GX2CrNiMo19-11-2	-196
				SCS16A				
16Cr-12Ni-2Mo	J92900	CF8M	CPD8M	SCS14	1.4408		GX5CrNi19-11-2	-196
				SCS14A				
19Cr-10Ni-3Mo	J93000	CG8M						
超低碳 20Cr-18Ni-6Mo	J93254	CK3MCuN						
25Cr-12Ni	J93400	CH8	CPH8					
高碳 25Cr-12Ni	J93402	CH20	CPH20	SCS17				
22Cr-13Ni-5Mn	J93790	CG6MMN						
高碳 Cr25-Ni20	J94202	CK20	CPK20	SCS18				
Cr20-Ni33-Nb		CT15C						
超低碳 29Ni-20Cr-Mo	J94651	CN-3MN			1.4458		GX2NiCrMo28-20-2	-196
29Ni-20Cr-3Cu-2Mo	J95150	CN7M						
24Cr-10Ni-4Mo-N	J93345	2A						
25Cr-5Ni-3Mo-2Cu	J93372	1B			1.4517		GX2CrNiMoCuN25-6-3-3	
19Cr-11Ni-2Mo-Nb					1.4581		GX5CrNiMoNb19-11-2	
25Cr-7Ni-3Mo-N					1.4417		GX2CrNiMoN25-7-3	
25Cr-7Ni-4Mo-N					1.4469		GX2CrNiMoN25-7-4	

3.3.6 压力容器用不锈钢材对碳、磷、硫含量上限的规定

一些压力容器标准及承压材料标准中对用于焊接或成形的承压用不锈钢中的碳、磷、硫含量的上限值比一般不锈钢材有较严的规定,列于表 3-9。这些要求主要针对耐蚀用不锈钢。有的国家,如美、日等没有明确这些要求。GB 150—2011 中不锈钢的管、棒等标准仍采用了通用不锈钢标准,对碳、磷、硫含量的要求稍低些。

表 3-9　一些压力容器标准和承压用材标准中的碳、磷、硫上限的规定

标　准	材料形状	制造工艺	不锈钢类	含量上限 %，≤		
				碳	磷	硫
GB 24511—2009 板 NB/T 47010—2010 锻件		焊接，变形	奥氏体钢	0.10	0.035	0.020
			双相钢	0.030	0.030	0.020
			铁素体钢	0.08	0.035	0.020
EN 13445：2009	压力加工材	焊接，变形	奥氏体钢，Cr≤19%	0.08	0.045	0.015（注）
			奥氏体钢，Cr＞19%	0.10	0.030	0.015
			双相钢	0.030	0.035	0.015
			铁素体钢	0.08	0.040	0.015
			马氏体钢	0.06	0.040	0.015
CODAP—2000	压力加工材	焊接	奥氏体钢	0.10	0.045	0.030
			双相钢	0.030	0.035	0.015
			铁素体钢	0.10	0.045	0.020
			马氏体钢	0.025	0.045	0.020
	铸件		双相钢	0.030	0.035	0.030

注：认为耐腐蚀性可满足预定要求时,经协议允许控制硫含量上限为 0.015%~0.030%。

4　含氮不锈钢

4.1　含氮不锈钢的发展

不锈钢中加入氮合金化在不锈钢研制的初期即已开始，但长期以来一直应用甚少，甚至常将氮作为有害杂质。在大气中炼钢时氮也可能少量溶入钢液中，冶炼时有时要采用脱氮工艺，将氮含量降至≤0.04%，成为非含氮钢。氮在不锈钢中的普遍大量应用则是近十多年不锈钢材料领域最重大的进展，除因铁素体不锈钢中氮的溶解度很低而应尽量降低氮含量外，近年主要对奥氏体不锈钢和双相不锈钢均普遍用氮进行合金化，从而使奥氏体不锈钢和双相不锈钢进入了高性能现代不锈钢时代。压力容器用不锈钢绝大多数都采用奥氏体不锈钢和双相不锈钢（特别是焊接构件）。在耐压、耐蚀、耐热、耐低温等方面常有较高的技术要求。现代压力容器大量普遍地采用含氮奥氏体不锈钢和含氮双相不锈钢已成为必然趋势。

4.2　氮在不锈钢中的溶解度与含量

氮在不锈钢中有两种存在形式：一种是氮溶于基体为固溶体，常对性能起有利作用；另一种是析出成为氮化物，常对性能起不到作用。在某一温度氮含量不超过氮在基体中的溶解度时，氮会溶入基体成为固溶体。当温度下降，氮在基体中的溶解度会下降，过饱和溶解于基体中的氮会以氮化物的形式析出。因此氮在基体中的溶解度是重要的参数，对不锈钢中的合理氮含量、组织与性能均起关键作用。

4.2.1　氮在铁素体不锈钢中的溶解度

氮在铁素体不锈钢中的溶解度很低，如含铬26%的铁素体不锈钢，退火温度为870℃～920℃。氮的溶解度在927℃以上时为0.023%，593℃时为0.006%。当钢中不加钛、铌稳定化元素时要求钢中N≤0.02%。因此铁素体不锈钢均不用含氮钢。

4.2.2　氮在奥氏体不锈钢中的溶解度

图4-1为氮在不同铬含量的奥氏体钢中的溶解度。

图4-1中不同铬含量时的奥氏体不锈钢在约1 600℃时的熔化液相，约1 400℃时的高温铁素体相区

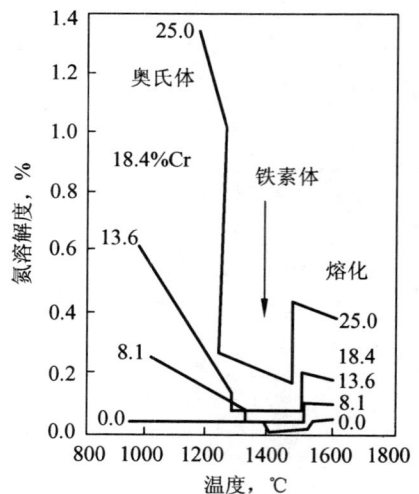

图4-1　氮在奥氏体不锈钢中的溶解度（图中数字为Cr含量）

及在 1 000℃~1 200℃奥氏体相区中氮的溶解度列于表 4-1。

表 4-1　氮在奥氏体不锈钢不同温度区的溶解度

钢中铬含量/%	25	18.4	13.6
约 1 600℃熔化液相中氮的溶解度/%	0.4	0.3	0.2
约 1 400℃铁素体相中氮的溶解度/%	0.2	0.15	0.1
1 000℃~1 200℃奥氏体相中氮的溶解度/%	1.4	0.9	0.6

由表 4-1 可见：

（1）氮在奥氏体相中的溶解度最高，熔化液相中其次，铁素体相中最低；

（2）钢在熔化液相时有一个熔炼期，在奥氏体相进行固溶处理时有一个保温期，这两者均有一个平衡期。只有钢液冷却经过铁素体相区时，因为温度区间短，铁素体相存在的时间很短，基本无平衡期。熔炼时钢液中的氮含量不可能超过其溶解度。如果熔炼时氮含量接近其溶解度，冷至铁素体相区时，氮在铁素体相区中会过饱和。

在奥氏体相区进行固溶处理时，奥氏体相中的氮含量远低于奥氏体中氮的溶解度。因此奥氏体不锈钢中的氮含量上限并不取决于奥氏体相中氮的最高溶解度，而是取决于熔化液相中氮的最高溶解度；

（3）由于奥氏体相在固溶处理温度时氮的溶解度明显高于氮含量，冷却时要冷到氮含量高于溶解度的温度后，才能析出氮化物，因而析出较慢。

奥氏体不锈钢在 1 600℃时氮在钢液中的溶解度[N]可按下式计算：

$$[N] = \frac{0.039\ 6}{f_N} \times \sqrt{P_{N_2}}$$

式中，$\log f_N = e_N^{Cr} \times [Cr] + e_N^C \times [C] + \cdots$

P_{N_2} 为氮分压，atm，氮分压为 1 atm 时 $\sqrt{P_{N_2}}$ 按 1 计。

e_N 为各合金元素影响氮溶解度的系数，e_N 值越小，越能提高氮的溶解度。e_N^{Cr} 为铬影响氮溶解度的系数。

[Cr] 为钢液中铬的百分含量。

各合金元素的 e_N 值列于表 4-2。

表 4-2　1 600℃奥氏体不锈钢熔化液相中各元素影响氮溶解度的系数 e_N

合金元素	降低氮溶解度的元素			提高氮溶解度的元素						
	C	Si	Ni	W	Mo	Mn	Cr	V	Nb	Ti
e_N	+0.125	+0.065	+0.01	-0.0015	-0.01	-0.02	-0.045	-0.11	-0.06	-0.053

当提高熔炼炉钢液表面气氛的氮分压时，可以提高钢液中氮的溶解度。如当奥氏体钢中铬含量为 25%时，钢液中氮的溶解度上限约为 0.4%~0.5%。如能提高冶炼气氛中的氮分压，在压力下冶炼与浇注，可以炼出氮含量 0.4%~0.5%以上的奥氏体钢。实际上现在氮含量达到 0.8%~1.0%的高氮奥氏体不锈钢已开始工业化。

由表 4-2 可见，提高奥氏体钢液中氮的溶解度作用最大的合金元素为铬，其次为锰和钼。镍对降低氮的溶解度的作用较大。

图 4-2 为 18Cr - Ni-N 奥氏体不锈钢在 900℃时的相平衡图。由图 4-2 可见 18-8 钢在 N ≥ 0.23% 才析出 Cr_2N，此时氮的溶解度约为 0.23%。

图 4-3 为含镍 14% 的奥氏体不锈钢中铬、锰含量对氮在钢中溶解度的影响。按公式 [N] = 0.021（C_r+0.9M_n）-0.204% 计算不同铬、锰含量时氮在钢中的溶解度列于表 4-3。

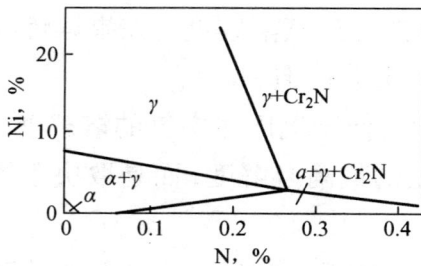

图 4-2　18Cr-Ni-N 奥氏体不锈钢在 900℃ 的相平衡图

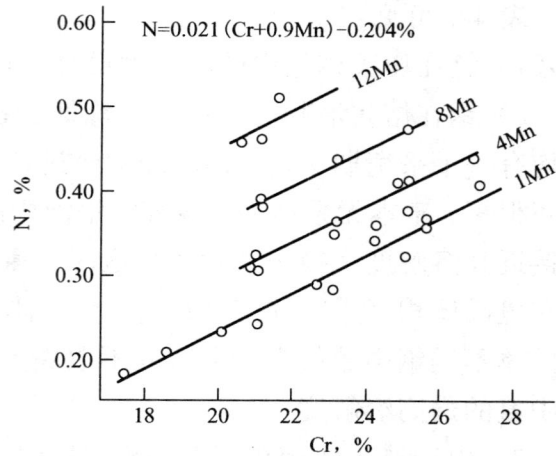

图 4-3　含 14%Ni 的奥氏体不锈钢中，铬、锰含量对氮在钢中溶解度的影响（固溶温度）

表 4-3　含镍 14% 的不同铬、锰含量的奥氏体不锈钢中固溶温度时氮的溶解度

铬含量/%		18	20	22	24	25	26	28
氮的溶解度/%	Mn=2%	0.22	0.25	0.30	0.34	0.36	0.38	0.42
	Mn=4%	0.25	0.29	0.33	0.38	0.40	0.42	0.46
	Mn=6%	0.29	0.33	0.37	0.41	0.43	0.46	0.50

4.2.3　氮在双相不锈钢两相中的分配

双相不锈钢中有奥氏体和铁素体两种基体相，两相的体积比各占一半时具有最佳的综合性能。氮在奥氏体与铁素体中分别的溶解度与前述奥氏体不锈钢与铁素体不锈钢中的溶解度分别类似。不存在双相不锈钢两相统一的溶解度。双相不锈钢的化学成分是指钢的平均成分，但合金元素在奥氏体相和铁素体相中含量的分配是不同的。铁素体相中会富集铁素体形成元素，奥氏体相会富集奥氏体形成元素。某合金元素在铁素体相中的含量与该元素在奥氏体相中的含量之比值称为双相不锈钢中该元素在两相中的分配系数。合金元素对在固溶状态（1 040℃ ~ 1 090℃）的大多数双相不锈钢中两相的分配系数是相似的。主要合金元素的分配系数见表 4-4。

表 4-4 合金元素在双相不锈钢中的分配系数和倍数

合金元素性质	铁素体形成元素					奥氏体形成元素			
合金元素	P	W	M_o	S_i	C_r	M_n	C_u	N_i	N
分配系数	2.5	2	1.6	1.3	1.2	0.9	0.7	0.6	0.1
两相含量倍数	2.5	2	1.6	1.3	1.2	1.11	1.43	1.67	10

由表 4-4 可见，氮是合金元素中分配系数最低的元素，双相不锈钢中奥氏体相中的氮含量为铁素体相中氮含量的 10 倍。氮为两相含量差别最大的元素。其他元素除磷为 2.5 倍外，均为 1.1 倍~2 倍，因而氮含量在两相中的差别是其他元素差别的 4 倍~9 倍，是其他奥氏体形成元素的 6 倍~9 倍。这是氮在双相不锈钢中的特殊性能。

双相不锈钢中的氮含量上限与奥氏体不锈钢一样取决于熔炼液相中氮的最大溶解度，铬、钼含量可提高溶解度；碳、镍含量可降低溶解度。现代双相不锈钢铬、钼含量高，碳含量基本上均为超低碳（C≤0.03%），镍含量常为奥氏体不锈钢的 1/3 或 1/4。因而双相不锈钢熔炼液相中氮的溶解度并不比奥氏体不锈钢低。即双相不锈钢的氮含量上限并不比奥氏体不锈钢低，标准牌号 S33207 的氮含量为 0.40%~0.60%。

如果某双相不锈钢的氮含量为 0.50%，两相体积（或重量）各为 50%，固溶温度时氮的分配系数为 0.1，则奥氏体相中的氮含量应为 0.91%，铁素体相中的氮含量应为 0.09%。此时，由于奥氏体相中的氮的溶解度可达 1.4%（表 4-1），0.91% 的氮含量远未达到溶解度。而由于铁素体相中氮的溶解度很低，铁素体相中 0.09% 的氮含量已可能接近或超过氮的溶解度。

前已提及，为达到更好的性能，奥氏体不锈钢中溶入更多的氮量是有利的（指固溶状态），而铁素体不锈钢中应尽量降低氮含量才有利。固溶后双相不锈钢中的奥氏体相中的溶解氮含量要明显高于奥氏体不锈钢中的溶氮量（约高一倍），使双相不锈钢中的奥氏体相具有更好的性能。而双相不锈钢中铁素体相中的氮含量仅为钢材平均氮含量的 18%，应已尽量降低。

当然问题具有两面性，由于双相不锈钢中奥氏体相中的氮含量要高于相应奥氏体不锈钢中的氮含量，双相不锈钢中铁素体相中的氮含量也高于低碳氮的铁素体不锈钢，在钢材由高温向较低温度冷却时，两相中析出氮化铬的倾向都会更大，对性能会产生不利影响。

4.3 不锈钢按氮含量的分类

4.3.1 非含氮不锈钢

不锈钢的标准化学成分中，如不标明氮含量，则将氮当作杂质，为非含氮不锈钢，一般应控制 N≤0.04%。有些铁素体不锈钢标明氮含量应不超过 0.015%、0.02%、0.03% 等，均属非含氮不锈钢。

4.3.2 控氮型奥氏体不锈钢

主要指铬含量约 18% 的 18-8、18-12 型奥氏体不锈钢，如常用的 304、304L、316、316L、317、317L、321、316Ti、316Nb 等，在标准化学成分中规定 N≤0.10% 或 0.11% 等，成为控氮型奥氏体不锈钢，亦属于含氮不锈钢。但在牌号标示上和非含氮不锈钢相同，不标明氮的存在。这些牌号原为非含氮不锈钢，在熔炼时大气中可能有氮溶入钢液，合金炉料中也可能有些含氮的合金或返回料将氮带入钢液中。如氮含量超过了 0.04%，还应进行脱氮，使其降到非含氮钢的水平。而实际上这些钢含有不超过 0.1% 左右的氮，对性能只有利而无害，脱氮是很不合算的，可保留氮成为控氮型，对其拉伸性能与耐晶间腐蚀的检验指标也不变，因而许多国家用控氮型奥氏体不锈钢取代了原来的非含氮钢。控氮钢对氮含量的规定只有上限，没有下限。即如果为 N≤0.04% 的非含氮钢，仍然能符合控氮钢的规定，不会在生产上造成麻烦。当然，氮含量应尽量控制在接近上限的水平是更有利的。

美国从 20 世纪 80 年代开始，已在 ASTM A240（板）和 ASTM A479（棒）中将有关非氮钢的化学成分中加上 N≤0.10% 成为控氮钢，当然原牌号的标示并不改变。但在管材、锻件等的标准中对相应牌号的氮含量并未加 N≤0.10%，应仍为非氮钢。日本不锈钢标准中一直没有出现控氮钢。ISO/DIS 15510：2008 牌号标准及 ISO 9328-7：2004 承压板材标准中相应牌号已改为 N≤0.10% 或 N≤0.11% 的控氮钢，但管、棒、锻件标准中尚未采用控氮钢。欧洲的德、法、英等的不锈钢标准中一直未采用控氮钢，但替代欧盟各国标准的 EN 标准中则充分采用了控氮钢。EN 10088-1：2005（牌号标准）以及 EN 10216-5：2004（无缝管）、EN 10217-7：2005（焊接管）、EN 10222-5：2000（锻件）等承压标准中，相关牌号化学成分中均标明 N≤0.11%。在 EN 10028-7：2007（板）及 EN 10272：2007（棒）标准中标明 N≤0.10%，不但含铬 18% 的牌号，还有 1.4335（XICrNi25-21）、1.4563(XINiCrMoCu31-27-4）等均都作为控氮钢。EN 10088-1：2005 牌号标准中总计 85 个奥氏体不锈钢中，仅有 17 个牌号为非含氮钢。这 17 个牌号中均含有钛、铌、钒、铝等强氮化物形成元素，加入氮合金元素会形成这些元素的氮化物，对性能多起不利影响，因而不宜作为含氮钢。其他 68 个牌号均为含氮钢。

20 世纪中国的不锈钢的标准中没有采用控氮型奥氏体不锈钢。在 GB/T 20878—2007（牌号）中有 6 个牌号、GB/T 4237—2007 和 GB/T 3280—2007（板）中各有 12 个牌号，GB 24511—2009（承压板）中有 5 个牌号采用了控氮钢，规定 N≤0.10%。其他管、棒、锻件标准中均未采用控氮钢。

4.3.3 中氮型奥氏体不锈钢

中氮型奥氏体不锈钢氮含量为 0.10%~0.40%（或 0.6%），为常压下冶炼的奥氏体不锈钢熔炼液相中氮的最大溶解度（与成分有关）。中氮型奥氏体不锈钢可在常压时冶炼与浇注。一般铬含量为 18% 的中氮型奥氏体不锈钢的氮含量多为 0.10%~0.25% 的范围，如 304N、304LN、316N、316LN、317LN 等。高铬、锰、铜的牌号由于氮的溶解度较高，氮含量可高些。中氮型奥氏体不锈钢在含氮奥氏体不锈钢中为最能发挥含氮钢有利作用的类型。超级奥氏体不锈钢基本上均为中氮钢，主要应用其优异的耐蚀性能，同时具有较高的强度。

4.3.4 高氮型奥氏体不锈钢

高氮型奥氏体不锈钢的氮含量在 0.4%～0.6%以上，已超过熔炼液相在常压下氮的溶解度，需要在加压条件下冶炼及浇注。现在氮含量达到 0.8%～1.0%水平的高氮奥氏体不锈钢已开始工业化生产，并获得实际应用。但现已列入正式的不锈钢材料标准的牌号中，氮含量的上限不超过 0.6%。由于高氮型奥氏体不锈钢中氮含量很高，焊后状态易析出较多氮化铬相，影响耐蚀性，且焊缝易产生气孔，因而主要在固溶状态应用。冷变形量过高时会使塑性，韧性下降，主要应在冷变形量不太高的状态应用。由于加压冶炼与浇注的复杂性，以及应用状态的限制，使目前高氮型奥氏体不锈钢尚未广泛应用。

4.3.5 含氮双相不锈钢

现代双相不锈钢基本都含氮，氮含量多为 0.1%～0.4%，也有 0.6%。仅个别老牌号为非含氮钢，或 N≤0.10%。

20 世纪 30 年代即开始发展与应用双相不锈钢，特点是钢中不含氮，如 329、Э И 654（1Cr17Ni11Si4AlTi）、3RE60（00Cr18Ni5Mo3Si）等，称为第一代双相不锈钢；由于焊接接头的焊缝区，特别是近熔合线的高温热影响区甚易出现单相铁素体组织而使性能严重劣化，因而没有在焊接构件中获得较多应用。1971～1989 年，由于加入了 0.10%～0.25%的氮，基本解决了焊接区易出现单相铁素体的问题，典型牌号为 2304（00Cr23Ni4N）、2205（00Cr22Ni5Mo3N）、329J1（00Cr25Ni5Mo2N）等，使双相不锈钢得到较广泛的应用，称为第二代双相不锈钢；1990～1999 年将氮含量提高到 0.25%～0.35%，形成了一些超级双相不锈钢如 S32520、S32550、S32750、S32760、S39274 等，成为第三代双相不锈钢。2000年以后发展的第四代双相不锈钢呈现两种趋势：一方面提高氮等合金元素，形成了 PRE ≥45 的特超级双相不锈钢，如 S32707、S33207 等，进一步提高了耐蚀性；另一方面则降低贵重的镍含量，降低或取消钼含量，使 PRE 值控制在 20～30 的水平，形成了经济型双相不锈钢，其氮含量多不超过 0.2%，个别不超过 0.25%。典型的 UNS 牌号有 S32001、S32101、S32011、S32201、S32202、S32304、S32002 等。保持一定的耐蚀性，改善了工艺性能，以低廉的价格希望取代部分 18-8 和 18-12 型奥氏体不锈钢。

4.4 压力容器用含氮不锈钢现状

压力容器用不锈钢中绝大多数采用奥氏体不锈钢和双相不锈钢，极少采用铁素体不锈钢，个别马氏体不锈钢也仅用于螺栓等非焊件。因而此处只讨论奥氏体不锈钢和双相不锈钢中的含氮钢现状。表 4-5 中列出了主要的现版不锈钢标准及压力容器标准中奥氏体不锈钢和双相不锈钢的牌号数及其中的含氮钢牌号数。由表 4-5 可见：

（1）压力容器标准中采用的奥氏体不锈钢和双相不锈钢中，含氮钢牌号占 60%～76.4%。不锈钢标准中含氮钢牌号占 50%～85%，可认为含氮钢均占大部分；

（2）压力容器标准中采用的双相不锈钢和不锈钢标准中的双相不锈钢除个别老牌号（现已很少用）外，基本上都是含氮量 0.1%～0.6% 的中氮钢；

（3）压力容器标准中采用的超级奥氏体不锈钢和超级双相不锈钢全为氮含量 0.1%～0.6% 的中氮钢；

（4）高性能的含氮奥氏体不锈钢应为中氮钢。ASME—2013 中采用了 12 个牌号，EN 13445：2009 中采用了 14 个牌号。GB 150—2011 中尚未采用中氮型奥氏体不锈钢，但不锈钢牌号标准 GB/T 20878—2007 中已有中氮钢 23 个牌号，板材标准 GB/T 4237—2007（或 GB/T 3280—2007）中已有 13 个牌号；

（5）ASME—2013 采用了超级奥氏体和双相不锈钢 8 个牌号，EN 13445：2009 中采用了 6 个牌号。GB 150—2011 中没有采用超级奥氏体不锈钢，只采用了超级双相不锈钢 1 个牌号（无缝管）；

（6）EN 13445：2009 中规定了 10 个奥氏体不锈钢牌号可用于 ≥-273℃ 的低温，全为含氮钢。

表 4-5　钢材标准与压力容器标准中的不锈钢与含氮不锈钢的牌号数

通用标准与承压标准	标准及用钢	标准号	奥氏体与双相不锈钢			奥氏体不锈钢				双相不锈钢		
			合计	含氮钢	含氮钢比例%	合计	含氮钢 控氮型	含氮钢 中氮型	含氮钢比例%	合计	含氮钢	含氮钢比例%
通用钢材标准	牌号标准	ISO/DIS 15510:2008	109	77	70.6	96	24	31	57.3	13	12	92.3
		ASTM A959：2009	129	75	51.8	109	12	46	53.2	20	17	85.0
		EN 10088-1：2005	95	78	82.1	85	40	28	80.0	10	10	100
		GB/T 20878—2007	77	38	49.4	66	6	23	43.9	11	9	81.8
	列入钢材标准中的超级不锈钢	ISO/DIS 15510：2008	12	12	100	7	0	7	100	5	5	100
		ASTM	21	20	95.2	12	0	11	91.7	9	9	100
		EN 10088-1:2005	10	10	100	6	0	6	100	4	4	100
		GB/T 20878—2007	6	6	100	3	0	3	100	3	3	100
	中国板材标准	GB/T 4237—2007 GB/T 3280—2007	42	33	78.6	32	12	13	78.1	10	8	80.0
承压标准	承压钢板标准	ISO 9328-7：2004	40	34	85.0	35	17	12	82.9	5	5	100
		ASTM A240：2007	98	66	67.3	81	13	37	61.7	17	16	94.1
		EN 10028-7：2007	40	32	80.0	35	15	12	77.1	5	5	100
		GB 24511—2009	14	8	57.1	11	5	0	45.5	3	3	100
	承压容器标准采用	ASME—2013	71	45	63.4	60	23	12	58.3	11	10	90.9
		EN 13445：2009	55	42	76.4	49	22	14	73.5	6	6	100
		GB 150—2011	15	9	60.0	11	5	0	45.5	4	4	100
	压力容器标准采用的超级不锈钢	ASME-2013	8	8	100	4	0	4	100	4	4	100
		EN 13445：2009	6	6	100	3	0	3	100	3	3	100
		GB 150—2011	1	1	100	0	0	0	0	1	1	100
	-273℃用钢	EN 13445：2009	10	10	100	10	5	5	100	0	0	0
	-196℃用钢	EN 13445：2009	15	11	73.3	15	7	4	73.3	0	0	0

4.5　氮对不锈钢性能的影响

4.5.1　氮对力学性能的影响

氮的原子直径仅为 0.15mm，属间隙式元素。氮原子以插入钢的晶格间隙的形式固溶入不锈钢中，造成晶格的严格歪扭，固溶强化的作用很强。而金属元素则以置换形式固溶于钢中，固溶强化作用较低。氮在奥氏体中的溶解度较高，如可达 1.4%，溶入钢中的氮含量越多，固溶强化作用越强。每多溶入 0.1% 的氮可使奥氏体不锈钢的室温强度（R_m、$R_{p0.2}$）提高约 60MPa ~ 100MPa。加入氮后奥氏体不锈钢和双相不锈钢的塑性与韧性仍然很高。中氮型奥氏体不锈钢的室温断后伸长率下限多为 30% ~ 40%，-196℃的横向 KV_2 冲击吸收能量的下限为 60J。中氮型双相不锈钢的室温断后伸长率下限多为 25% ~ 30%，-40℃的横向 KV_2 下限为 40J。

EN 13445：2009 中推荐可用于-273℃的压力加工奥氏体不锈钢 10 个牌号中，5 个为中氮钢、5 个为控氮钢。推荐可用于-196℃的压力加工奥氏体不锈钢 15 个牌号中，11 个牌号为含氮钢，另外 4 个牌号因属钛或铌的稳定化钢而不宜加氮，可见含氮钢具有更好的低温冲击韧性。

4.5.2　氮对耐蚀性能的影响

不锈钢优良的耐蚀性能主要由于在腐蚀过程中形成了稳定的钝化膜。氮可在表面膜以及膜与基体界面处富集，形成富铬的氮化层，增加钝化膜中富铬含氮层的深度，提高耐均匀腐蚀、耐点蚀、耐缝隙腐蚀及耐应力腐蚀的性能。在某些腐蚀过程中，氮可形成 NH_3 和 NH_4^+，提高微区介质溶液的 pH 值，减轻腐蚀作用。有的腐蚀反应中，氮原子可消耗氢离子 H^+，减缓微区介质 pH 值的下降，起到缓蚀作用。有试验表明，氮含量对提高耐点蚀和耐缝隙腐蚀的能力约相当于 16 倍 ~ 30 倍铬含量的作用。在含钼的双相不锈钢中，氮可与钼结合形成 Ni_2Mo_2N，使钝化膜更稳定。PRE 值已成为标示不锈钢综合耐蚀性能的公认的指标。对于奥氏体不锈钢和双相不锈钢而言，PRE = Cr+3.3Mo+16N 已为中、美、欧不锈钢材标准所认可。也有人认为对于 Mo > 3% 的奥氏体不锈钢而言，可用 PRE = Cr+3.3Mo+30N。可见溶于基体中氮的单位质量对提高耐蚀性能的作用要超过铬和钼。

4.5.3　氮对耐晶间腐蚀性能的影响

不锈钢的耐蚀性能主要取决于合金成分和状态。在不锈钢的主要腐蚀形态中，可以认为对于均匀腐蚀、点腐蚀、缝隙腐蚀、应力腐蚀等腐蚀形态受合金成分的影响较大，而对于晶间腐蚀而言，往往状态对耐蚀性的影响更大。奥氏体不锈钢和双相不锈钢在固溶供货状态具有很好的耐晶间腐蚀性能，而在焊后状态、热成形状态及消除应力的热处理状态，则常具有较低的耐晶间腐蚀性能。主要由于经过这些热循环后，晶界析出了 $Cr_{23}C_6$、Cr_2N、σ 相等高铬相，产生了贫铬区所致。含氮不锈钢的晶间腐蚀性能值得重视。

氮对奥氏体不锈钢的耐晶间腐蚀性能有正反两个方面的影响,氮在固溶状态时溶入基体中,当又经 650℃～950℃ 的温度区域时,由于溶解度下降,过饱和的氮可能以 Cr_2N 的形式在晶界析出。Cr_2N 的名义铬含量为 88%,超过不锈钢的平均铬含量,亦为高铬相,可起到与 $Cr_{23}C_6$(名义铬含量 93%)高铬相类似的作用。高铬相的析出会使邻近晶界的区域产生贫铬区,产生晶间腐蚀敏感性。但由于以下原因,含氮钢对耐晶间腐蚀性能的不利作用并不明显,许多场合会提高耐晶间腐蚀性能。原因如下:

(1)在同一温度下,氮在奥氏体不锈钢中的溶解度高于碳的溶解度,往往先析出碳化铬后才析出氮化铬。Cr_2N 中的铬含量低于 $Cr_{23}C_6$,形成贫铬区的贫铬程度较低。Cr_2N 的析出温度 650℃～950℃ 比 $Cr_{23}C_6$ 的析出温度 400℃～950℃ 温度范围窄,因此不锈钢中氮对降低耐晶间腐蚀性能的作用要比碳的作用低得多;

(2)控氮型奥氏体不锈钢在原来 18-8、18-12 非氮型(N≤0.04%)牌号的基础上,将氮含量控制在不超过 0.10% 或 0.11% 的水平。由于氮含量不高,对耐晶间腐蚀性能只有有利作用。由图 4-4 可见,316L 控氮型比非氮型在敏化温度时析出 Cr_2N 的时间明显延长,具有较好的耐晶间腐蚀性能;

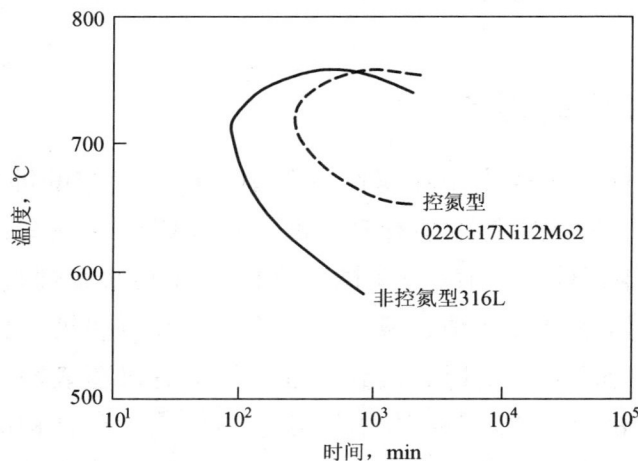

注:
(1)控氮型 022Cr17Ni12Mo2 再活化率 R_a≈0.01;
(2)非控氮型 316L R_a≈0.1;
(3)按 JIS G0580《不锈钢的电化学再活化率测定方法》测定晶间腐蚀敏感性,再活化率 R_a 值越大,晶间腐蚀敏感性越严重。

图 4-4 控氮型 022Cr17Ni12Mo2(N=0.12%)与非控氮型 316L 的 TTS 曲线
(温度-时间-晶蚀敏感性曲线)

(3)中氮型的 18-8 和 18-12 奥氏体不锈钢,如 304N、304LN、316N、316LN 中含氮 0.10%～0.16%。317LN 含氮 0.10%～0.22%,含氮量也不高,含氮后均提高了耐晶间腐蚀性能。由图 4-5 可见,随着 304LN 中氮含量的提高,在沸腾硝酸法晶间腐蚀试验中,腐蚀率降低;

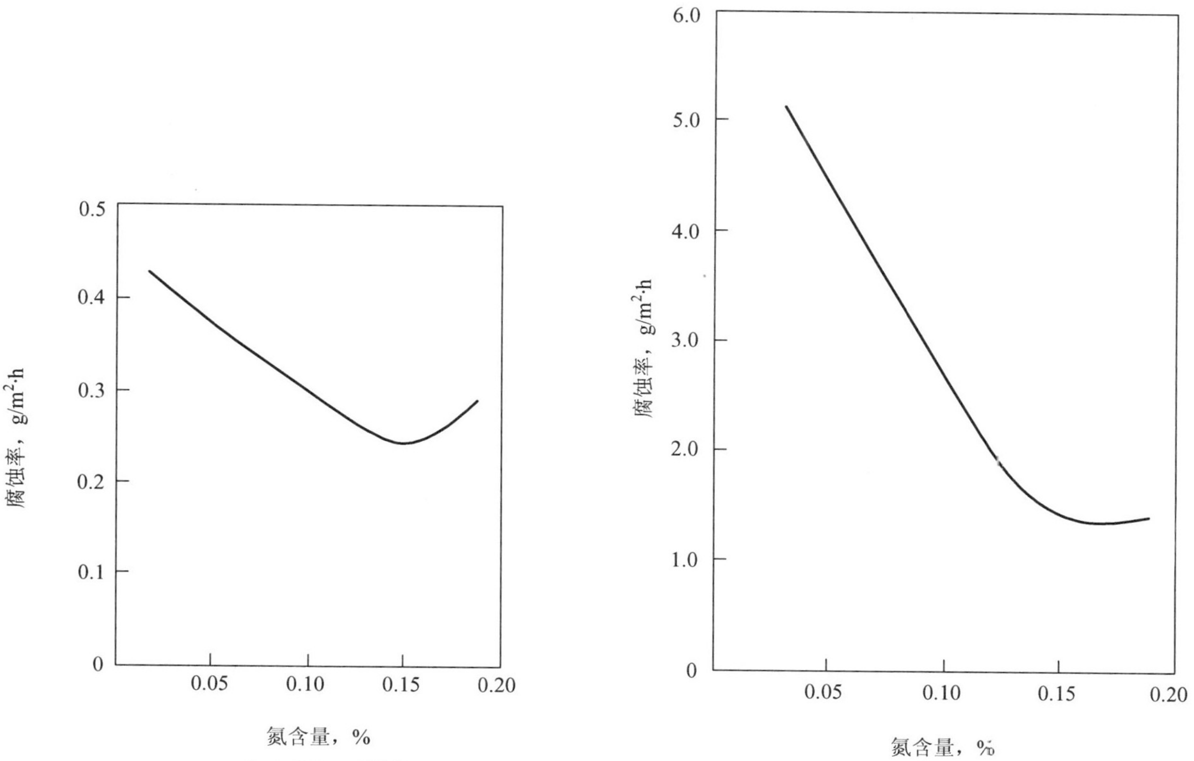

a）650℃，1h敏化

b）650℃，10.敏化

图 4-5　S30453（022Cr19Ni10N）不同敏化后用硝酸法试验（沸腾 65%HNO₃：5×48h 平均值）钢中氮含量与腐蚀率的关系

（4）奥氏体不锈钢中氮能降低铬在钢中的活性，因而适量氮可提高奥氏体不锈钢耐晶间腐蚀和晶间应力腐蚀性能。氮作为表面活性元素优先沿晶界偏聚，抑制并延缓 $Cr_{23}C_6$ 的析出，降低晶界贫铬区的贫铬程度，提高耐晶间腐蚀能力。钢中含氮，不但能推迟钢中碳化物高铬相的析出，也可显著推迟金属间化合物 σ 相、χ 相等高铬相在晶界的析出，提高耐晶间腐蚀性能。由图 4-6 可见，0Cr17Ni13Mo5 中氮含量提高时，钢中析出 $M_{23}C_6$ 和 χ 相的时间会延长；

（5）高耐蚀性的超级不锈钢中超级奥氏体不锈钢和超级双相不锈钢均含氮，已不采用以钛或铌稳定化的方法来提高耐晶间腐蚀性能。但在超级铁素体不锈钢中有时仍采用加入钛和铌的双稳定化措施，以保证具有较高的耐晶间腐蚀性能；

（6）双相不锈钢的基体有奥氏体相和铁素体相，因而相界存在 γ/γ 相界，α/α 相界和 α/γ 相界。由于氮含量在奥氏体相中很高，而在铁素体相中很低，而铁素体相中铬含量高于奥氏体相，在 700℃ 左右时，铬在铁素体中的扩散速度要比在奥氏体中的扩散速度约高 100 倍，因此氮化铬主要在 α/γ 相界析出，而在 γ/γ 和 α/α 相界很少。在 α/γ 相界 α 相侧的贫铬区由于 α 相中铬的扩散速度极快，贫铬区的铬很易得到补充，因而铬的贫化程度不高。而 α/γ 相界的 γ 相侧，由于 γ 相中的铬的扩散速度很慢，贫铬区不易得到补充，使铬的贫化程度很高。无论是 $Cr_{23}C_6$ 或 Cr_2N 在双相不锈钢中引起晶间腐蚀敏化的主要部位均为 α/γ 相界的 γ 相侧的贫铬区。在双相不锈钢中由于存在 3 种相界，α/γ 相界并不能保持连续，即使产生晶间腐蚀，也不能像奥氏体不锈钢那样沿着连续网状的晶界深入发展。因此含氮双相不锈钢从组织上即具有较高的耐晶间腐蚀性能。

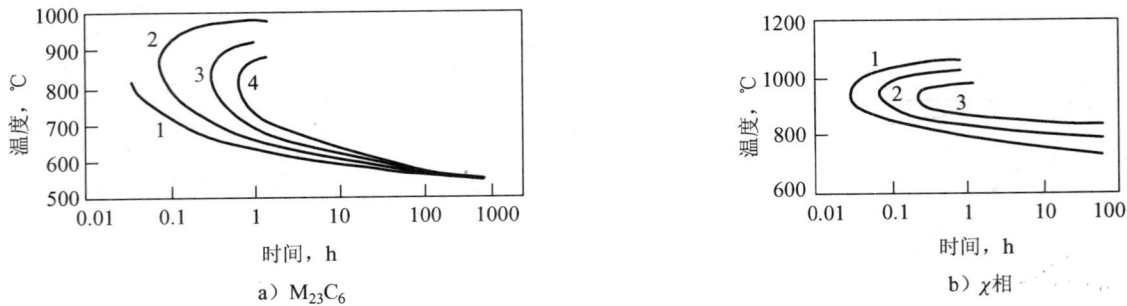

图 a）析出 $M_{23}C_6$
图 b）析出 χ 相
钢中氮含量：
1——0.039%；
2——0.069%；
3——0.145%；
4——0.247%。

图 4-6　氮含量对 0Cr17Ni13Mo5 奥氏体不锈钢中 $M_{23}C_6$ 与 χ 相析出时间的影响

4.6　氮对不锈钢组织的影响

4.6.1　氮为强奥氏体形成与稳定元素

铬和钼是保证不锈钢具有耐蚀性的最基本的合金元素，但铬和钼均为铁素体形成元素。铁中加入铬、钼只能成为铁素体不锈钢。作为焊接件应用时，焊后状态易产生 σ 相脆性、475℃脆性及大晶粒脆性等，耐蚀性常不高。-10℃～-20℃以下即易产生低温脆性。要使不锈钢成为综合性能良好的奥氏体钢或双相钢，合金中必须加入足量的奥氏体形成元素。镍是最基本的奥氏体形成元素，但镍的资源不足，价格昂贵，不宜多加。碳的镍当量为 30，但碳是产生晶间腐蚀的主要有害元素。不锈钢大多将碳含量控制在低碳级（C≤0.08%）或超低碳级（C≤0.03%），因而碳对奥氏体的形成能力很有限。尤其是碳在钢中的溶解度很低，易以碳化物的形式析出，对形成奥氏体不再起作用。氮的镍当量亦为 30，氮在奥氏体中的溶解度比碳高得多，如 18-8 不锈钢在固溶温度时碳的溶解度约为 0.08%，而氮的溶解度则约为 0.9%，差不多为 10 倍，因此不锈钢中氮的形成奥氏体的能力要比碳强得多。

由于不锈钢中的镍含量可以很高，而氮含量由于溶解度所限，一般不超过 0.4%～0.6%。尽管氮的镍当量为 30，但氮的奥氏体形成能力很难全部取代镍，实际上大多由镍和氮共同承担奥氏体形成的作用。

常用的 18-8 和 18-12 奥氏体钢为亚稳定奥氏体钢，有时组织上会出现少量铁素体相（尤其是焊缝组织），其奥氏体相受到冷变形和低温作用容易部分转变为马氏体。这些牌号加入≤0.1%的氮或加入 0.10%～0.16%或 0.10%～0.22%的氮后，会减少或消除基体中铁素体相的存在，奥氏体转变为马氏体也较不容易。因此氮既是奥氏体形成元素，也是奥氏体稳定元素。

4.6.2 氮化物的析出

不锈钢中的氮含量超过溶解度时，过饱和的氮在一定温度范围内会以氮化铬的形式析出，主要为 Cr_2N，而 CrN 的形式很少，可在晶界和晶内析出。有时也以（Cr·Fe）$_2N$ 的形式析出。铁素体不锈钢和奥氏体不锈钢氮化铬的析出均约为 650℃~950℃，双相不锈钢中约为 700℃~1 000℃，双相不锈钢中主要在 α/γ 双相相界析出氮化铬。

当不锈钢中存在钛、铌、钒、铝等强氮化物形成元素时，氮会优先生成 TiN、NbN 及钒、铝的氮化物。因而 N≥0.10% 的奥氏体不锈钢和双相不锈钢不宜采用以钛、铌稳定化的稳定化钢。铁素体不锈钢中含氮量少，可以采用稳定化钢。

在正常的固溶处理温度时，奥氏体不锈钢和双相不锈钢中已析出的氮化铬仍可溶解于基体中。钛、铌、钒、铬的氮化物需更高温度才能溶解入基体中。

4.6.3 氮对防止双相不锈钢焊接高温热影响区产生单相铁素体起关键作用

图 4-7 为 Fe-Cr-Ni 合金按铬当量与镍当量的比值的相图。由图 4-7 可见，实际上所有双相不锈钢从液相开始凝固后均为完全的铁素体组织。当温度降到低于铁素体溶解度曲线（图 4-7 中 AB 线），部分铁素体才转变成奥氏体，形成奥氏体-铁素体双相组织。双相不锈钢压力加工材应在 α/γ 的体积各均占 50% 时具有最佳的综合性能。因而所有牌号都可通过合金元素的调节，达到适当的镍当量和铬当量，使在固溶处理后尽量达到两相均接近 50% 的组织。但对双相不锈钢焊接接头熔合线外侧的高温热影响区而言，在焊接时该区域的最高温度会提高到接近熔点。在铁素体溶解度曲线（AB 线）到固相线的温度范围内，双相组织中的奥氏体相会转变成铁素体。试验证明，即使在从室温到峰值温度的时间仅为 5s 的快速焊接加热升温条件下，奥氏体亦能全部转变成铁素体，使高温热影响区在一定宽度范围内都能形成单相铁素体。但是在焊后冷却时，温度低于 AB 线后，从平衡角度而言，应有一半的铁素体转变成为奥氏体，以回到相比各为 50% 的组织。但是由于焊接热循环的冷却段经过相变区的时间小于 10s（手工电弧焊），在反应动力学上相变难以达到平衡，铁素体向奥氏体的转变不能充分进行。使组织中奥氏体相低于 50%，严重时甚至接近于零。也使高温热影响区接近全铁素体组织，且晶粒粗大。由于不锈钢压力容器焊接后基本上不能进行整体的固溶处理，要求焊接接头在焊后状态应用仍应有良好的性能。高温热影响区具有几乎

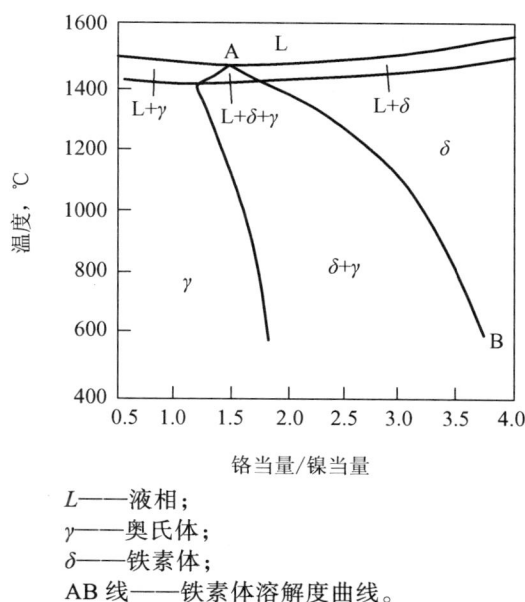

L——液相；
γ——奥氏体；
δ——铁素体；
AB 线——铁素体溶解度曲线。

图 4-7 Fe-Cr-Ni 合金按铬当量与镍当量的比值的相图

全部铁素体，显然性能很差，无法满足要求。1971 年以前的第一代双相不锈钢中由于不含氮，无法解决焊接接头高温热影响区出现的单相铁素体（或奥氏体相少于 10%）的问题，因而很难在焊接设备中发展与应用，致使双相不锈钢的发展处于停滞。由于 1971 年后从第二代双相不锈钢起主要采用了加入氮的措施，可防止焊接热影响区中出现单相铁素体组织，并由此奠定了双相不锈钢不断发展与广泛应用的基础，下面分析氮的作用。

（1）由图 4-7 可见，双相不锈钢铬当量与镍当量的比值约在 1.7 ~ 3.5 之间，随着比值的提高，固相线到铁素体溶解度曲线（AB 线）之间的温度区域由窄变宽，铁素体转变为奥氏体的起始温度渐低，转变的速度渐慢，从开始转变到因温度低而无法进行扩散相变之间的时间更短，相变越难充分进行。氮为强奥氏体形成元素，氮的加入提高了镍当量，降低了铬当量与镍当量的比值，使铁素体从较高温度即开始进行奥氏体相变，可使在焊后冷却过程中，铁素体相较多地转变为奥氏体相，避免高温热影响区存在过多的铁素体相；

（2）研究表明，当 B = 铬当量 − 镍当量 − 11.6 < 7 时，双相不锈钢的高温热影响区可获较好的两相组织。对含铬 25% 的双相不锈钢最好控制 $B<4$。由于氮的加入，可较易提高镍当量，降低 B 值，对避免过高的铁素体含量是有利的；

（3）有研究提出 P 值的概念

$$P = （Cr+Mo+3Si）/（Ni+15C+10N+0.7Mn）$$

P 值越大，焊接高温热影响区的铁素体含量会越多。在公式的分母中，由于碳和锰的含量提高会明显降低耐蚀性，不能多加。在加入镍的同时也加入氮，可提高分母值，降低 P 值，减少焊接高温热影响区中的铁素体含量；

（4）有研究对 P 值进行了修订，提出了 Q 值的概念

$$Q = （Cr+1.5Mo+2Mn+0.25Si）/[2Ni+12(C+N)]$$

在加入镍的同时也加入氮，可降低 Q 值，减少铁素体含量。见图 4-8；

（5）要使双相不锈钢有较好的综合性能，

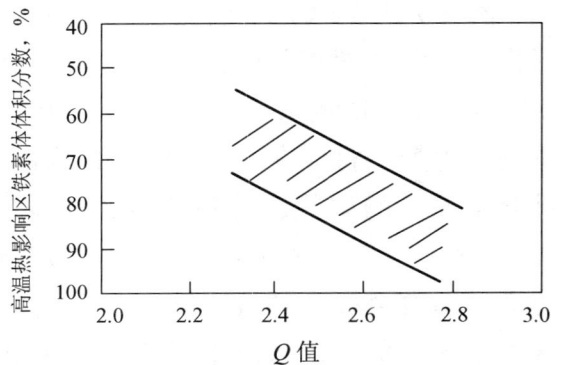

图 4-8 Q 值与双相不锈钢焊接高温热影响区铁素体含量（范围）的关系（焊接线能量 1.2kJ/mm）

$$Q=\frac{Cr+1.5Mo+2Mn+0.25Si}{2Ni+12(C+N)}$$

应当使用母材、热影响区及焊缝三部分均具有铁素体相和奥氏体相的比例接近 50/50 的组织。焊缝组织的相比主要取决于焊缝的合金成分，即焊接材料（焊丝，焊条）的合金成分。为抑制焊缝金属冷却时由于铁素体转变为奥氏体的相变过程不充分，致使铁素体量过高，可提高焊接材料中的奥氏体形成元素镍的含量，通常焊接材料中的镍含量要比母材高 2% ~ 4%。也可采用含氮的焊接材料，或在焊接保护气中加氮。由于钢中奥氏体形成能力的提高，可使焊缝中的铁素体含量不致过高。焊接接头的母材与热影响区的合金成分是相同的，仅为状态不同。母材固溶处理时，相变可达平衡状态，而高温热影响区焊接冷却后，相变多为不平衡状态。为使母材固溶状态相比接近 50/50，在一定的铬当量时应要求适当高的镍当量。非含氮钢中基本上靠镍形成镍当量，含氮钢中靠镍和氮共同形成镍当量。氮含

量越高，含镍量可少些。在高温热影响区从高温的铁素体相冷却至铁素体溶解度曲线的温度以下时，从热力学角度，具有由铁素体相转变为奥氏体相的趋势。但铁素体相中的奥氏体形成元素含量低于奥氏体中的含量。相变的过程为形核和长大两个过程，即先在铁素体相中的某些奥氏体形成元素浓度较高的微区形成奥氏体相的核心，随着奥氏体形成元素向核心的聚集而长大成奥氏体相。成核与长大都是合金元素的扩散过程。氮的原子直径比镍小得多，在高温时氮原子在钢中的扩散速度要比镍大得多。因而含氮钢由高温铁素体向奥氏体的相变要比非含氮钢仅由镍为奥氏体形成元素时，由高温铁素体向奥氏体的相变快得多。因而在同一铬当量和镍当量的情况下，单由镍形成镍当量时，高温热影响区容易形成单相或高比例的铁素体相；而由镍和氮共同形成镍当量时，未相变的铁素体相要少得多。氮含量高些，铁素体相比更低。如固溶处理铁素体相接近50%时，含氮钢的高温热影响区中铁素体含量可为70%～80%，且没有纯铁素体晶界。高温热影响区中奥氏体减少是很难避免的，但只要奥氏体相的数量能布满铁素体相晶界，消除了 α/α 相界，主要形成 α/γ 相界时，这样的组织仍然具有较满意的性能；

（6）当双相不锈钢在固溶状态且奥氏体相与铁素体相各占一半时，镍在奥氏体相中的含量约为在铁素体相中的含量的 1.67 倍；氮在奥氏体相中的含量约为在铁素体相中的含量的 10 倍。镍在奥氏体相中的含量约为钢中平均含量的 1.2 倍；氮在奥氏体相中的含量约为钢中平均含量的 1.8 倍。当焊接升温时高温热影响区中的奥氏体相可能全转变为铁素体相，但铁素体相区的温度范围较窄，停留时间甚短，铁素体相中的合金成分不一定全能均匀化。刚由奥氏体转变为铁素体时，其中的奥氏体形成元素可能仍偏高，尤其是含氮钢中氮的镍当量能力要比非含氮钢中镍的镍当量能力要强得多。在铁素体冷却向奥氏体相转变时，氮含量高的微区比镍含量高的微区更容易进行奥氏体形核和长大，即会有更多的铁素体相变成为奥氏体。这也可能是含氮钢高温热影响区中铁素体相量较少的原因；

（7）超级双相不锈钢比普通双相不锈钢含氮量高，超级双相不锈钢的凝固线与铁素体溶解度曲线的间距要比普通双相不锈钢窄，因此超级双相不锈钢可能产生单相铁素体的峰值温度要比普通双相不锈钢高。可能产生单相铁素体的高温热影响区也较窄，由于超级双相不锈钢的铁素体溶解度曲线的温度比普通不锈钢高，在较高温度即已发生铁素体向奥氏体的转变，因此焊后冷却速度的变化对超级双相不锈钢相平衡的影响远不及对普通双相不锈钢显著。超级双相不锈钢比普通双相不锈钢更不容易在高温热影响区产生过高的铁素体含量。

4.7 不锈钢压力容器宜多用含氮钢

（1）不锈钢压力容器大量采用的一般不锈钢主要为 18-8 和 18-12-Mo 型奥氏体不锈钢，宜用 N≤0.10%的控氮型钢取代过去用的非含氮钢（N≤0.04%）。既可提高实际强度，又能提高耐蚀性能，价格基本上相同，设计规定与制造技术也没有明显变化；

（2）中氮型奥氏体不锈钢已成为高耐蚀性的现代奥氏体不锈钢的主要牌号，国外压力容器标准中已大量采用，我国 GB 150—2011 压力容器标准中尚未采用中氮型奥氏体不锈钢。而我国的 GB/T 20878—2007 不锈钢牌号标准中已列有中氮型奥氏体不锈钢 23 个牌号。说明国内已有较好的中氮型奥氏体不锈钢材的生产基础。我国不锈钢压力容器宜大力推广应用中氮型奥氏体不锈钢，以提高我国不锈钢压力容器的耐腐蚀性能水平；

（3）EN 13445：2009 推荐在-273℃应用的 10 个奥氏体不锈钢牌号全为含氮钢，值得国内低温压力容器用不锈钢重视；

（4）所有压力容器用双相不锈钢均宜应用含氮钢。

5　双相不锈钢

5.1　双相不锈钢概述

5.1.1　定义

　　绝大部分不锈钢标准中都将不锈钢按组织类型分为奥氏体不锈钢、铁素体不锈钢、奥氏体-铁素体双相不锈钢、马氏体不锈钢及沉淀硬化不锈钢等 5 种类型。双相不锈钢中应含有奥氏体和铁素体双相组织，理论上奥氏体和铁素体各占一半可具有最好的性能。工程中经固溶处理后的双相不锈钢压力加工材宜将其较少相控制在不低于 40% 为好。奥氏体不锈钢中含有少量铁素体时仍称为奥氏体钢，不能称为双相钢。虽然双相不锈钢的发展与应用至今已有 80 年的历史，但对双相不锈钢的定义在国内外仍未取得一致的见解。我国的双相不锈钢专家吴玖在《双相不锈钢》一书中认为："所谓双相不锈钢是在它的固溶组织中铁素体与奥氏体相约各占一半，一般较少相的含量也需要达到 30%"。在各国的不锈钢牌号标准中对双相钢的定义也有差别。GB/T 20878—2007 中规定 "其中较少相的含量一般大于 15%"。ASTM A959—2009 中规定 "较少相至少四分之一"。EN 10088-1：2005 中规定 "铁素体含量应在 30% ~ 50% 之间"。

　　应当注意，确定不锈钢为双相不锈钢时，是指在固溶状态，或冷作状态。焊后状态或热作状态会使铁素体含量增加或变化，一般不考虑在内。

　　也有学者提出，可将具有双相组织并在固溶状态具有双相钢特性的不锈钢理解为双相钢。

5.1.2　发展

　　双相不锈钢的发展与应用开始于 20 世纪 30 年代。法国在 1935 年获得第一个双相不锈钢的专利。至今双相不锈钢的发展已有约 80 年的历史。按双相不锈钢的发展年代可分为四个年代，主要典型牌号列于表 5-1。1971 年前所开发的牌号属第一代双相不锈钢，典型牌号为 AISI 329、瑞典 Sandvik 3RE60 等，基本上不加氮。其压力加工材在固溶状态能显现其在含氯离子溶液中易具有比奥氏体不锈钢好得多的抗应力腐蚀等性能，但是由于第一代牌号中 PRE 值还较低，特别是其焊接接头的焊缝及高温热影响区常常呈现奥氏体相低于 10% 的接近单相铁素体的组织，导致双相不锈钢的优良特性在焊接接头焊后状态下显著降低，甚至完全丧失，严重阻碍了双相不锈钢在压力容器与热交换器等焊接构件中的应用与发展，导致双相不锈钢半个世纪以来停滞在第一代牌号的水平，基本没有得到发展。

表 5-1 双相不锈钢的发展和主要牌号

年	1971 年前	1971～1989 年	1990～1999 年	2000 年以后	
代	第一代	第二代	第三代	第四代	
氮含量	基本不加氮	0.1%～0.25%	0.25%～0.35%	≥0.10%	0.30%～0.60%
PRE 值	18～29	29～38	≥40	21～30	>45
类型	初级	一般	超级	经济型	特超级
典型牌号（括号中用中国牌号表示方法表示主要成分）	瑞典 Sandvik 3RE60（022Cr19Ni5Mo3si2）	瑞典 SAF 2205（022Cr 23Ni5Mo3N）	美 UNS S32750（022Cr25Ni7Mo4N）	美 UNS S32003（022Cr20Ni3Mo1.5N）	美 UNS S32707（022Cr27Ni7Mo4N）
	美 AISI 329（10Cr25Ni4Mo1.5）	瑞典 SAF 2304（022Cr23Ni4MoCuN）	美 UNS S32760（022Cr25Ni7Mo4WCuN）	美 UNS S32101（022Cr21Mn5Ni1.5MoCuN）	美 UNS S33207（022Cr32Ni7Mo4N）
	俄 1Х21Н5Т（12Cr21Ni5Ti）	美 UNS S31500（022Cr19Ni5Mo3N）	美 UNS S32520（022Cr25Ni6Mo4CuN）	美 UNS S32201（022Cr22Ni1.5MoN）	
	俄 0Х21Н5Т（06Cr21Ni5Ti）	美 UNS S31803（022Cr22Ni5Mo3N）		美 UNS S32202（022Cr22Ni2MoN）	
	俄 1Х21Н6М2Т（12Cr21Ni6Mo2Ti）	日 SUS 329 JIL（022Cr25Ni5Mo2N）		美 UNS S32101（022Cr22Mn5Ni1.5MoCuN）	
	俄 EN654，15Х18Н11С4ТЮ（14Cr18Nillsi4AlTi）	美 UNS S31200（022Cr25Ni6Mo2N）			
	法 Uranus 50（022Cr21Ni7Mo2.5Cu）	日 JIS 329 J2L（022Cr25Ni7Mo3N）			
		美 UNS S31260（022Cr25Ni7Mo3wCuN）			

70 年代以来，随着精炼技术与连铸技术的发展，使不锈钢在熔炼中将碳降到 0.03% 以下变得容易和便宜，使双相不锈钢普遍采用超低碳牌号。同时发现，1971～1989 年在双相钢中加入 0.1%～0.25% 的氮后，可以基本上避免焊接接头的焊缝和高温热影响区在焊后状态出现过高的铁素体含量，使其性能接近双相不锈钢的优良特性。典型牌号有 2304、2205 等。中国也在瑞典 Sandvik 3RE60 非氮钢基础上加入了约 0.1% 的氮，成为现行牌号 022Cr19Ni5Mo3Si2N。低碳含氮的第二代双相不锈钢的出现，使双相不锈钢进入了现代双相不锈钢的时代。使现行不锈钢标准所列双相不锈钢牌号中，除个别老牌号（如 329 等），几乎全为超低碳级的中氮钢（N≥0.1%）。从第二代双相不锈钢开始，才真正导致了双相不锈钢在压力容器等工业设备中的广泛应用。

1990～1999 年将双相不锈钢的氮含量进一步提高至 0.25%～0.35%，并提高了铬、钼含量，PRE 值超过 40，使其在海水中的耐蚀性与公认在海水中耐蚀性最优的钛材相当，成为超级（super）双相不锈钢，典型牌号如 UNS S32750、UNS 32760、UNS S32520 等。进一步提高了双相不锈钢的耐蚀性，形成第三代双相不锈钢。

2000 年以后的牌号称为第四代不锈钢，有两个发展方向，一方面将氮含量提高到 0.3%～0.6%，并提高铬钼含量，使 PRE≥45，称为特超级（Hyper）双相不锈钢，进一步提高了双相不锈钢的耐蚀性，典型牌号如 UNS S33207、UNS S32707。另一方面发展了合金含量较低，即 RRE 值不太高的经济型双相不锈钢。多为中氮型牌号，保持较高的铬含量（20.5%～27.5%），钼含量降低至 0.05%～2%，镍含量多为 1%～2%（个别≤5.5%），硫含量多降至≤0.01%～≤0.001%的水平，主要通过降低镍含量以明显降低成本，并同时保持较高的耐蚀性，避开高钼含量所引起的对析出金属间化合物的敏感性，加入少量钼以保持必要的耐蚀性。保持（Cr+Mo）≥21%可防止冷成形过程中奥氏体相变为马氏体的过程。个别牌号的锰含量可达2%～6%，以提高氮在钢中的溶解度。经济型双相不锈钢牌号主要目的是代用常用的304、304L、316、316L，可以获得更好的耐蚀性、强度和经济效益。经济型双相不锈钢的典型牌号有 UNS S32001、UNS S32101、UNS S32011、UNS 32201、UNS 32202、UNS 32002、UNS 32003 等。有时也将 UNS S32304 及 UNS S32205 视为经济型双相不锈钢。经济型不锈钢应用前景广阔，市场潜力很大。

2004 年世界双相不锈钢产量仅为 7 万吨，2007 年已约 30 万吨，占不锈钢产量的 1%。而中国 2007 年双相钢的产量仅为 0.65 万吨，仅占不锈钢产量的 0.1%。按 2010 年统计，中国不锈钢粗钢年产量 1125.6 万吨，其中双相不锈钢粗钢产量约 2.5 万吨，占不锈钢的 0.22%。而双相不锈钢材的年消费量约为 6 万吨，其中约 80% 靠进口。据 2015 年第五届中国国际双相不锈钢大会的统计，世界双相不锈钢的年产量已约为不锈钢年产量的 2%～3%。2014 年我国双相不锈钢的产量达 3 万吨~6 万吨，比 2013 年增长了近 70%，但双相不锈钢的年产量仍不足不锈钢总产量的 0.2%。

一般认为，奥氏体不锈钢中 18-8 的用量占大多数，为常用牌号。而在双相不锈钢中，也有人统计，2205 牌号的用量约占双相不锈钢总使用量的 80%。2205 不仅成为双相不锈钢的常用牌号，甚至常将 2205 称为标准的双相不锈钢。在没有说明时，双相钢即指 2205。70 年代中期较多采用 S31803，其氮含量范围为 0.08%～0.20%。不锈钢生产厂为降低氮所引起的缺陷，常将氮含量偏下限生产。当用于焊接件时，焊后状态在焊缝与高温热影响区因奥氏体形成能力不够而易产生纯铁素体组织（或接近纯铁素体组织），严重影响性能。后将氮含量下限从 0.08% 提高到 0.14%，同时稍提高了铬和钼的成分下限，形成了 S32205，基本解决了这些问题。由于 S32205 的化学成分完全符合 S31803 的规定范围，S31803 仅用于非焊接件，用量较少，用于焊接件时，S32205 已基本取代了 S31803，使 2205 成了最常应用的双相不锈钢牌号。

超级双相不锈钢和特超级双相不锈钢在固溶处理状态有更优越的耐蚀性，但由于合金含量高，在同样的热循环作用下，析出金属间化合物的速度比 2205 快得多，致使焊接接头等部位性能下降，因而应用得还不如 2205 广泛。

5.1.3 牌号成分

主要国家列于不锈钢标准中的双相不锈钢牌号列于表 5-2。表中 PRE 值按 ASTM 标准中元素含量的平均值计算。PRE < 28 为低合金牌号；PRE28～38 为中合金牌号；PRE38～39 为高合金牌号；PRE39～40 可为高合金牌号，也可称为超级双相钢牌号；PRE40～45 为超级双相不锈钢；PRE > 45 为特超级双相不锈钢。表 5-2 中所列双相耐蚀不锈钢的牌号数，美国 27 个，ISO 13 个，EN 9 个，日本 3 个，中国 11 个。表 5-3 中列出了主要国家压力容器标准中所采用的牌号，美国 14 个，EN 6 个，日本 3 个，中国 4 个。美国牌号包含了其他国家的相应牌号，可按 ASTM 标准化学成分（表 5-4）分析现行压力容器用双相不锈钢牌号的成分特点。

表 5-2 主要国家的双相不锈钢标准牌号

C≤	主要成分	UNS	PRE	ISO/DIS 15510—2008 牌号	编号	牌号	SUS G4303：2005 牌号	代号	牌号	合金类别
	ASTM牌号				**EN 10088-1：2005**			**GB/T 20878—2007**		
0.03	20.5Cr-2Ni-5Mn-MoCuN	S32001	24.2							低合金
0.03	22Cr-1.5Ni-MoN	S32201	25.9							
0.06	26Cr-6.5Ni-Ti	S31100	26.0							
0.03	23Cr-4Ni-MoCuN	S32304	26.1	X2CrNiN23-4	1.4362	X2CrNiN23-4		S23043	022Cr23Ni4MoCuN	
0.03	22Cr-1.5Ni-MoN	S32011	26.6							
0.04	21.5Cr-1.5Ni-5Mn-MoCuN	S32101	26.6	X2CrMnNiN 25-5-1						
0.03	22Cr-2Ni-MoN	S32202	27.0							
0.03	21Cr-3.5Ni-2Mo-N	S32003	27.5							
0.03	18.5Cr-5Ni-3Mo-2Si-N	S31500	28.8	X2CrNiMoSiMnN 19-5-3-2-2	1.4424	X2CrNiMoSi 18-5-3		S21953	022Cr19Ni5Mo3Si2N	中合金
0.08	25.5Cr-4Ni-1.5Mo	S32900	30.5	X6CrNiMo26-4-2			SUS 329J1			
0.05	23.5Cr-3.5Ni-MoN	S32002	32.0							
0.03	25Cr-6Ni-Mo-N	S31200	33.0					S22553	022Cr25Ni6Mo2N	
0.03	22Cr-5.5Ni-3Mo-N	S31803	34.1					S22253	022Cr22Ni5Mo3N	
0.03	22.5Cr-5.5Ni-3Mo-N	S32205	36.0	X2CrNiMoN 22-5-3	1.4462	X2CrNiMoN 22-5-3	SUS 329J3L	S22053	022Cr23Ni5Mo3N	
0.03	27.5Cr-7.5Ni-MoWN	S32808	36.4							
0.03	27.5Cr-4.5Ni-2Mo-N	S32950	37.3							
0.03	25Cr-6Ni-3Mo-WN	S32506	38.0							高合金
0.03	25Cr-6.5Ni-3Mo-WCuN	S31260	38.1	X2CrNiMoN 25-7-3				S22583	022Cr25Ni7Mo3WCuN	
0.03	25Cr-7Ni-3Mo-WCuN	S39274	39.4							高合金（或超级）
0.04	25.5Cr-5.5Ni-3.5Mo-CuN	S32550	39.5	X3CrNiMoCuN 26-6-3-2			SUS 329J4L (C≤0.03)	S25554	03Cr25Ni6Mo3Cu2N	
0.03	25Cr-7Ni-3.5Mo-CuN	S32760	40.6	X2CrNiMoCuWN 25-7-4	1.4501	X2CrNiMoCuWN 25-7-4		S27603	022Cr25Ni7Mo4WCuN	超级
0.025	25Cr-7Ni-3.5Mo-WCuN	S39277	41.0							
0.03	29Cr-6.5Ni-2Mo-CuN	S32906	41.4	X2CrNiMoN 29-7-2	1.4477	X2CrNiMoN 29-7-2				
0.03	25Cr-7Ni-4Mo-CuN	S32520	42.6							
0.03	25Cr-7Ni-4Mo-CuN	S32750	42.7	X2CrNiMoN 25-7-4	1.4410	X2CrNiMoN 25-7-4		S25073	022Cr25Ni7Mo4N	
0.03	31Cr-7.5Ni-4Mo-CuN	S33207	52.2							特超级
0.03	27.5Cr-7.5Ni-4.5Mo-CoCuN	S32707	48.8	X2CrNiMoCoN 28-8-5-1						
		(S32550)		X2CrNiMoCuN 25-6-3	1.4507	X2CrNiMoCuN 25-6-3				高合金
		(S31200)		X3CrNiMoN 27-5-2 (C≤0.05)	1.4460	X3CrNiMoN 27-5-2				中合金
					1.4655	X2CrNiCuN 23-4				低合金
								S21860	14Cr18Ni11 Si4AlTi	中合金
								S22160	12Cr21Ni5Ti	中合金
牌号数		美 27		ISO 13	EN 9		日 3	中 11		

注：EN 10088-1：2005 中 X15CrNiSi25-4（1.4821）为双相耐热钢，表中未列。

表中 PRE=Cr+3.3Mo+16N，元素含量按 ASTM 中的平均值。

表5-3　美、中、欧、日压力容器标准用双相不锈钢牌号

碳含量 %，≤	ASME—2013			GB 150—2011			EN 13445：2009		J1S B 8265：2003	
	UNS	简称	应用温度 ℃，≤	数字代号	牌　号	应用温度 ℃，≤	编号	牌　号	牌　号	应用温度 ℃，≤
0.03	S31200		316							
0.03	S31260		343							
0.03	S31500		399	S21953	022Cr19Ni5Mo3Si2N	300	1.4424	X2CrNiMoSi18-5-3		
0.03	S31803		316	S22253	022Cr22Ni5Mo3N	300				
0.03	S32202		316							
0.03	S32205	2205	316	S22053	022Cr23Ni5Mo3N	300	1.4462	X2CrNiMoN22-5-3	SUS 329J3L	300
0.03	S32304	2304	316				1.4362	X2CrNiN23-4		
0.04	S32550	255	260				1.4507	X2CrNiMoCuN25-6-3	SUS 329J4L	300
0.03	S32750	2507	316	S25073	022Cr25Ni7Mo4N	300	1.4410	X2CrNiMoN25-7-4		
0.03	S32760		316				1.4501	X2CrNiMoWN25-7-4		
0.08	S32900	329	260						SUS 329J1	250（板） 400（管）
0.03	S32906		316							
0.03	S32950		316							
0.03	S39274		343							
牌号数	14			4			6		3	

注：UNS S32202，S32205 和 S32760 是在 ASME—2013 才列入的，以前尚未列入。

　　其中 S32202 为典型经济型双相钢牌号，尚未列入 ASTM A959—2009，仅列入 ASTM A790—2008。

表5-4　ASTM 中压力容器用双相不锈钢牌号的标准成分（范围或上限）　　　　　%

UNS	简称	C	Mn	P	S	Si	Cr	Ni	Mo	N	Cu	W	PRE
S31200		0.030	2.00	0.045	0.030	1.00	24.0 ~ 26.0	5.5 ~ 6.5	1.20 ~ 2.00	0.14 ~ 0.20			33.0
S31260		0.030	1.00	0.030	0.030	0.75	24.0 ~ 26.0	5.5 ~ 7.5	2.5 ~ 3.5	0.10 ~ 0.30	0.20 ~ 0.80	0.10 ~ 0.50	38.1
S31500		0.030	1.20 ~ 2.00	0.030	0.030	1.40 ~ 2.00	18.0 ~ 19.0	4.3 ~ 5.2	2.50 ~ 3.00	0.05 ~ 0.10			28.8
S31803		0.030	2.00	0.030	0.020	1.00	21.0 ~ 23.0	4.5 ~ 6.5	2.5 ~ 3.5	0.08 ~ 0.20			34.1
S32202		0.030	2.00	0.040	0.010	1.00	21.50 ~ 24.0	1.00 ~ 2.80	0.45	0.18 ~ 0.26			27.0
S32205	2205	0.030	2.00	0.030	0.020	1.00	22.0 ~ 23.0	4.5 ~ 6.5	3.0 ~ 3.5	0.14 ~ 0.20			36.0
S32304	2304	0.030	2.50	0.040	0.030	1.00	21.5 ~ 24.5	3.0 ~ 5.5	0.05 ~ 0.60	0.05 ~ 0.20	0.05 ~ 0.60		26.1
S32550	255	0.04	1.50	0.040	0.030	1.00	24.0 ~ 27.0	4.5 ~ 6.5	2.9 ~ 3.9	0.10 ~ 0.25	1.50 ~ 2.50		39.5
S32750	2507	0.030	1.20	0.035	0.020	0.80	24.0 ~ 26.0	6.0 ~ 8.0	3.0 ~ 5.0	0.24 ~ 0.32	0.50		42.7
S32760		0.030	1.00	0.030	0.010	1.00	24.0 ~ 26.0	6.0 ~ 8.0	3.0 ~ 4.0	0.20 ~ 0.30	0.50 ~ 1.00	0.50 ~ 1.00	40.6
S32900	329	0.08	1.00	0.040	0.030	0.75	23.0 ~ 28.0	2.5 ~ 5.0	1.00 ~ 2.00				30.5
S32906		0.030	0.80 ~ 1.50	0.030	0.030	0.50	28.0 ~ 30.0	5.8 ~ 7.5	1.50 ~ 2.60	0.30 ~ 0.40	0.80		41.4
S32950		0.030	2.00	0.035	0.010	0.60	26.0 ~ 29.0	3.5 ~ 5.2	1.00 ~ 2.50	0.15 ~ 0.35			37.3
S39274		0.030	1.00	0.030	0.020	0.80	24.0 ~ 26.0	6.0 ~ 8.0	2.5 ~ 3.5	0.24 ~ 0.32	0.20 ~ 0.80	1.50 ~ 2.50	39.4

注：S32202 成分取自 ASTM A790—2008 无缝与焊接管（P）标准，其他牌号成分取自 ASTM A959—2009 牌号标准。

（1）碳，除 S32900 第一代老牌号，碳含量≤0.08%外，其他牌号基本均为 C≤0.03%

的超低碳级，其中仅 UNS S32550 为 C≤0.04%，其相应的 EN 1.4507 及 SUS 329J4L 仍为 C≤0.03%；

（2）氮，除 S32900 第一代老牌号为非含氮钢外，其他均为含氮钢。这些含氮钢中，只有 S31500 由于铬含量仅为 18%~19%，因而氮在钢中的溶解度较低，其标准氮含量为 0.05%~0.10%，属控氮型钢的水平。其他牌号均为中氮型钢（平均氮含量＞0.1%），最高氮含量可达 0.4%；

（3）铬，铬含量为 18%~30%。14 个双相钢牌号中，铬的平均含量≥25%的牌号有 9 个，22%~24.5%的牌号有 4 个，只有一个牌号为 18.5%，因此双相钢多用高铬钢；

（4）钼，所有双相钢均含有钼，14 个牌号中有 12 个牌号钼含量 1%~5%，只有经济型双相钢 S32202 和 S33204 含有少量钼，少量钼对提高耐蚀性有不容忽视的作用。双相钢应使（Cr+Mo）的量超过 21%，以防止冷成形时奥氏体易相变为马氏体而使性能下降。双相钢应使（Cr+Mo）的量低于 35%，以免容易析出金属间化合物，降低性能。如特超级双相不锈钢 S33207，铬的平均含量 31%，钼的平均含量 4%，（Cr+Mo）的平均含量 35%，易析出金属间化合物，尚未被压力容器标准采用；

（5）镍，镍含量 1%~8%，主要控制双相钢具有适当的相比；

（6）硫，S32202、S32760 及 S32950 牌号均要求 S≤0.01%。与 S32202 相当的法国企业牌号 UR2202 则要求 S＜0.001%，主要考虑提高耐蚀性。

5.1.4 特点

（1）比奥氏体不锈钢镍含量低，属节镍不锈钢，经济性好；

（2）综合力学性能好，强度高，尤其是屈服强度比奥氏体不锈钢高得多；

（3）比奥氏体不锈钢的耐氯化物应力腐蚀性能高得多；

（4）较好的耐点蚀、缝隙腐蚀、晶间腐蚀与腐蚀疲劳性能；

（5）晶粒比单相不锈钢细；

（6）比奥氏体不锈钢线膨胀系数小，热导率高，适用于容器用复合板与衬里及换热管；

（7）双相不锈钢中的铁素体相仍然存在一般铁素体不锈钢易产生的高温金属间析出相（以 σ 相为主）脆性、"475℃"脆性、大晶粒脆性、低温脆性等，与奥氏体不锈钢相比，应用温度较窄，高温不超过 300℃~400℃，低温不超过-20℃~-40℃；

（8）冷成型时比奥氏体不锈钢的加工硬化效应较大；

（9）焊接性能较好，热裂倾向低，一般可以焊前不预热，焊后可不热处理，可与其他钢材熔焊；

（10）材料与焊接接头应控制与检验相比例，焊接接头应控制不得出现单相铁素体组织。常应检验耐晶间腐蚀性能及检验钢材与焊接接头的有害金属间相（按 ASTM A923—2006）；

（11）双相不锈钢采用铬镍钼钢、超低碳钢、中氮钢。推广采用超级、特超级及经济型双相不锈钢，不用稳定化钢；

（12）不用于强氧化性腐蚀介质（如高温硝酸）及强还原性腐蚀介质（如盐酸、中浓度高温硫酸）；

（13）按不锈钢生产中所消耗的铬、镍和钼主要合金的炉料成本计算，在相同的 PRE（PRE=Cr+3.3Mo+16N）值的情况下，双相不锈钢仅约为奥氏体不锈钢的一半甚至更低。双相不锈钢约为铁素体不锈钢的一倍半。

5.2　双相不锈钢的组织

5.2.1　合金元素对基体组织的影响

不锈钢的基体组织主要为面心立方晶格的奥氏体相和体心立方晶格的铁素体相。不锈钢中的合金元素固溶于钢中，按其促进形成奥氏体相和形成铁素体相的作用，可分为两大类，形成奥氏体的元素有 C、N、Ni、Co、Mn、Cu 等，形成铁素体的元素有 Cr、Mo、Si、Al、W、Ti、Nb 等。在一定温度条件下，不锈钢中的基体组织不但由溶入基体中合金元素的类型所决定，而且也与这些合金元素溶入基体中的含量高低及单位含量对形成奥氏体或铁素体的能力大小密切相关。奥氏体形成能力用镍当量计：

镍当量=[Ni]+[Co]+30[C+N]+0.5[Mn]+0.3[Cu]

铁素体形成能力用铬当量计：

铬当量=[Cr]+1.5[Mo]+1.5[Si]+1.75[Nb]+1.5[Ti]+5.5[Al]+0.75[W]

以上镍当量与铬当量的公式中的[　]符号表示该元素溶入钢中的百分含量。如不掌握溶入含量，可用钢中总的平均含量近似代替。元素含量[　]前的数字为该元素形成奥氏体的能力相当于镍形成奥氏体能力的倍数，或为该元素形成铁素体的能力相当于铬形成铁素体能力的倍数，这些倍数系由大量试验测定。五十多年来，这些倍数在不同资料中稍有差别，此处的公式取自最新的资料。

根据不锈钢的相图（图 5-1）可判断钢中的主要相。在 A+F 区域中铁素体含量符合双相钢相比规定者为双相不锈钢。

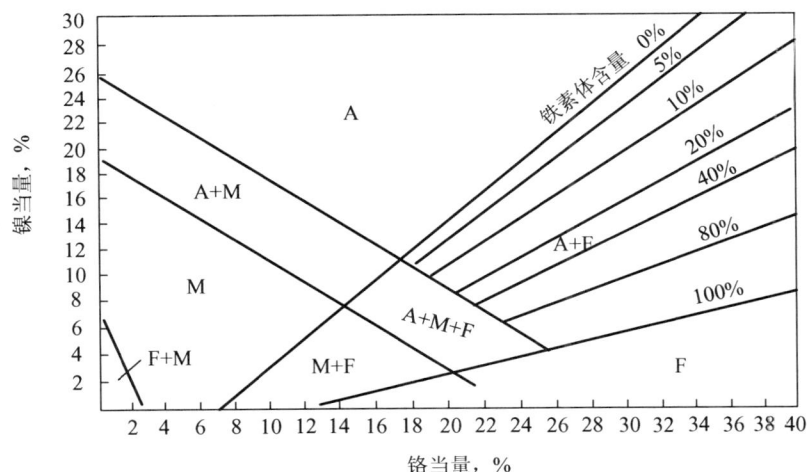

A——奥氏体相；
F——铁素体相；
M——马氏体相。

图 5-1　Schaeffler 相图

图 5-2 为铬镍不锈钢中铬当量与镍当量的比值与温度的相图。双相不锈钢中多为铁含量约 70% 左右。铬当量与镍当量的比值在 2~3 左右时常为双相不锈钢，如 S32750 比值为 2.2，S32520 比值为 2.4，S32205 比值为 2.7，S32550 比值为 2.9。

5.2.2 合金元素在两相中的分配

双相不锈钢中合金元素在奥氏体相和铁素体相两相中含量的分配是不同的。奥氏体相中富集了奥氏体形成元素，铁素体相中富集了铁素体形成元素。某合金元素在铁素体相中的含量与在奥氏体相中的含量的比值称为双相不锈钢中该元素在两相中的分配系数。分配系数对在固溶状态（固溶温度 1 040℃~1 090℃）的大多数双相不锈钢是相似的。见表 5-5。

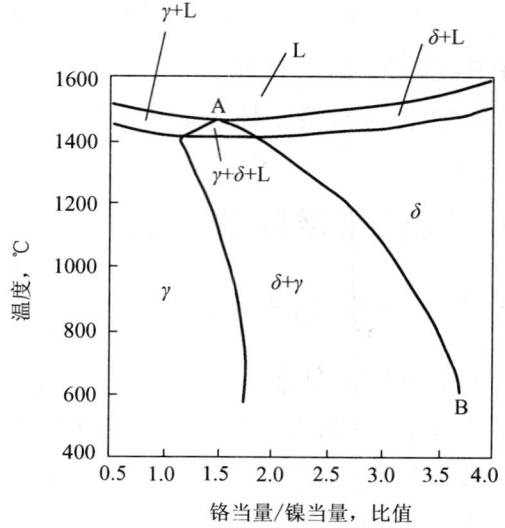

γ——奥氏体相；
δ——铁素体相；
L——液相；
AB 线——铁素体溶解度曲线。

图 5-2　铬镍不锈钢相图

表 5-5　合金元素在固溶状态的双相不锈钢中的分配系数及两相含量相差倍数

合金元素性质	铁素体形成元素					奥氏体形成元素			
合金元素	P	W	Mo	Si	Cr	Mn	Cu	Ni	N
分配系数	2.5	2	1.6	1.3	1.2	0.9	0.7	0.6	0.1
两相中合金元素相差倍数	2.5	2	1.6	1.3	1.2	1.11	1.43	1.67	10

双相不锈钢的分配系数不是恒定的，会随温度和相比例的变化而改变。温度升高后，合金在两相间的分配渐趋均匀，例如双相不锈钢在焊接时，高温热影响区的两相的化学成分较为接近，使其具有较均一的力学性能及较好的热塑性。由于双相不锈钢材均在固溶状态供货，构件的非热作部位在固溶状态时应用，因而固溶状态下的分配系数是很重要的参数。其中最重要的是氮的分配系数为 0.1，即奥氏体相中的氮含量为铁素体相中氮含量的 10 倍。而同为重要的奥氏体形成元素的镍仅为 1.67 倍。例如将全奥氏体钢与奥氏体相和铁素体相各占 50% 的双相钢相比较，如果含镍 3%，奥氏体钢中的奥氏体相的镍含量为 3%，而双相钢中的奥氏体相的镍含量为 $3\% \times \dfrac{2}{1+0.6} = 3.75\%$，其镍当量为 3.75%。如果两种钢中的奥氏体形成元素由镍改为氮，当氮含量为 0.1% 时，由于氮的奥氏体形成能力为镍的 30 倍，奥氏体钢中的奥氏体相所含氮含量的镍当量亦为 3%，而双相钢中的奥氏体相的氮含量则为 $0.1\% \times \dfrac{2}{1+0.1} = 0.182\%$，铁素体相中氮含量为 0.018%。奥氏体相中氮的镍当量为 5.46%，因此在奥氏体钢和双相钢中，当奥氏体形成元素的含量相同时，双相钢中的奥氏体相的奥氏体形成能力（镍当量）要高于全奥氏体钢中的奥氏体相。当在双相

钢中分别加入相同镍当量的镍或氮时，在双相钢中的奥氏体相中，加入氮要比加入镍获得高得多的镍当量（约高一半）。这是含氮双相不锈钢独特的优点。

5.2.3 析出相

双相不锈钢的基体相为奥氏体相和铁素体相。在一定的合金成分和温度条件下，基体相中会析出二次相，这些析出相可分三类，一为碳、氮等非金属合金元素与金属合金元素的化合物，碳化物如 M_7C_3、$M_{23}C_6$、M_6C 等，氮化物为 M_2N、MN 等；二为金属间化合物，三为二次奥氏体相（属固溶体）。双相不锈钢中的析出相及其形成温度列于表 5-2。

在奥氏体钢中和在铁素体钢中也能析出表 5-6 所列类似的析出相，而在双相不锈钢中则主要由铁素体相中析出这些相，原因有三：

表 5-6 双相不锈钢中的析出相

	名称	符号	类型	化学式	形成温度/℃
碳、氮非金属元素与金属的化合物	碳化铬		M_7C_3	（Cr，Fe，Mo）$_7C_3$	950～1 050
			$M_{23}C_6$	（Cr，Fe，Mo）$_{23}C_6$	600～950
			M_6C	（Cr，Fe，Mo，Nb）$_6C$	700～950
	氮化铬		M_2N	（Cr，Fe）$_2N$	700～1 000
			MN	CrN	
金属间化合物	西格马相	σ	AB	（Fe，Cr，Mo·Ni） 55％Cr-36％Fe-5％Mo-4％Mn	600～1 000
	开相	χ	$A_{48}B_{10}$	$Fe_{36}Cr_{12}Mo_{10}$ （Fe，Ni）$_{36}Cr_{18}$（Ti，Mo）$_4$ （48％Fe-28％Cr-21％Mo-3％Ni）	700～900
	阿尔法相	α'		CrFe（61％-83％Cr）	350～550
	阿尔相	R		（Fe，Mo，Cr，Ni） Fe_2Mo （32％Fe-25％Cr-34％Mo-5％Ni-Si）	550～750
	拉氏相	η	A_2B	（Fe，Cr）$_2$（Mo，Nb，Ti，Si）	550～900
	陶相	τ			550～650
	派相	π		$Fe_7Mo_{13}N_4$	550～600
	$Fe_3Cr_3Mo_2Si_2$ 相			$Fe_3Cr_3Mo_2Si_2$	450～750
固溶体	二次奥氏体	γ_2			约600～1 200

（1）由基本相析出的析出相绝大部分在化学成分上与基体相有所差异，析出析出相应属合金元素扩散型转变机制，即基于合金元素的扩散才能析出析出相。双相不锈钢中同时存在数量差不多的奥氏体相与铁素体相。奥氏体相属面心立方晶格，原子排列的致密度为 74％，空隙为 26％。铁素体相属体心立方晶格，原子排列的致密度为 68％，空隙为 32％。由于铁素体相的原子空隙要比奥氏体相大，使得合金元素在铁素体相中的扩散速度要比在奥氏体相中的扩散速度高得多。例如在 700℃左右时，铬在铁素体中的扩散速度要比在奥氏体中快 100 倍，因此双相钢的析出相中的合金元素主要来自铁素体相；

（2）在碳化物和氮化物析出相中，最重要的是铬和钼的碳化物和氮化物。在金属间化合物相中最重要的合金元素为铬，钼。铬和钼也是不锈钢和各种析出化合物相中所含铁素体形成元素最多的合金元素。这些析出的化合物相基本均为高铬相，即各种化合物析出相中的铬含量都高于不锈钢或基体相中的铬含量。如 $Cr_{23}C_6$ 中铬含量为 94%，Cr_7C_3 中铬含量为 91%，虽然实际上的碳化物为（Cr·Fe）$_{23}C_6$、（Cr·Fe·Mo）$_{23}C_6$、（Cr·Fe）$_7C_3$ 等，但这些碳化物均主要是铬的碳化物，这些碳化物中的铬含量肯定远高于不锈钢或基体相中的铬含量。Cr_2N 中的铬含量 88%，CrN 中的铬含量为 79%。尽管这些氮化物也会为（Cr·Fe）$_2N$、（Cr·Fe）N 的形式，但其铬含量也应远高于不锈钢或基本相。在金属间化合物相中，引起"475℃脆性"的 α′ 相中的铬含量为 61%~83%，金属间化合物相中最重要的 σ 相，铬含量为 42%~50%。如某典型 σ 相成分为 55%Cr-36%Fe-5%Mo-4%Mn，其铬含量为 50%，钼含量为 8.6%。χ 相典型成分 $Fe_{36}Cr_{12}Mo_{10}$ 中钼含量 27%，铬含量 17%。典型成分 48%Fe-28%Gr-21%Mo-3%Ni 中，铬含量 23%，钼含量 32%。χ 相中含钼量比含铬量更高。R 相的典型成分 $Fe_{2.4}Cr_{1.3}MoS$ 中铬含量 21%，钼含量 29.5%。典型成分 32%Fe-25%Cr-34%Mo-5%Ni-Si 中铬含量 19.5%，钼含量 49%，R 相为高钼金属间化合物。π 相的典型成分 28%Fe-35%Cr-3%Ni-34%Mo 中铬含量 26.5%，钼含量 48%，亦为高钼金属间化合物，铬含量也高于基体相。$Fe_3Cr_3Mn_2Si_2$ 相中铬含量 27.3%，钼含量 33.6%，亦为高钼高铬的金属间化合物相。由于这些化合物基本上均为高铬及高钼相，铬和钼应为这些化合物的生成与促进元素。在铁素体相中产生共析分解反应 $\alpha \rightarrow \sigma + \gamma_2$ 和 $\alpha \rightarrow \chi + \gamma_2$ 等，由于 σ，χ 中的铬，钼含量高于 α 相，因而析出金属向化合物的过程应当为铁素体相中的高铬钼含量的质点先形核，继而粗化长大。如果铁素体相中的铬、钼含量高，对析出金属间化合物相是有利的，如果铁素体不锈钢和双相不锈钢的铬和钼的平均含量相同，铁素体不锈钢中铁素体相的铬、钼含量即为铬、钼的平均含量，而双相不锈钢中的铁素体相中的铁素体形成元素的含量应高于双相钢的平均含量。按表 5-1 所示，双相不锈钢中铁素体相中的铬含量应为奥氏体相中铬含量的 1.2 倍，铁素体相中的钼含量应为奥氏体相中钼含量的 1.6 倍。因此双相不锈钢中的铁素体相要比铁素体不锈钢中的铁素体相具有更高的析出金属间化合物的倾向。即在相同的高温条件下，可析出更多的金属间化合物相；

（3）双相不锈钢中，镍含量的增加可使钢中的奥氏体量增加，从而使更多的 σ 相形成元素铬和钼富集于铁素体相中，从而促进了铁素体相的共析分解反映 $\alpha \rightarrow \sigma + \gamma$。不含钼和镍的高铬铁素体不锈钢中，σ 相的形成温度一般低于 820℃，且形成速度很慢，约需数小时以上。因此从高温冷却时，可不考虑 σ 相析出的问题。但双相不锈钢中，由于钢中除高铬外，还含有钼和镍，并使其铁素体相中也含有钼和镍，会扩大 σ 相的形成温度范围，并缩短 σ 相的形成时间，以致在高于 950℃时仍会析出 σ 相，且数分钟内即可析出。双相钢中钼的含量虽然多低于铬和镍，但钼对促进 σ 相、χ 相等金属间化合物相的析出往往起到更重要的作用。大部分铁素体不锈钢中不含镍，而双相不锈钢中均含镍，致使双相不锈钢中的铁素体相中也含镍，这也使双相不锈钢中的铁素体相比一般不含镍的铁素体不锈钢更易析出金属间化合物相。

奥氏体不锈钢中如果只含铬和镍，不含钼，一般的 18Cr-8Ni 钢在经历常规的热过程（如焊接、热成形）后一般不会明显析出 σ 相。铬含量 25%以上时才能明显析出 σ 相，如 25Cr-20Ni。铬镍奥氏体不锈钢含钼、硅等才较容易析出 σ 相。奥氏体不锈钢中镍、碳和氮等奥氏体形成元素是抑制析出 σ 相的元素。

　　因而双相不锈钢析出金属间化合物相的能力要比奥氏体不锈钢和铁素体不锈钢明显强得多。尤其是具有较高铬、钼和镍合金元素含量的双相不锈钢对析出金属间化合物相具有更快的动力学。析出金属间化合物相在绝大多数情况下会降低不锈钢的耐蚀性、降低塑性和韧性。虽然有时能提高强度，但对不锈钢的性能主要起不利作用，应尽量避免与减少。一般应控制双相不锈钢中铬含量和钼含量之和低于35%，可使金属间化合物的析出倾向不致太高。

　　双相不锈钢中含高铬、高钼的化合物相常可在晶间析出，可能导致晶间贫铬，产生晶间腐蚀敏感性。晶间析出的 σ 相在强氧化性介质中也可能快速溶解产生晶间腐蚀。因此对双相不锈钢材料和构件的晶间腐蚀敏感性更应进行控制与检验。

　　由于对双相不锈钢析出金属间化合物相的敏感性更应进行控制和检验，常采用 ASTM A923—2006《双相不锈钢中有害金属间相的检测》标准。标准中包括了金相法、冲击试验和腐蚀试验，并说明了合格指标。有人还建议将此作为焊接工艺评定的内容。金相法将试样在 40 克 NaOH+100g 水的溶液中，1V~3V 电压下浸蚀 5s~60s，对照标准图判断没有有害组织时可为合格。如果可能有害，有害或有中间组织时应进行冲击与腐蚀试验判定，冲击试验温度常为-40℃，母材与热影响区要求 $KV_2 \geqslant 54J$，焊缝要求 $KV_2 \geqslant 34J$。腐蚀试验溶液为 6%FeCl$_3$，用 HCl 或 NaOH 调节 pH 值约为 1.3。试验温度对 S31803 和 S32205 母材为 25℃，焊缝为 22℃。S32750 母材为 40℃，合格腐蚀率为不高于 10mdd（0.365mm/a）。

5.3　双相不锈钢的力学性能

5.3.1　压力容器用双相不锈钢的力学性能

　　压力容器用双相不锈钢也和其他材料一样承受压力载荷，因而必须具有适当的力学性能。压力容器用不锈钢主要采用奥氏体钢、铁素体钢和双相不锈钢。现比较三种不锈钢的力学性能。双相钢中主要采用 C≤0.03% 的超低碳钢，因而将 ASME—2013 中所采用的双相钢管材与所用超低碳奥氏体钢管材及超低碳铁素体钢板材牌号的标准室温拉伸性能列于表 5-7 中，比较三者的超低碳牌号可以不考虑碳含量对力学性的影响。超低碳牌号基本都用于耐蚀，可比较三者耐蚀钢牌号的力学性能。表 5-8 中将三类不锈钢牌号按一般级（非超级）与超级将室温拉伸性能的范围列出以作比较。双相钢的力学性能有以下特点：

　　（1）抗拉强度双相钢高于奥氏体钢，更高于铁素体钢。屈服强度 $R_{p0.2}$，双相钢高于铁素体钢，更高于奥氏体钢。双相钢约为奥氏体钢的两倍。断后伸长率奥氏体钢最高，双相钢和铁素体钢较低，但仍能满足要求。

表 5-7　ASME—2013 压力容器用双相不锈钢与超低碳奥氏体不锈钢管及
超低碳铁素体不锈钢板的室温拉伸性能

钢类	UNS	简称	热处理温度/℃	快冷方式	R_m MPa，≥	$R_{p0.2}$ MPa，≥	A_{50} %，≥	$R_{p0.2}/R_m$	是否为超级
ASTMA 790— 2008 双相不锈钢无缝与焊接管(P)	S31200		1 050 ~ 1 100	水冷	690	450	25	0.65	
	S31260		1 020 ~ 1 100	空冷或水冷	690	450	25	0.65	
	S31500		980 ~ 1 040	空冷或水冷	630	440	30	0.70	
	S31803		1 020 ~ 1 100	空冷或水冷	620	450	25	0.73	
	S32202		980 ~ 1 080	空冷或水冷	660	450	30	0.68	
	S32205	2205	1 020 ~ 1 100	空冷或水冷	655	485	25	0.74	
	S32304	2304	925 ~ 1 050	空冷或水冷	600	400	25	0.67	
	S32550	255	≥1 040	空冷或水冷	760	550	15	0.72	超级
	S32750	2507	1 025 ~ 1 120	空冷或水冷	800	550	15	0.69	超级
	S32760		1 100 ~ 1 140	空冷或水冷	750	550	25	0.73	超级
	S32900	329	925 ~ 955	空冷或水冷	620	485	20	0.78	
	S32906		1 020 ~ 1 150	空冷或水冷	800	650	25	0.81	超级
	S32950		990 ~ 1 025	空冷	690	480	20	0.70	
	S39274		1 025 ~ 1 125	空冷或水冷	800	550	15	0.69	超级
ASTM A312— 2001a 奥氏体不锈钢无缝与焊接管 (P)	S30403	TP304L	≥1 040	水冷或快冷	485	170	35	0.35	
	S30453	TP304LN	≥1 040	水冷或快冷	515	205	35	0.40	
	S31050		≥1 040	水冷或快冷	580	270	25	0.47	
	S31254		≥1 150	水冷或快冷	675	310	35	0.46	超级
	S31603	TP316L	≥1 040	水冷或快冷	485	170	35	0.35	
	S31653	TP316LN	≥1 040	水冷或快冷	515	205	35	0.40	
	S31703	TP317L	≥1 040	水冷或快冷	515	205	35	0.40	
	S34751	TP347LN	≥1 040	水冷或快冷	515	205	35	0.40	
	N08367		≥1 100	水冷或快冷	690	310	30	0.45	超级
	N08904	904L	≥1 100	水冷或快冷	490	215	35	0.44	
	N08926		≥1 100	水冷或快冷	650	295	35	0.45	超级
ASTMA 240— 2007 铁素体不锈钢板	S40910 S40920 S40930		800 ~ 900	快冷或缓冷	380	170	20	0.45	
	S43035	439	700~800	空冷	415	205	22	0.49	
	S44400	444	800 ~ 1 050	快冷	415	275	20	0.66	
	S44627	XM-27	900 ~ 1 050	急冷	450	275	22	0.61	
	S44635	25-4-4	>1 000	急冷	620	515	20	0.83	超级
	S44660	26-3-3	950 ~ 1 100	快冷	585	450	18	0.77	超级
	S44700	29-4	900 ~ 1 050	急冷	550	415	20	0.75	超级
	S44735	28-4C	950 ~ 1 100	快冷	550	415	18	0.75	超级
	S44800	29-4-2	950 ~ 1 050	急冷	550	415	20	0.75	超级

表 5-8 ASME—2013 压力容器用三类不锈钢室温拉伸性能

不锈钢类	耐蚀级别	R_m/MPa	$R_{p0.2}$/MPa	A_{50}/%	$R_{p0.2}/R_m$
双相钢	一般	600 ~ 690	400 ~ 485	20 ~ 30	0.65 ~ 0.78
	超级	750 ~ 800	550 ~ 650	15 ~ 25	0.69 ~ 0.81
奥氏体钢	一般	485 ~ 580	170 ~ 270	25 ~ 35	0.35 ~ 0.47
	超级	650 ~ 690	295 ~ 310	30 ~ 35	0.45 ~ 0.46
铁素体钢	一般	380 ~ 450	170 ~ 275	2ν ~ 2ι	0.45 ~ 0.66
	超级	550 ~ 620	415 ~ 515	1δ ~ 2ν	0.75 ~ 0.83

注: 双相钢中仅 S3250.C≤0.004; S32900, C≤0.08, 其他均为超低碳。

(2) 在同类不锈钢中, 合金元素高的超级不锈钢牌号比合金元素低的一般牌号强度较高, 塑性较低。

(3) 按中国现行规定, 不锈钢的抗拉强度的安全系数 n_b 为 2.7, 屈服强度的安全系数 n_s 为 1.5, $\frac{n_s}{n_b} = 0.556$。室温时双相钢的屈强比为 0.65 ~ 0.81, 均高于 0.556, 应按抗拉强度决定许用应力。奥氏体钢的屈强比为 0.35 ~ 0.46, 均低于 0.556, 应按屈服强度决定许用应力。铁素体钢屈强比为 0.45 ~ 0.83。铬的平均含量不高于 18%, 且不含钼的牌号的屈强比均低于 0.556, 应按屈服强度决定许用应力。铬的平均含量高于 18%, 且含钼的牌号的屈强比均高于 0.556, 应按抗拉强度决定许用应力。应当说, 在决定许用应力时, 奥氏体钢按 $R_{p0.2}$ 决定许用应力并没有充分利用强度水平, 而双相钢按抗拉强度决定许用应力则能较好地利用强度水平。当然奥氏体不锈钢在一定条件下还可以按 $R_{p1.0}$ 来决定许用应力, 以获得较高的许用应力。而双相钢和铁素体钢的屈服强度只用 $R_{p0.2}$, 不用 $R_{p1.0}$。

(4) 表 5-9 中列出了 EN 10028-7: 2007 承压双相不锈钢板 5 个牌号在各温度的力学性能。随着温度的提高, 双相不锈钢 $R_{p0.2}$ 值下降的速度比 R_m 值下降的速度稍快, 因而随着温度提高, 屈强比稍有下降。4 个牌号中在室温到 250℃时, 屈强比仍>0.556, 应按抗拉强度决定许用应力, 只有 1.4362 在 250℃时屈强为 0.54, 稍低于 0.556, 应按屈服强度决定许用应力, 但此时与按抗拉强度决定的许用应力值相差不大。可以认为在许用的温度范围内, 双相钢大多按抗拉强度决定许用应力。

表 5-9 EN 10028-7: 2007 承压双相不锈钢板的室温与高温力学性能

牌 号	编号	固溶处理温度/℃	项 目	各温度/℃的强度						室温 A %, ≥	KV_2/J, ≥		
				室温	50	100	150	200	250		20℃纵向	20℃横向	-40℃横向
X2CrNiN23-4	1.4362	1000 ± 50 水冷	R_m/MPa, ≥	630	577	540	520	500	490	25	120	90	40
			$R_{p0.2}$/MPa, ≥	400	374	330	300	280	265				
			$R_{p0.2}/R_m$	0.64	0.64	0.61	0.58	0.56	0.54				
X2CrNiMoN22-5-2	1.4462	1060 ± 50 水冷	R_m/MPa, ≥	640	621	590	570	550	540	25	150	100	40
			$R_{p0.2}$/MPa, ≥	460	422	360	335	315	300				
			$R_{p0.2}/R_m$	0.72	0.68	0.61	0.59	0.57	0.56				

表 5-9（续）

牌号	编号	固溶处理温度/℃	各温度/℃的强度							室温 A %，≥	KV_2/J，≥		
			项目	室温	50	100	150	200	250		20℃ 纵向	20℃ 横向	-40℃ 横向
X2CrNiMoCuN25-6-3	1.4507	1080±40 水冷	R_m/MPa，≥	690	679	660	640	620	610	25	150	90	40
			$R_{p0.2}$/MPa，≥	490	475	450	420	400	380				
			$R_{p0.2}$/R_m	0.71	0.70	0.68	0.66	0.65	0.62				
X2CrNiMoN25-7-4	1.4410	1080±40 水冷	R_m/MPa，≥	750	711	680	660	640	630	20	150	90	40
			$R_{p0.2}$/MPa，≥	530	500	450	420	400	380				
			$R_{p0.2}$/R_m	0.71	0.70	0.66	0.64	0.63	0.60				
X2CrNiMoCuWN25-7-4	1.4501	1080±40 水冷	R_m/MPa，≥	730	711	680	660	640	630	25	150	90	40
			$R_{p0.2}$/MPa，≥	530	500	450	420	400	380				
			$R_{p0.2}$/R_m	0.73	0.70	0.66	0.64	0.63	0.60				

（5）铬含量高于 15% 的铁素体不锈钢会存在"475℃脆性"，铬含量低于 15% 的铁素体不锈钢如 06Cr13 等不存在"475℃脆性"，可用至 400℃。由于双相钢中有约一半的铁素体相，其铁素体相的铬含量超过 15% 时也会存在"475℃脆性"。双相钢中的铁素体相的铬含量都超过 15%，双相钢为了避免"475℃脆性"，压力容器的许用温度不宜过高。GB 150—2011 中规定最高许用温度不得超过 300℃。ASME—2013 中最高许用温度分别不得超过 260℃、316℃、343℃ 和 399℃。J1S B 8265：2003 中最高许用温度不得超过 250℃、300℃ 和 400℃（329J1 管）。CODAP—2000 中规定许用温度不得超过 250℃。EN 10028-7：2007 中承压双相不锈钢板的高温强度最高也只列出了 250℃ 的值（表 5-5）。双相钢不用于耐热钢。

（6）由于双相钢中有较多铁素体相，铁素体相存在低温脆性，因而双相钢的许用温度不宜过低。GB 150—2011 中规定双相钢不得用于低于 -20℃。ASME—2013 规定铬镍双相钢应用温度不低于 -29℃ 时可免检冲击韧性。J1S B8243—1986 和 J1S B8270—1993 中规定双相钢应用温度不低于 -10℃。CODAP—2000 中规定双相钢应用温度不低于 -50℃。法国压力容器用不锈钢板标准 NF36-209—1990 中要求双相钢在 -50℃ 的横向冲击吸收能 KV_2 平均值按不同牌号分别应不低于 55J 和 45J。而 CODAP—2000 中则规定在不低于 -50℃ 的应用温度时横向 KV_2 应不低于 40J。表 5-5 中 EN 10028-7：2007 规定双相钢 -40℃ 横向 KV_2 应 ≥40J。EN 13445：2009 中规定，当 KV_2≥40J 时，应用温度可比试验温度低 10℃。即 -40℃ 试验时可用至 -50℃（与强度与厚度有关）。

（7）按 EN 10028-7：2007 承压不锈钢板标准的规定，室温或 20℃ 时要求耐蚀奥氏体钢横向 KV_2≥60J，铁素体钢 KV_2≥50J，而双相钢 KV_2≥90J（1.4462 为 100J）。可以认为室温时双相钢的冲击韧性高于奥氏体钢和铁素体钢，这是由双相钢的强度高于奥氏体钢和铁素体钢，且塑性也不太低决定的。

5.3.2 双相不锈钢的强化机制特点

理想的双相不锈钢中奥氏体相与铁素体相最好各占一半。但在热处理状态时，双相钢的强度、韧性和塑性并不是奥氏体相与铁素体相的平均值。双相钢的强度分别高于奥氏体钢与铁素体钢，尤其双相钢的屈服强度约为奥氏体钢的两倍。室温时双相钢的冲击韧性比奥氏体钢高约 1/3，而约为铁素体钢的近两倍。双相钢的塑性稍低于奥氏体钢而与铁素体钢相接近。双相钢相对于奥氏体钢和铁素体钢，强化机制有以下特点。

5.3.2.1　细晶粒的强化

铁素体不锈钢从温度低于熔点时形成铁素体后，直到冷却至常温均为铁素体相，没有相变，没有相变造成的晶粒细化。尤其在高温区时间较长时，铁素体晶粒很易粗化变大。大晶粒的脆化是铁素体不锈钢的重要缺点。奥氏体不锈钢在低于熔点时即形成奥氏体相，有时也形成少量铁素体相（镍当量偏低时）。如在高温区时间较长，奥氏体晶粒也能粗化，但不如铁素体钢严重。双相不锈钢在低于熔点后，均形成铁素体相，当温度低于图 5-2 的溶解度曲线后，铁素体有部分相变为奥氏体相的趋向。当冷却速度较慢时，部分铁素体相可较充分地相变为奥氏体。当进行固溶处理时，在固溶温度进行一定时间的等温时效，应约有一半铁素体相可充分地相变为奥氏体相，然后快冷后成为双相不锈钢。因而双相不锈钢在固溶处理后约有一半的铁素体相可变成为奥氏体相，相变可使晶粒细化。双相钢中两相的共同存在，也可阻滞其中任何一相的晶粒长大。在同样的条件下，双相不锈钢的晶粒尺寸仅为奥氏体钢晶粒的一半，也比铁素体钢的晶粒明显细化。细晶粒钢由于晶界增长，在承载受力变形时，晶界锁定位错的作用也增强，从而使钢得到更大的强化。细晶粒强化机制在使双相钢强化的同时，也提高了韧性。

一方面由于双相钢的晶粒一般都比奥氏体钢和铁素体钢细，因而双相钢的强度和韧性应高于相应的奥氏体钢和铁素体钢。另外，同一牌号的双相钢的晶粒度对其屈服强度和韧性也起着重要作用，细小晶粒的双相钢比晶粒粗大的同种钢具有较高的屈服强度和韧性。图 5-3 中表明 25Cr-6Ni-Ti 的晶粒尺寸明显影响钢的屈服强度。当钢的晶粒尺寸由 $6\mu m$ 细化至 $0.6\mu m$ 时，屈服强度 $R_{p0.2}$ 可由 483MPa 提高至 848MPa。图 5-4 中表明当 25Cr-6Ni-Ti 的晶粒尺寸由 $2\mu m$ 变为 $25\mu m$ 时，脆性转变温度大致由 $-130℃$ 提高到 $-45℃$。

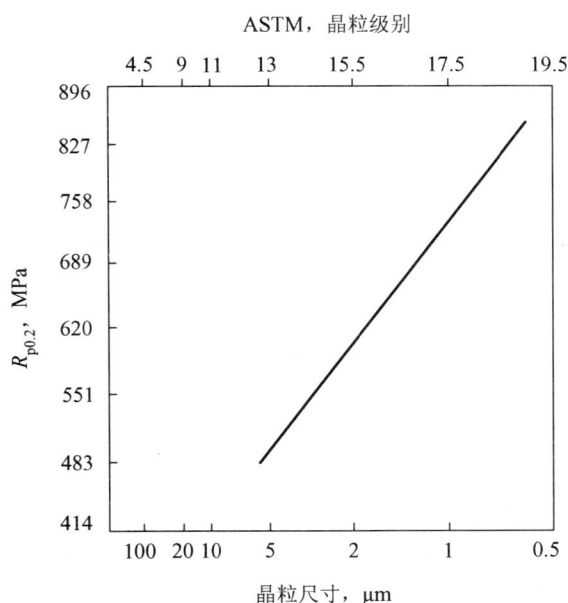

图 5-3　晶粒尺寸对 25Cr-6Ni-Ti 双相不锈钢室温屈服强度的影响

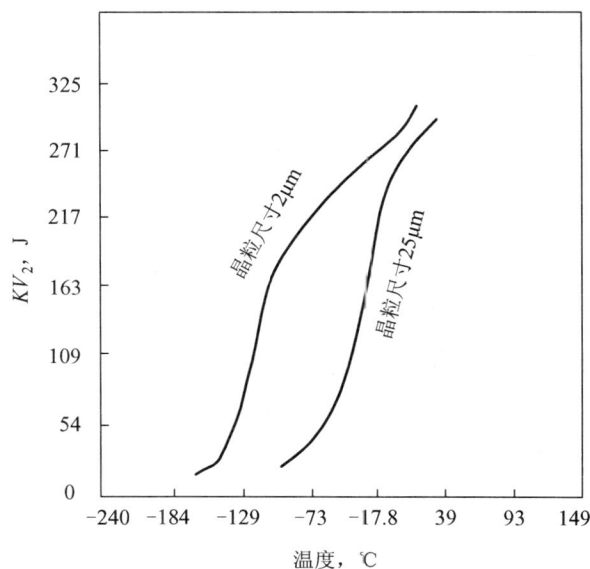

图 5-4　晶粒尺寸对 25Cr-6Ni-Ti 双相不锈钢脆性转变温度的影响

通常钢材 $A \geqslant 100\%$（包括高温度）时可称为超塑性金属。

双相不锈钢的晶粒尺寸 $< 10\mu m$（最好为 $1\mu m \sim 5\mu m$）时可成为超塑性双相不锈钢。常用的许多双相不锈钢，通过加入 Ti、Zr、N 等细化晶粒的元素，加快凝固速度，采用适当的轧制与热处理均可成为超塑性。如最大伸长率 A 的值，3RE60 可达 400%~725%，2205 可达 470%，S32550 可达 600%，S32160 可达 1 178%，SUS329J2L 可达 404%~3 000%，25Cr-6Ni-Ti 可达 300%~600%。目前超塑性的应用仅限于薄壁件，如已用于板式热交换器、波纹管等。

5.3.2.2 氮的间隙型固溶强化

合金元素固溶于基体相中，由于溶质原子与溶剂原子直径不同，在溶质原子周围会形成晶格畸变应力场，使位错运动受阻，提高基体相的强度，尤其是屈服强度。

合金元素在钢和不锈钢中溶解于基体相中，存在两种固溶形式，主要按两类合金元素在基体相中所处的位置导致溶剂晶格发生不同程度的畸变所致。不锈钢基体相中含量最高的是铁，铁的原子直径为 0.25nm。不锈钢的合金元素可分两类，一类为碳、氮等原子直径很小的非金属元素，如碳原子直径为 0.156nm，氮原子直径为 0.11nm。这些原子直径很小的合金元素固溶于铁基的基体相中时，可挤进基体相晶格结点的空隙中。碳、氮小直径元素可称为间隙型元素，在基体相中的固溶称为间隙式溶解。间隙式溶解可使溶剂晶格产生较大的畸变，固溶强化的作用较大。另一类合金元素为金属类合金元素，这些合金元素的原子直径与铁相似或稍大，如铬的原子直径为 0.256nm，镍为 0.248nm，钼为 0.28nm。这些较大直径的合金元素的原子不可能挤进基体相晶格结点的空隙中形成间隙式溶解，而溶质的原子只能将溶剂晶格结点的原子进行置换后形成置换式固溶，这些合金元素称为置换型元素。很明显，间隙式固溶要比置换式固溶造成晶格更大的畸变，更增加了位错运动的阻力，固溶强化的作用也更大。氮的原子直径比碳小，氮在不锈钢中的溶解度比碳高，氮的间隙固溶强化的作用也超过碳。

置换式固溶中，当溶质的原子直径比溶剂的原子直径大时，晶格常数增大，形成正畸变。当溶质的原子直径比溶剂的原子直径小时，晶格常数减小，形成负畸变。铬和镍的原子直径与铁的原子直径相差不大，产生的晶格畸变也较小，固溶强化的作用应较小。固溶强化的作用也与溶质固溶的量有关，双相钢中铬含量 18% ~ 30%，镍含量多为 4% ~ 8%，较多的固溶量会增大固溶强化作用。钼的原子直径比铁稍大，属正畸变，但由于钼在不锈钢中的溶解度较低，双相钢中钼含量低于 5%，有明显的固溶强化作用，但并不很高。

间隙固溶时晶格均为正畸变，比置换固溶正畸变时晶格常数的增加要大得多。可以认为双相不锈钢的固溶强化作用中，碳和氮的间隙固溶起到更重要的作用。双相不锈钢的基体相有奥氏体相和铁素体相，一般各占一半。铁素体相中碳和氮的溶解度均很小。在含铬26%的铁素体不锈钢中，碳的溶解度在 1 093℃时为 0.04%，927℃时为 0.004%，温度降低则更低于 0.004%。氮的溶解度在 927℃以上时溶解度为 0.023%，593℃时为 0.006%。碳和氮在奥氏体钢中的溶解度较高，如碳在含铬 18%的奥氏体钢中，高温溶解可约为0.1%，室温约为 0.02%。氮在含铬18%的奥氏体钢中，熔炼含量可为 0.25% ~ 0.3%，固溶温度时可为 0.9%。含铬25%的奥氏体钢，熔炼含量可为 0.4%，固溶温度时可为 1.4%。因此在不含稳定化元素的现代铁素体不锈钢中将（C+N）之和控制在≤0.025%。氮含量控制在≤0.02%或≤0.015%。由于双相不锈钢中的碳含量基本上均为超低碳，因而在对超低碳的奥氏体相和铁素体相比较固溶强化的作用时可不考虑碳的作用，而主要考虑氮在奥氏体相中的固溶强化作用。主要国家不锈钢牌号标准及压力容器标准中奥氏体不锈钢及双相不锈钢的牌号数及其中的含氮钢牌号数列于表5-6。

由表5-10可见，美、欧、中三国（组织）不锈钢牌号标准中，奥氏体钢中含氮钢占44%～80%，中氮钢占33%～42%。双相钢中含氮钢占82%～100%，中氮钢占73%～85%。在压力容器用钢中，奥氏体钢的含氮钢占45%～73%，中氮钢占0～33%。双相钢的含氮钢占93%～100%，中氮钢占75%～86%。因此双相钢中全部或绝大部分为含氮钢（N≥0.04%），其中绝大部分为中氮钢（N=0.1%～0.4%）。双相钢中的含氮钢和中氮钢牌号所占比例要比奥氏体钢多得多。即双相钢中的氮的固溶强化作用比奥氏体钢普遍得多。

表5-10　美、欧、中不锈钢牌号标准与压力容器标准中双相钢与奥氏体钢的含氮钢牌号数的比较

标准类型	标准号	奥氏体钢和双相钢	牌号总数	非含氮钢	含氮钢		含氮钢占牌号总数比值/%	中氮钢占牌号总数比值
					控氮钢	中氮钢		
牌号标准中的牌号数	ASTM A959：2009	奥氏体钢	109	51	12	46	53%	42%
		双相钢	20	2	1	17	90%	85%
	EN 10088-1：2005	奥氏体钢	85	17	40	28	80%	33%
		双相钢	10	0	2	8	100%	80%
	GB/T 20878—2007	奥氏体钢	66	37	6	23	44%	35%
		双相钢	11	2	1	8	82%	73%
压力容器标准中的牌号数	ASME—2013	奥氏体钢	56	30	8	19	47%	33%
		双相钢	14	1	1	12	93%	86%
	EN 13445：2009	奥氏体钢	49	13	22	14	73%	29%
		双相钢	6	0	1	5	100%	83%
	GB 150—2011	奥氏体钢	11	6	5	0	45%	0%
		双相钢	4	0	1	3	100%	75%

如果某奥氏体钢与某双相钢（两相各占一半），钢中的氮的平均含量均为0.22%。奥氏体钢中奥氏体相中的氮含量即为0.22%。双相钢中氮的分配系数为0.1，其奥氏体相中的氮含量应为铁素体相中氮含量的10倍。因此双相钢中奥氏体相中的氮含量应为0.4%，铁素体相中的氮含量应为0.04%。这样双相钢中奥氏体相中的氮含量为奥氏体钢的奥氏体相中的氮含量的1.8倍。这时氮在奥氏体相中及铁素体相中的含量均不超过其在热处理温度时的溶解度，而氮在双相钢中奥氏体相中的固溶强化作用要比氮在奥氏体钢的奥氏体相中的固溶强化作用大得多。一般认为，氮在奥氏体中固溶的量每增加0.1%，可使室温强度（尤其是屈服强度）提高60MPa～100MPa，并使断裂韧性在氮含量不太高（如N<0.8%）时不至下降。详见图5-5～图5-8。可以认为氮对双相钢中奥氏体的间隙型固溶强化是双

相不锈钢强度提高的最重要的因素。

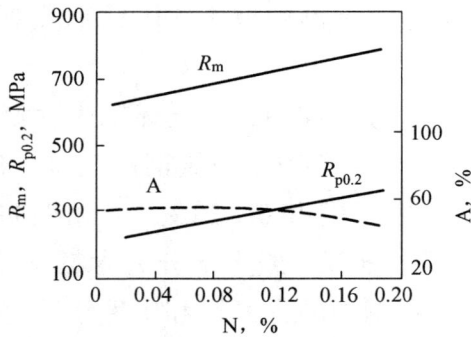

图 5-5　氮含量对 304L 室温拉伸性
　　　　能的影响

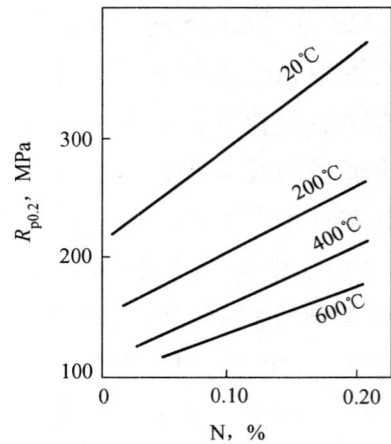

图 5-6　氮含量对固溶状态 316L 各
　　　　温度 $R_{p0.2}$ 的影响

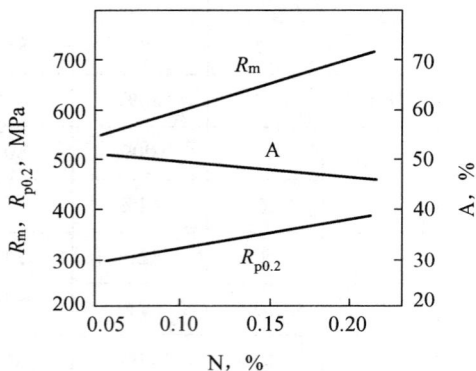

图 5-7　氮含量对钼含量 6% 的奥氏体不
　　　　锈钢室温拉伸性能的影响

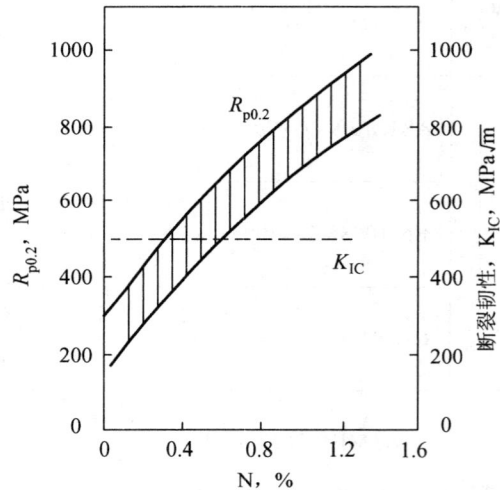

图 5-8　氮含量对稳定型奥氏体不锈
　　　　钢 $R_{p0.2}$ 和 KIC 的影响

5.3.2.3　镍的强化作用

双相不锈钢中绝大多数牌号的铬含量为 22% ~ 30%，钼含量多为 2% ~ 8%。形成了较高的铬当量。为保证其适当的双相组织，也必须保持与之相适应的镍当量。在碳、氮、镍等主要奥氏体形成元素中，由于绝大多数双相钢必须采用 C≤0.03% 的超低碳钢。氮含量一般不超过 0.4%（个别牌号如 S33207 N≤0.6%），因而镍仍然是形成足够镍当量的主要元素。第二代和第三代双相钢中镍含量一般为 4.5% ~ 7.5%，第四代超级双相钢中镍含量一般为 5.5% ~ 8%。经济型双相钢镍含量为 1% ~ 5.5%。

图 5-9 为含铬 25% 的不锈钢中镍含量对组织和力学性能的影响，由图 5-9 可见，在 Ni < 5% 的区域，随镍含量增高，不锈钢的 R_m、$R_{p0.2}$ 及 KV_2 值均急剧提高。当镍含量约 5% 时，$R_{p0.2}$ 达最高值。镍含量约 10% 时，R_m 达最高值。可以认为，当铬镍不锈钢中铬含量不变的情况下，镍含量使不锈钢组织为双相钢时，抗拉强度和屈服强度应高于镍含量很低时的铁素体钢和镍含量很高时的奥氏体钢。即镍含量为 1% ~ 8% 的双相钢的强度高于相应

铁素体钢和奥氏体钢。

KV_2 冲击韧性随镍含量增高而提高，双相组织可达 160J～200J，明显高于铁素体钢，而接近奥氏体钢。

双相不锈钢中同时存在含量大致相同的奥氏体相和铁素体钢，应分别考虑镍元素在奥氏相和铁素体相中的存在和作用。表 5-6 中表明，在固溶状态的双相钢中，镍的分配系数为 0.6，即奥氏体相中的镍含量应为铁素体相中的镍含量的 1.67 倍。双相钢中的镍≤8%，在固溶温度时均可固溶于奥氏体相和铁素体相中。

铬镍奥氏体不锈钢可分稳定型奥氏体钢和亚稳定型奥氏体钢两类。常用的奥氏体钢多为亚稳定型，其镍当量对铬当量的比值偏低，即镍含量偏低。在低温或冷变形时，一部分或大部分奥氏体会转变为马氏体。马氏体硬而脆，随着奥氏体钢中马氏体相的数量增加，钢的强度会提高，塑性会下降。18Cr-8Ni 及 18Cr-12Ni-2Mo 等均为亚稳定不锈钢。当镍当量与铬当量的比值偏高，即镍含量偏高，在低温或冷变形时，奥氏体不能或很少转变为马氏体，基本不会因马氏体相变而提高强度、降低塑性，称为稳定型奥氏体钢。典型牌号如 305、310。此处主要讨论双相钢中的奥氏体相。双相钢基本不用于低温（如-40℃以下），因而主要讨论变形促进马氏体相变，不讨论低温下的马氏体相变。钢的强度都是在承载变形中呈现出来的性能，图 5-10 显示出镍当量低时，变形后产生的马氏体量多，应为亚稳定型奥氏体钢的性能。当镍当量达到 12%以上时，即使 30%的冷变形也不会产生马氏体相变，应为稳定型奥氏体钢的性能。图 5-11 显示出应变量增大，变形温度提高（属常温范围）时，18Cr-8Ni 奥氏体钢中的马氏体量会增加。图 5-12 中显示，铬镍奥氏体钢中的镍含量从 20%降到 8%时，马氏体量提高，抗拉强度也提高。图 5-13 中显示，同样的冷变形后，亚稳定型奥氏体钢 301 的强度明显高于稳定型奥氏体钢 305。这是由于 305 强度随变形量的增加而提高，只由变形强化所致。而 301 强度随变形量的增加而大幅提高，除变形强化的作用外，还有马氏体相变的作用。

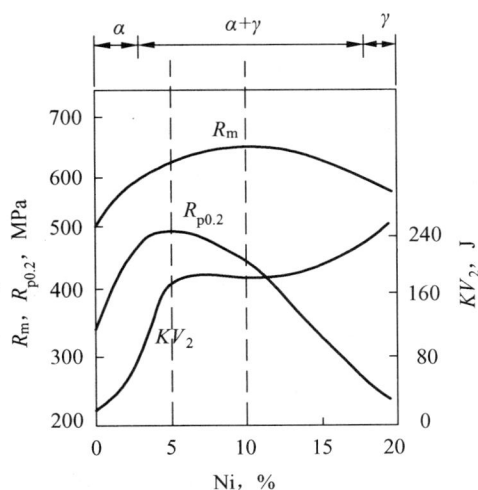

α——铁素体；
γ——奥氏体。

图 5-9 镍含量对 25%铬不锈钢组织与力学性能的影响

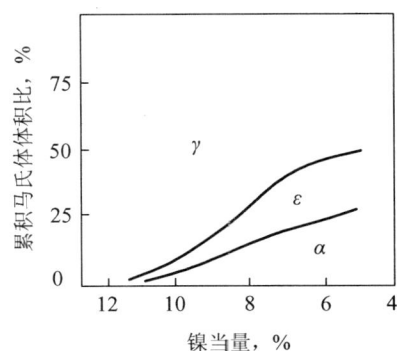

γ——奥氏体相；
ε——ε 马氏体相；
α——α′ 马氏体相。

图 5-10 室温冷轧变形量 30%后铬镍奥氏体不锈钢的镍当量与累积马氏体量的关系

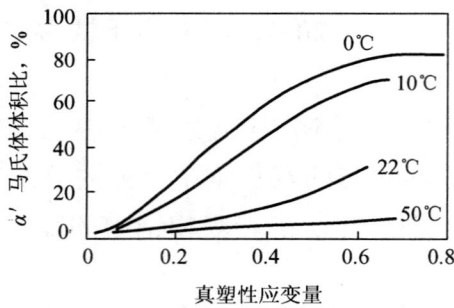

图 5-11　真塑性应变量与冷变形温度对 18Cr-8Ni 奥氏体不锈钢中 α' 马氏体转变量的影响

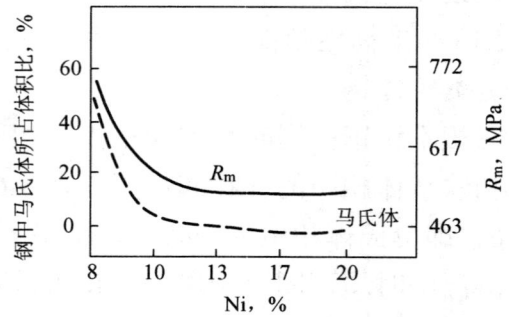

图 5-12　镍含量对铬镍奥氏体不锈钢中马氏体量与室温强度的影响

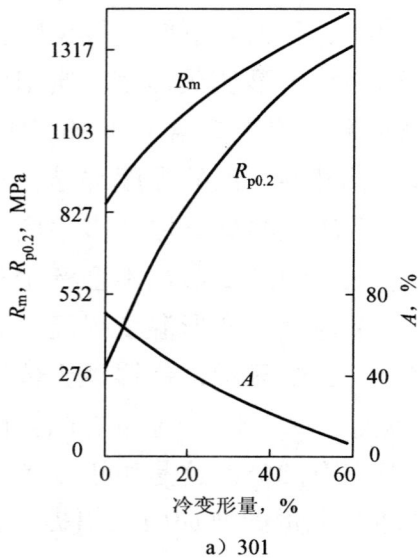

a）301

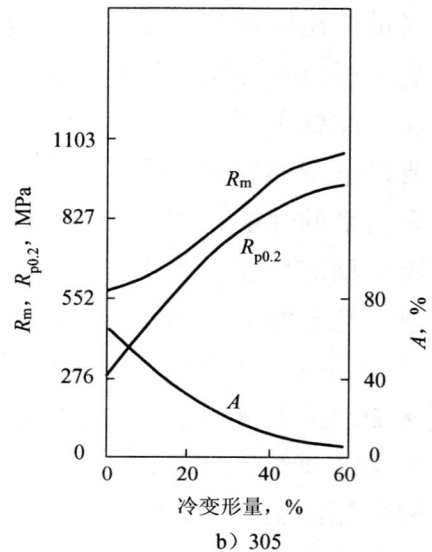

b）305

301——中国 12Cr17Ni7，美 UNS S30100，亚稳定奥氏体钢；
305——中国 10Cr18Ni12，美 UNS S30500，稳定奥氏体钢。

图 5-13　室温冷变形量对 301 和 305 不锈钢拉伸性能的影响

　　双相铬镍不锈钢为要保持适当的双相组织，其中的奥氏体相中镍当量与铬当量的比值要比奥氏体钢中的奥氏体相低得多。在铬含量相似时，镍含量要低得多。如当 Cr 约 25% 时，奥氏体钢中的镍含量一般高于 20%，双相钢中的平均镍含量一般小于 8%，双相钢中的奥氏体相的镍含量应小于 10%。（铁素体相中镍含量应小于 6%）。因而双相钢中的奥氏体相的奥氏体稳定性要比奥氏体钢中的奥氏体相的奥氏体稳定性低得多，在冷变形作用下很容易较多地产生马氏体相变。因而双相钢中的奥氏体相比稳定型奥氏体钢和亚稳定型奥氏体钢中的奥氏体相的强度明显提高，塑性有所下降。

　　镍为奥氏体形成元素，在铬含量较低（如 12% 和 17%）的铁素体不锈钢中加入少量镍（如 1%~2%），常会产生铁素体和马氏体共存的组织，促进铁素体不锈钢的脆性，因而铬含量不高的铁素体不锈钢中一般不加镍。含铬、钼量高的铁素体不锈钢（如 Cr>25%）中可加入<4.5%的镍仍可使铁素体不锈钢保持单相铁素体组织。表 5-11 中可见高纯高铬

含钼铁素体不锈钢中加入少量镍后可提高强度。图 5-14 和图 5-15 中表明，高铬铁素体不锈钢中随镍含量增加可提高室温冲击韧性，降低脆性转变温度。

表 5-11　镍含量对高纯高铬钼铁素体不锈钢室温拉伸性能的影响

材料成分	R_m/MPa	$R_{p0.2}/MPa$	$A/\%$
高纯 Cr25Mo3	590 ~ 610	450 ~ 480	24 ~ 34
高纯 Cr25Mo3Ni3	670 ~ 790	590 ~ 600	26 ~ 28
高纯 Cr28Mo2	550	390	29
高纯 Cr28Mo2Ni4	647	567	26
高纯 Cr29Mo4	620	515	25
高纯 Cr29Mo4Ni2	765	585	22

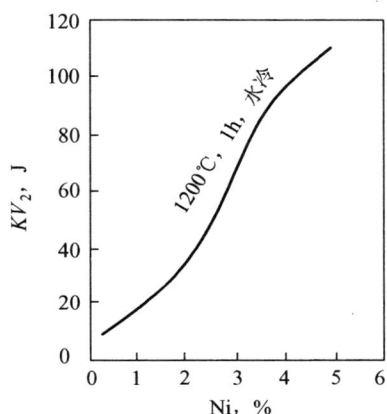

图 5-14　镍含量对 25Cr-3Mo-0.7N6 铁素体不锈钢室温冲击韧性的影响

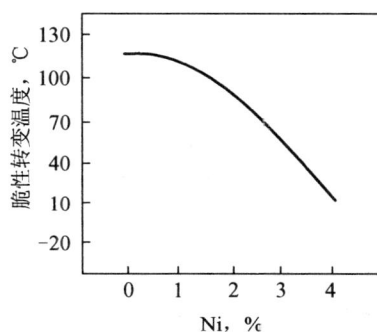

图 5-15　镍含量对真空感应炉冶炼的 30% Cr 铁素体不锈钢在 81.3 J 脆性转变温度的影响

双相不锈钢中均含有适量的镍，以保持适当的相比例。由于双相钢中的奥氏体相的镍含量大大低于相应奥氏体不锈钢中奥氏体相的镍含量，奥氏体稳定性明显降低，更易在受力变形时产生马氏体相变，因而强度明显提高。由于双相钢中必须含镍，使双相钢中的铁素体相也含有少量镍，使双相钢中含镍的铁素体相的强度高于相应不含镍的铁素体钢。这些都使双相钢的强度高于奥氏体钢和铁素体钢，同时双相钢也具有较高的韧性和必要的塑性。

以上主要分析双相钢在固溶状态，两相基本上各占一半时，由于镍的作用致使双相钢的强度高于相应奥氏体钢和铁素体钢。实际上也由于镍含量的变化，双相钢的相比例可在较宽的范围内变化，如按较少相的含量不得低于 30% 的规定，从奥氏体相 30%，铁素体相 70%，到奥氏体相 70%，铁素体相 30% 的范围均为常规的双相钢。镍为最基本的奥氏体形成元素，镍含量的变化可改变相比例。当钢中镍含量增加，钢中奥氏体相的量也会增加，会使屈服强度明显下降，塑性和韧性明显增加。当钢中镍含量降低，钢中的奥氏体相的量也会减少，铁素体相的量会增加，屈服强度会增加，有时抗拉强度也会下降。如果铁素体的量达到 80%，在钢材受力变形时，大量的铁素体相会阻碍少量奥氏体相中的马氏体相变，奥氏体相中因马氏体相变而提高强度的作用几乎消失，可见图 5-16 和图 5-17。

此处主要讨论双相钢在固溶状态时的力学性能。在焊后或其他热作状态，由于双相钢中较易析出各种化合物相，尤其是铁素体相仍基本保持了铁素体不锈钢存在的 σ 相脆性、475℃脆性、低温脆性，大晶粒脆性等性能，会明显降低塑性和韧性，但强度不会明显下降。在压力容器经焊接等热作后，应考虑力学性能的变化，但一般不影响强度设计。

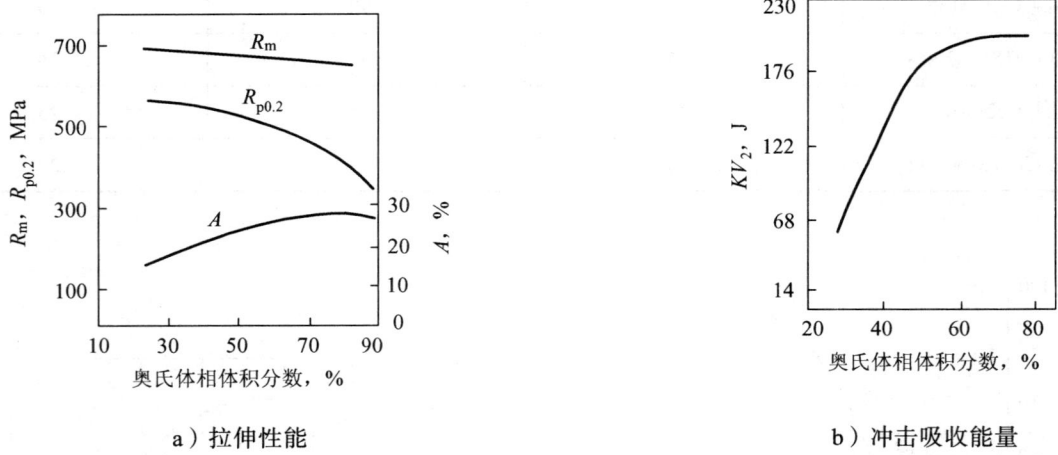

a）拉伸性能　　　　　　　　　　b）冲击吸收能量

图 5-16　06Cr25NiXMo2N（X=3%~9%）中奥氏体相体积分数对室温力学性能的影响（不同镍含量 X 所致）

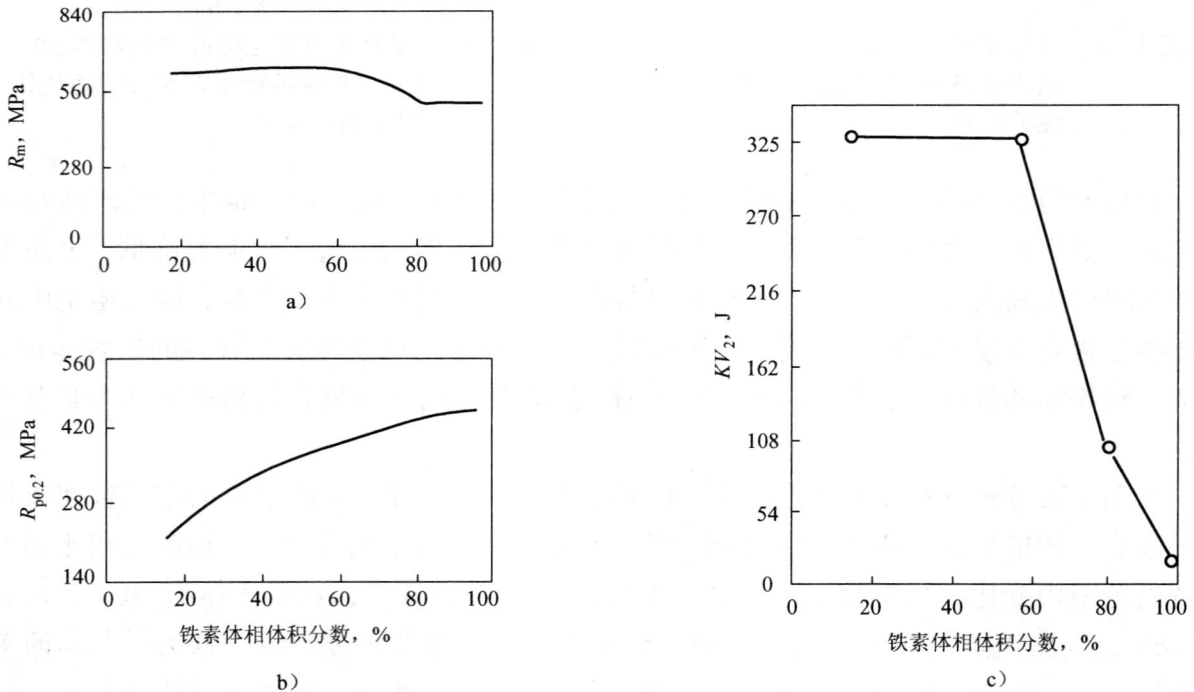

图 5-17　调整 25Cr-6Ni-Ti 中的铬镍含量，获得各种相比例对钢中室温 a）R_m，b）$R_{p0.2}$，c）KV_2 值的影响

5.4　双相不锈钢的耐均匀腐蚀性能

　　常用的双相不锈钢在一些典型介质中的耐均匀腐蚀性能见图 5-18～图 5-32 的等腐蚀图。可以认为当双相钢与奥氏体钢的主要耐蚀合金元素铬、钼、氮等的含量相似时，其相应牌号的耐均匀腐蚀性能大致相当。由于奥氏体不锈钢中采用 18-8、18-12-Mo 等牌号占绝大部分，其中铬、钼、氮的含量较低，而双相不锈钢中铬含量多在 22% 以上，几乎全为含钼钢与中氮钢，因而常表现出双相钢具有更好的耐蚀性。

　　双相不锈钢中存在奥氏体相和铁素体相，在腐蚀介质中会呈现不同的腐蚀电位，可能会引起电偶腐蚀效应，产生铁素体相优先腐蚀或奥氏体相的优先腐蚀，降低了双相不锈钢的实际耐均匀腐蚀性能。但这仅在特殊情况才会有，双相钢中两相的腐蚀电位在一般应用介质中均处于钝化状态，两相的电位差别均不大。一般认为，当两者的腐蚀电位差在 50mv 以内时可以不考虑电偶腐蚀效应。双相不锈钢在实际工程中的大量应用已充分证明，两相的选择性腐蚀极少存在。在尿素的不锈钢 316L 和 2RE69（00Cr25Ni22Mo2N）中为了避免在尿素合成介质中产生铁素体选择性腐蚀，要求钢中铁素体含量应低于 0.6%。这是由于铁素体相本身不耐蚀的问题，且钢材均属奥氏体钢，并非双相钢。有的尿素设备中采用了日本的双相钢 NTK R4（00Cr25Ni22Mo2N），并没有产生选择性腐蚀，耐蚀效果优于 316L（尿素级）。

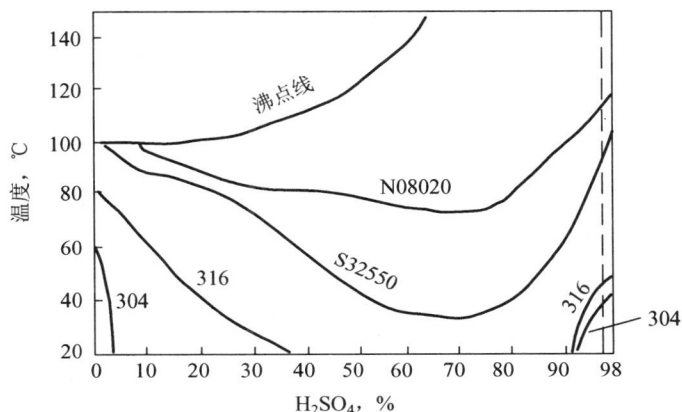

图 5-18　S32550（255）双相不锈钢及三种奥氏体不锈钢在硫酸中的等腐蚀图（0.5mm/a）

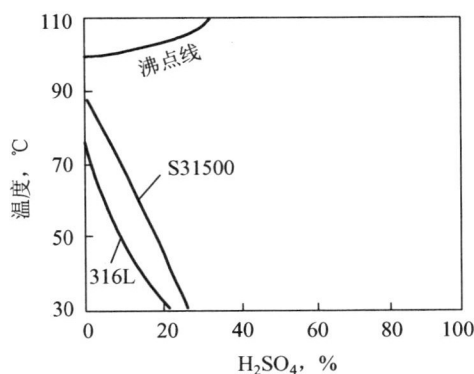

图 5-19　S31500 与 316L 在硫酸中的等腐蚀图（0.1mm/a）

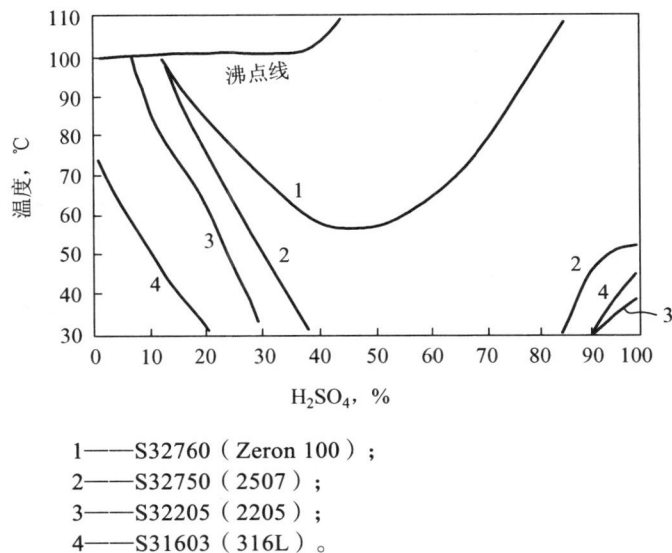

1——S32760（Zeron 100）；
2——S32750（2507）；
3——S32205（2205）；
4——S31603（316L）。

图 5-20　三种双相不锈钢和 316L 在硫酸中的等腐蚀图（0.1mm/a）

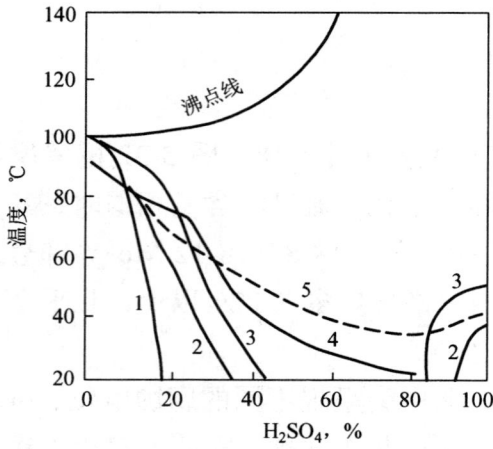

双相不锈钢：1——S32304；2——S32205；
3——S32750；
奥氏体不锈钢：4——S31254；5——N08904。

**图 5-21　几种双相钢和奥氏体不锈钢
在自然通气的硫酸中的等
腐蚀图（0.1mm/a）**

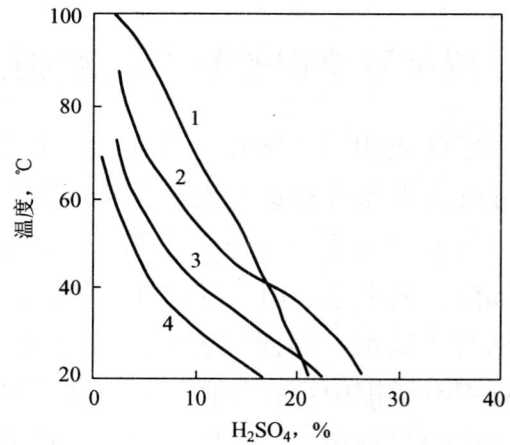

双相不锈钢：1——S32750（2507）；
奥氏体不锈钢：2——S31254；3——N08904
（904L）；4——S31603（316L）。

**图 5-22　2507 双相不锈钢与三种奥氏体不锈
钢在含 2 000×10⁻⁶ 氯离子的硫酸中的
等腐蚀图（0.1mm/a）**

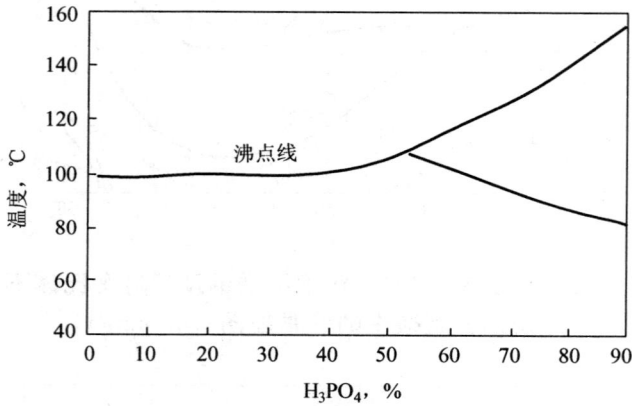

**图 5-23　S32760 双相不锈钢在磷酸中的
等腐蚀图（0.1mm/a）**

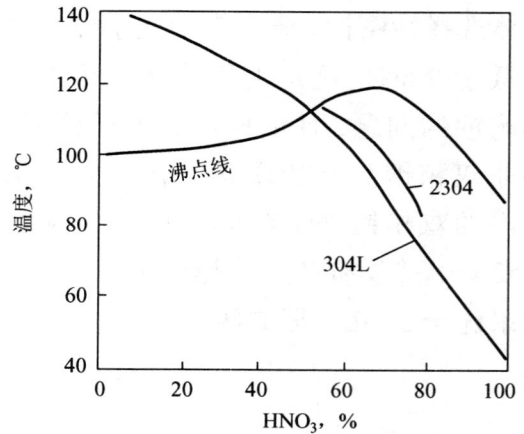

**图 5-24　2304 与 316L 在硝酸中的等
腐蚀图（0.1mm/a）**

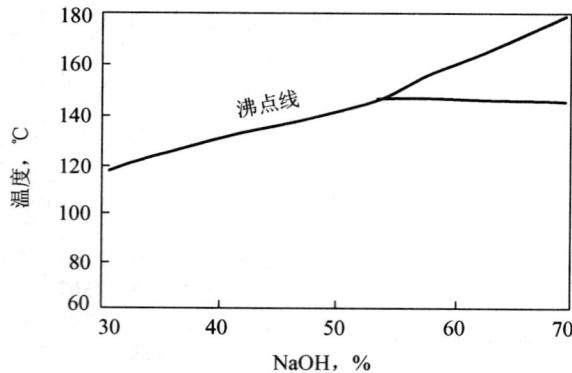

**图 5-25　S32906（2906）双相不锈钢在充空气的
纯 NaOH 中的等腐蚀图（0.1mm/a）**

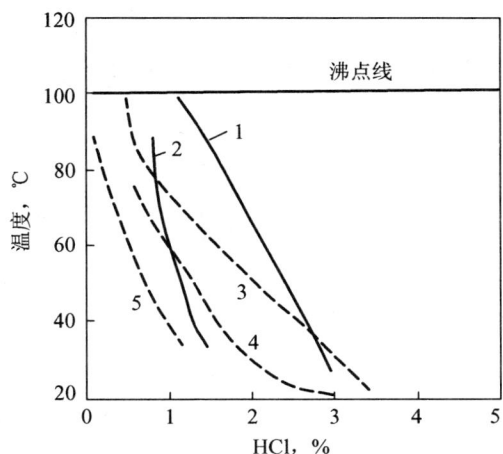

双相不锈钢：1——S32750；2——S32205；
奥氏体不锈钢：3——S31254；
4——N08904；5——S31603。

图 5-26　双相不锈钢与奥氏体不锈钢在
盐酸中的等腐蚀图（0.1mm/a）

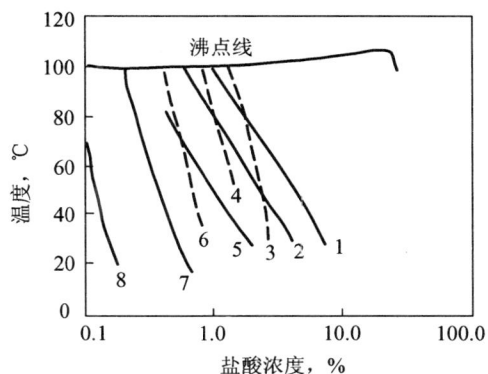

奥氏体不锈钢：1——S32654；
2——N08367；5——N08904；
7——S31603；8——S30400；
双相不锈钢：3——S32507；
4——S31260；6——S31500。

图 5-27　双相与奥氏体不锈钢在盐酸中
的等腐蚀图（0.1mm/a）

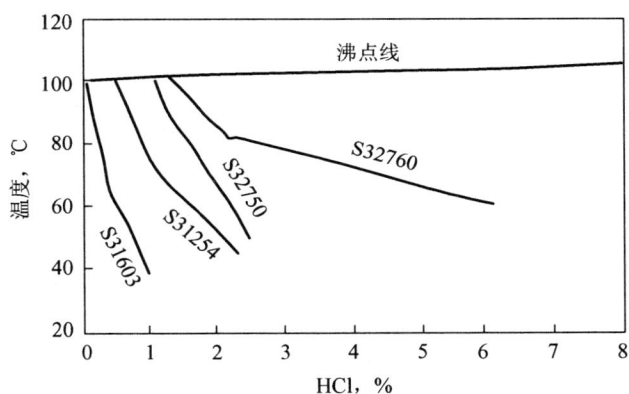

图 5-28　S32760（Zeron 100）、S32750（2507）双
相不锈钢与 S31254、S31603 奥氏体不锈
钢在盐酸中的等腐蚀图（0.1mm/a）

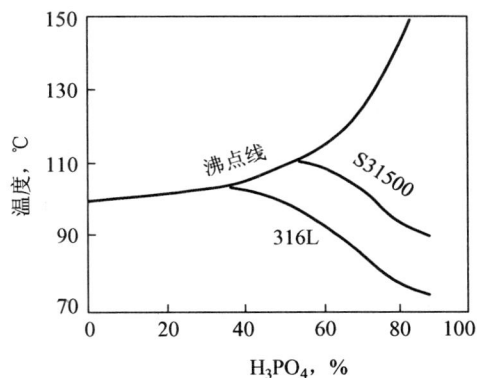

图 5-29　S31500 与 316L 在磷酸中
的等腐蚀图（0.1mm/a）

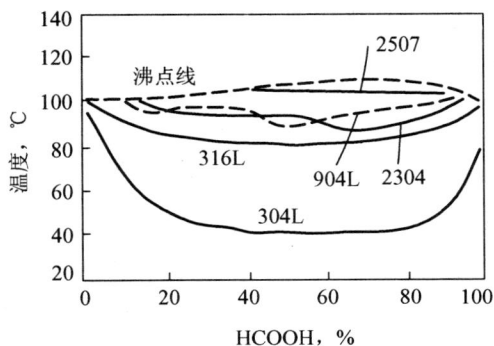

图 5-30　S32750（2507）、S32304（2304）
双相不锈钢与三种奥氏体不锈钢
在甲酸中的等腐蚀图（0.1mm/a）

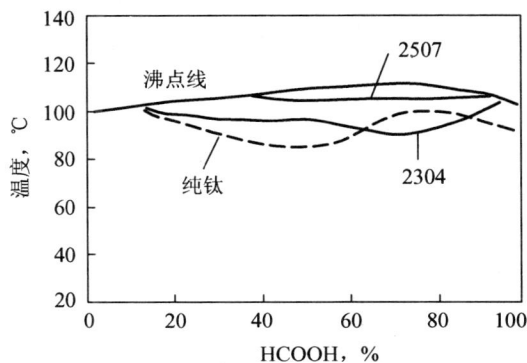

图 5-31　2304、2507 及纯钛在甲酸中的
等腐蚀曲线（0.1mm/a）

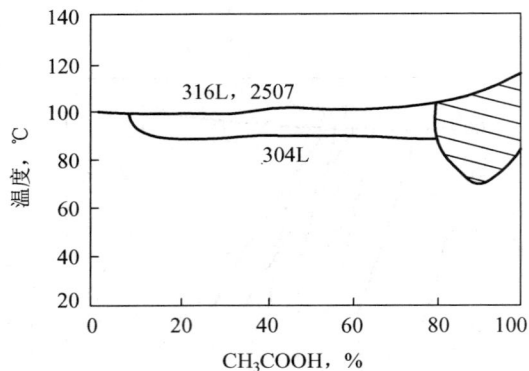

注：316L、2507 的等腐蚀曲线与沸点曲线重合，阴影区表示 304L 可能产生局部腐蚀。

图 5-32 316L、S32750（2507）及 304L 在醋酸中的等腐蚀图（0.1mm/a）

5.5 双相不锈钢的耐晶间腐蚀性能

5.5.1 奥氏体不锈钢的晶间腐蚀

不锈钢的基本耐蚀合金元素为铬，耐酸不锈钢中铬含量应为 16%～33%，且要求不锈钢的各个区域均有较高的铬含量才有好的耐蚀性。奥氏体不锈钢在固溶温度时，碳含量不超过 0.1% 时基本都能溶入奥氏体基体中，铬等耐蚀合金元素也均匀地分布于钢中。当温度下降时，碳在奥氏体基体中的溶解度会下降，室温时溶解度甚至低于 0.02%。超过溶解度的碳会以碳化铬的形式在晶界析出，并在碳化铬的邻近区域产生贫铬区，当然基体中的铬也会逐渐向贫铬区补充。钢中合金元素的迁移均为扩散过程。碳化铬的析出温度范围约为 950℃～400℃，温度高时扩散速度快，低于 400℃ 基本停止扩散。在扩散温度范围的时间越长（即冷却速度越慢），碳化铬的析出量越多（在碳含量的范围内），贫铬区的贫铬程度越严重，贫铬区的耐蚀性越差。不锈钢在应用时贫铬区遭到优先腐蚀，即为晶间腐蚀。除碳化铬外其他晶间析出相如氮化铬，金属间化合物如 σ 相等均为富铬相，也可产生贫铬区。除贫铬区的优先腐蚀外，在强氧化性介质中 σ 相本身也会受到优先腐蚀，有时也是产生晶间腐蚀的原因之一。如果奥氏体不锈钢从固溶温度快速冷却（如水冷），使高铬相和贫铬区来不及产生，不锈钢则不会产生晶间腐蚀。奥氏体不锈钢均要求固溶处理状态供货，只要固溶温度与冷却速度得到保证，钢材本身应具有满意的耐晶间腐蚀性能。然而对于压力容器等焊接件而言，基本不可能对整个设备进行固溶处理，应要求在焊后状态仍具有足够的耐晶间腐蚀性能。用减小焊接热循环的方法来控制状态，作用有限。主要措施仍应在不锈钢的合金化方面采取措施。

在 20 世纪 20 年代奥氏体不锈钢开始工业应用初期，由于钢中碳含量高，焊接设备产生了大量晶间腐蚀，成为不锈钢工业应用的最大威胁。虽然 40 年代已研制了超低碳钢有好的耐晶间腐蚀性能，但熔炼技术很难大量生产。30 年代到 70 年代仍主要靠加稳定化元素的方法解决，存在不少负作用。直到 70 年代以后掌握了精炼技术，降低碳含量已成为容易又便宜的工艺，使超低碳钢得到普遍应用，基本取代了稳定化不锈钢（稳定化不锈钢产量已低于 2%）。

由于奥氏体不锈钢的晶间腐蚀在 20 年代即成为主要腐蚀形态，晶间腐蚀敏感性在很大程度上取决于不锈钢的状态。不锈钢材出厂固溶处理时的冷却速度以及设备制造中的焊接热循环等工艺因素对不锈钢应用时的状态有较大的影响，因此除保证化学成分外必须对供应的每一批钢材及所制成的设备应进行必要的晶间腐蚀敏感性检验。30 年代即开始对检验方法进行研究，1943 年首先发布了 ASTM A262 奥氏体不锈钢晶间腐蚀敏感性检验方法标准。至今 ISO、EN 以及主要工业国家都有了自己的检验方法标准，以至不锈钢晶间腐蚀敏感性检验已成为不锈钢材料和机械产品最常用的检验手段，检验成了保证晶间腐蚀性能的最终措施。经过对合金、状态及检验各方面的控制，近三十年来已将不锈钢设备的晶间腐蚀失效事故降到占各种腐蚀失效事故的百分之几。

奥氏体不锈钢的晶间腐蚀与双相钢中奥氏体相的晶间腐蚀有相似之处。

5.5.2 铁素体不锈钢的晶间腐蚀

铁素体不锈钢的晶间腐蚀机理基本上与奥氏体不锈钢相似，主要特点如下：

（1）碳和氮在铁素体中的溶解度要比奥氏体中低得多，如含铬 26% 的铁素体不锈钢中，在 1 093℃ 时碳在钢中的溶解度仅为 0.04%，927℃ 时仅为 0.004%，室温时更低。而碳在含铬 18% 左右的铬镍奥氏体不锈钢中，固溶温度时碳的溶解度可高于 0.10%，室温时约 0.02%。氮在含铬 26% 的铁素体不锈钢中的溶解度，927℃ 以上时仅为 0.023%，593℃ 时仅为 0.006%。而含铬 25% 的奥氏体不锈钢在固溶温度时氮溶解度可达 1.4%，含铬 18% 的奥氏体钢中可达 0.9%。奥氏体不锈钢为提高耐晶间腐蚀性能，常将碳含量降到 ≤0.03%，仅少数牌号为 C≤0.02%。个别牌号为 C≤0.015%，标准牌号中还没有 C≤0.01% 的牌号。由于氮的加入对耐晶间腐蚀性能常为有利，同时氮在奥氏体不锈钢中有较高的溶解度，因而实际上并不为提高耐晶间腐蚀性能而降低氮含量。但是由于碳和氮在铁素体钢中的溶解度要比在奥氏体钢中低得多，同样碳、氮和铬含量的铁素体不锈钢的耐晶间腐蚀性能要比奥氏体不锈钢低。因而铁素体不锈钢应尽量降低碳、氮含量。有试验证明，为使铁素体不锈钢不产生晶间腐蚀，当 Cr=19% 时，应（C+N）≤0.006%~0.008%；当 Cr=26% 时，应（C+N）≤0.010%~0.013%；当 Cr=30% 时，应（C+N）≤0.013%~0.020%；当 Cr=35% 时，应（C+N）≤0.025%。现代铁素体不锈钢中铬含量 25%~30% 的牌号已控制 C≤0.01%，N≤0.015% 或 0.020%，（C+N）≤0.025%。大部分铁素体不锈钢为提高耐晶间腐蚀性能而采用了钛、铌双稳定化的牌号，此时其碳、氮含量可控制得稍高些；

（2）铁素体不锈钢中合金元素的扩散速度要比在奥氏体不锈钢中快得多。如 700℃ 左右时，铬在铁素体中的扩散速度约为在奥氏体中的 100 倍。在 600℃ 时，碳在铁素体中的扩散速度约为在奥氏体中的 600 倍。在铁素体不锈钢高温退火处理时，碳和铬均可固溶于基体中，当温度降到低于碳化铬的起始析出温度后，由于碳和铬的扩散速度很快，碳化铬很快即全部在晶界析出，继而基体中的铬向贫铬区扩散补充，逐渐减小贫铬区的贫铬程度。即使退火后水冷，晶间碳化铬即已充分析出，贫铬区也已充分形成。晶间腐蚀敏感性已达到最高程度。因此铁素体不锈钢不能像奥氏体不锈钢那样固溶水冷处理。退火后应以稍慢的冷却速度以使通过基体中铬的扩散尽量减轻与消除贫铬区。然而冷却速度又不宜太慢，以尽量减少在 500℃~925℃ 析出 σ 相产生高温脆化以及在 400℃~500℃ 析出 α′ 相产生 475℃ 脆性。一般宜用空冷。

铁素体不锈钢的晶间腐蚀机构与双相钢中的铁素体相的晶间腐蚀机构有相似之处。

5.5.3 双相不锈钢的晶间腐蚀机制

双相不锈钢最基本的特点是双相（α 和 γ），而且相比例接近一半。晶间腐蚀是晶间优先产生的腐蚀。奥氏体不锈钢的晶界为奥氏体相与奥氏体相的相界（γ/γ）。铁素体不锈钢的晶界为铁素体相与铁素体相的相界（α/α）。而双相不锈钢中则存在（γ/γ）、α/α 及 γ/α 三种相界。双相不锈钢在固溶温度时，按合金元素在两相中的分配系数，奥氏体形成元素碳在 γ 相中的含量应高于 α 相，铁素体形成元素铬在 α 相中的含量应高于 γ 相。在同一温度下碳和铬在铁素体相中的扩散速度要比在奥氏体相中快得多。在晶界析出的碳化铬 $Cr_{23}C_6$ 中铬的质量约为碳的 13 倍。在基体晶粒中，如 C=0.03%，Cr=30%，铬的质量为碳的一千倍。如 C=0.08%，Cr=18%，铬的质量为碳的 225 倍。因此当析出 $Cr_{23}C_6$ 时首先会消耗完晶粒中可析出的碳，此后碳化铬不会再析出，这时晶粒中仍含有大量铬，可不断地对贫铬区扩散补充铬含量。

当双相不锈钢在固溶温度时，铬和碳均溶于基体中，随后快冷至低于碳化铬开始析出温度后，γ/γ 相界由于两侧的 γ 相中碳和铬以缓慢的速度向相界扩散而缓慢地析出碳化铬，同时碳化铬与两侧晶粒之间也缓慢地产生贫铬区，晶粒中的铬向贫铬区中的扩散速度慢，而在贫铬区的贫铬程度不高时，温度已降到合金元素基本不能扩散的温度。即固溶处理后 γ/γ 相界的晶间腐蚀敏感性不高，对 α/α 相界而言，固溶快冷使温度刚低于碳化铬开始析出的温度时，α/α 相界两侧的 α 相中的碳和铬均以很快的速度向晶界扩散析出碳化铬，即使水冷，也能很快使 α/α 相界充分析出碳化铬，耗尽相界两侧 α 晶粒中可析出的碳，使 α/α 相界的碳化铬两侧均形成贫铬区。随后的降温过程仅为 α 相晶粒中的铬向贫铬区中扩散补充，逐渐减小贫铬区的贫铬程度。由于 α 相中碳的溶解度比 γ 相低，α 相比 γ 相中的碳含量少，α/α 相界可能析出的碳化铬量要比 γ/γ 相界少，贫铬区的贫铬程度有限。同时由于铬在 α 相中的扩散速度比在 γ 相中快得多，因此 α 相中的铬对 α/α 相界贫铬区的扩散补充比较充分，而 γ 相中的铬对 γ/γ 相界贫铬区的扩散补充则较少。可以认为 α/α 相界的晶间腐蚀敏感性一般要比 γ/γ 相界低。对于 α/γ 相界而言，当固溶后温度快冷至低于碳化铬析出温度时，α/γ 相界两侧的 α 相和 γ 相中的碳和铬均向相界扩散析出碳化铬。由于 α 相中的碳和铬扩散速度远高于 γ 相，因而 α/γ 相界上开始析出碳化铬所含的碳和铬基本上全来自 α 相，而 γ 相提供很少。由于 α 相中的碳含量少，扩散速度又极快，因而很快将 α 相中可析出的碳消耗完。这使在 α/γ 相界碳化铬的邻近 α 相的一侧形成了很严重的贫铬区，而碳化铬的邻近 γ 相的一侧所形成的贫铬区的贫铬程度则较低。在正常固溶快冷的情况下，如温度仍然较高，比固溶温度低得不多，合金元素仍然能正常扩散，α/γ 相界仍会析出碳化铬，其中铬的来源仍主要来自 α 相，而碳的来源则主要来自 γ 相，碳化铬的析出速度当然较慢。同时 α/γ 相界邻近 α 相一侧的贫铬区则以很快的速度由 α 相扩散补充铬，使贫铬程度很快减小，甚至直到基本上与 α 相基体中的铬含量接近，以至晶间腐蚀敏感性可降低到较小的程度。而在 α/γ 相界邻近 γ 相的贫铬区的贫铬程度则由于 γ 相不断向 α/γ 相界析出碳化铬而逐渐提高，由于 γ 相中铬的扩散速度比碳的扩散速度慢得多，γ 相中的铬对其贫铬区的扩散补充速度很慢。这个过程一直继续到合金元素在钢中不能扩散的温度为止。在一般的固溶快冷情况下，α/γ 相界邻近 γ 相一侧的贫铬区的贫铬程度要比邻近 α 相一侧的贫铬区的贫铬程度严重，即 α/γ 相界邻近 γ 相一侧的晶间腐蚀敏感性要明显高于 α/γ 相界邻近 α 相一侧的晶间腐蚀敏感性。如果冷却速度比较缓慢，则 α/γ 相界邻近 α 相一侧的贫铬区能得到 α 相中更多的铬的扩散补充，而 α/γ 相界邻近 γ 相一侧的贫铬区则由于可能析出更多的碳化铬而提高贫铬程度，使 α/γ 相界邻近的 γ 相一侧的耐晶间腐蚀性能比 α/γ

相界邻近的 α 相一侧低得更多。

将 γ/γ 相界的贫铬区与 α/γ 相界邻近 γ 相一侧的贫铬区相比较，γ/γ 相界均由于 γ 相中碳与铬的缓慢的扩散而析出碳化铬，形成贫铬区。而 α/γ 相界的 α 相中碳和铬的扩散速度均很快，很快析出碳化铬，同时由于在 α 相中碳的扩散速度又比铬快得多，扩散至 α/γ 相界的碳的相对量要比铬的相对量多，一部分碳可与来自 α 相中的铬反应成为碳化铬外，还有一部分碳可与来自 γ 相的铬反应成为碳化铬，因此 α/γ 相界邻近 γ 相一侧贫铬区的贫铬程度要比 γ/γ 相界贫铬区的贫铬程度更大。可以认为一般情况下，α/γ 相界邻近 γ 相侧的贫铬区的贫铬程度要比 α/γ 相界邻近 α 相侧的贫铬区，及 α/α 相界两侧的贫铬区、以及 γ/γ 相界两侧的贫铬区均较高。晶间腐蚀应首先从 α/γ 相邻近 γ 相侧开始。

5.5.4 双相不锈钢的耐晶间腐蚀性能特点

（1）双相不锈钢在正常相比例时，α/α 及 γ/γ 相界，特别是 α/γ 相界均不可能分别单独呈连续网状。任何一种相界即使产生了晶间腐蚀，均会被其他相界所阻断而不能连续发展，使产生的晶间腐蚀深度很浅，对设备的影响不大。这是双相不锈钢比相应单相不锈钢耐晶间腐蚀性能优良的主要特点；

（2）双相不锈钢由于存在相变易使晶粒细化，其晶粒尺寸均比单相不锈钢小，晶粒尺寸常约为奥氏体钢的一半。晶粒尺寸小，晶界的长度就长。在析出同样数量的碳化铬的情况下，单位晶界长度上的碳化铬量就少，产生的贫铬区的贫铬程度也低。因此细晶粒是使双相不锈钢具有较高耐晶间腐蚀性能的因素之一；

（3）现代双相不锈钢的碳含量多低于 0.03%，如此低的碳含量即使全成为碳化铬析出于晶界，由于晶界的长度长，碳化铬甚至可能不能分布到所有的相界上，会使产生的贫铬现象甚轻，贫铬区也可能不连续。这也是双相不锈钢耐晶间腐蚀性能好的因素之一；

（4）铬是提高不锈钢耐蚀性的基本合金元素，对耐晶间腐蚀性能亦然。决定耐晶间腐蚀性能的主要为贫铬区的铬含量，贫铬区的铬含量原本与基体相同，经过一定的敏化温度与时间，铬含量会有一定程度的降低。如果基体原来的铬含量高，贫铬区最终的铬含量也会较高。如果基体原来的铬含量低，贫铬区最终的铬含量也会较低。虽然双相钢与奥氏体钢、铁素体钢铬含量的范围均为 18%～30%。但奥氏体钢和铁素体钢中大部分为铬 18% 型，而双相钢绝大部分牌号铬含量为 22%～30%，因而多数情况下，双相不锈钢的铬含量常高于奥氏体钢和铁素体钢，双相不锈钢常有更高的耐晶间腐蚀性能；

（5）钼对耐晶间腐蚀性能常有与铬相似的作用，双相钢几乎全为含钼钢，而奥氏体钢与铁素体钢牌号中有许多非含钼钢。双相钢因含钼而提高耐晶间腐蚀的机会较多；

（6）较高的含铬量和较低的含镍量会降低碳在钢中的活度系数，降低碳在钢中的扩散系数，降低析出碳化铬的速度，即降低贫铬区中铬的贫化速度，提高耐晶间腐蚀性能。双相钢与奥氏体钢相比，不但镍含量低，多数情况时铬含量高，因而有更好的耐晶间腐蚀性能；

（7）氮能与铬形成氮化铬 Cr_2N，也为高铬相（铬含量 80%），亦能像析出碳化铬那样起到产生贫铬区的作用。但是在含铬 25% 的奥氏体钢中固溶温度时氮的溶解度为 1.4%，铬含量 18% 时氮的溶解度为 0.9%，均比碳高得多。固溶后要冷却到较低温度，钢中的氮含量才开始低于溶解度而析出，因此氮对产生贫铬区的作用要比碳低得多。然而氮对提高不锈钢耐晶间腐蚀性能的作用更大，氮可促进不锈钢钝化膜中铬的富集，提高钝化能力。铬存在于钝化膜中可提高钝化能力，铬≥20%时钝化膜可由一般的晶态成为完全的非晶态，具有更高的耐蚀性。而氮化铬可在金属与钝化膜的界面处形成，进一步强化了钝化膜的稳定性。氮可降低奥氏体钢中铬的活性。氮作为表面活性元素优先沿晶界偏聚，可抑制并延缓碳化铬的析出，降低贫铬区的铬贫化程度。晶界开始产生晶间腐蚀时，也形成了类似缝隙腐蚀的条件。氮可形成 NH_4^+ 抑制缝隙中微区溶液 pH 值的下降，降低晶间腐蚀裂纹的发展速度。因此近年认为，奥氏体钢和双相不锈钢含氮对耐晶间腐蚀性能主要起提高的作用。双相不锈钢自 1971 年以后所研发的牌号全为含氮钢，且全为含氮 0.1%~0.6% 的中氮钢，基本不用含氮量低于 0.1% 的控氮钢。而奥氏体钢牌号中 2/3 为非含氮钢和控氮钢，中氮钢仅约占 1/3。因此从含氮的角度，双相钢耐晶间腐蚀性能比奥氏钢好的情况更多。按钢中的氮含量相比较，奥氏体中氮钢和双相钢的氮含量均为 0.1%~0.6%，但是在两种钢含氮量相同的情况下，由于双相钢中氮在两相中的分配系数为 0.1，即奥氏体相中的氮含量约为铁素体相中氮含量的 10 倍，亦即双相钢奥氏体相中的氮含量约为奥氏体钢中氮含量的两倍。由于双相钢中 α/γ 相界的 γ 相侧首先产生晶间腐蚀，即奥氏体相的耐晶间腐蚀性能对双相钢的耐晶间腐蚀性能起决定性作用。从氮含量的角度，双相钢中奥氏体相的耐晶间腐蚀性能也要高于相应奥氏体钢；

（8）双相不锈钢中的铁素体相中的碳含量应低于双相钢平均碳含量（≤0.03%），氮含量约为钢中平均氮含量的 1/5，均较低。双相钢铬的分配系数为 1.2，钼的分配系数为 1.6。铁素体相中铬、钼含量也应高于钢的平均含量。从这些合金成分看，双相不锈钢中的铁素体相的耐晶间腐蚀性能应优于相应的铁素体不锈钢。但铁素体不锈钢多采用钛、铌稳定化钢，可减少碳化铬、氮化铬的析出，提高耐晶间腐蚀性能。双相钢一般不用稳定化钢（0Cr21Ni5Ti 及 1Cr21Ni5Ti 为 60 年代前苏联的老牌号，现已少用），双相钢中的铁素体相也没钛和铌，这可能与其中碳和氮含量不高有关。铁素体不锈钢退火后一般采用空冷，由于冷却速度较慢，有较多的时间扩散补充贫铬区的铬，而双相不锈钢中的铁素体相随着双相钢进行固溶处理，一般采用水冷。由于双相钢中 α/γ 相界侧的奥氏体相易产生晶间腐蚀，水冷能减少其敏化作用，提高耐晶间腐蚀性能，这是必要的。由于其中的铁素体相因水冷也减少了扩散补充贫铬区中铬含量的时间，当然对铁素体相的耐晶间腐蚀性能有不利影响。但是铁素体相水冷，也能减少 σ 相脆性和 475℃脆性，属有利作用。

5.5.5 双相不锈钢的晶间腐蚀敏感性检验

5.5.5.1 双相不锈钢适用的试验方法

各主要工业国家均有不锈钢晶间腐蚀敏感性试验方法标准，见本书附录 A 的 A.8。标准中的各种试验方法对所适用的不锈钢类型有具体规定。表 5-12 中列出了主要的不锈钢晶间腐蚀敏感性试验方法标准中各种试验方法所能适用的不锈钢类型，情况如下：

表 5-12　主要的不锈钢晶间腐蚀敏感性试验方法标准中各种方法适用的不锈钢类型

国别	不锈钢晶间腐蚀敏感性试验方法标准	适用的不锈钢与合金类型	10%草酸浸蚀法	50%硫酸+硫酸铁法	40%硫酸+硫酸铁法	65%硝酸法	10%硝酸+3%氢氟酸法	16%硫酸+硫酸铜+铜屑法	35%硫酸+硫酸铜+铜屑法	50%硫酸+硫酸铜+铜屑法
美	ASTM A262—2010	γ（Cr≤20%）	γ	γ		γ（不含钼）		γ		γ（含Mo钢）
美	ASTM A763—2009	α	α（Mo≤2.5%,稳定化）	α（非稳定化）				α（Cr≤20%）		α（Cr 23~30%）
中	CTB/T 4334—2008	γ（Cr≤20%）、α+γ（未标牌号）	γ	γ		γ	γ	γ、α+γ		
	ISO 3651-1:1998	γ、α+γ				γ、(α+γ)（强氧化介质用,非含Mo钢）				
ISO	ISO 3651-2:1998	γ、α+γ、α			γ（Cr>17%,Mo>23%;Cr>25%,Mo>2%）；α+γ（Cr>20%,Mo≥3%）；α（Cr>25%,Mo>2%）			γ（Cr>16%,Mo<3%）；α+γ（Cr>16%,Mo≤3%）；α（Cr16~20%,Mo<1%）	γ（Cr>20%,Mo2~4%）；α+γ（Cr>20%,Mo>2%）	
日	JIS G0571~0575—1995 或 1980（同时采用ISO 3651-(1~2):1998）	γ、α、α+γ 铁镍基合金	γ（Cr≤20%）		γ、α、α+γ 并同ISO 3651-2	γ、α+γ 并同ISO 3651-1	γ（含钼）（已基本不用）	α、γ、α+γ 并同ISO 3651-2	γ、α+γ 并同ISO 3651-2	
俄	ГOCT 6032—1989	γ、α、α+γ 铁镍基合金	γ	γ、铁镍基合金		γ		γ、α+γ、α		

注：ГOCT 6032—1989中尚有AMУ和AMУ φ法，为16%硫酸+硫酸铜+铜屑的快速试验法。B法为硫酸+硫酸铜+锌粉法，用于铁镍基合金。Б法为硫酸阳极浸蚀法，用于含钼奥氏体钢，非含钼18-8和18-12 用于AMУ和AMУ φ法的筛选。

（1）美国 ASTM A262 首版于 1943 年发布，现版为 2010 年版。至今已成为各国应用或参照应用较多的标准。由于不锈钢中奥氏体钢使用最多，产生晶间腐蚀也最多，因而此标准一直仅限制用于奥氏体钢，其中所列适用牌号合金成分最高的仅为 317，即铬含量 ≤20%，钼含量 ≤4%，并未涉及铬、钼含量更高的牌号。1979 年首版发布了 ASTM A763 标准，现版为 2009 版。仅用于铁素体不锈钢，包括了铬≤30%，钼≤4.5% 的牌号，但实际上工程中对铁素体钢的检验并不多。近年双相不锈钢的应用量发展很快，然而美国至今还没有适用于双相钢的标准；

（2）俄罗斯（前苏联）在 ГОСТ 6032—1951 中即包括了双相不锈钢，至今在 ГОСТ 6032—1989 中也提出了 16% 硫酸+硫酸铜+铜屑法（AM 法）可用于双相钢，所列牌号为：08Х22Н6Т、08Х21Н6М2Т、08Х18Г8Н2Т。这些牌号含碳高，无钼或少钼，有的牌号锰含量太高，均不含氮，均为稳定化钢，这与现代双相不锈钢差别太大，至少其他国家早已基本不用这些牌号，参考价值不大；

（3）中国在 YB44-64《奥氏体和奥氏体–铁素体型不锈钢的晶间腐蚀倾向试验法》冶金部标准中即提出双相钢可用于硫酸+硫酸铜+铜屑法。GB/T 4334—2008 中规定 16% 硫酸+硫酸铜+铜屑法可用于双相钢，但在试验方法标准及不锈钢材料标准中所推荐的适用牌号亦与 ASTM A262 相似，仅限于 18-8、18-12-Mo 奥氏体钢牌号，Cr≤20%，Mo≤4%。合金成分最高的牌为 317（0Cr19Ni13Mo3），没有提更高合金成分的奥氏体钢牌号，也没有提及双相钢牌号；

（4）日本 JIS G0573：1999 65% 硝酸法标准中同时采用了 ISO 3651-1：1998，规定了除适用于奥氏体钢外，也适用于双相钢，但未列具体适用牌号。ISO 3651-1 中规定，此方法仅适用于应用于强氧化性介质（如较浓的硝酸）中的牌号，且一般不适用于含钼的牌号（除非在硝酸中使用），这对于奥氏体钢而言，实际上与中、美标准相同，仅适用于 304 和 304L。但对于双相钢而言，近代双相钢中除低合金型的 2304 外，其他基本上均为含钼钢，不适用于浓硝酸等强氧化介质。早期俄罗斯（前苏联）有一些不含钼的双相钢牌号，如 1Cr21Ni5Ti、0Cr21Ni5Ti、1Cr18Ni11Si4A1Ti、08Cr26Ni6Ti 等，其中除 1Cr18Ni11Si4A1Ti 可用于温度不高的浓硝酸外，其他牌号均不用于硝酸，而且俄、中的硝酸法均未提及可用于双相钢。因此 ISO 3651-1 中提及双相钢可采用 65% 硝酸法，实用性不大；

（5）ISO 3651-2：1998 中的 3 种硫酸法均可用于双相钢，而且对含铬、钼合金含量的适用范围作出了明确规定见表 5-13。GB/T 21433—2008 引用了此标准，JIS G0575：1999 也采用了此标准，而 GB/T 4334—2008 及美、俄试验方法标准中尚未采用。EN 的承压不锈钢材标准中规定用的试验方法标准完全采用了 ISO 标准，且列为 EN ISO 3651-(1～2)：1998 标准。而且所有耐蚀级的奥氏体钢牌号及双相钢牌号均规定应按 EN ISO 3651-2 的方法进行检验。其中可适用于检验的双相不锈钢的牌号见表 5-14。

表 5-13　ISO 3651-2：1998 中三种硫酸试验方法所适用的不锈钢合金成分范围实例

试验方法	试 验 溶 液	奥氏体钢		铁素体钢		双相钢	
		Cr/%	Mo/%	Cr/%	Mo/%	Cr/%	Mo/%
A 法	16%硫酸+硫酸铜+铜屑 20h	> 16	≤3	16 ~ 20	≤1	> 16	≤3
B 法	35%硫酸+硫酸铜+铜屑	> 20	2 ~ 4			> 20	> 2
C 法	40%硫酸+硫酸铁	> 17	> 3	> 25	> 2	> 20	≥3
		> 25	> 2				

表 5-14　EN 承压不锈钢材标准中对双相不锈钢牌号晶间腐蚀敏感性试验方法的规定

EN 牌号	X2CrNiN23-4	X2CrNiMoSi 18-5-3	X2CrNiMoN 22-5-3	X2CrNiMoCuN 25-6-3	X2CrNiMoN 25-7-4	X2CrNiMoCuWN 25-7-4
EN 数字牌号	1.4362	1.4424	1.4462	1.4507	1.4410	1.4501
相应 UNS 牌号	S32304	S31500	S32205，或 S31803	S32550	S32750	S32760
简称或商品名称	2304	3RE60	2205	255	2507	100
相应中国牌号	022Cr23Ni4 MoCuN	022Cr19Ni5 Mo3Si2N	022Cr23Ni5 Mo3N	03Cr25Ni6 Mo3Cu2N	022Cr25Ni7 Mo4N	022Cr25Ni7 Mo4WCuN
相应中国数字代号	S23043	S21953	S22053	S25554	S25073	S27603
试验方法	A 法	A 法	B 法	B 法	B 或 C 法	B 或 C 法

注：表中为 EN 10216-5：2004 承压不锈钢无缝管与 EN 10217-7：2005 承压不锈钢焊接管标准中对各种双相不锈钢牌号进行晶间腐蚀检验适用的试验方法 A 法、B 法及 C 法的规定。

ISO 3651-2：1998 中的三种试验方法均为在硫酸中的试验方法。A 法为 16%硫酸+硫酸铜+铜屑法；B 法为 35%硫酸+硫酸铜+铜屑法；C 法为 40%硫酸+硫酸铁法。均应沸腾 20h ± 5h，有争议时按 20h。主要用弯曲法评定，弯轴半径不超试样厚度，至少弯曲 90°，ϕ < 60mm 的管材可按规定进行压扁试验。试样有晶间腐蚀裂纹时为不合格，对裂纹是否由晶间腐蚀所引起有疑问时，可对未腐蚀的试样进行弯曲或压扁，或对试样纵向横截面进行金相观察以辅助判断，也可测定晶间腐蚀深度和腐蚀率作为试验的补充。

这些试验方法适用于准备应用于弱氧化性酸介质的不锈钢材，如有机酸及浓度不太高的硫酸、磷酸等。对于 C≤0.03%或稳定化的奥氏体钢或双相钢试样应进行敏化热处理。各标准的敏化热处理制度差别甚大，见表 5-15。ISO 3651-2：1998 中的敏化制度为 700℃ 30min 或 650℃ 10min。敏化时间比中、日标准中的 2h 短得多。

表 5-15　各种标准中规定的试样敏化热处理制度

试验方法标准	超低碳，稳定化钢类	试样敏化热处理制度
ISO 3651-1：1998	奥氏体钢	700℃±10℃，30min，水冷
ISO 3651-2：1998	奥氏体钢，铁素体钢，双相钢	T1：700℃±10℃，30min，水冷 T2：650℃±10℃，10min，水冷
ASTM A262—2010	奥氏体钢	650℃ ~ 675℃，1h，常用 675℃,1h
ASTM A763—2009	铁素体钢	协议，一般不敏化
GB/T 4334—2008	奥氏体钢，双相钢	650℃，2h

表 5-15（续）

试验方法标准	超低碳，稳定化钢类	试样敏化热处理制度
JIS G 0573：1999	奥氏体钢，双相钢	700℃±10℃，30min，按协议可 650℃，2h
JIS G 0575：1999		
JIS G 0571—1999	奥氏体钢	650℃，2h
JIS G 0572—1999		
JIS G 0574—7980		
ΓOCT 6032—1989	08Х22Н6Т，08Х21Н6М2Т，08Х18Γ8Н2Т 双相钢	540℃～560℃，60±3min，空冷
	08Х17Т，15Х25Т 铁素体钢	1 080℃～1 120℃，30±3min，空冷或水冷
	所有超低碳与稳定化奥氏体钢	640℃～660℃，60±3min，空冷

5.5.5.2 16%硫酸+硫酸铜+铜屑法的扩展

1926 年 W.H.Hatfeild 首先采用的是不加铜屑的 16%硫酸+硫酸铜法，早期为各试验方法标准中所用。由于不加铜，试验中硫酸铜的浓度会渐稀，试验时间需较长，后已被加铜法所取代。1930 年 B.Strauss 在 16%硫酸——硫酸铜溶液中加入了铜，试验中可保持硫酸铜的浓度，可促进晶粒的钝化。在不锈钢试样与铜屑接触的条件下，试样腐蚀电位为+0.3V（SHE）见图 5-33，使试样处于活化——钝化的交界区域，即晶粒钝化，晶界贫铬区活化，贫铬区的腐蚀率可比晶粒高几个数量级，十多个小时即可呈现出严重的晶间腐蚀，因此此方法已成为各种方法中应用最普遍的方法，所有试验方法标准中都列有此方法。此方法主要能快速溶解贫铬区，不能溶解 σ 相等高铬金属间化合物相，适用于弱氧化性介质用的不锈钢。

16%硫酸+硫酸铜+铜屑法中决定腐蚀性高低的主要是硫酸浓度，16%硫酸的腐蚀性能并不很高，主要适用于大量应用的 18-8、18-12Mo 奥氏体不锈钢及大量接触的腐蚀性并不太强的弱氧化性介质条件。如铬含量为 18%，材料敏化后晶粒铬含量约为 18%，贫铬区的铬含量根据敏化程度可低于 18%，甚至低于 5%以下。试验表明（图 5-33），贫铬区的铬含量降低 8%成为 10%即产生明显的活化腐蚀，致使耐晶间腐蚀

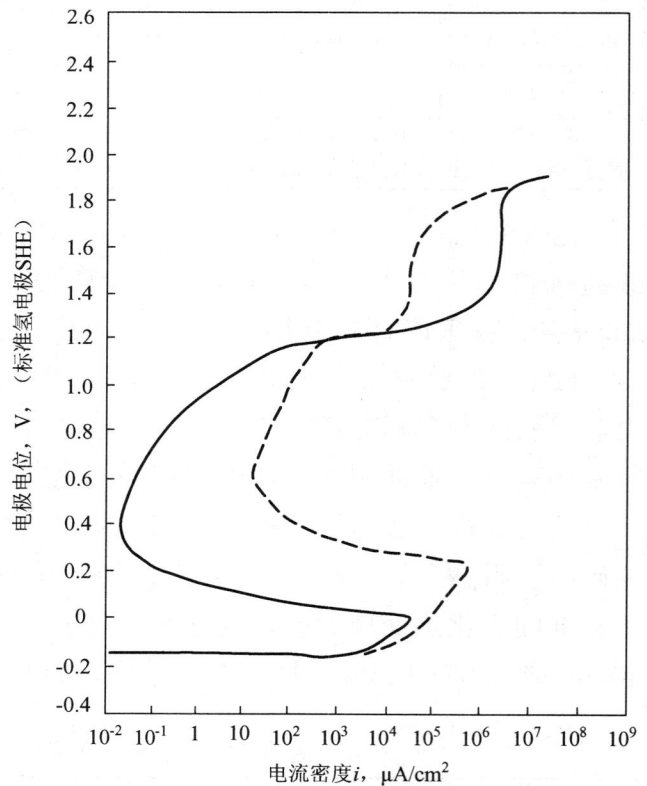

——18%Cr-10%Ni-Fe 模拟 304 固溶态晶粒；

——10%Cr-10%Ni-Fe 模拟 304 敏化处理后的贫铬区；

304 在各种试验方法中的电位（SHE），V；

10%草酸法 >2.0V；

65%硝酸法 1.0V～1.2V；

50%硫酸+硫酸铁法 0.8V～0.85V；

16%硫酸+硫酸铜+铜屑法 0.3V～0.58V；

10%硝酸+3%氢氟酸法 0.14V～0.54V。

图 5-33 不锈钢 304 晶间腐蚀的电化学原理图

性能过低而不合格，对检验材料的耐晶间腐蚀性能是恰当的。如果应用介质腐蚀性很高，必须应用铬、钼含量更高的合金。如果铬含量为 26%，经过相似的敏化后贫铬区铬含量的降低幅度仍为 8%，即铬含量为 18%，此时在 16%硫酸+硫酸铜+铜屑中试验，贫铬区仍能保持良好的钝化，这时检验是合格的。而该合金在强腐蚀介质中应用时，晶粒铬含量 26%能保持钝化，而含铬 18%的贫铬区在强腐蚀的应用介质中则可能会产生活化腐蚀，或贫铬区的腐蚀速度要比晶粒高得多。长期运转仍会产生不可接受的晶间腐蚀。这时 16%硫酸+硫酸铜+铜屑法对此高合金牌号的晶间腐蚀检验结果与实际工程应用并不符合。对于在强腐蚀介质中应用的高耐蚀性能的高合金不锈钢的晶间腐蚀敏感性检验，也应当采用腐蚀性比 16%硫酸更强的试验介质和标准方法进行检验。ASTM A262 等标准对 16%硫酸+硫酸铜+铜屑法规定只适用于合金成分不高于 317 的不锈钢牌号是有一定道理的。为此 ASTM A262—2010 及 ASTM A763—2009 标准中都采用了 50%硫酸+硫酸铜+铜屑法，腐蚀时间 120h，此方法提高了硫酸浓度与试验时间，应能适用于检验耐蚀性比 18-8 和 18-12-Mo 更高的不锈钢牌号。

ГОСТ6032—1989 为提高 AM 法（16%硫酸+硫酸铜+铜屑法）的腐蚀能力，提高了硫酸浓度，发展了 AMY 法。在此基础上又加入了乌洛托品化学试剂，进一步提高了腐蚀能力，发展了 AMYφ法，均可比 AM 法偏短试验时间，从 24h 降为 8h 及 2h。

ISO 3651-2：1998 中除有 16%硫酸+硫酸铜+铜屑（A 法）法外，还比其他标准增加了 35%硫酸+硫酸铜+铜屑法。

现将主要三种不同硫酸浓度的硫酸+硫酸铜+铜屑法的不锈钢使用范围列于表 5-16。

表 5-16 三种硫酸浓度的硫酸+硫酸铜+铜屑的适用不锈钢范围（名义成分/%）

标 准	铬镍不锈钢类型	16%硫酸		35%硫酸		50%硫酸	
		Cr	Mo	Cr	Mo	Cr	Mo
ASTM A262—2010	奥氏体钢	≤19	≤3			≤21	≤3
中国不锈钢材标准	奥氏体钢	≤19	≤3				
ASTM A763—2009	铁素体钢	≤19	≤2			23～30	≤4.2
ГОСТ6032—1989	奥氏体钢	≤19	≤3				
	铁素体钢	≤25					
	双相钢	<23	≤2.5				
ISO 3651-2：1998（GB/T 21433—2008 引用，JIS G 0575：1999 采用，EN 承压不锈钢材标准均采用）	奥氏体钢	>16	≤3	>20	2～4		
	铁素体钢	16～20	≤1				
	双相钢	>16	≤3	>20	>2		

注：中国 GB/T 4334—2008，美国 ASTM A262—2010，ASTM A763—1999，俄 ГОСТ 6032—1989 及其不锈钢材标准均未采用 ISO 3651：1998 标准。

由表 5-16 可见，对于奥氏体钢而言，各国试验方法标准均将 16%硫酸+硫酸铜+铜屑法所适用的牌号局限于 Cr≤20%，Mo≤4%的范围，只有 ISO 3651-2：1998 规定 35%硫酸+硫酸铜法可适用于 Cr>20%，Mo=2%～4%的高合金不锈钢。对于铁素体钢而言，只有 ASTM A763—2009 和 ISO 3651：1998 均规定 16%硫酸+硫酸铜+铜屑法只适用于 Cr≤20%

的低合金不锈钢。（俄可用于 15X25T 为高碳钢）。只有 ASTM A763—2009 中规定 50%硫酸+硫酸铜+铜屑法可用于铬含量为 23%～30%的牌号。对于双相不锈钢钢而言，美国没有提及适用于双相钢的试验方法。中国标准中没有推荐可适用于各种方法的双相钢牌号。俄提出 16%硫酸+硫酸铜+铜屑法可用于 08X22H6T 等双相钢牌号，但均为 C≤0.08%的牌号，现在已很少用。应主要针对 C≤0.03%的双相钢牌号，ISO 3651-2：1998 中提出对于 16%硫酸+硫酸铜+铜屑法可适用于 Cr 大于 16%，Mo≤3%的牌号，而 Cr＞20%，Mo＞2%的双相钢宜用 35%硫酸+硫酸铜+铜屑法。

5.5.5.3 50%硫酸+硫酸铁法的扩展

50%硫酸+硫酸铁法于 1958 年首先由 M.A.Streicher 提出。试样腐蚀电位为+0.8V～+0.85V（SHE）位于接近过钝化区的钝化区。50%硫酸的腐蚀性很强，一般认为 50%的浓度常为一般 18-8、18-12-Mo 不锈钢腐蚀率最高的浓度。硫酸铁可抑制晶粒的腐蚀，而使晶界贫铬区优先腐蚀，可用腐蚀率评定。但绝对腐蚀率常受材料合金在标准范围内的变化而影响较大，腐蚀试验中腐蚀率受硫酸浓度与硫酸铁浓度的变化而有较大的变化，因而绝对腐蚀率并不稳定，很难作为评判指标。实际中多用相对腐蚀率来评定。对于一般碳含量的材料测其交货状态的腐蚀率与试验室固溶处理状态的腐蚀率的比值。对于超低碳钢测其敏化处理状态的腐蚀率与交货状态的腐蚀率的比值，常按不超过 1.5 为合格。

中、美、日、俄的试验方法标准中均有此方法，但未提此对双相不锈钢的适用牌号。ISO 3651-2：1998 中三个硫酸介质的方法中没有列入此法，只列出了 40%硫酸+硫酸铁法。即将硫酸浓度由 50%降为 40%，应能降低一些腐蚀电位，如低于+0.8V 或低于+0.7V，使晶粒易处于钝化区，减小了晶粒的均匀腐蚀率，而仍可使贫铬区优先腐蚀。试样的腐蚀率应较为稳定。对于 50%硫酸+硫酸铁法，中、美、日均规定试验 120h，俄为 48h，试样的腐蚀程度较高。而 ISO 3651-2：1998 规定 40%硫酸+硫酸铁法试验时间仅为 20h，主要可用弯曲法评定，三种硫酸浓度的硫酸+硫酸铁方法所适用的不锈钢与镍合金见表 5-17。

表 5-17 不同硫酸浓度的硫酸+硫酸铁方法适用的不锈钢与镍合金（名义成分）   %

标　准	适用不锈钢与镍合金类型	50%硫酸+硫酸铁		40%硫酸+硫酸铁		31%硫酸+硫酸铁	
		Cr	Mo	Cr	Mo	Cr	Mo
ASTM A262—2010，中国不锈钢材标准	奥氏体钢	≤19	≤3				
ASTM A763—2009	非稳定化铁素体钢	≤30	≤3				
ГОСТ 6032—1989	铁镍基合金（可属不锈钢）	22～25	≤3				
ASTM G28—1997	含铬的镍合金	15～30	<16				
ISO 9400—1990 GB/T 15260—1994	含铬的铁镍基合金	<18（24h）或>18（120h）					
ISO 3651-2：1998 （GB/T 21433—2008 引用，JIS G0575：1999 采用，EN 承压不锈钢材标准均采用）	奥氏体钢			>17 >25	>3 >2		
	铁素体钢			>25	>2		
	双相钢			>20	≥3		
ГОСТ 24982—1981 耐蚀合金板	镍铬钼合金					≈16	≈16

由表 5-17 可见，三种硫酸浓度的硫酸+硫酸铁法溶液的腐蚀性均较强，不仅可检验奥氏体、铁素体和双相不锈钢，而且也可以检验含铬的铁镍基合金（部分牌号也可属于不锈钢）以及镍基合金。其中 31%硫酸+硫酸铁法没有列入正式的试验方法标准中，但 40%硫酸+硫酸铁法已列入 ISO 3651-2：1998 标准中。实际上可以认为 ISO 标准中用 40%硫酸+硫酸铁法取代了 50%硫酸+硫酸铁法。应有以下优点：

（1）降低了硫酸浓度，降低了试样的腐蚀电位，使晶粒处于钝化区，降低了对试样和晶粒的腐蚀率，使试样的腐蚀率减小并较稳定，而对晶界贫铬区仍能保持很高的腐蚀率，因而当试样存在一定程度的贫铬区时，较容易显示试样的晶间腐蚀现象；

（2）一般的 50%硫酸+硫酸铁法主要采用腐蚀率来评定，而 40%硫酸+硫酸铁法规定主要采用弯曲法评定，这只有试样腐蚀率不高的情况下才宜用弯曲法。用腐蚀率的方法评定很难选定合格指标。而弯曲法不用另行确定合格指标，检验较容易，评定结果不包括均匀腐蚀的因素，检验的重现性高；

（3）50%硫酸+硫酸铁法主要用腐蚀率评定，要求较长的腐蚀试验时间，得到较高的腐蚀量才能较好地测定腐蚀率，因而大部分标准中规定不锈钢试样的试验时间为 120h。而 40%硫酸+硫酸铁法不用测定腐蚀率，规定试验时间为 20h，时间短得多；

（4）硫酸+硫酸铁试验溶液中不含铁屑，在试验中，硫酸浓度会下降，特别是硫酸铁的浓度会下降（硫酸+硫酸铜+铜屑法中由于过量铜屑的存在，可维持硫酸铜的浓度基本不变，即保持对晶粒的钝化作用）。而且随着试验时间越长，硫酸铁的消耗越多，浓度越低，大约每溶解 1g 不锈钢约会消耗硫酸铁 10g。硫酸铁的浓度降低后，会降低对不锈钢晶粒抑制均匀腐蚀的作用，明显提高晶粒的腐蚀率。试验时间越长，晶粒的均匀腐蚀率越高，试验结果的稳定性越低。因而 40%硫酸+硫酸铁法 20h 的试验时间要比 50%硫酸+硫酸铁法一般 120h 的试验时间更容易得到稳定的试验结果。

由于 40%硫酸+硫酸铁法在用于不锈钢时存在许多优点，ISO 标准用其取代 50%硫酸+硫酸铁法是可以理解的。

各国不锈钢晶间腐蚀试验方法标准及不锈钢材标准中对 50%硫酸+硫酸铁法用于双相钢的适用范围基本上没有提及，只有 ISO 标准中对 40%硫酸+硫酸铁方法适用于双相钢的合金范围列出了应用实例（见表 5-17）。

5.5.5.4 压力容器用双相不锈钢宜按 ISO 3651-2：1998 检验

ISO 3651-2：1998 硫酸法试验方法标准中有 3 种试验方法：A 法：16%硫酸+硫酸铜+铜屑法；B 法：35%硫酸+硫酸铜+铜屑法；C 法：40%硫酸+硫酸铁法。与其他标准相比有以下特点：

（1）A 法与其他标准的相应方法相似，但 A 法说明了适用于奥氏体钢、铁素体钢和双相钢的合金范围，而其他标准的说明很不具体。尤其对适用的双相钢合金范围没有规定；

（2）中、美、俄的试验方法中均没有采用 B 法和 C 法，只有 GB/T 21433—2008《不锈钢压力容器晶间腐蚀敏感性检验》标准中引用了 ISO 3651-（1~2）：1998 标准，JIS G0575：1999 中采用了 ISO 3651-2：1998 中的方法；

（3）A、B、C 方法均仅试验 20h，主要用弯曲法评定，方便而又稳定；

（4）由于双相钢碳含量多低于 0.03%，铬含量多高于 20%，且多含钼，特别适合采用 B 法和 C 法。

主要参照 ISO 3651-2：1998 对三种方法适用于三类不锈钢的铬、钼含量的范围作出了实例性规定，同时参照其他标准的规定，推荐可按表 5-18 选择三类不锈钢对三种硫酸试验方法的适用范围，表 5-18 中的 Cr、Mo 含量一般按牌号的名义成分。

表 5-18 硫酸法适用的不锈钢铬、钼含量范围   %

不锈钢类型	A 法		B 法		C 法	
	16%硫酸+硫酸铜+铜屑		35%硫酸+硫酸铜+铜屑		40%硫酸+硫酸铁	
	Cr	Mo	Cr	Mo	Cr	Mo
奥氏体钢	16 ~ 20	≤3	>20	2 ~ 4	17 ~ 25	>3
					>25	>2
铁素体钢	16 ~ 20	≤1			>25	>2
双相钢	16 ~ 20	≤3	>20	>2	>20	>3

注：Cr，Mo 均符合要求方可适用，一般成分可按标准中的名义成分，有的牌号可用两种方法。

中国的试验方法标准中没有采用 B 法和 C 法，但 GB/T 21433—2008 标准中引用了 ISO 3651-（1 ~ 2）：1998。即中国压力容器用不锈钢材的检验和不锈钢压力容器的检验均可按 ISO 3651 进行。按 GB/T 1.1 和 GB/T 1.2《标准化工作导则》的规定，中国标准不宜引用外国标准，但可引用 ISO 标准。因为中国亦为 ISO 的成员国。同时，我国要求在编制试验方法标准时应尽量采用或引用 ISO 标准，以便在对外贸易与对外技术交流中尽量与国际各国保持相同或相近的技术语言，因此我国现在至少在压力容器用不锈钢与不锈钢压力容器的晶间腐蚀敏感性检验方面采用 ISO 标准是合理的，也是符合标准规定的。GB 150—2011《压力容器》标准中规定，"不锈钢的晶间腐蚀敏感性检验应按 GB/T 21433 规定进行"。

成分按 UNS 的标准双相不锈钢采用 3 种硫酸试验方法可参照表 5-19 的推荐。

表 5-19 UNS 双相不锈钢牌号推荐适用的硫酸试验方法

适用方法	UNS 双相钢牌号
A 法	S32001，S32201，S31100，S32304，S32011，S32101，S32202，S32003，S31500，S32900，S32002，S31200，S32808，S32950，S32906
B 法	S31803，S32205，S32506，S31260，S39274
B 法或 C 法	S32550，S32760，S39277，S32520，S32750，S33207，S32707

5.6 双相不锈钢的耐应力腐蚀性能

5.6.1 不锈钢压力容器容易产生应力腐蚀

根据 1962 年至 1971 年对以压力容器为主的化工设备进行的调查可知，在 535 件不锈钢设备腐蚀失效事故中，不锈钢的应力腐蚀失效事故占所有不锈钢设备腐蚀失效事故的一半以上。当时成为不锈钢压力容器中威胁最大的腐蚀形态。不锈钢压力容器容易产生应力腐蚀有以下原因：

（1）在各类不锈钢中，奥氏体不锈钢最容易产生应力腐蚀，而不锈钢压力容器中 90%

以上采用了奥氏体不锈钢；

（2）奥氏体不锈钢中亚稳定不锈钢受冷变形后存在残余应力，容易产生马氏体相变，更容易产生应力腐蚀。长期以来，压力容器所用不锈钢极大多数均为 18-8、18-12-Mo 型亚稳定不锈钢，很少用稳定型奥氏体钢；

（3）使奥氏体不锈钢最容易产生应力腐蚀的介质为氯化物水溶液。热交换器中用来传热的介质绝大多数为含氯化物的水，由于淡水的紧缺常用海水，一般的自来水中常含氯离子数十 ppm，海水中含氯化物盐为 3.2% ~ 3.8%。油田污水中氯离子含量常为数百或数千 ppm。随着工业污染的严重，一般淡水中的氯离子含量也大量提升。压水堆不锈钢核电设备中的高温（约 300℃）水中，氯离子含量低于 0.1ppm 时仍可使奥氏体不锈钢的蒸发器发生应力腐蚀。压力容器中除传热介质（水）外，工艺介质多为液相，也常含有一定的氯离子，介质中氯离子浓度越高，奥氏体不锈钢的应力腐蚀敏感性也越高。大量统计表明，不锈钢的应力腐蚀失效事故中，80%以上是由氯化物溶液引起的；

（4）不锈钢系钝化型耐蚀金属，依靠与介质的氧化反应形成钝化膜提高耐蚀性。在应力作用下产生滑移变形，使钝化膜破裂，露出新鲜的金属面在介质中恢复较大的腐蚀速度，发生阳极溶解，同时又产生阳极极化，产生新的钝化膜，如此持续反复至使产生应力腐蚀裂纹。在中性氯化物水溶液中要不断形成钝化膜，产生应力腐蚀，介质中必须存在氧或氧化剂。高温（280℃）纯水中含氯 0.1ppm 含氧 0.01ppm 即可使奥氏体不锈钢产生应力腐蚀。氧在不含盐的水中，0℃时氧的溶解度为 10.3cm^3/L，30℃时为 5.57cm^3/L。海水中氯化物盐平均为 3.5%，0℃时氧的溶解度为 8.04cm^3/L，30℃时为 4.5cm^3/L。海水表层溶氧量较多，可达 12ppm。压力容器中液相介质绝大多数为水溶液，所用水源一般都不进行脱氧处理，与空气接触时氧可充分溶入水中，因而介质水溶液中均含足够的溶氧量，完全可以构成产生应力腐蚀的氧化条件。氧含量越高，越可促进应力腐蚀的产生；

（5）奥氏体不锈钢除可在氯化物水溶液中产生应力腐蚀外，在高温浓碱中亦可产生碱脆型应力腐蚀。在石油加氢反应器中，300℃ ~ 450℃时石油中的有机硫可在催化剂作用下形成 H$_2$S，并在不锈钢表面生成 FeS。设备停车时，FeS 与湿空气作用生成连多硫酸（H$_2$S$_x$O$_6$，X=2 ~ 6，X 多为 3 ~ 5），易在不锈钢的焊接热影响区产生晶间型应力腐蚀。不锈钢压力容器的碱脆和连多硫酸应力腐蚀都是经典的应力腐蚀；

（6）氯离子浓度越高，不锈钢越易产生应力腐蚀。压力容器中的液相介质是流动的，大部分区域的氯化物水溶液在流动时可以保持比较稳定的氯离子含量。但压力容器的某些区域介质流通不畅。如列管式换热器的换热管与管板的涨管区，换热管外侧与管板孔内侧有缝隙，介质进入后很难流通，在有较高温度时，水会汽化挥发，死区中氯离子的浓度会逐渐提高浓缩，在水中氯离子浓度为几个 ppm 时，分析死区中介质的氯离子浓度常达上万 ppm，这些死区更容易产生应力腐蚀。再如不锈钢衬里层与壳层之间常通入纯水检漏（尿素合成塔中常用）。纯水中的氯离子浓度虽然很低，但由于间隙很窄，部分区域成为死区，氯离子浓度会提高很多，至使许多尿素合成塔的 316L 衬里层受高浓度氯离子水的作用，从外侧起产生应力腐蚀，直至衬里层穿透，尿素合成介质外泄。因此只控制进口水中的低氯离子浓度，并不一定能控制应力腐蚀；

（7）据对 700 多台 304、316 的列管式热交换器的统计，当冷却水温度低于 60℃时基本上不产生应力腐蚀，高于 70%时才产生应力腐蚀，温度越高越易产生应力腐蚀。当然应在操作压力下水的沸点以下的温度才符合此规定，高温后水呈气相不在此列；

（8）应力腐蚀属电化学腐蚀，介质必须为液相电介质才能产生电化学腐蚀。由于压力容器介质有压力，随着压力提高介质的沸点也提高，压力容器的高压创造了介质能在较高温度下也能呈液相存在的条件，这种条件提高了产生应力腐蚀的能力。对于水而言，温度不得高于临界温度 374.3℃。因为高于此温度后，不论压力多高，水只能呈气相存在，不能呈液相存在，对不锈钢不可能产生电化学腐蚀及应力腐蚀；

（9）据统计，不锈钢产生应力腐蚀的应力有三种，工作应力占 3.5%，服役时的热应力占 15%，残余应力占 81.5%。应力必须超过临界应力才能产生应力腐蚀。奥氏体不锈钢在氯化物水溶液中能产生应力腐蚀的临界应力仅约为 30MPa～50MPa，不锈钢压力容器一般都会超过此临界应力。压力容器的工作应力为操作压力下构件所受的应力，对于奥氏体不锈钢由于其屈强比低，材料的最大许用应力值应为其屈服强度的保证值除以屈服强度的安全系数 1.5。室温时 304、316 钢的最大许用应力为 137MPa，304L、316L 为 120MPa，足以超过应力腐蚀的临界应力。压力容器的残余应力主要产生于冷变形与焊接的残余应力，这些残余应力的值均超过屈服强度，比最大许用应力值高得多。压力容器由于结构特点以及对耐晶间腐蚀性能等要求，制造后一般都不宜进行消除应力热处理，因此在压力容器所承受的应力中，残余应力是最高的应力，由残余应力所产生的应力腐蚀失效事故所占比例也是最高的。

从 1971 年开始研制了加氮（中氮型）双相不锈钢牌号，基本解决了焊接接头中易产生过高的铁素体含量的问题。由于双相钢比奥氏体不锈钢具有好得多的耐氯离子溶液的应力腐蚀性能，将现代双相钢较多用于压力容器等焊接构件，使不锈钢压力容器等焊接设备的应力腐蚀失效事故逐渐下降。在均匀腐蚀，晶间腐蚀，点蚀，缝隙腐蚀，应力腐蚀，腐蚀疲劳等主要腐蚀失效形态的事故中，1990~1992 年应力腐蚀失效事故所占比例已降至 23%，1995~1997 年已降至 19%，并在不断降低。当然也有其他因素的作用，如超级铁素体不锈钢的应用等。但双相不锈钢的广泛应用应起重要作用。

5.6.2 奥氏体、铁素体与双相不锈钢耐应力腐蚀性能的比较

压力容器用不锈钢主要应用奥氏体钢、铁素体钢和双相钢。由图 5-34 中 3 种铬含量约为 18%的不锈钢在 0.1%NaCl 溶液中不同温度下所进行的大量恒载荷试验的综合结果可见，高纯 Cr18Mo2 铁素体不锈钢的耐应力腐蚀性能最优，00Cr18Ni6Mo3Si2Nb 双相钢次之，18-8 型奥氏体钢最差。图 5-35 中在温度 0℃～300℃，压力 0.1MPa～10MPa 的高压釜中进行恒载荷试验，介质与热交换器中常用的氯离子水相近，氯离子含量从 3.5%至极低，氧含量约为 8×10^{-6}，外加应力等于钢的屈服强度，试验时间 1 000h，可见所试 4 种双相钢的耐应力腐蚀性能均比 18-8 和 18-12-Mo 奥氏体不锈钢好得多。由图 5-35 的试验结果结合工程实践的应用经验与试验成果，在较宽的氯离子浓度范围内的中性氯化物溶液介质中，并在通气条件含有氧的情况下，工程应用时可参考表 5-20 所列应力腐蚀的临界温度值，双相钢的应力腐蚀临界温度明显高于一般奥氏体钢。

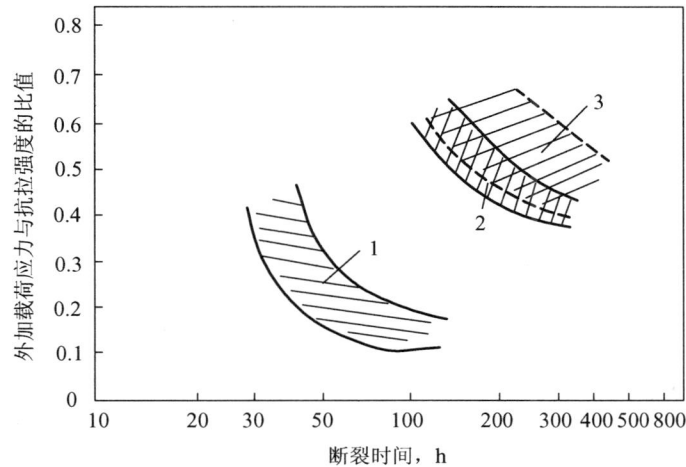

1——18-8 奥氏体钢；
2——00Cr18Ni6Mo3Si2Nb 双相钢；
3——Cr18Mo2 高纯铁素体钢（虚线区）。

图 5-34　铁素体、奥氏体与双相不锈钢的耐应力腐蚀性能
比较，80℃~300℃，0.1%NaCl 点滴法，恒载荷

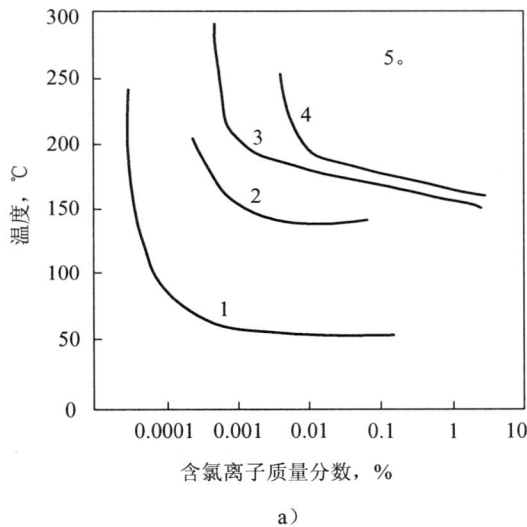

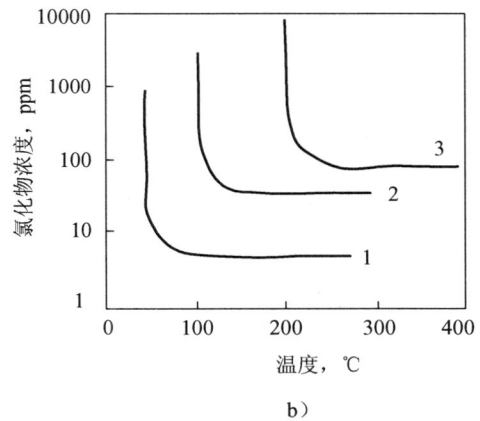

a）

1——304，304L，316，316L；
2——2304；
3——S31500（3RE60）；
4——2205；
5——2507（无应力腐蚀，仅一个试验点）。

b）

1——304 型，316 型奥氏体钢；
2——奥氏体钢 S34565，S31266；
　　双相钢 S32304，S31200，S31803，S32205，
　　S32950，S31260；
3——双相钢 S32550，S39274，S32760，S32750；
奥氏体钢 S31753，S31254，S32654。

图 5-35　（图 a 与图 b）各种不锈钢在含氯离子水中可不产生应力腐蚀的氯化物浓度
与温度范围（曲线左下区域）

表 5-20　两类不锈钢在通气的中性氯化物溶液中的应力腐蚀临界温度

不锈钢类	奥氏体钢	双相钢			
牌　号	304，304L，316，316L	2304	S31500	2205	2507
开始产生应力腐蚀的临界温度/℃	60	150	175	175~200	200~250

表 5-21　三类不锈钢 U 形试样在氯化物溶液中的应力腐蚀试验

不锈钢类	奥氏体钢			铁素体钢	双相钢
牌　号	304，316	317，317LM，904L	S31254	409，439，444	S31500，2205
42%沸腾 MgCl$_2$	裂	裂	裂	不裂	裂
25%沸腾 NaCl	裂	有的裂，有的不裂	不裂	不裂	有的裂，有的不裂

注：U 形试样，外加应力大于屈服强度，两种氯化物溶液。

由表 5-21 可见，铁素体不锈钢的抗应力腐蚀性能最好，双相钢为次，奥氏体钢最差。双相钢在 MgCl$_2$ 中比在 NaCl 中更易产生应力腐蚀。奥氏体不锈钢中超级奥氏体钢性能最好，铬、钼含量低的牌号性能较差。

表 5-22　在各种温度、浓度的氯离子溶液中的耐应力腐蚀性能

不锈钢类	铁素体钢	超级铁素体钢	双相钢	奥氏体钢			超级奥氏体钢	
牌　号	439	S44660	2205	304L	304LN	316L	S31254	N08367
镍含量/%	0.4	2.0	5.0	8.0	8.0	11.0	18.0	25.0
177℃，氯离子 1 000ppm	不裂	不裂	不裂	裂	裂	裂	不裂	不裂
232℃氯离子 100ppm	不裂	不裂	裂	裂	裂	裂	裂	裂
232℃氯离子 1 000ppm	不裂	裂	裂	裂	裂	裂	裂	裂

注：U 形试样，试验 15 天。

由表 5-22 可见，三类不锈钢中铁素体不锈钢耐应力腐蚀性能最优，双相钢其次，奥氏体钢最差。超级奥氏体不锈钢的性能优于低合金的奥氏体不锈钢。

5.6.3　双相不锈钢的应力腐蚀机制特点

5.6.3.1　双相不锈钢第二相对裂纹的扩展起机械屏障作用。

不锈钢的应力腐蚀一般适用于滑移–溶解–断裂机制。即接触介质的表面在应力作用下产生滑移，使钝化膜破裂，露出化学性活泼的"新鲜"金属面–滑移台阶。滑移使位错密集和缺陷增加，还促使某些元素或杂质在滑移带偏析，造成活性阳极区，在腐蚀介质作用下产生阳极溶解，阳极极化及阳极钝化，重新生成钝化膜。随后在应力继续作用下，蚀孔底部由于应力集中而使钝化膜破裂，造成新的活化阳极区，继续深入阳极溶解。如此反复作用使应力腐蚀裂纹不断向开裂前沿发展，造成纵深的裂纹，直至断裂。裂纹的横向由于再钝化，溶解被抑制，也不是主应力方向，不易产生滑移与钝化膜的破裂。因而应力腐蚀裂纹主要沿着主应力方向发展。

奥氏体不锈钢具有面心立方晶格，在应力作用下的塑性变形的主要方式为滑移变形，拉伸应力下主要沿着原子排列最密的（111）面产生滑移，因此普通的奥氏体不锈钢滑移时容易产生层状位错结构，即位错呈平行紧密并列的结构，并不产生交叉滑移。层状位错在氯化物溶液中容易产生线状蚀沟，常易形成穿晶破裂。

铁素体不锈钢具有体心立方晶格，其沿（112）、（110）、（123）等晶面都容易滑移，

使位错纠结在一起呈网状结构，在腐蚀介质中不容易产生线状蚀沟，从而难于发生穿晶开裂（敏化状态有时可产生晶间开裂）。试验表明，奥氏体钢层错能低，易形成层状位错结构，对穿晶型应力腐蚀敏感性高。铁素体钢层错能高，易形成网状位错结构，易产生交叉滑移，对穿晶型应力腐蚀敏感性小。因而铁素体不锈钢的耐应力腐蚀性能一般优于奥氏体不锈钢。

双相不锈钢中存在奥氏体相和铁素体相大致各占一半的两相，晶粒相互交叉。在外加应力不太高的情况下，（如应力低于屈服强度），即使奥氏体晶粒产生了应力腐蚀裂纹，碰到奥氏体和铁素体的相界时，裂纹一般会在铁素体相前停止发展，不会再产生应力腐蚀。裂纹也可能会沿着双相晶界绕过铁素体相继续在另一个奥氏体相中发展，这样也大大延长了产生应力腐蚀的时间。这两种方式均使双相钢的耐应力腐蚀性能大大优于相应的奥氏体不锈钢。这是双相不锈钢中由于两相的滑移变形形成的差异所产生的双相协同效应使双相不锈钢比奥氏体不锈钢提高了耐应力腐蚀性能。

铁素体相对奥氏体相的机械屏障作用也是有限的。在高的外加应力（如高于屈服强度）时，应力腐蚀裂纹有可能同时穿过奥氏体相和铁素体相，但这时铁素体相的屏障作用的极限值约相当于外加应力在 200MPa～300MPa 的水平。即使这样，双相钢的耐应力腐蚀水平仍高于奥氏体钢。

在铁素体相含量较高时（如 65%），奥氏体相也可阻滞裂纹在铁素体相中的扩展速度，奥氏体相也起到了类似的屏障作用。

5.6.3.2 铁素体相对奥氏体相的阴极保护作用

双相不锈钢中两相的组织不同，一为奥氏体相，一为铁素体相。两相的化学成分也不同，奥氏体相中含有较高的奥氏体形成元素含量，如 Ni、Mn、C、N、Cu 等。铁素体相中含有较高的铁素体形成元素，如 Cr、Mo、Si、Nb、Ti、Al、W 等。各元素在两相中的分配系数也不同（见表 5-5）。因此在同一种介质条件下，两相存在不同的电极电位。如某双相钢在某氯离子溶液中，奥氏体相的电位比铁素体高 10mV，因而铁素体相可以对奥氏体相起阴极保护作用，提高奥氏体相的耐蚀性。也有人认为在高应力下铁素体的阴极保护作用也会减小。不论铁素体相的阴极保护作用大小，双相钢中由于两相的电位差异所产生的双相电化学协同效应也会使双相钢提高耐应力腐蚀性能。

5.6.3.3 双相不锈钢屈服强度高，提高了耐应力腐蚀性能

双相不锈钢的抗拉强度高于相应的奥氏体钢和铁素体钢。尤其是双相钢的屈服强度约为奥氏体钢的两倍。在相同的外加应力下，双相钢的滑移变形量要比奥氏体钢和铁素体钢小得多，因而更不容易产生应力腐蚀。

5.6.3.4 两相热膨胀系数的差异提高了奥氏体相耐应力腐蚀性能

双相不锈钢中铁素体相的线膨胀系数仅约为奥氏体相的 60%～70%。从高温固溶热处理冷却到室温时，奥氏体相晶粒的体收缩较大，铁素体相的体收缩较小。奥氏体和铁素体相界产生了残余应力，可降低奥氏体相的应力腐蚀敏感性。即由于两相热膨胀系数的差异，热处理冷却后相间的残余应力也产生了两相间的协同效应，提高了双相不锈钢中奥氏体相的耐应力腐蚀能力。

5.6.3.5 双相之间的相变使晶粒细化提高了耐应力腐蚀性能

双相不锈钢按其镍当量和铬当量的高低，在凝固温度到固溶温度之间变化时，存在奥氏体到铁素体的相变，或铁素体到奥氏体的相变，快冷后形成一定相比的组织。相变过程可以使两相晶粒细化。双相组织要比奥氏体单相组织和铁素体单相组织晶粒尺寸小得多，在应力下难以产生粗大的滑移。细晶粒可具有较高的屈服强度，使双相钢具有较好的抗应力腐蚀性能。可认为双相钢相变使晶粒细化，亦为双相钢两相的协同效应提高了双相钢的耐应力腐蚀性能。

5.6.3.6 双相不锈钢中镍的作用

奥氏体不锈钢在固溶状态其奥氏体相按奥氏体的稳定性可分为稳定型奥氏体和亚稳定型奥氏体。大部分常用的铬镍奥氏体钢都是亚稳定型的。室温冷变形时，钢中一部分或大部分奥氏体会相变成为马氏体相。18-8、18-12-Mo 常为亚稳定奥氏体钢，容易马氏体相变。305、310 型为稳定型奥氏体钢，室温冷变形一般不会产生马氏体相变。由图 5-36 可见，在铬镍奥氏体不锈钢中，镍含量或镍当量较高而铬含量或铬当量较低时为稳定型奥氏体钢。镍含量或镍当量较低而铬含量或铬当量较高时为亚稳定型奥氏体。在亚稳定奥氏体不锈钢受到外加应力致使钝化膜破裂后，不仅奥氏体钢的"新鲜"金属面直接接触腐蚀介质产生阳极溶解，而且亚稳定的奥氏体在外加应力作用下产生滑移变形，促使应力集中部位的部分奥氏体会相变形成马氏体。在同样的化学成分时，马氏体阳极溶解速度会明显高于奥氏体，致使应力腐蚀开裂的速度明显提高，即明显降低耐应力腐蚀性能。因此亚稳定奥氏体不锈钢的耐应力腐蚀性能要低于稳定型奥氏体不锈钢，奥氏体稳定型越低，冷变形时越容易产生较多的马氏体，耐应力腐蚀性能越低。

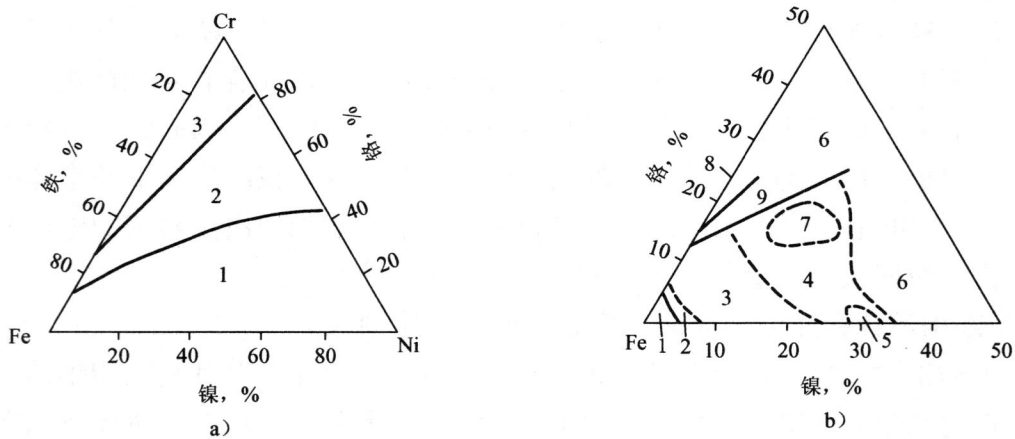

1 100℃等温截面
1 区——奥氏体；
2 区——铁素体+奥氏体；
3 区——铁素体（α相或δ相）。

由 1 100℃快冷至室温的合金组织
1 区——奥氏体相变形成的铁素体；
2 区——铁素体+板条状马氏体；
3 区——板条状马氏体；
4 区——亚稳定奥氏体+板条状马氏体；
5 区——亚稳定奥氏体+层片状马氏体；
6 区——稳定型奥氏体；
7 区——亚稳定奥氏体+板条状马氏体+密集六方马氏体；
8 区——铁素体相。

图 5-36 铁-铬-镍合金三元相图，a）及 b），图 b）中马氏体系由亚稳定奥氏体冷变形相变产生

　　亚稳定奥氏体钢和稳定型奥氏体钢常有一个明显的差别，亚稳定奥氏体钢中容易存在少量铁素体相（尤其为冷却速度慢的焊缝与热影响区）。由于镍当量与铬当量的比值偏低，更容易存在一些铁素体相（如焊接接头在焊后状态）。稳定型奥氏体钢由于镍当量与铬当量比值较高，固溶组织中一般不存在铁素体相。双相不锈钢为要保持固溶状态时奥氏体相与铁素体相相近的体积比，必须控制比奥氏体钢低得多的镍当量和铬当量的比值。由于双相不锈钢中一般碳含量均为超低碳级，钢的奥氏体形成能力主要靠镍和氮。双相钢中镍的两相含量分配系数为 0.6，氮为 0.1。即应控制双相钢中镍和氮的平均含量还要比双相钢中奥氏体相中镍和氮的含量更低些。由于双相钢中的氮均为中氮型。氮含量与中氮型奥氏体钢类似，常为 0.1%～0.4%，因此双相钢的平均镍含量要比奥氏体钢低得多。奥氏体钢中的镍含量常为 8%～38%，双相钢中则为 1%～8%。由于双相钢中的镍当量低，双相钢中的铁素体相的量比亚稳定奥氏体钢多得多，双相钢中的奥氏体相的稳定性应比稳定型与亚稳定型奥氏体钢的奥氏体相低得多。因此从奥氏体相稳定性的角度，双相钢中奥氏体相的耐应力腐蚀性能应比相应奥氏体钢中的奥氏体相低。

　　当然由于双相钢中奥氏体相稳定性低，应力变形时易形成马氏体相，屈服强度得到提高，耐应力腐蚀性能也应提高。因此奥氏体相的稳定性高低，对耐应力腐蚀性能有正负两方面的影响。马氏体相变提高强度会使耐应力腐蚀性能提高。马氏体相在介质中的阳极溶解速度较高，会使耐应力腐蚀性能降低。综合的正负效果还与其他因素有关，如马氏体的相变量，腐蚀介质对奥氏体和马氏体阳极溶解速度差别的大小等。

　　双相不锈钢中奥氏体相的镍含量比奥氏体不锈钢低，但是由于双相钢为保证足够的镍当量，以达到合适的双相比例，必须加入适当的镍，镍不仅存在于奥氏体相中，也必然同时存在于铁素体相中。镍在双相中的分配系数为 0.6，即铁素体相中的镍含量仅为奥氏体相中镍含量的 0.6 倍，当双相钢中平均镍含量为 8%时，奥氏体相中镍含量约为 10%，铁素体相中约为 6%。而铁素体不锈钢从组织而言，并不希望加入奥氏体形成元素镍。从性能而言，铁素体不锈钢中加入镍后对在氯化物溶液中的耐应力腐蚀性能是有害的，见图 5-37 和图 5-38。因而一般铁素体不锈钢都不加镍，或将镍含量控制在 1%以下。只有少数高铬含钼的铁素体不锈钢（如超级铁素体不锈钢）为提高耐硫酸腐蚀性能或提高强度和韧性，而加入不大于 4.5%的镍。双相钢中的铁素体相因双相钢的其他因素而不得不含有镍，对铁素体相的耐应力腐蚀性能是不利的，镍会提高钝化膜的破裂倾向，延缓滑移台阶的再钝化速度。

　　铁素体不锈钢一般应控制组织为全铁素体，使具有应有的性能。当钢中铬当量偏低，镍当量偏高时，高温下会出现奥氏体和铁素体的双相区，冷却过程中奥氏体会转变为马氏体，使铁素体不锈钢中存在一些马氏体，常会降低铁素体不锈钢的耐应力腐蚀性能。图 5-39 中的 3 条曲线表示了在不同铬含量的情况下，当含有一些镍时，会在高温出现铁素体——奥氏体双相区。对于双相不锈钢中的铁素体相而言，虽然化学成分主要由双相钢的平均成分来确定，但也应当使其铁素体相在高温时尽量不要出现奥氏体，以使在室温时铁素体相中不会出现马氏体。对于奥氏体形成元素，由于双相钢基本都采用超低碳，铁素体相中碳含量不会很高。双相钢大多采用中氮钢，氮在两相中的分配系数为 0.1，铁素体相中的氮含量仅为奥氏体相中的 1/10，氮含量也不会很高。镍为双相钢中最重要的奥氏体形成元素，分配系数为 0.6。当双相钢中的平均镍含量最高为 8% 时，奥氏体相中镍含量为 10%，铁素体相中镍含量为 6%，由图 5-39 可见这么高的镍含量很容易使铁素体相中产生高温奥氏体和室温马氏体。应要求铁素体相中有尽量高的铬当量，即要求有较高的铬、钼含量。高合金双相不锈钢中的平均铬含量最高可为 30%，钼含量最高可为 5%。铬的分配系数为 1.2。双相钢平均铬含量为 30% 时，铁素体相中的铬含量约为 33%。双相钢平均钼含量为 5% 时，铁素体相中的钼含量为 6.2%。这些高的铬、钼含量会使铁素体中具有较高的铬当量，基本上不会使双相钢的铁素体相中产生高温奥氏体和室温马氏体。这是按双相钢中的最高铬、钼、镍含量计算的。当双相钢中铬、钼含量较低时，其中镍含量也控制相应的较低值。镍含量应既使双相钢有适当的相比例，又要尽量使铁素体相中不产生高温奥氏体和室温马氏体。

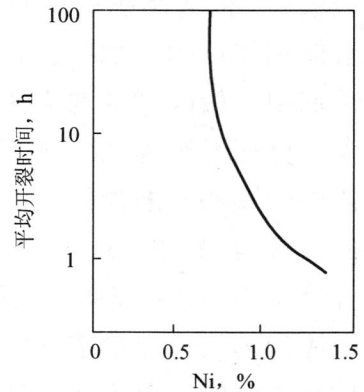

图 5-37 镍含量对 18%Cr 铁素体不锈钢（退火状态）U 形试样在 42% 沸腾 $MgCl_2$ 中应力腐蚀性能的影响

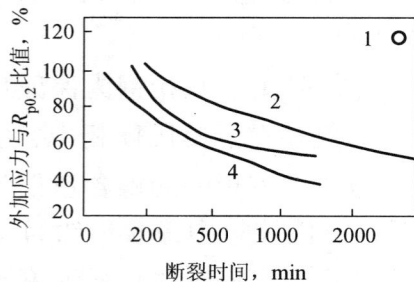

1——Ni 0.13% 未裂；
2——Ni 1.14%；
3——Ni 2.56%；
4——Ni 3.91%。

图 5-38 镍含量对 25%Cr-3Mo 铁素体不锈钢（退火状态）在 140℃ 沸腾 $MgCl_2$ 中的恒载荷试验的应力腐蚀性能的影响

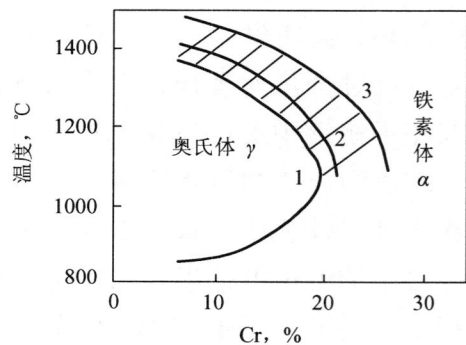

1——0%Ni；
2——2.3%Ni；
3——4.3%Ni。

图 5-39 镍含量对 Fe-Cr 合金（0.04%C，0.02%N）相图中高温时 $\alpha+\gamma$ 双相区范围的影响（1 线与 3 线之间的阴影线区域）

由图 5-40 可见，在含铬 25% 的铬镍不锈钢中，当镍含量 1%～2% 时，不锈钢为铁素体单相组织，耐应力腐蚀性能最差。钢中镍含量 6%～8% 时，铁素体含量约 40%～50%，耐应力腐蚀性能最好。

由图 5-41 可见，在铬镍不锈钢中，当镍含量适中，为双相钢时，耐应力腐蚀性能最佳。当镍含量较低为铁素体钢时以及当镍含量较高为奥氏体钢时，耐应力腐蚀性能均比双相钢低。

图 5-42 中为通过对 28%Cr 不同镍含量的双相不锈钢在含硫化氢的氯离子溶液中进行

慢应变速度应力腐蚀试验，得到钢中镍含量对产生应力腐蚀的临界氯离子浓度。临界氯离子浓度随镍含量增加而增加，尤其是当钢中镍含量从 4.5% 增至 5.5% 时，临界氯离子浓度可增加两个数量级。

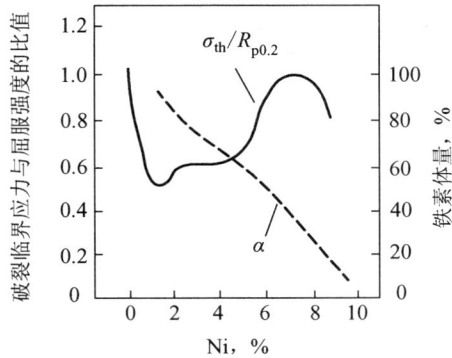

图 5-40 镍含量对 Cr25 型双相不锈钢在 45% 沸腾 $MgCl_2$ 溶液中的耐应力腐蚀性能的影响（恒载荷法）

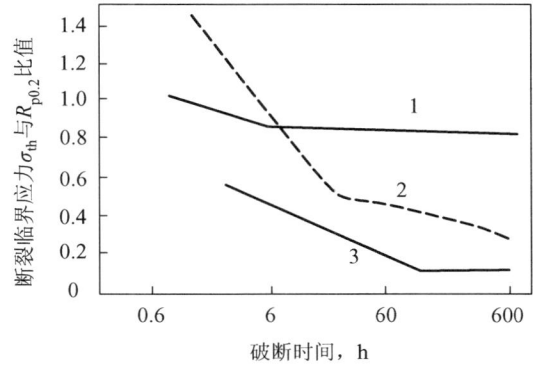

1——25Cr-6Ni 双相钢；
2——21Cr-9Ni 奥氏体钢；
3——28Cr-4Ni 铁素体钢。

图 5-41 三类不锈钢在 45%$MgCl_2$ 沸腾溶液中的临界断裂应力值（σ_{th}）与破断时间的关系（恒载荷法）

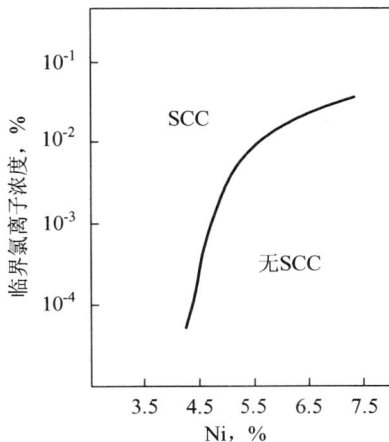

图 5-42 镍含量对 22%Cr 双相不锈钢在 80℃，0.01%MPa，H_2S 并含氯离子的介质中的产生应力腐蚀的临界氯离子的影响（慢应变速度试验，应变速度 $3.3×10^{-6}S^{-1}$）

双相不锈钢中的镍含量可通过不同机制对双相不锈钢的耐应力腐蚀性能起不同的作用。但一般认为双相不锈钢中适当含量的镍对提高耐应力腐蚀性能是有益的。镍在双相不锈钢中对耐蚀性的影响主要并不是由于镍元素本身的作用，而是由于镍使双相钢获得了适宜的相比例而发挥了双相的协同作用所致。双相不锈钢比奥氏体不锈钢和低镍铁素体不锈钢对氯化物应力腐蚀有更好的抵抗力。

5.6.3.7 双相不锈钢中氮的作用

双相铬镍不锈钢自 1971 年研发第二代双相不锈钢牌号开始在钢中加入了氮，并提高氮的含量，起到了提高双相钢抗应力腐蚀性能的作用。双相钢中加氮应考虑以下特点：

（1）虽然氮的镍当量为镍的 30 倍，但是镍的含量可以较高，而氮含量不可能很高。镍在双相中的分配系数为 0.6，铁素体相中允许含 ≤4.5% 的镍。而氮的分配系数为 0.1，氮在含 26% 铬的铁素体相中，593℃ 时的溶解度仅为 0.006%。因此氮在双相钢中的平均含量仅约为 0.1% ~ 0.4%。双相钢中的奥氏体形成元素仍以镍为主，其次为氮；

（2）虽然碳和氮的镍当量均为 30，但第二代双相钢一般 C≤0.03%，第三代超级双相钢一般 C≤0.02%。因而碳的奥氏体形成能力甚小，氮的含量比碳含量高得多，氮的奥氏体形成能力也要比碳高得多；

（3）双相钢中的氮含量既要在奥氏体相中适宜，也要在铁素体相中适宜，更要使双相钢获得应有的性能，包括耐应力腐蚀性能。

由图 5-43 可见，00Cr18Ni5Mo3Si2 中氮含量在 0.11% 时在沸腾 30%MgCl₂ 溶液中的应力腐蚀敏感性指数 Iscc 值最低，耐应力腐蚀性能最好。

由图 5-44 可以看出，在 Cr22 型双相不锈钢中，当氮含量超过 0.14% 时，在 20%NaCl，0.1MPa H₂S 介质中有更高的耐应力腐蚀性能。

双相不锈钢中的氮含量的作用，一方面应作为奥氏体形成元素，使双相钢能具有适当的相比例；另一方面还应适应两相中的适当氮含量，才能获得最好的耐应力腐蚀性能。

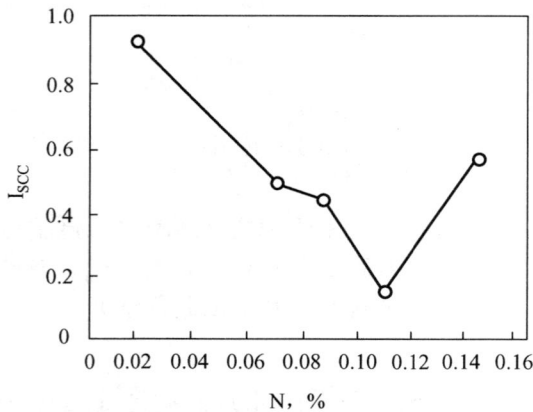

注：同一种材料在腐蚀介质中拉伸的塑性比在惰性介质中塑性的降低比例为应力腐蚀敏感性指数 I_{SCC}，I_{SCC} 值小者耐应力腐蚀性能高。

图 5-43　0.02%～0.28%氮含量对 00Cr18Ni5Mo3Si2 双相不锈钢在沸腾 30%MgCl₂ 中应力腐蚀敏感性的影响，SSRT 慢应变速度应力腐蚀试验应变速度 $7.78 \times 10^{-7} S^{-1}$

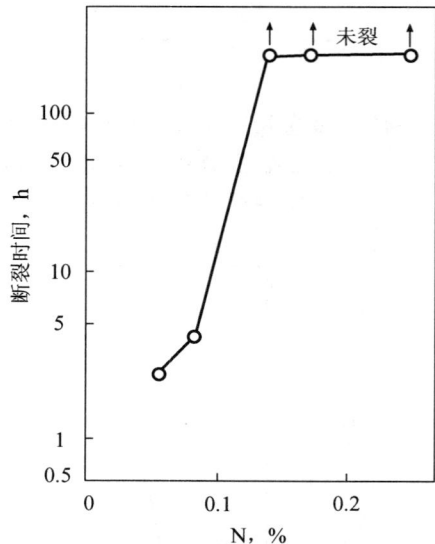

图 5-44　氮含量对 Cr22 型双相不锈钢在 20%NaCl，0.1MPa 介质中的应力腐蚀敏感性的影响。恒载荷 450MPa

5.6.3.8　双相钢相比例的影响

双相不锈钢的耐应力腐蚀性能在很大程度上取决于两相比例，一般最好各占一半。工程中应控制在固溶状态时较少相不低于 40%，或不低于 30%，主要由钢中的合金含量所决定。铁素体形成元素主要为铬和钼；奥氏体形成元素主要为镍和氮。

由图 5-45 可以看出，当钢中铁素体相为 40%，奥氏体相为 60% 时双相钢（Cr21%～23%）中的耐应力腐蚀性能最佳。图 5-46 中 Cr23 型双相钢也有类似结果。铬 23% 的双相钢中铁素体比例约 48%～50% 时耐应力腐蚀性能最佳。

图 5-47 中 00Cr18Ni5Mo3Si2Nb 双相不锈钢在 1 000℃ 水冷状态相当于一般固溶处理状态，在 P 值（P 值=铬当量/镍当量）为 2.5～3.5 时，奥氏体相量为 40%～60%，具有良好的耐应力腐蚀性能。钢材在 1 350℃ 水冷状态，实际上状态接近焊接热影响区，在 P 值约为 2.5～2.8 时容易出现铁素体量接近 100% 的单相铁素体组织，使得耐应力腐蚀性能很差。控制铬当量和镍当量（镍和氮），使 P 值≤2.4，或镍当量/铬当量≥0.42，可以防止此钢热影响区呈现单相铁素体组织，避免耐应力腐蚀性能的严重恶化。

耐应力腐蚀性能的最佳相比例实际上与钢牌号的具体化学成分有关，也与钢材在应用时的状态（如固溶，或焊缝，或焊接热影响区在焊后状态等）有关，两相比例各占一半仅为大致的范围。

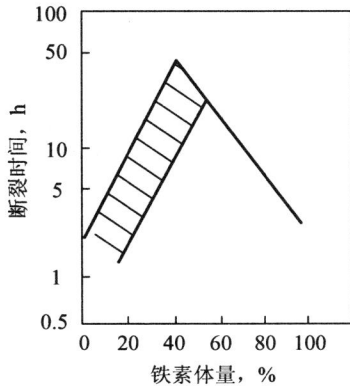

图 5-45 相比例对 Cr21~23%，Ni1~10%的双相钢耐应力腐蚀性能的影响（恒载荷试验，42%沸腾 MgCl₂，应力 245MPa）

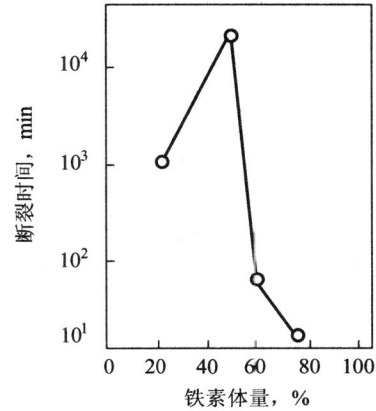

图 5-46 相比例对 Cr22%~23%，Ni5%~10%双相钢耐应力腐蚀性能的影响（U形试样，42%沸腾 MgCl₂）

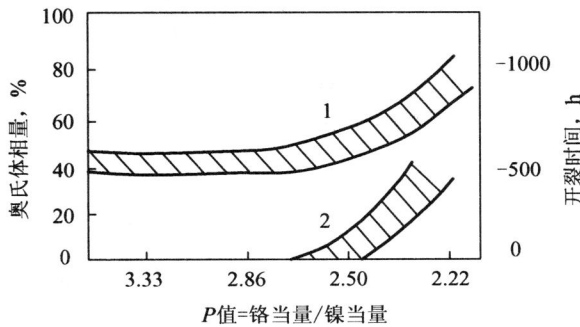

1——1 000℃，20min，水冷；
2——1 350℃，3min，水冷。

图 5-47 P 值对 00Cr18Ni5Mo3Si2Nb 双相不锈钢中的奥氏体量和耐应力腐蚀性能的影响（沸腾 25%NaCl+1%K₂Cr₂O₇ 溶液，恒载荷法）

进行了恒载荷应力腐蚀试验，结果显示双相钢由于两相的各种协同效应，使耐应力腐蚀性能分别高于没有双相协同效应的奥氏体不锈钢和铁素体不锈钢。说明双相钢的耐应力腐蚀性能并不是不锈钢中两种相的简单的平均值，协同作用是双相钢抗应力腐蚀性能提高的关键因素。

双相钢中含铜可与介质溶液中的氯离子反应形成 CuCl₂ 沉积在钢的钝化膜表面MnS 夹杂处，防止点腐蚀的形成。而点腐蚀往往成为穿晶型应力腐蚀开裂之源。因

5.6.3.9 双相不锈钢中铜的作用

图 5-48 中将 Uranus50（0Cr21Ni8Mo2.5Cu1.5）含铜的双相不锈钢，与双相钢中奥氏体相化学成分相当的奥氏体不锈钢，以及与双相钢中铁素体相化学成分相当的铁素体不锈钢三种不锈钢的试样，在 153℃，44%MgCl₂ 溶液中分别

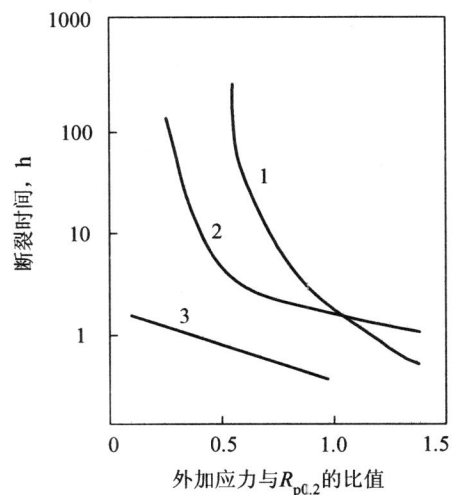

1——UranuS50（0Cr21Ni8Mo2.5Cu1.5）双相钢；
2——与上述双相钢中奥氏体相化学成分相当的奥氏体钢；
3——与上述双相钢中铁素体相化学成分相当的铁素体钢。

图 5-48 三种不锈钢在 153℃，44%MgCl₂ 溶液中的恒载荷耐应力腐蚀试验结果

111

此双相钢中含铜对提高耐应力腐蚀性能是有利的。

但是铁素体不锈钢中加入铜会明显提高铁素体不锈钢的应力腐蚀敏感性,其有害作用甚至比镍更大。图 5-48 中铁素体不锈钢的耐应力腐蚀性能最差,应与其中含铜有关。为了防止铁素体不锈钢在氯化物溶液中产生应力腐蚀,随介质的不同,铁素体不锈钢中铜含量应≤0.2%~0.7%。在铬 18% 的铁素体钢中应(Ni+3Cu)≤0.9%或(Ni+Cu)≤1.3%。

也有资料认为铜会降低铬镍奥氏体不锈钢的耐点腐蚀及耐应力腐蚀性能。

可以认为为获得良好的抗应力腐蚀性能,双相不锈钢可以加入少量铜,但单独的奥氏体不锈钢尤其是单独的铁素体不锈钢以不含铜为好。铜的加入一般主要为了提高冷成形性能,奥氏体不锈钢中加铜主要为提高在硫酸等还原性介质中的耐均匀腐蚀性能。

5.7 双相不锈钢的耐点蚀与缝隙腐蚀性能

5.7.1 点蚀与缝隙腐蚀的产生

不锈钢属钝化型耐蚀金属,主要靠在腐蚀过程中表面形成钝化膜而提高耐蚀性,当不锈钢表面存在硫化物(如 MnS)、碳化物与其他夹杂物,介质中存在氯离子等卤素离子的活性离子时,会在夹杂物等薄弱点破坏钝化和再钝化,在金属表面形成小蚀坑,尺寸多为 20μm~30μm。蚀坑中露出新鲜的表面易在介质中产生活化腐蚀加深蚀坑,蚀坑深度超过数十微米后可成点蚀源。蚀坑中的介质在腐蚀过程中会消耗溶解氧,蚀坑中的介质与蚀坑外的介质很难流通与扩散,介质中消耗的氧很难得到补充,使蚀坑内的介质在闭塞区中愈益酸化,氯离子富集(可达 6mol/L~12mol/L),介质腐蚀性越来越强,使蚀孔内壁受到活化腐蚀,蚀孔深度越来越深,呈恶性循环。点蚀实际上是点蚀坑作为缝隙的一种缝隙腐蚀。

缝隙腐蚀是由于构件中存在接触介质的缝隙受腐蚀扩展所成,如管壳式换热容器中换热管与管板孔之间存在缝隙,密封件存在的缝隙,螺栓、铆接处的缝隙,不锈钢衬里层与基层间的缝隙(存在水等介质),外露的焊接缺陷形成的缝隙等。缝隙宽度在 0.025mm~0.1mm 范围更易产生缝隙腐蚀。缝隙内的介质常含氯等卤素离子。由于缝隙内的腐蚀介质很难与外面的介质置换与扩散,腐蚀所消耗的氧难以得到补充,腐蚀过程中介质中的氧含量下降,氯离子浓缩,pH 值降低,自催化酸化作用使钝化膜产生还原性破坏,形成活化腐蚀快速溶解,加速缝隙腐蚀的速度。

点蚀与缝隙腐蚀具有比较相似的形成机制,易引起这两种腐蚀的介质条件也较相似。从材料因素分析,提高不锈钢中的铬、钼、氮等元素的含量,提高不锈钢的纯净度,均可提高不锈钢的耐点蚀与缝隙腐蚀能力,对于双相不锈钢也是如此。

曾对不锈钢制的以压力容器为主的化工设备的腐蚀失效事进行过系统的调查统计,在均匀腐蚀、晶间腐蚀、应力腐蚀、点腐蚀、缝隙腐蚀和腐蚀疲劳等基本腐蚀形态中,由于点腐蚀与缝隙腐蚀常具有许多共性,因此有时将这两种腐蚀形态作为一类统计。在 1962~1971 年的 482 件腐蚀失效事故中,点蚀和缝隙腐蚀占 23%。1990~1992 年的 130 件腐蚀失效事故中,点蚀和缝隙腐蚀占 28%。在 1995~1997 年的 130 件腐蚀失效事故中,点蚀与缝隙腐蚀失效事故约占 41%，因此在基本的腐蚀失效形态中，点蚀与缝隙腐蚀失效形态所占比例有增长的趋势值得重视。

5.7.2 耐点蚀与缝隙腐蚀性能主要取决于 PRE 值

不锈钢的耐点蚀性能及耐缝隙腐蚀性能有不少标准的试验方法。其中应用最多的是按 ASTM G48 标准测定不锈钢在 6%FeCl₃ 溶液的临界点蚀温度（CPT）和临界缝隙腐蚀温度（CCT）。这两种腐蚀形态本质上是相同的，一般不锈钢在同样的腐蚀环境中，CCT 往往比 CPT 低 15℃~20℃（见图 5-49）。由于缝隙腐蚀试验中缝隙的几何尺寸的再现性较差，CCT 的数据常比 CPT 分散，CPT 数据较为稳定。因为 CPT 是材料和特殊环境的函数，有可能进行单独组元作用的研究，采用回归分析法得出不锈钢的成分与 CPT 的关系式，结果显示主要只有铬、钼和氮对 CPT 有主要影响。

CPT=常数+（Cr+3.3Mo+16N）

式中三个元素含量分别乘以各自的回归常数，其和即称为耐点蚀当量值 PRE=Cr+3.3Mo+16N（常用 16N，也有 30N）。

PRE 值首先能反映各种不锈钢耐点蚀和耐缝隙腐蚀性能的高低。后来发现 PRE 基本上也可以综合反应各种形态腐蚀的耐蚀性能，因而各牌号可以按 PRE 值的大小定量地将各牌号不锈钢的综合耐蚀性能进行排队。

由于铁素体不锈钢中氮的溶解度很低，钢中应尽量降低氮含量，因而对于铁素体不锈钢而言，PRE=Cr+3.3Mo。

双相不锈钢与奥氏体不锈钢及铁素体不锈钢相比较，主要在组织，成分与状态三方面存在差别。对于一般供货状态（固溶或退火，快冷）的材料，其耐点蚀和缝隙腐蚀性能主要不取决于组织为奥氏体单相钢，铁素体单相钢或双相钢中的相比例，本质上主要取决于化学成分，即取决于 PRE 值。由图 5-49~图 5-53 可见，奥氏体不锈钢与双相不锈钢的 CPT 和 CCT 值均主要取决于 PRE 值。图 5-53 中比较了铁素体、奥氏体与双相不锈钢三类不锈钢的 PRE 与 CCT 的关系。可见 CCT 值随 PRE 值的提高而提高，三类钢提高的比例大约相似。在同一 PRE 值时，双相钢的 CCT 值略高于奥氏体钢，而铁素体钢要更高些。三类钢相比较，由于铁素体钢中含氮量很低，在相同铬、钼含量时，铁素体钢的 PRE 值较低，CPT 和 CCT 常较低。当铁素体钢中铬、钼含量高，使 PRE 值与奥氏体钢和双相钢相似时，其 CPT 和 CCT 值可能较高，尤其是现代超级铁素体钢中多加入钛和铌稳定化，可使铁素体钢晶粒细化，钛可形成 Ti₂S 和 TiO₂，起固定硫和氧的作用，可提高耐点蚀性能。

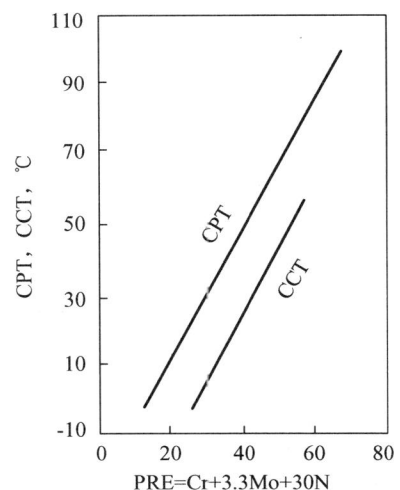

图 5-49 奥氏体不锈钢在氯化物水溶液中 PRE 与 CPT、CCT 的关系

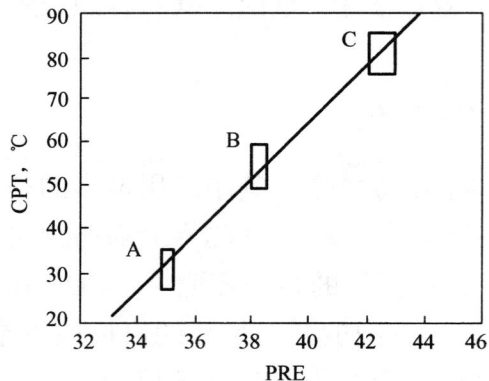

A 区——904L 奥氏体不锈钢，2205 双相不锈钢；
B 区——N08028（00Cr27Ni31Mo3.5Cu）奥氏体合金，含 25Cr 的双相不锈钢；
C 区——S31254 奥氏体不锈钢，S32750 双相不锈钢。

图 5-50　三种奥氏体不锈钢与三种双相不锈钢按 ASTM G48 在 6%FeCl₃ 溶液中的 CPT 与 PRE 的关系

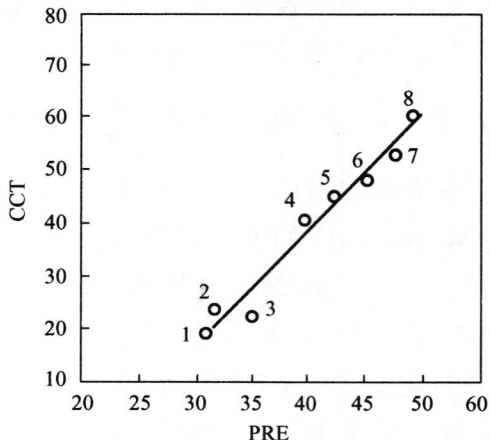

PRE=Cr+3.3（Mo+0.5W）+30N；
1——N08825 奥氏体合金；
2——904L 奥氏体不锈钢；
3——22Cr 双相不锈钢；
4——25Cr 双相不锈钢；
5——含 6%Mo 的奥氏体不锈钢；
6——S32760 双相不锈钢；
7——S39277 双相不锈钢；
8——N06625（NiCr22Mo9）合金。

图 5-51　4 种双相不锈钢和 4 种奥氏体不锈钢的 PRE 值与在 6%FeCl₃ 中（按 ASTM G48）的 CCT 的关系

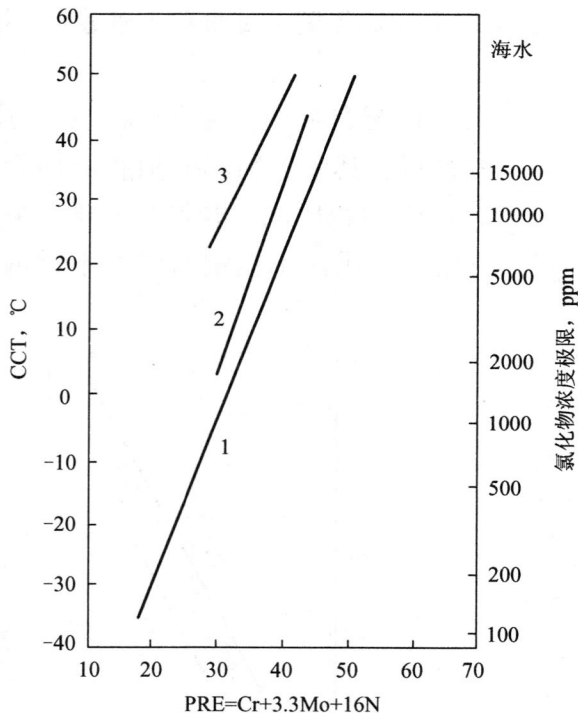

1——奥氏体不锈钢；
2——双相不锈钢；
3——铁素体不锈钢。

图 5-53　三类不锈钢的 PRE 值与按 ASTM G48 在 6%FeCl₃ 溶液中的 CCT 的关系，及与热交换器应用的氯化物浓度极限值

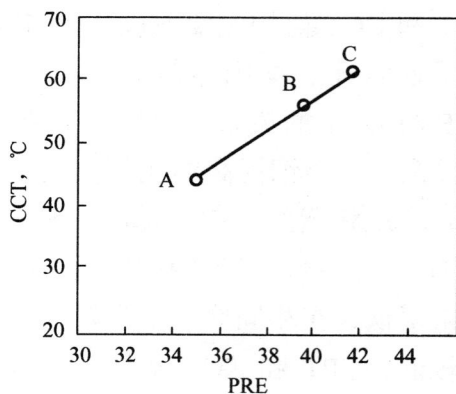

A——22Cr 双相不锈钢；
B——UR52N（00Cr25Ni6.5Mo3CuN）双相不锈钢（N≤0.18%）；
C——UR52N+（00Cr25Ni7Mo3.5CuN）双相不锈钢（N≤0.25%），相当于 S32550。

图 5-52　几种双相不锈的 PRE 值与在 3%NaCl 中的 CCT 的关系

表 5-23 列出了三类不锈钢一些常用牌号按 ASTM G48 规定的 CPT 与 CCT 值，这些牌号按 ASTM 化学成分的平均值计算 PRE 值。

表 5-23　一些常用不锈钢按 ASTM G48 测定的 CPT 与 CCT 值

奥氏体钢					双相不锈钢					铁素体不锈钢				
UNS	简称	PRE	CPT/℃	CCT/℃	UNS	简称	PRE	CPT/℃	CCT/℃	UNS	简称	PRE	CPT/℃	CCT/℃
S30403	304L	19	15	−2.5										
S31603	316L	26	20	−2.5	S32304	2304	26	20	5	S43035	439	18		≤−2
S31703	317L	30.5	25	2	S32900	329	30.5		5					
S31725	317LN	35.4		20	S32205	2205	35	30	24					
S31726	317LMN	35.5	25	20	32550	255	39.5	55	22.5	S44660	26-3-3	38.1		52
N08904	904L	37	30	20	S32760	Z100	40.6	70	40	S44635	25-4-4	38.5	54	45
S31254	254SMo	43.8	75	35	S39277		41		40					
N08926	1925hMo	44.7	75	35	S32906	2906	41.4	75	42.5					
N08367	AL-6XN	45.9	80	45	S32520	UR52N[4]	41.5	70	35					
S34565	4565S	46.9	95	50	S32750	2507	42.7	80	50					
S31266	URB66	49.6	>90	—	S32707	2707	48.8	85～99	65					
S32654	654SMo	57.3	102	74	S33207	3207	52.2	85～93	>75					

5.7.3　双相不锈钢的耐点蚀与缝隙腐蚀性能特点

不锈钢的耐点蚀与耐缝隙腐蚀性能主要取决于化学成分。由于双相不锈钢的化学成分所具有的特点，也使其耐点蚀与耐缝隙腐蚀性能具有一些特点。

（1）碳

耐蚀奥氏体不锈钢的碳含量常用低碳级和超低碳级，而现代双相不锈钢基本上都采用超低碳级。钢中的碳容易以碳化物的形成存在，常成为点蚀之源，点蚀也易形成缝隙。因此碳含量低的双相钢常比奥氏体钢有更好的耐点蚀与缝隙腐蚀性能。

（2）铬

铬是提高不锈钢钝化能力的主要合金元素。铬含量 19% 时表面钝化膜大部分呈非晶态，铬含量超过 20% 时钝化膜完全为非晶态。膜的缺陷少，结构表面均匀，铬更易富集，比普遍晶态膜更耐蚀。由图 5-54 和图 5-55 可见铬能明显提高耐点蚀性能。耐酸不锈钢铬含量多为 18%～30%，奥氏体不锈钢绝大多数采用铬 18% 的牌号，少数高级奥氏体钢才采用铬 22%～26%。而绝大部分双相不锈钢都采用铬 22%～26%，少数超级双相不锈钢铬含量可达 26%～33%。因此双相钢常比奥氏体钢具有更好的耐点蚀与缝隙腐蚀性能。

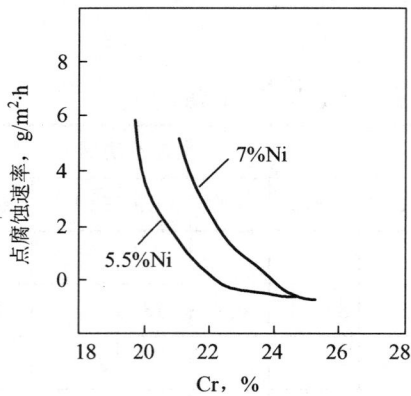

图 5-54 两种双相不锈钢中铬含量对耐点腐蚀性能的影响（介质：10%FeCl₃.6H₂O，50℃，24h）

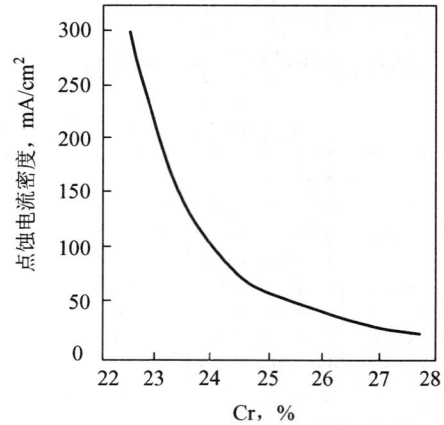

图 5-55 铬含量对 Cr-5Ni-3Cu-2.5Mo-0.1N 双相不锈钢在 30℃，3%NaCl 溶液中耐点蚀性能的影响

（3）钼

钼可提高钝化膜的稳定性。钼以 MoO_4^{2-} 的形式溶解于溶液中，在存在氯离子的条件下，钝化膜破裂生成活性金属面，由于 MoO_4^{-2} 的吸附可抑制金属的再溶解，提高耐点蚀与缝隙腐蚀能力，见图 5-56～图 5-58。

几乎所有双相不锈钢都含钼，含量多为 2%～5%。一般要求（Cr+Mo）超过 21%，以减少冷变形引起的马氏体相变。（Cr+Mo）应尽量不超过 35%，以减少金属间相析出。奥氏体不锈钢约 80% 采用不含钼的 18-8，用量也较多的 316 型含钼 2%～3%。317 型含钼 3%～4%，只有少量高钼钢可达 6%～8%，但要求镍含量 20%～28%，用得很少，因此从钼含量而言，多数应用的双相钢的耐点蚀和耐缝隙腐蚀性能高于多数应用的奥氏体钢。

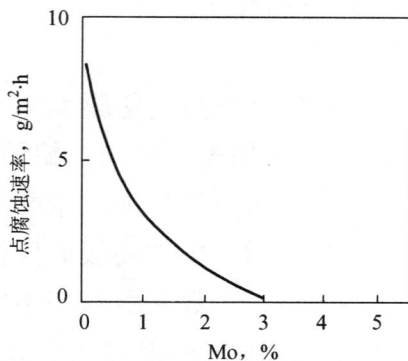

图 5-56 钼含量对 25Cr-7Ni-N 双相不锈钢在 50℃，6%FeCl₃+0.05MHCl 中 24h 的点腐蚀速率的影响

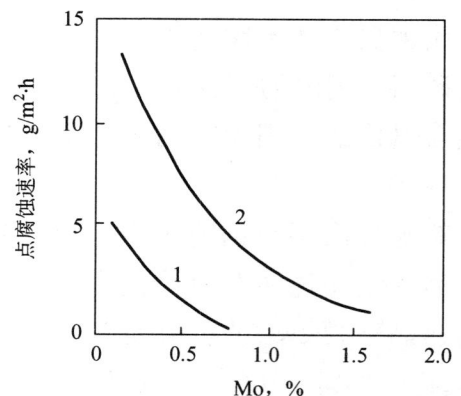

1—25Cr-（7～10）Ni-N；
2—20Cr-（4～6）Ni-N。

图 5-57 钼含量对双相不锈钢在 50℃，50g/L FeCl₃+1/20MHCl 中点腐蚀速率的影响

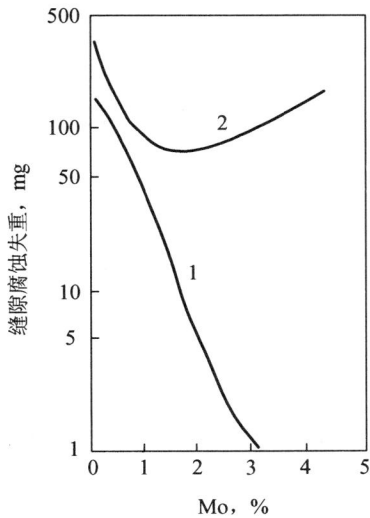

1—固溶态，双相不锈钢
2—固溶+1200℃，20min，空冷，大多为单相铁素体组织

图 5-58 25Cr-6Ni-N 双相不锈钢中的钼含量对耐缝隙腐蚀性能的影响（3%NaCl+0.05MNa₂SO₄+活性碳，80℃，30 日）

（4）镍

镍在奥氏体钢中的含镍量多为 8%～38%，以保证不同铬、钼含量时保持奥氏体组织。双相钢中的镍含量为 1%～8%，以保持固溶状态时的双相比例均接近 50%，可获得应有的性能。图 5-59 中表明镍含量在 5%～7%时，固溶态的双相钢的耐缝隙腐蚀性能受镍含量的影响很小。1 200℃空冷后组织大多为铁素体相，提高镍含量可提高奥氏体相比例，才使耐缝隙腐蚀性能提高。图 5-60 中，铬 25%时镍含量 4%～8%均有较好的相比例，镍含量对耐点蚀性能影响不大。铬 22%，镍含量 4%～6%时相比例较好，镍含量对耐点蚀性能影响也不大。镍含量低于 4%或高于 6%时，两相所占比例相差较大，对耐点蚀性能均有不利影响。可以认为双相钢在固溶状态，正常的镍含量对耐点蚀与缝隙腐蚀性能的影响不大。镍含量主要通过改变组织而影响耐蚀性，镍元素本身对耐蚀性的直接影响并不大。

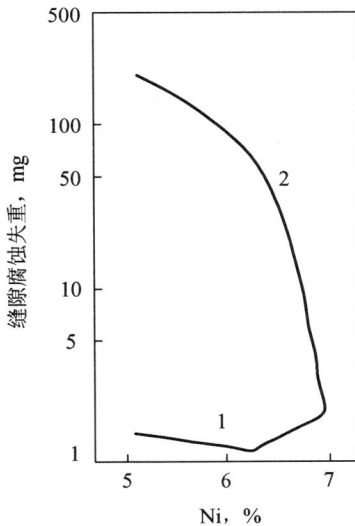

1——固溶态，双相不锈钢；
2——固溶+（1 200℃，20min，空冷，大多为铁素体组织）。

图 5-59 25Cr-3Mo-N 双相不锈钢中的镍含量对耐缝隙腐蚀性能的影响（3%NaCl+0.05MNa₂SO₄+活性碳，80℃，30 日）

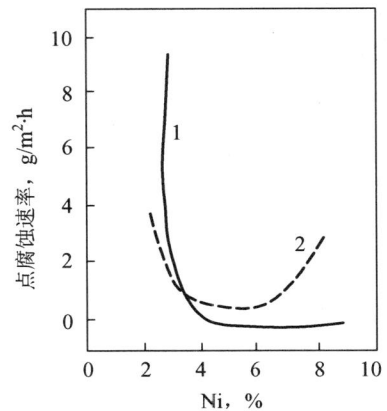

1——25Cr-3Mo-0.15N，固溶；
2——22Cr-3Mo-0.15N，固溶。

图 5-60 镍含量对双相不锈钢在 50℃，10%FeCl₃·6H₂O 溶液中 24h 点腐蚀速率的影响

（5）氮

1971 年开始在双相不锈钢中加入氮后才形成了性能良好的现代双相不锈钢，因而现在应用的双相不锈钢基本上均为含氮钢，含氮量可为 0.1% ～ 0.6%。双相钢中含氮不仅作为重要的奥氏体形成元素，与镍共同使双相钢在固溶状态呈现两相各占一半的相比例。更重要的是氮对耐点蚀与耐缝隙腐蚀性能可起到有益作用，有以下机制：

（a）钢中氮溶解后可消耗小孔或缝隙溶液中的 H^+，形成 NH_4^+，阻止小孔与缝隙中介质 pH 值的下降，促使小孔或缝隙在扩展前钝化。氮可与钼结合形成 Ni_2Mo_2N，使钝化膜更稳定与均一，提高钢的耐蚀性；

（b）钝化膜外表面层主要是铬、镍、铁的氧化物，氮在钝化膜中的富集主要在金属与氧化物的界面上，约 1nm 厚，为铬、钼、镍的氮化物相，可提高耐点蚀与缝隙腐蚀性能；

（c）氮溶解成 NH_4^+，在足够正的电位下，其溶解速率远较金属阳极溶解的速率小得多。氮原子可富集在活性表面，阻止金属的进一步溶解；

（d）氮有助于铁的溶解，而使表面钝化膜中的铬富集，提高钢的钝化能力；

（e）按表 5-5 合金元素在双相不锈钢两相中的分配系数，氮的分配系数为 0.1，即奥氏体相中的氮含量为铁素体相中氮含量的 10 倍，因此双相钢中氮对提高耐点蚀与耐缝隙腐蚀性能的作用首先体现在奥氏体相的提高。而铬和钼的分配系数分别为 1.2 和 1.6，两相的差别较小。铁素体相中较多的铬、钼含量对提高耐点蚀与耐缝隙腐蚀性能有利。钢中氮含量越高，两相中铬、钼含量的差别渐小。可以认为，对于含氮双相钢而言，奥氏体相的耐点蚀与耐缝隙腐蚀性能优于铁素体相。

由图 5-61 ～ 图 5-66 可见，在保证适当的双相组织的条件下，氮可明显提高双相不锈钢的耐点蚀和耐缝隙腐蚀性能。

按 EN 10088-1：2005 不锈钢牌号统计，共 85 个奥氏体钢牌号中，中氮型（N=0.1% ～ 0.6%）牌号约占 33%，约一半的牌号为控氮型（N≤0.11%），对提高耐蚀性能的作用不大，而所有双相不锈钢牌号则均为中氮型。因此从含氮钢（中氮钢作用才明显）的角度看，所有双相钢均因加入氮而明显提高了耐点蚀和耐缝隙腐蚀性能，而奥氏体钢中只有 1/3 的牌号因含氮而提高性能，其他国家的情况亦类似。另外从钢的用量来分析，虽然只要氮含量为中氮型，含量类似，奥氏体钢和双相钢可有相近的耐点蚀与耐缝隙腐蚀性能。但奥氏体钢中 90% 以上均用控氮型（原 18-8、18-12 型），中氮型用量所占比例低于 10%，而双相钢的用量中几乎 100% 为中氮型钢，因此应认为含氮的双相钢耐点蚀与耐缝隙腐蚀性能，大多都优于奥氏体钢。

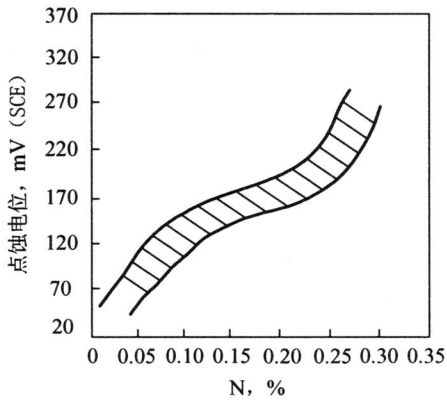

图 5-61　氮含量对 25Cr-6Ni-3Mo 双相不锈钢在 50℃，3.5%NaCl 溶液中的点蚀电位的影响

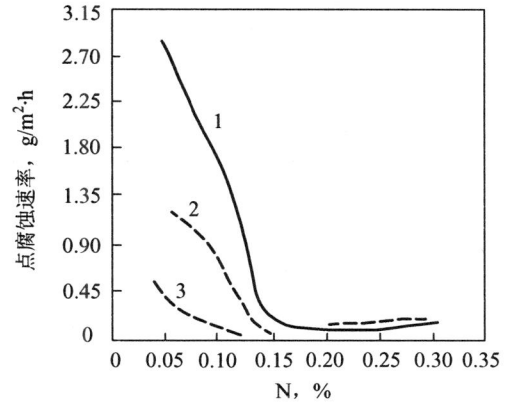

图 5-62　氮含量对 25Cr-6Ni-3Mo 双相不锈钢在 50℃三种介质中点腐蚀速率的影响

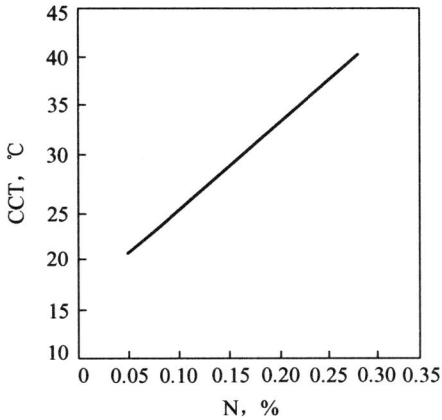

1——6%Fecl$_3$+0.05MHCl；
2——（2%~6%）FeCl$_3$；
3——（3%~3.5%）FeCl$_3$。

图 5-63　25Cr-6Ni-3Mo 双相不锈钢中氮含量对在 3.5%NaCl 溶液中的 CCT 的影响

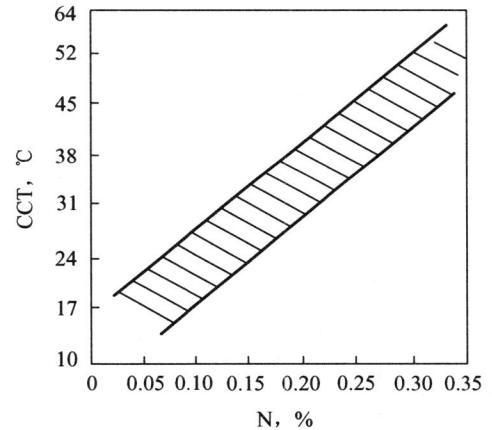

图 5-64　25Cr-6Ni-3Mo 双相不锈钢中氮含量与 CCT 的关系（6%FeCl$_3$溶液）（两线间为数值分布区域）

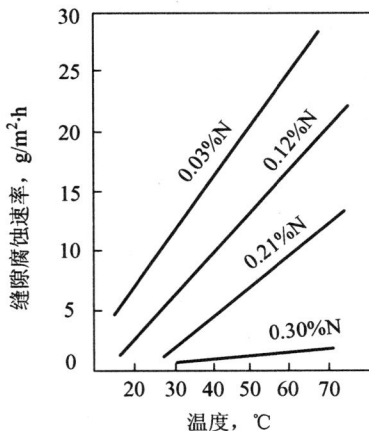

图 5-65　氮含量对 00Cr25Ni（21~30）Mo4 奥氏体钢与双相钢在 6%FeCl$_3$+0.5Mol/L HCl 溶液中缝隙腐蚀速率的影响

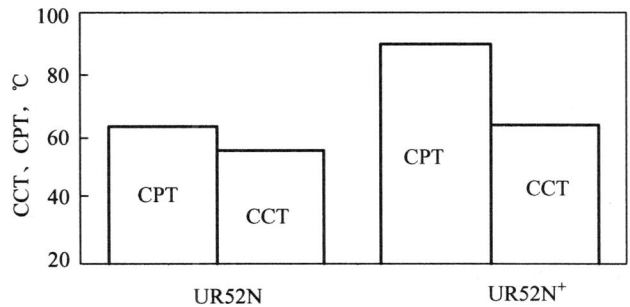

UR 52N——00Cr25Ni6.5Mo3Cu1.5N0.18；
UR 52N$^+$——00Cr25Ni6.5Mo3.5Cu1.5N0.25。

图 5-66　不同氮含量的 UR52N 和 UR52N$^+$ 在 CO$_2$ 饱和的 15%NaCl 溶液中的 CPT 及 CCT 值

（6）锰、钨、铜

锰易与钢中的硫化合成硫化锰夹杂，大多沿晶界分布，易形成点蚀源。见图5-67。

钢为固溶态时，钨可提高耐蚀性能，见图5-68。但在焊接接头的焊后状态镍有不利影响。

溶液中的氯离子破坏 MnS 夹杂处的钝化膜易形成点蚀，钢中的铜可与溶液中的氯离子反应生成 CuCl$_2$ 沉积在钝化膜表面 MnS 夹杂处防止形成点蚀。

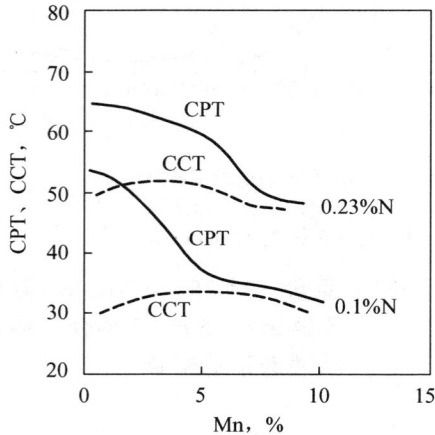

图 5-67　25Cr-7Ni-2Mo 双相不锈钢中锰含量对在合成海水中 CPT 和 CCT 的影响

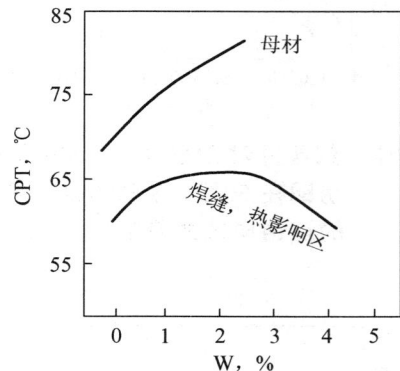

图 5-68　00Cr25Ni7Mo3N（DP3）双相不锈钢中钨含量对在 6%FeCl$_3$ 溶液中的 CPT 的影响

5.8　双相不锈钢焊接接头相比例的控制

5.8.1　相比例的影响因素与焊接接头中单相铁素体的产生

双相不锈钢在室温时的相比例主要取决于钢的化学成分以及钢的热状态。一般称为双相不锈钢的牌号是指其在固溶热处理后快冷（一般为水冷）状态下室温时的相比例各约为50%的牌号，工程中控制其相比例为40%～60%。这是在规定固溶状态下的相比例，其影响因素仅为化学成分，即其由铁素体形成元素构成铬当量，由奥氏体形成元素构成镍当量，将铬当量与镍当量的比值控制在一定范围内，在固溶水冷状态下可获得较理想的相比例，提高此比值会增加铁素体相的比例，降低此比值会减少铁素体相的比例。

不锈钢压力容器属焊接设备。如果压力容器在焊接后能进行标准的固溶水冷热处理，焊接接头的焊缝和热影响区也能处于固溶状态。如果焊接材料的化学成分与母材相同或相近，焊接接头也能呈现理想的双相组织，具有双相钢应有的优良性能。但是压力容器体积较大，结构较复杂，组焊后很难将容器整体进行固溶处理。换热压力容器的胀管部位主要靠冷变形后的残余应力连接，更不允许进行固溶处理。几乎所有的不锈钢压力容器都不进行整体固溶处理（个别构件如封头等例外）只能在焊后状态应用。因此要求双相钢焊接接头在焊后状态的组织与性能仍能达到应有的要求。

固溶状态和焊后状态的热过程差别甚大，对相比例的影响也很大。固溶处理应将材料在固溶温度（多为1 000℃～1 200℃）下保持一定时间，在该温度下合金元素能得到充分均匀的扩散，在溶解度范围内合金元素可充分地固溶于基体中。在该温度下应进行的相变

（如铁素体相变为奥氏体）也能充分进行。水冷后可使固溶温度时的相比例保持到室温。而焊缝在熔焊时呈液相，靠近熔合线的高温热影响区的温度可接近熔点。焊后的冷却靠两种传热方式，一为在空气中的辐射传热冷却，此冷却速度与低合金钢的正火类似，传热速度并不很快；另一为钢构件的热传导，钢的传热速度当然要比空气快得多。特别是焊接构件上的焊接高温区域所占体积很小，储存热量甚少，而构件的其他常温区域的体积占绝大部分。同时焊缝的温度最高时超过熔点，而构件其他部位为室温，温差较大。这些因素都会使焊接接头的冷却速度很快。

双相钢铬当量与镍当量的比值一般均超过2。焊接接头在刚凝固后主要为铁素体相（见图5-2）。随着温度降低，部分铁素体会逐渐相变为奥氏体。如能在固溶温度稳定一段时间，部分铁素体相可充分相变为奥氏体相，形成理想的相比例。但由于焊缝和高温热影响区会一直以很快的冷却速度从熔点冷至室温，铁素体相来不及充分相变成奥氏体，冷到室温时常只有极少的奥氏体相（＜10%），使组织几乎成为单相铁素体。组织与性能不但不能成为双相钢，而几乎与铁素体钢相当，严重降低了双相钢焊接构件的应用性能。这使双相钢用于焊接件产生了很大的障碍。

5.8.2　焊缝中单相铁素体的防止

焊缝的成分主要取决于焊接材料。如采用镍当量比母材高的焊接材料，通常采用镍含量比母材高 2%～4%或含氮的焊接材料，可使焊缝的铬当量与镍当量的比值降低，由图5-2可见，其铁素体溶解度曲线上由铁素体相开始相变为奥氏体相的温度明显提高，即在焊后冷却过程中，铁素体相可从较高的温度开始相变为奥氏体相，这样可以提高焊缝中奥氏体相的相比例，避免单相铁素体相的组织，提高焊缝的性能。EN 13445：2009 中要求，当焊接材料采用了与双相钢母材相匹配的类型时，应当金相检验焊缝中的铁素体含量不得超出 30%～70%的范围。如果焊接材料采用了与母材非匹配的类型时（如奥氏体类）可不要求检验焊缝铁素体含量。

5.8.3　高温热影响区中单相铁素体的防止

防止双相钢高温热影响区的单相铁素体的产生要比防止焊缝困难一些，因为热影响区与母材属于同一材料，要保证母材在固溶状态具有理想的双相组织必须保证母材具有适当的铬当量和镍当量的比值，不能因为要防止高温热影响区产生单相铁素体而像焊缝一样提高其镍含量，降低铬当量与镍当量的比值，致使母材不能获得理想的相比例。1971 年前的第一代双相不锈钢主要因为高温热影响区易发生单相铁素体而很难在压力容器等焊接设备上应用，致使双相不锈钢的发展与应用处于半个世纪的停顿。1971 年开始第二代双相不锈钢的研发应用后，发展了含氮（中氮型）型的双相不锈钢，解决了高温热影响区产生单相铁素体的问题，在双相钢中以氮取代部分镍即可避免单相铁素体，原因在于氮相对于镍存在以下特性：

（1）双相不锈钢中氮在两相中的分配系数为 0.1，而镍为 0.6

不锈钢中的铬当量和镍当量都是按照钢中元素的平均含量计算的。用适量的氮来取代双相钢中的镍后可以保持钢中的镍当量，固溶处理后双相钢仍保持理想的相比例。这时双相钢中奥氏体相与铁素体相中的合金含量并不相同，存在一个在两相中的分配系数问题。氮的分配系数为 0.1，奥氏体相中的氮含量为铁素体中的 10 倍。而镍的分配系数为 0.6，奥氏体相中的镍含量仅为铁素体相的 1.67 倍。将相同铬当量和镍当量的含氮钢和非含氮钢相比较，含氮钢中的奥氏体相的镍当量要比非含氮钢中的奥氏体相的镍当量高得多。焊接时含氮钢在高温热影响区的钢材会以很快的升温速度从室温升到接近熔点的温度，钢中所有的奥氏体相都应相变为铁素体相。由于焊接升温很快，接近熔点的高温保持时间很短，焊完后又以很快的冷却速度冷却，因此奥氏体相虽然相变成为部分铁素体相，但这部分刚由原来的奥氏体转变成的铁素体相与原来就有的铁素体相比较，奥氏体形成元素氮的含量要高得多。在很短的高温时间内来不及均匀扩散，很快又会快冷，应由铁素体相转变回奥氏体相。由于这部分高温铁素体相中氮含量高，奥氏体形成能力强，即使在焊后较快的冷却速度下也会有部分铁素体相会相变成奥氏体相。此处铁素体相变为奥氏体的相变过程亦为成核和长大过程。铁素体相中的高氮区域容易成为相变成奥氏体相的核心，并不断长大成为奥氏体相，含氮双相钢中 90% 的氮均存在于奥氏体相中，而非含氮的双相钢中，与含氮钢中氮的镍当量相等的镍含量中，只有 63% 存在于奥氏体相中。因而氮对促进铁素体相变为奥氏体的作用要比镍大得多。

（2）氮的原子直径 0.15nm，镍为 0.27nm，同一高温下氮在合金中的扩散速度比镍快得多

铁素体向奥氏体的相变过程是奥氏体形成元素氮和镍原子由其他区域向奥氏体相变区扩散提高浓度的过程。由于氮原子直径比镍原子直径小得多，氮原子的扩散速度应比镍原子快得多，因此在同等条件下，含氮钢中铁素体相变成奥氏体的速度要比非含氮钢快。

（3）氮的奥氏体形成能力为镍的 30 倍

在相同质量单位的情况下，氮的奥氏体形成能力为镍的 30 倍。高温时周围向奥氏体相变区扩散相同质量的氮和镍时，氮对提高相变区的奥氏体形成能力的作用要比镍大得多。因此氮对促进铁素体相变为奥氏体的作用要比镍的作用大得多。

采用含氮钢并不能使高温热影响区的相比达到 50% 或 40%～60% 的程度。一般可使奥氏体相达到 20%～30%，与具体焊接工艺有关，但这已能使奥氏体相的量布满铁素体相界，消除了 α/α 相界，仅形成 α/γ 相界，仍能保持双相钢的优良的耐腐蚀性能。

按照 EN 13445：2009 的规定，双相钢焊接热影响区的铁素体含量应进行金相检验，要求为 30%～70%。距离熔合线约为两倍晶粒尺寸的高温热影响区铁素体含量应≤85%。

5.9　不锈钢压力容器宜更多地应用双相不锈钢

不锈钢压力容器一直主要应用奥氏体不锈钢。由于双相不锈钢价格低，强度高，具有更好的耐应力腐蚀、晶间腐蚀、点蚀、缝隙腐蚀等耐蚀性能，又解决了焊接接头容易出现单相铁素体的问题，近年双相不锈钢的生产与应用得到很大发展，在压力容器中的应用量正在明显增加。我国双相不锈钢的生产已获得较大进展，为我国压力容器中更多地应用双相不锈钢提供了良好的基础。压力容器行业对应用双相不锈钢宜予以更多的重视，并开展更多的工作。

6　超级不锈钢

6.1　不锈钢综合耐蚀性的定量标示

6.1.1　不锈钢耐蚀性的定量标示

压力容器用材的性能控制是以材料性能的定量标示为基础的。如强度按抗拉强度 R_m、屈服强度 R_e 或 $R_{p0.2}$ 等定量标示，可对强度进行设计计算。塑性用断后伸长率 A 标示，韧性用冲击吸收能量 KV_2 标示，可定量控制这些性能满足规定要求。

压力容器用耐蚀材料以不锈钢用量最多。不锈钢压力容器绝大多数均用于耐蚀。压力容器的设计中最重要的环节之一为根据压力容器的腐蚀介质条件，选用耐蚀性能良好的不锈钢牌号。不锈钢选材的重要依据应为不锈钢的耐蚀性能。然而不锈钢的腐蚀形态很多，不锈钢的耐蚀性能实际上是指各种腐蚀形态分别的耐蚀性能，各自采用完全不同的耐蚀性能标示。长期以来对不锈钢的综合耐蚀性并没有一个比较理想的定量标示方法。不锈钢的腐蚀形态有均匀腐蚀和晶间腐蚀、点腐蚀、缝隙腐蚀、应力腐蚀、腐蚀疲劳等局部腐蚀。各种腐蚀形态有不同的耐蚀性标示方法。均匀腐蚀可用腐蚀率定量标示。压力容器标准中规定了可采用增加腐蚀裕量的方法提高安全性，如不锈钢的腐蚀裕量一般应不小于 2mm。然而增加腐蚀裕量对局部腐蚀的作用并不大。据统计，化工设备的各种腐蚀形态的失效事故中，由均匀腐蚀所引起的失效事故一般低于 10%。实际主要由局部腐蚀引起失效事故。在局部腐蚀耐蚀性的标示方法中，晶间腐蚀靠标准的晶间腐蚀检验判断是否合格。点腐蚀和缝隙腐蚀常用标准试验方法测定其在 6%FeCl₃ 溶液中的临界点腐蚀温度（CPT）和临界缝隙腐蚀温度（CCT）来定量标示。耐应力腐蚀性能常用标准的 $MgCl_2$ 或 $NaCl$ 溶液，在规定应力下产生应力腐蚀的时间来标示。腐蚀疲劳常用规定介质中规定振幅和频率的周期应力下具有 10^7 h 不断裂的腐蚀疲劳强度来标示，这给压力容器的设计在选用不锈钢的牌号时带来许多不便。选材往往只靠设计人员所掌握的经验和资料去确定，如果不锈钢能有一个公认的比较准确地反映其综合耐蚀性能的定量标示数值作为选材的基本依据，应能明显提高选材的技术水平。尤其是在选用高耐蚀性能的不锈钢时更是如此。

6.1.2　PRE 综合耐蚀性的定量标示

PRE 为 Pitting Resistance Equivalent 的简称，意为耐点蚀当量。PRE 是由临界点蚀温度 CPT 引伸而得。CPT 是材料和特殊环境介质的函数，有可能进行单独组元作用的研究，钢的化学成分与按 ASTM G48 测定的 CPT 的关系采用回归分析法得到的关系式，结果显示主要只有铬、钼、氮 3 种合金元素有明显的影响。关系式为：

CPT=常数+（Cr+3.3Mo+16N）

式中合金元素表示不锈钢中该元素的百分含量。式中 3 个元素乘以各自的回归常数之和，即通常称为 PRE 值。

$$PRE=Cr+3.3Mo+16N$$

经过大量的不锈钢的腐蚀试验及腐蚀机制的研究，在绝大部分腐蚀介质（强氧化性腐蚀介质如高温浓硝酸及强还原性腐蚀介质，盐酸除外）中，影响不锈钢的各种腐蚀形态的耐蚀性能的主要合金元素也是铬、钼和氮 3 种元素，3 种合金元素对耐蚀性的影响大小也基本上与 PRE 公式一致，因此一般认为，PRE 公式基本上可以作为不锈钢综合耐蚀性能的定量标示，不锈钢的综合耐蚀性能也可以按照 PRE 值的大小进行排队，不锈钢的 PRE 值高则其综合耐蚀性能也高。按照不锈钢 PRE 值的高低，作为压力容器用耐蚀不锈钢选材的重要技术依据，可为不锈钢选材提供很大的方便。

在各种腐蚀形态中，点腐蚀本来就与缝隙腐蚀具有类似的腐蚀机制及合金影响因素，应力腐蚀的腐蚀源也常由点腐蚀所引起，铬、钼、氮对提高耐均匀腐蚀、耐晶间腐蚀等的作用已被大量试验所证实。当然对于耐晶间腐蚀性能而言，除了选择牌号即选择合金成分外，由于其状态对耐晶间腐蚀性能的影响常很大，必须予以控制与检验，但对于选材而言也宜将 PRE 值作为重要依据。因而将 PRE 值作为不锈钢综合耐蚀性能的定量标示和选材的重要依据是恰当的。当然，在有些情况下，PRE 值并不一定作为耐蚀性能的唯一依据。

PRE 不仅在众多不锈钢的论文中时常出现，而且在不锈钢的标准中也已体现。EN10088-1：2005 中明确规定 PRE=Cr+3.3Mo+16N 是奥氏体不锈钢、双相不锈钢及铁素体不锈钢最广泛采用的公式。GB/T 20878—2007 和 ASTM A240、A789、A790 及 A959 中也列出了此公式。

一些文章中也有 PRE 的其他公式如：

PRE=Cr+3.3Mo+30N（只用于 Mo>3%的奥氏体钢，EN 10088-1：2005 中规定）

PRE=Cr+3.3Mo+（16～30）N

PRE=Cr+1.5（Mo+W+Nb）+30N

PRE=Cr+3.3（Mo+0.5W）+16N

PRE=Cr+3.3Mo+30N−Mn

PRE=Cr+3.3Mo+30N−123（S+P）等

由于这些公式应用甚少，没有得到不锈钢标准的普遍认可。W、Nb、S、P 的含量少，对 PRE 值的影响也不很大，因而基本上多以 PRE=Cr+3.3Mo+16N 的公式为准。

在公式中采用的合金元素的含量可有标准成分的上限值、下限值、平均值、名义值以及具体熔炼炉号的实测值，这些值会使 PRE 值有所差别。EN 10088-1：2005 不锈钢牌号标准中规定，在标示牌号的 PRE 值时应采用标准成分的平均值，即上限与下限之和的一半。本书也认为在标示牌号的 PRE 值时，用标准平均值较能反映牌号的耐蚀水平。当标示某具体熔炼号的 PRE 时可用实测成分。用下限值计算的值可表示该牌号 PRE 的保证值。按标准成分平均值计算的美国常用不锈钢一般牌号的 PRE 值列于表 6-1。

表 6-1　美国常用不锈钢一般牌号的 PRE 值

ASTM A959—2009 UNS 牌号	S30400	S30403	S31600	S31603	S31700	S31703	S32100	N08904	S32205	S32304	S40500	S41008
简称	304	304L	316	316L	317	317L	321	904L	2205	2304	405	410S
GB/T 20878—2007 相应数字代号	S30408	S30403	S31608	S31603	S31708	S31703	S32168	S31782	S22053	S23043	S11348	S41008
PRE 值	19.3	19.3	26.05	26.05	31.35	31.35	18.8	36.65	35.95	26.07	13	12

6.1.3　PRE 标示法分析

PRE 标示法是由 Truman 于 1987 年提出的，可作为综合耐蚀性的定量标示法，且据此按不锈钢的牌号成分对综合耐蚀性进行比较和排队，以便于对不锈钢的开发和应用，应当能适应多数主要的腐蚀形态，并覆盖大多数腐蚀介质条件。

日本二十世纪六十年代到九十年代对不锈钢化工设备的腐蚀失效事故进行了多次调查统计，在均匀腐蚀、应力腐蚀、点腐蚀、缝隙腐蚀、晶间腐蚀、腐蚀疲劳等六种基本的腐蚀形态的 789 件失效事故中，点腐蚀、缝隙腐蚀以及应力腐蚀三种腐蚀形态所引起的失效约占 69%，均匀腐蚀占 10%，晶间腐蚀占 6%，腐蚀疲劳占 15%。其中晶间腐蚀性能在降低碳含量的条件下，主要取决于状态，受其他合金元素的影响较小，而且已有标准试验方法检验与控制。腐蚀疲劳多产生在疲劳载荷较多的动设备上（如轴、泵体等），压力容器等静设备较少。因此可以说，不锈钢设备（尤其是压力容器）中最普遍且重要的局部腐蚀形态为点蚀、缝隙腐蚀与应力腐蚀，应当成为综合耐蚀性标示法覆盖的重点腐蚀形态。

点蚀与缝隙腐蚀有基本相同的腐蚀机理，标准试验方法中采用相同的腐蚀介质，测定临界点蚀温度（CPT）比测定临界缝隙腐蚀温度（CCT）的数据较为稳定（因为试验中人工间隙的形状尺寸的再现性低）。而且在材料与介质相同的情况下，CCT 往往比 CPT 低 $15° \sim 20°$，具有较固定的差别，因而 CPT 常可代表 CCT。

众所周知，应力腐蚀开裂的裂源常由点蚀发展而成。耐点蚀性能与耐应力腐蚀性能常有较好的一致性，尤其是对奥氏体不锈钢更为如此。因此耐点蚀性能对耐缝隙腐蚀性能和耐应力腐蚀性能而言，具有较广的代表性。

对于不锈钢而言，尤其是对于化工设备中的应用超过 90% 的奥氏体不锈钢而言，产生点蚀，缝隙腐蚀与应力腐蚀的腐蚀介质大部分为含氯离子的介质。ASTM G48 标准测定 CPT 和 CCT 的标准试验方法中都采用 6% $FeCl_3$ 溶液。测定不锈钢的应力腐蚀的标准方法也多采用 $MgCl_2$ 或 $NaCl$ 溶液。6% $FeCl_3$ 具有较强的氧化性，而不锈钢属钝化型金属，不适用于很强的还原性介质，只适用于一般的氧化性介质。6% $FeCl_3$ 溶液对于一般氧化性的腐蚀介质具有广的代表性，又由于 $FeCl_3$ 的腐蚀性较强，便于在试验室中的短期试验中得到试验结果。因此 $FeCl_3$ 溶液的 CPT 试验已广泛用于开发高耐蚀性不锈钢，广泛用于不锈钢牌号的比较和应用。

CPT 是材料和腐蚀介质的函数，大量试验表明，化学成分中只有 Cr、Mo、N 对 CPT 有明显的影响，公式为：

CPT=常数+（Cr+3.3Mo+16N）

其中"常数"主要取决于腐蚀介质，如不考虑介质影响，只考虑化学成分的影响，即为：

PRE=Cr+3.3Mo+16N

因此 PRE 可适用于大部分一般氧化性的腐蚀介质，并基本适用于大部分腐蚀形态。尽管 PRE 称为耐点蚀当量，但可以作为一般性的综合耐蚀性的定量标示。

应用 PRE 时宜注意几点：

（1）PRE 可作为不锈钢一般综合耐蚀性的标示方法；

（2）PRE 为综合耐蚀性的相对性能，用于不同牌号成分的耐蚀性排队比较，不是耐蚀性的绝对性能；

（3）奥氏体不锈钢、双相不锈钢和铁素体不锈钢由于基体组织不同，宜分别比较；

（4）PRE 只考虑了材料成分，没有考虑状态，只适用固溶态或退火态耐蚀性能的比较。因敏化作用而析出高铬（钼）相（碳化物、氮化物、σ 相等金属相化合物）及贫铬（钼）区时，对耐蚀性的影响应另行考虑；

（5）耐晶间腐蚀性能除可按 PRE 选材外，还应依据碳含量、稳定化元素及晶间腐蚀敏感性检验等来控制。PRE 值一般与耐腐蚀疲劳性能一致，但也应考虑不锈钢的抗拉强度高时，耐腐蚀疲劳性能也好，近似于线性关系；

（6）当腐蚀介质为浓度与温度较高的硫酸等较强还原性介质时，耐蚀性的定量标示可以同时采用依据在硫酸中的试验结果所得到的耐蚀性指数 Isc 或 GI 的公式，仅适用于奥氏体不锈钢：

Isc=−0.65Cr+4Ni+1.5Mo+7.5Cu+122N

GI=Cr+3.6Ni+4.7Mo+11.5Cu

Isc 与 GI 只在一些文献中提出，尚未在标准中体现，仅供参考，且不能与 PRE 比较。这些公式中不主张铬含量过高，认为提高耐硫酸腐蚀性能的合金元素主要为：Ni、Mo、Cu、N。

6.2 超级不锈钢概述

6.2.1 超级不锈钢的确定

超级不锈钢（super stainless steel）是指综合耐蚀性很高的不锈钢，主要按 PRE 值所标示的综合耐蚀性能高到指定值以上时才称为超级不锈钢。公认为纯钛在海水中具有很高的耐腐蚀性能，包括耐均匀腐蚀性能，耐点蚀性能，耐缝隙腐蚀性能等，同时不存在晶间腐蚀问题。将大量各种 PRE 值的奥氏体不锈钢和双相不锈钢在海水中与纯钛进行平行的腐蚀试验，发现当这些不锈钢的 PRE 值≥40 时，其各种腐蚀形态的耐腐蚀性能基本与纯钛相当。因而共同规定，当奥氏体不锈钢的 PRE≥40 时可称为超级奥氏体不锈钢；当双相不锈钢的 PRE≥40 时可称为超级双相不锈钢，其中当 PRE≥45 时，也可称为特超级（hyper）双相不锈钢；铁素体不锈钢中一般均控制很低的氮含量，因而铁素体不锈钢的

PRE 可按 PRE=Cr+3.3Mo 确定，且规定当 PRE≥35 时即可称为超级铁素体不锈钢。

这些规定不但在一些文章中应用，一些不锈钢标准中也已规定，如 GB/T 20878—2007 和 ASTM 中规定。奥氏体和双相不锈钢的 Cr+3.3Mo+16N 应超过 40 方为超级不锈钢。EN 10088-1：2005 中规定，在按标准化学成分的平均值评定不锈钢牌号的耐蚀性时，奥氏体和双相不锈钢的 PRE≥40 时为超级奥氏体和超级双相不锈钢，此时 PRE=Cr+3.3Mo+16N，当奥氏体不锈钢中 Mo>3% 时，可按 PRE=Cr+3.3Mo+30N。PRE≥40 为超级奥氏体不锈钢。

按照 GB/T 15007—2008《耐蚀合金牌号》的规定，含镍30%~50%，且镍加铁≥60% 的合金为铁镍基合金。含镍低于 30%、含铬≥10.5% 的合金称为不锈钢。而按美国 UNS 的分类，在 Fe-Ni-Cr 合金中只要镍含量超过除铁外的其他合金元素时即为铁镍基合金。UNS 中作为铁镍基合金而镍含量低于 30% 的牌号如 N08925、N08926、N08366、N08367、N08904、N08932 等按中国的习惯应属于奥氏体不锈钢，本文在确定超级不锈钢时亦考虑这些牌号。实际上 ISO、ASTM、EN 和 GB 不锈钢标准中都包含了一些铁镍基合金牌号。国内有的文章中将 UNS N08904（904L）也称为超级不锈钢。按 UNS 的标准平均成分计，PRE=Cr+3.3Mo+16N=36.65，PRE=Cr+3.3Mo+30N=37.35，均不能称为超级不锈钢。

6.2.2　超级不锈钢牌号成分

三类超级不锈钢牌号自 20 世纪 60~90 年代即开始问世，近年才明确了超级不锈钢的名称。随着过程工业设备对不锈钢耐蚀性的要求越来越高，超级不锈钢的生产与应用得到明显发展。本文先不考虑超级不锈钢的试验牌号和企业牌号，只将 ISO、美、欧、日、中国的正式不锈钢标准中已列出的超级不锈钢的牌号及其对照列于表 6-2。共 28 种牌号中，各国牌号的成分有的相同，有的相近。其中美国 UNS 牌号有 26 个牌号，因而表 6-3 所列化学成分主要按 UNS 牌号，另外一个牌号按 ISO 牌号，1 个牌号按 GB 标准。表 6-3 还列出了按化学成分平均值所计算的 PRE 值。

表6-2　各国主要不锈钢标准中的超级不锈钢牌号对照

类型	美国 UNS 牌号		ISO/DIS 15510: 2008 牌号			EN 10088-1: 2005 牌号		JIS G 4303: 2005 牌号	GB/T 20878—2007 牌号		其他相应牌号
	ASTM A959—2009	ASTM材料制品标准	UNS-ISO	EN-ISO	牌号	材料号	牌号		数字代号	牌号	
奥氏体钢	S31254		S31290	1.454790	X1CrNiMoCuN20-18-7	1.4547	X1CrNiMoCuN20-18-7	SUS312L	S31252	015Cr20Ni18Mo6CuN	254SMo
	S31266		S32191	1.465991	X1CrNiMoCuNW24-22-6	1.4569	X1CrNiMoCuNW24-22-6				B66
		S31277									Incoloy27-7Mo
	S32050										
	S32053										
	S32654		S32690	1.465290	X1CrNiMoCuN24-22-8	1.4562	X1CrNiMoCuN24-22-8		S32652	015Cr24Ni22Mo8Mn3CuN	654Mo
	S34565		S34590	1.456590	X2CrNiMnMoN25-18-6-5	1.4565	X2CrNiMnMoN25-18-6-5		S34553	022Cr24Ni17Mo5Mn6NbN	4565S
	N08367		N08377	1.447877	X2NiCrMoN25-21-7			SUS836L			AL-6XN
	N08925										25-6Mo
	N08926		N08994	1.452994	X1NiCrMoCuN25-20-7	1.4529	X1NiCrMoCuN25-20-7				25-6Mo
		N08932									SB8
双相钢	S32520		S3YY90	1.453790	X1CrNiMoCuN25-25-5	1.4537	X1CrNiMoCuN25-25-5				52N+
	S32550		S32578	1.450778	X2CrNiMoCuN25-6-3	1.4507	X2CrNiMoCuN25-6-3		S25554	03Cr25Ni6Mo3Cu2N	225, 52N
		S32707	S32779	1.465879	X2CrNiMoCoN28-8-5-1						SAF 2707HD
	S32750		S32777	1.441077	X2CrNiMoN25-7-4	1.4410	X2CrNiMoN25-7-4		S25073	022Cr25Ni7Mo4N	2507, 47N
	S32760		S32778	1.450178	X2CrNiMoCuWN25-7-4	1.4501	X2CrNiMoCuWN25-7-4		S27603	022Cr25Ni7Mo4WCuN	100, 76N
	S32906		S32978	1.447778	X2CrNiMoN29-4-2	1.4477	X2CrNiMoN29-7-2				SAF 2906
	S39274										DP-3W
	S39277	S33207									SAF 3207HD

表 6-2（续）

类型	美国 UNS 牌号 ASTM A959—2009	ASTM材料制品标准	ISO/DIS 15510: 2008 牌号 UNS-ISO	EN-ISO	牌号	EN 10088-1: 2005 牌号 材料号	牌号	JIS G 4303: 2005 牌号	GB/T 20878—2007 牌号 数字代号	牌号	其他相应牌号
铁素体钢	S44635								（S12573）	（019Cr25Mo4Ni4NbTi）	MoN1T, 25-4-4
	S44660		S44693	1.475093	X2CrMoNi27-4-2				（S12773）	（022Cr27Mo4Ni2NbTi）	SEA-CURE, 26-3-3
	S44700		S44790	1.413590	X1CrMo30-2			SUS447J1	（S12990）	（088Cr29Mo4）	AL29-4, 29-4
	S44735					1.4592	X2CrMoTi29-4		（S12973）	（022Cr29Mo4NbTi）	AL29-4C, 29-4C
	S44800								（S12991）	（088Cr29Mo4Ni2）	AL29-4-2, 29-4-2
									S13091	088Cr30Mo2	

注1: 中国 5 个铁素体不锈钢牌号加了括号，是由于 GB/T 20878—2007 中尚无这些牌号，只在焊接管标准中列有。
注2: 美国有的超级不锈钢牌号在 ASTM A 959—2009 牌号标准中没有，而在 ASTM 其他不锈钢制品标准中有。
注3: 日本没有专门的不锈钢牌号标准，常用 JIS G 4303 棒材标准。
注4: 欧洲标准化组织对 1.4410 和 1.4562 有使用专利。

表 6-3 超级不锈钢的标准化学成分范围和 PRE 值

钢类别	牌号类别	牌号	标准化学成分范围或上限 /% C	Mn	P	S	Si	Cr	Ni	Mo	N	Cu	其他	耐点蚀当量 PRE
奥氏体钢	UNS	S31254	0.020	1.00	0.030	0.010	0.80	19.5~20.5	17.5~18.5	6.0~6.5	0.08~0.22	0.50~1.00		43.8
		S31266	0.030	2.00~4.00	0.035	0.020	1.00	23.0~25.0	21.0~24.0	5.2~6.2	0.35~0.60	1.00~2.50	W1.50~2.50	50.4
		S31277	0.020	3.00	0.030	0.010	0.50	20.5~23.0	26.0~28.0	6.5~8.0	0.30~0.40			51.3
		S32050	0.030	1.50	0.035	0.020	1.00	22.0~24.0	20.0~23.0	6.0~8.0	0.21~0.32	0.4		48.4
		S32053	0.030	1.00	0.030	0.010	1.00	22.0~24.0	24.0~26.0	5.0~6.0	0.17~0.22			44.3
		S32654	0.020	2.00~4.00	0.030	0.005	0.50	24.0~25.0	21.0~23.0	7.0~8.0	0.45~0.55	0.30~0.60		57.3
		S34565	0.030	5.0~7.0	0.030	0.010	1.00	23.0~25.0	16.0~18.0	4.0~5.0	0.40~0.60		Nb0.10	46.9
		N08366	0.035	2.00	0.040	0.030	1.00	20.00~22.00	23.50~25.50	6.00~7.00			Fe余	42.5
		N08367	0.030	2.00	0.040	0.030	1.00	20.00~22.00	23.50~25.50	6.00~7.00	0.18~0.25	0.75	Fe余	45.9

表 6-3（续）

标准化学成分范围或上限 /%

钢类别	牌号类别	牌号	C	Mn	P	S	Si	Cr	Ni	Mo	N	Cu	其他	耐点蚀当量 PRE
奥氏体钢	UNS	N08925	0.020	1.00	0.045	0.030	0.50	19.0~21.0	24.0~26.0	6.0~7.0	0.10~0.20	0.8~1.5	Fe余	43.9
		N08926	0.020	2.0	0.03	0.01	0.5	19.0~21.0	24.0~26.0	6.0~7.0	0.15~0.25	0.5~1.5	Fe余	44.7
		N08932	0.020	2.00	0.025	0.010	0.40	24.0~26.0	24.0~26.0	4.5~6.5	0.15~0.25	1.00~2.00	Fe余	46.4
	ISO	Syy90	0.020	2.00	0.030	0.010	0.70	24.0~27.0	24.0~27.0	4.7~5.7	0.17~0.25	1.00~2.00		45.5
双相钢	UNS	S32520	0.030	1.50	0.035	0.020	0.80	24.0~26.0	5.5~8.0	3.0~4.0	0.20~0.35	0.50~2.00		41.5
		S32550	0.04	1.50	0.040	0.030	1.0	24.0~27.0	4.5~6.5	2.9~3.9	0.10~0.25	1.50~2.50		39.5 (≈40)
		S32707	0.030	1.50	0.035	0.010	0.50	26.0~29.0	5.5~9.5	4.0~5.0	0.30~0.50	1.0	Co0.5~2.0	48.8
		S32750	0.030	1.20	0.035	0.020	0.80	24.0~26.0	6.0~8.0	3.0~5.0	0.24~0.32	0.50		42.7
		S32760	0.030	1.00	0.030	0.010	1.00	24.0~26.0	6.0~8.0	3.0~4.0	0.20~0.30	0.50~1.00	W0.50~6.00	40.6
		S32906	0.030	0.80~1.50	0.030	0.030	0.50	28.0~30.0	5.8~7.5	1.50~2.60	0.30~0.40	0.80		41.4
		S39274	0.030	1.00	0.030	0.020	0.80	24.0~26.0	6.0~8.0	2.5~3.5	0.24~0.32	0.20~0.80	W1.50~2.50	39.4 (≈40)
		S39277	0.025	0.80	0.025	0.002	0.80	24.0~26.0	6.5~8.0	3.00~4.00	0.23~0.33	1.20~2.00	W0.80~1.21	41.0
		S33207	0.030	1.50	0.035	0.010	0.80	29.0~33.0	6.0~9.0	3.0~5.0	0.40~0.60	1.0		47.2
铁素体钢	UNS	S44635	0.025	1.00	0.040	0.030	0.75	25.0~28.0	3.5~4.5	3.5~4.5	0.035		(Ti+Nb) 0.20+4 (C+N) ~0.80	38.5
		S44660	0.030	1.00	0.040	0.030	1.00	28.0~30.0	1.0~3.5	3.0~4.0	0.040		(Ti+Nb) 0.20~1.00，且≥6 (C+N)	38.1
		S44700	0.010	0.30	0.025	0.020	0.20	28.0~30.0	0.15	3.5~4.2	0.020	0.15	(C+N) 0.025	41.7
		S44735	0.030	1.00	0.040	0.030	1.00	28.0~30.0	1.00	3.6~4.2	0.045		(Ti+Nb) 0.20~1.00且≥6 (C+N)	41.9
		S44800	0.010	0.30	0.025	0.020	0.20	28.0~30.0	2.00~2.50	3.5~4.2	0.020	0.15	(C+N) 0.025	41.7
	GB	S13091	0.010	0.40	0.030	0.020	0.40	28.5~32.0	0.50	1.50~2.50	0.015	0.20	(Ni+Cu) 0.50	36.7

注1：Syy90 为 ISO 成分，S13091 为 GB 成分，其他牌号为 UNS 成分。

注2：S32550 及 S39274 的 PRE 很接近 40，此处按超级不锈钢对待。

6.2.3 超级不锈钢的特点

6.2.3.1 超级不锈钢的化学成分特点

（1）碳含量低

表 6-2 中所列 28 种超级不锈钢牌号中，有 26 种牌号为 C≤0.03%超低碳级不锈钢，仅有 N08366 为 C≤0.035%，S32550 为 C≤0.04%。其中 13 个奥氏体超级不锈钢中有 7 个牌号为 C≤0.02%，6 个超级铁素体不锈钢中有 3 个牌号为 C≤0.01%。

（2）铬含量高

28 种超级不锈钢牌号中，铬的名义铬含量均≥20%。13 个奥氏体超级不锈钢牌号中，2 个牌号名义铬含量≥25%，5 个牌号≥23%，总共 9 个双相超级不锈钢牌号及 6 个超级铁素体不锈钢牌号的名义铬含量均≥25%，最高铬含量可达 33%。

（3）钼含量高

28 种超级不锈钢牌号中的名义钼含量均≥2%，而常用 316 不锈钢名义钼含量仅为 2.5%，317 不锈钢仅为 3.5%。13 个牌号的超级奥氏体不锈钢牌号的名义钼含量均≥4.5%，其中 8 个牌号名义钼含量≥6%，最高钼含量可达 8%。9 个超级双相不锈钢牌号中 7 个牌号的平均钼含量≥3.4%，钼含量最高可达 5%。6 个铁素体超级不锈钢牌号中 5 个牌号名义钼含量≥3.5%，钼含量最高可达 4.5%。

（4）超级奥氏体不锈钢镍含量高

超级奥氏体不锈钢中由于铁素体形成元素铬和钼含量高，而奥氏体形成元素碳含量低，为保持奥氏体组织，需加入较高含量的奥氏体形成元素镍。所有 13 个超级奥氏体不锈钢的镍含量均≥17%。11 个牌号 Ni≥22%，7 个牌号 Ni≥24.5%，最高镍含量可达 28%。超级双相不锈钢的镍含量为 4.5%~9.5%。部分超级铁素体不锈钢也加入名义镍含量 2%~4%。奥氏体不锈钢中提高镍含量，可以提高钼在基体中的极限溶解度，可以提高钢中的钼含量。因为钼在纯镍中的最大溶解度约为 35%。

（5）超级奥氏体和双相不锈钢多为中氮钢

13 个超级奥氏体不锈钢和 9 个超级双相不锈钢牌号中除 N08366 外，均为中氮钢（含氮量 0.1%~0.4%或 0.6%）。其中 4 个牌号氮含量上限可达 0.6%或 0.55%。N08366 并未用于压力容器，ASME—2013 压力容器标准中采用 N08367 代替 N08366。氮在铁素体不锈钢中的溶解度很小，如含铬 26%的铁素体不锈钢在 927℃以上时，氮在钢中的溶解度仅为 0.023%，在 593℃时仅为 0.006%。因而应控制铁素体不锈钢中的氮含量尽量低。在超级铁素体不锈钢中，对于非稳定化钢而言，除控制 C≤0.01%外，尚应控制 N≤0.02%，且（C+N）≤0.025%。对于稳定化钢而言，在控制 C≤0.03%的同时，还应控制 N≤0.035%、N≤0.04%或 N≤0.045%。

（6）超级奥氏体和双相不锈钢不用稳定化钢

13 个超级奥氏体不锈钢和 9 个超级双相不锈钢由于碳含量低，均不采用由钛或铌稳定化。其中 S34565 中 Nb≤0.1%，铌含量远不够稳定化。只有在超级铁素体不锈钢中，当碳为>0.01%~0.03%，氮为>0.02%~0.045%时，才加入适量钛和铌，进行双稳定化。

（7）部分超级奥氏体不锈钢中含较高锰量

一般的奥氏体不锈钢中的锰含量多不超过 2%，表中 13 个超级奥氏体不锈钢牌号中有 S31266、S31277、S32654 和 S34565 四个牌号的锰含量为 2%～7%，一方面锰亦为较弱的奥氏体形成元素，也起到形成和稳定奥氏体的作用。更重要的是由于提高锰含量可明显提高氮在钢中的溶解度。氮的溶解度（%）=0.021×（Cr+0.9Mn）-0.204。这四个牌号的较高锰含量可使钢中的氮含量达到 0.3%～0.6%。高氮量强的奥氏体形成能力可使有的牌号降低一些镍含量，降低成本。但也应注意到，过高的锰含量对耐蚀性有不利作用，含锰 5%～7%的 S34565 至今尚未被压力容器标准采用。

（8）部分超级奥氏体和双相不锈钢中含少量铜、钨

部分超级奥氏体和双相不锈钢中含 0.5%～2.5%的铜，0.5%～2.5%的钨。铜可提高还原性介质中的耐蚀性，可降低冷加工硬化倾向。钨可提高耐点蚀和耐缝隙腐蚀性能。

6.2.3.2 超级不锈钢的组织特点

（1）超级奥氏体不锈钢的奥氏体较稳定

超级奥氏体不锈钢中虽然强的奥氏体形成元素碳的含量少，且铁素体形成元素铬和钼的含量高，但由于奥氏体形成元素镍含量高，强奥氏体形成元素氮含量高，有的牌号中奥氏体形成元素锰也较高，因而超级奥氏体不锈钢的奥氏体组织较为稳定。奥氏体不锈钢中，除钴以外，钢中所有元素都不同程度地降低马氏体点 Ms 和 Md。Ms 是在冷却中开始产生马氏体转变的最高温度；Md 是由冷变形诱发马氏体转变的最高温度。超级奥氏体不锈钢中铬、镍、钼、氮及锰等含量高，马氏体点均很低，即降温及冷变形时较难产生马氏体组织。

双相不锈钢中应控制钢中铬含量与钼含量之和≥21%，可防止与减少冷变形引起马氏体相变而导致钢性能下降。9 个超级双相不锈钢牌号中铬、钼名义含量之和为 28%～35%。应较难在冷变形中产生马氏体。

（2）碳化铬析出量少

所有超级不锈钢中的碳含量均很低，即使在敏化温度范围内能析出碳化铬相，但可能析出的碳化铬总量很少，而且析出的速度较缓慢，常很难在晶界形成碳化铬的连续网状。稳定化的超级铁素体不锈钢，由于在高温下优先析出碳化钛与碳化铌，在敏化温度范围内所能析出的碳化铬也很少。析出碳化铬时在晶界邻近区域所形成的贫铬区的贫铬程度不高，贫铬区也常不能在晶界形成连续网状。超级奥氏体与双相不锈钢基本上均含有较多的氮，氮也会起到抑制碳化铬析出的作用。

（3）氮对组织的作用很重要

氮在铬镍奥氏体中的溶解度较高，超级奥氏体与双相不锈钢中多含有较多氮。氮很易与钢中的钛、铌、钒、铝等元素形成氮化物，由于超级奥氏体与双相不锈钢中基本不含这些元素，因而很少形成这些氮化物。当氮含量超过 0.25%时奥氏体中易形成 Cr_2N，因而超级双相不锈钢中可能含有 Cr_2N。在双相不锈钢中，铁素体相基体和晶界上可能形成 Cr_2N 和 CrN。

双相不锈钢应尽量控制相比接近 1 才有优良的性能。焊接热影响区中接近熔合线的区域由于焊接时温度接近熔点，高温下可呈纯铁素体组织。冷却较快时，铁素体转变成部分

奥氏体的速度慢,使铁素体相的比例很高,甚至会呈现单相铁素体组织,使性能严重劣化。氮为强奥氏体形成元素,氮在奥氏体中的溶解度较高,如为0.4%~0.5%。而氮在含铬26%的铁素体钢中,927℃以上时溶解度为0.023%,593℃时仅为0.006%。在双相不锈钢中合金元素在铁素体相和奥氏体相两相中的分配是不同的,铁素体相中富集了铁素体形成元素,而奥氏体相中则富集了奥氏体形成元素。合金元素在铁素体中的含量与该元素在奥氏体中的含量的比值称为合金元素在两相中的分配系数。该分配系数在固溶状态(1 040℃~1 090℃)的大多数双相不锈钢是相似的,一些合金元素的分配系数列于表6-4。

表6-4 固溶状态双相不锈钢中合金元素的分配系数

合金元素	P	W	Mo	Si	Cr	Mn	Cu	Ni	N
合金元素在铁素体与奥氏体中的分配系数	2.5	2	1.6	1.3	1.2	0.9	0.7	0.6	0.1

由表6-4可见,固溶状态时,氮在两相中含量的差别最大,氮在奥氏体中的含量约为在铁素体中的含量的10倍。随着固溶温度的升高,合金元素在两相间的分配会逐渐趋向均匀,即随着两相温度提高,两相的成分会相互接近。温度升到δ铁素体相区时,在平衡状态,δ铁素体各部分的元素含量应相近。在焊接时,热影响区的近熔合线区的温度很快提高至接近熔点的δ铁素体相区,由原来的两相区突然升温至δ铁素体单相区,原来两相间的合金元素的不平衡状态要通过合金元素的扩散过程才能逐渐趋向平衡。由于温度变化速度很快,原来的奥氏体相虽然在高温转变成了铁素体相,但氮等奥氏体形成元素含量高的情况尚来不及充分改变,致使这部分相虽已成为铁素体相,但其中仍然保存了氮等奥氏体形成元素偏高的状态。随后焊后的冷却速度又很快,这部分铁素体如果所含氮等奥氏体形成元素不高,可能全部铁素体来不及相变成为奥氏体时,温度已降低到不可能相变的温度,因而呈纯铁素体组织。如果部分铁素体来不及相变成为奥氏体时,温度已降低到不可能相变的温度,这时双相钢的这部分组织会成为铁素体相的相比过高的组织。如果由于这部分铁素体所含氮等奥氏体形成元素保持了较高的含量,有助于铁素体向奥氏体相变,在同样的冷却降温条件下,铁素体相变成为奥氏体的趋向较高,至少会有较多铁素体相相变成为奥氏体相,不至于成为纯铁素体组织,两相的相比不至于相差过大。

由于氮对调节不锈钢的组织的重大作用,因而现代奥氏体不锈钢和现代双相不锈钢都采用含氮钢。

(4)析出金属间化合物的趋向高

超级不锈钢中含有较高含量的铬和钼,是形成金属间化合物相的最主要的金属元素。合金含量高,析出金属间化合物的趋向也高。超级奥氏体不锈钢含镍量多,析出金属间化合物的趋向较低。超级双相不锈钢中含镍量低,析出金属间化合物的趋向要高得多。所析出的 σ、χ、α'、η、R、τ 等金属间相的析出温度见表 6-5。奥氏体钢与双相钢在固溶状态,铁素体钢在退火(快冷)状态,不会析出金属间相。除 α' 相在 350℃~550℃析出外,其他金属间化合物相大多在 550℃~1 050℃析出。即在热成形、焊接及某些消除应力热处理过程中均可能析出金属间化合物相,各种金属间相的析出明显滞后于碳化物和氮化物的析出。

最重要的金属间化合物相为 σ 相、χ 相和 η 相，其析出温度范围基本相同，最敏感的析出温度为 800℃。其中常以 σ 相的影响最重要，η 相在钢中的生成较慢、量也较少。相对于 σ 相而言，χ 相和 η 相往往为次要相和后生相。

α' 相只能从铁素体不锈钢及双相钢的铁素体相中析出。α' 相的析出又滞后于 σ、χ 及 η 相，α' 相最敏感的析出温度在 475℃ 左右，所产生的脆性称为 475℃ 脆性。α' 相主要是铁铬化合物相，含铬高的超级铁素体不锈钢中及超级双相不锈钢的铁素体相中较易析出 α' 相。在不锈钢的冷却过程中，冷却速度往往会随温度的降低而降低，在析出 σ 相最敏感的温度区域的保持时间常较短，而在析出 α' 相最敏感的温度区域的保持时间常较长，因而 α' 相的析出常比 σ 相的析出更充分。

表 6-5 超级不锈钢的析出相

名　称	符号	化学式	形成温度/℃		
			奥氏体钢	双相钢	铁素体钢
铬碳化物		$(Cr、Fe、Mo)_7C_3$		950～1 050	
		$(Cr、Fe、Mo)_{23}C_6$	550～950	600～950	600～950
		$(Cr、Fe、Mo、Nb)_6C$	700～950	700～950	700～950
铬氮化物		$(Cr、Fe)_2N$	650～950	700～1 000	650～950
		CrN			
铬铌氮化物		$(Nb·Cr)N$	700～1 000		
钛碳氮化物		$Ti(CN)$			700～熔点
铌碳氮化物		$Nb(CN)$			700～熔点
西格马相	σ	$(Fe、Cr、Mo、Ni)$	550～1 050	600～1 000	550～1 150
		$(FeNi)_x(CrMo)_y$	550～1 050		
		$55Cr-36Fe-5Mo-4Mn$		600～1 000	
开相	χ	$Fe_{36}Cr_{12}Mo_{10}$	600～900	700～900	600～900
		$(FeNi)_{36}Cr_{18}(TiMo)_4$	600～900	700～900	600～900
		$(48Fe-28Cr-21Mo-3Ni)$		700～900	
阿尔法相	α'	$CrFe(Cr61～83\%)$		350～550	350～550
拉氏相	η	$(FeCr)_2(Mo·Nb·Ti·Si)$	550～900	550～900	500～900
阿尔相	R	$(Fe·Mo·Cr·Ni)$		550～700	
		$32Fe-25Cr-34Mo-5Ni-Si$		500～700	
陶相	τ			550～650	
二次奥氏体	γ_2	固溶体		约 600～1 200	

（5）超级双相不锈钢析出金属间化合物的趋向更高

奥氏体不锈钢、铁素体不锈钢及双相不锈钢中的基本组织为奥氏体和铁素体两种，奥氏体为面心立方晶格，致密度为 74%，空隙为 26%；铁素体为体心立方晶格，致密度为

68%，空隙为32%。奥氏体的晶体点阵密排度比铁素体高，而空隙较小。金属间化合物的析出是由金属合金元素在基体中的扩散完成的。金属合金元素在铁素体中的扩散速度要比相同温度下在奥氏体中的扩散速度快得多。例如在700℃左右时，铬元素在铁素体中的扩散速度比在奥氏体中的扩散速度约大100倍。金属间化合物相的析出速度主要取决于合金元素在基体中的扩散速度。因而铁素体不锈钢中的金属间化合物相的析出速度要比同温度时奥氏体不锈钢中的析出速度快得多。

双相不锈钢中存在着奥氏体相和铁素体相。超级双相不锈钢中的铬含量均很高，9个超级双相不锈钢牌号中的铬含量为24%~33%，6个超级铁素体不锈钢牌号中的铬含量为25%~32%，铬含量基本相同，但超级双相不锈钢牌号中的镍含量为4.5%~9.5%，而超级铁素体不锈钢牌号中的镍含量中，三个牌号基本不加镍，另外三个牌号中仅含镍1%~4.5%。超级双相不锈钢中的钼含量也多比超级铁素体不锈钢稍高。尽管在双相不锈钢中由于存在合金元素的分配系数问题，双相不锈钢中的铁素体相中的铬和钼含量要稍高于熔炼平均值。镍含量要稍低于熔炼平均值。而超级双相不锈钢中铁素体相中的铬、钼和镍含量，应超过相应超级铁素体不锈钢中的含量，即超级双相不锈钢中铁素体相的析出金属间化合物相的趋向应超过超级铁素体不锈钢的析出趋向。

超级双相不锈钢的析出金属间化合物的趋向和速度不但超过超级奥氏体不锈钢，也超过超级铁素体不锈钢。

双相不锈钢比奥氏体、铁素体不锈钢更易析出较多的金属间化合物相，超级双相不锈钢由于铬、钼、镍含量更高，也更易析出较多的金属间化合物相，对塑性、韧性、耐蚀性等有不利的影响，应对其检测与控制。现已有ASTM A923"奥氏体-铁素体双相不锈钢中有害金属间相的检测方法"标准。首版为1944年版，次版为2003年版，现版为2006年版，适用于一般双相不锈钢和超级双相不锈钢的压力加工材、铸材及焊接构件的焊缝及热影响区。

6.2.3.3 超级不锈钢的耐蚀性能特点

（1）耐均匀腐蚀性能好

Fe-Cr合金中铬含量低于18%时，钝化膜基本呈晶态，铬19%时钝化膜大部分呈非晶态，高于20%时钝化膜完全成为非晶态。非晶态膜比晶态膜缺陷少，结构表面均匀，铬元素更易富集。超级不锈钢中铬含量为19%~33%，在氧化性介质中必然具有高的耐均匀腐蚀性能。超级不锈钢中含有1.5%~8%的钼，尤其是超级奥氏体不锈钢含钼4%~8%。钼能显著促进铬在钝化膜中的富集，增强不锈钢钝化膜的稳定性，强化钢中铬的钝化作用，使超级奥氏体不锈钢和双相不锈钢在一般还原性酸（不包括强还原性的高温盐酸）及有机酸中有更好的耐均匀腐蚀性能。超级奥氏体与双相不锈钢均为含氮钢（0.1%~0.6%），亦能提高耐均腐蚀性能。

（2）耐晶间腐蚀性能好

28个超级不锈钢牌号中，除一个牌号C≤0.04%，一个牌号C≤0.035%外，26个牌号均为C≤0.03%的超低碳钢，部分牌号C≤0.02%及C≤0.01%。铁素体钢非稳定化牌号控制（C+N）≤0.025%，稳定化钢则由钛和铌双稳定化。因此超级不锈钢由析出$Cr_{23}C_6$产生贫铬区的作用很弱，有时晶界析出的 $Cr_{23}C_6$ 尚不能形成连续网状，由此机理产生的晶间腐蚀敏感性较低。而超级不锈钢特别是双相钢较易在敏化温度下析出 σ 相等金属间相，亦系高铬相（铬含量低于 $Cr_{23}C_6$），也能产生贫铬区。因而超级不锈钢有比一般不锈钢有更好的耐晶间腐蚀性能，其晶间腐蚀的产生机理应更多考虑金属间相的析出。

（3）耐点蚀与缝隙腐蚀性能好

按 PRE 的影响因素，超级不锈钢的高铬、钼含量，以及超级奥氏体与双相钢中的高氮含量，必然使超级不锈钢具有优良的耐点蚀与耐缝隙腐蚀性能，尤其在含氯介质中。

（4）耐应力腐蚀性能好

不锈钢的应力腐蚀失效事故中，约有 80% 以上是由氯化物溶液对奥氏体不锈钢引起的。主要原因是由于奥氏体钢为面心立方晶格，在应力作用下易产生滑移变形，表面钝化膜的破裂使外露的裸金属阳极溶解。体心立方晶格的铁素体钢不易滑移，因而铁素体不锈钢与含有一半铁素体相的双相不锈钢有良好的耐应力腐蚀性能。在奥氏体不锈钢中一般常用的 18-8、18-12 不锈钢均为亚稳定不锈钢，形变后局部很易产生 α' 马氏体，甚易产生应力腐蚀。对于含铬 18% 左右的奥氏体钢，镍含量 8%~12% 正是最易产生应力腐蚀的区间。超级奥氏体不锈钢镍含量 17.5%~28%，且含有 0.1%~0.6% 的氮，属稳定程度很高的奥氏体钢，耐应力腐蚀性能应当较高。由于应力腐蚀的裂源常为点蚀，超级不锈钢优良的耐点蚀性能也会提高耐应力腐蚀性能。

（5）耐腐蚀疲劳性能好

超级不锈钢与一般不锈钢相比，耐均匀腐蚀与点蚀性能好，抗拉强度与屈服强度均较高，因而其耐腐蚀疲劳性能也高。

超级不锈钢具有优良的综合耐蚀性能，但不能耐强氧化性酸（如浓硝酸）及强还原性酸（如盐酸）的腐蚀。应用时仍应考虑具体牌号在应用介质中的耐蚀性能。

6.2.3.4 超级不锈钢的应用特点

（1）主要用作耐蚀钢

超级不锈钢的化学成分特点主要为碳含量低，铬和钼的含量高。超级奥氏体和双相不锈钢中多加入较高含量的氮，有时加入少量的铜和钨。超级铁素体不锈钢除控制低的碳和氮含量时，有的牌号还加入稳定化元素钛和铌，其目的为提高耐蚀性能。因而超级不锈钢主要用作耐蚀钢，尤其用于耐蚀性要求较高的介质条件。

（2）不用作耐热钢与抗蠕变钢

按各国对不锈钢的概念，不锈钢除可用作耐蚀钢外，还可用作耐热钢。GB 150—2011 中规定不锈钢的最高应用温度为 800℃。ASME—2013 中规定，不锈钢用于Ⅷ-Ⅰ卷压力容器时最高应用温度为 1 650°F（899℃）。JISB 8265：2003 中规定不锈钢用于压力容器（不包括加热炉）时最高应用温度为 800℃。其中超级奥氏体不锈钢 SUS836L 最高应用温度为 150℃。ASME—2013 中规定所采用的超级不锈钢用于Ⅷ-Ⅰ压力容器的最高温度见表 6-6。超级奥氏体不锈钢≤426℃。超级双相不锈钢≤343℃，超级铁素体不锈钢≤371℃。

表 6-6   ASME—2013 中规定超级不锈钢用于压力容器（Ⅷ-I）的最高温度

不锈钢类型	ASME—2013 中Ⅷ-I 压力容器不锈钢最高应用温度					
	500°F	600°F	650°F	700°F	750°F	800°F
	260℃	315℃	343℃	371℃	399℃	426℃
超级奥氏体不锈钢					S31254	S31577 N08367 N08925
超级双相不锈钢	S32550	S32750 S32906	S39274			
超级铁素体不锈钢	S44635	S44700 S44800 S44735		S44660		

按 EN 10088-1：2005 规定，不锈钢按应用特性分类，分为耐蚀钢，耐热钢（≥550℃，气相介质）和抗蠕变钢（≥500℃）。EN 13445：2009 中采用的超级不锈钢牌号只有耐蚀的奥氏体不锈钢和双相不锈钢，没有采用耐热钢和抗蠕变钢。

因此可以认为超级不锈钢在压力容器中只用作耐蚀钢，不用作耐热钢和抗蠕变钢，一般不采用高温长时强度如持久强度、蠕变强度。

所有 28 个超级不锈钢的碳含量均≤0.04%，而其中 26 个牌号 C≤0.03%，且碳含量均不规定下限。而耐热钢与抗蠕变钢的碳含量均应规定下限，一般 C≥0.04%，仅个别奥氏体抗蠕变钢规定 C≥0.03%，因而从碳含量也可判断，超级不锈钢不用作耐热钢和抗蠕变钢。

（3）很少用作低温钢

不锈钢在压力容器用材中除可用作耐蚀钢、耐热钢和抗蠕变钢外，还有一个重要的用途即用作低温钢。按 GB 150—2011 规定，铁素体不锈钢板的使用温度下限为 0℃，双相不锈钢的使用温度下限为 -20℃。ASME—2013 中规定，双相不锈钢厚度≤10mm 及铁素体铬不锈钢厚度≤3mm 时，在设计温度≥-29℃时，基体金属和热影响区可免除冲击试验。因而铁素体不锈钢和双相不锈钢一般不用作低温钢，仅奥氏体不锈钢用作低温钢。按 EN 13445：2009 规定，10 个压力加工材的奥氏体不锈钢牌号的最低设计温度可为 -273℃，15 个压力加工材和 5 个铸材的奥氏体不锈钢牌号的最低设计温度可为 -196℃。材料应为固溶状态，可不进行冲击试验，除非材料标准中要求冲击试验，如 EN 10028-7 中用于制冷温度（按 EN 10028-7：2007 低于 -75℃），材料厚度超过 20mm 时要求在室温时进行冲击试验，对于奥氏体不锈钢的焊接制件，当容器的最低设计温度低于 -105℃时，焊缝与热影响区应在 -196℃试验，冲击能不低于 40J（注：作为实际的结果，对于任何设计温度低于 -105℃的所有奥氏体钢的试验，-196℃的试验温度已被标准化）。

在 EN 13445：2009 中规定最低设计温度可为 -273℃的 10 个压力加工奥氏体不锈钢牌号中，并没有超级奥氏体不锈钢牌号，仅有 XINiCrMoCu31-27-4，1.4563，其 PRE=39.43，尚未达到超级奥氏体不锈钢的 PRE≥40 的规定，仅为接近。在规定最低设计温度可为 -196℃的 15 个压力加工奥氏体不锈钢牌号中，超级奥氏体不锈钢有 1.4529、1.4537、和 1.4547 三个牌号，为含铬、钼、镍、氮较高的牌号，其他多为 18-8、18-12 型的一般不锈钢。因而可以认为超级奥氏体不锈钢一般不用作低温钢，有时也可用于不低于 -196℃的温度，由于一般不锈钢也可应用，采用超级奥氏体不锈钢未必合算。

6.3 压力容器用超级不锈钢

6.3.1 压力容器更宜多用超级不锈钢

不锈钢压力容器与其他不锈钢设备相比，更宜较多采用耐蚀性能优良的超级不锈钢，原因如下：

（1）压力容器更多接触腐蚀性强的介质，且随着化工过程工艺技术的发展，会接触腐蚀性更强的介质。随着环境污染的加重，换热容器所接触的水质渐差，常更多地用海水冷却，要求采用耐蚀性更高的不锈钢；

（2）不锈钢压力容器制造时一般都要变形和焊接，且不便进行整体构件的固溶处理与退火处理，应要求所用不锈钢在焊接与变形状态并存在较高内应力的条件下仍足够耐蚀，宜多采用级别更高的不锈钢牌号；

（3）压力容器承受压力，压力下液相的沸点才会提高，因此压力容器常更多地在高温液相介质中操作，介质腐蚀性更强；

（4）压力容器必须重视安全性。强度设计可进行较准确的定量计算，且严格规定了安全系数。而压力容器设计选用耐蚀不锈钢只能定性地选用，难控制的因素很多，因而选材时也应考虑对耐蚀性能留有充分的安全裕度，以改变目前压力容器因强度设计不当引起的失效事故很少，而因选材不当所引起的腐蚀失效事故甚多的现状，适当多采用超级不锈钢应为有效的安全措施之一；

（5）压力容器是过程设备中的核心设备，一般不设备件。一台压力容器的失效事故往往会造成全系统的停产，停产的损失一般要比设备材料费的差别高得多。采用超级不锈钢虽比采用一般不锈钢稍贵些，如果能够避免或减少全系统的停产检修，可延长全系统设备定期大修的时间（如一年一次的计划大修变成二、三年一次大修），经济效益是明显的。

6.3.2 压力容器标准已采用的超级不锈钢牌号

一般将压力容器标准中已采用的材料称为压力容器用材。各国主要的压力容器标准中采用的超级不锈钢牌号列于表6-7。总共采用了16种牌号，美国采用了14个牌号，日本采用了1个牌号，欧盟采用了6个牌号。

表6-7 主要的压力容器标准中采用的超级不锈钢牌号

不锈钢类型	UNS 牌号	ASME—2013 采用 UNS 牌号	JIS B8265 采用	EN 13445：2009、AD—2000、CODAP—2000 采用 EN 牌号		GB 150—2011
				编号	牌号	
奥氏体钢	S31254	S31254		1.4547	X1CrNiMoN 20-18-7	
	S31277	S31277				
	N08367	N08367	SUS836L			
	N08925	N08925				
	N08926			1.4529	X1NiCrMoCuN 25-20-7	
	N08932			1.4537	X1CrNiMoCu 25-25-5	
双相钢	S32550	S32550		1.4507	X2CrNiMoCuN 25-6-3	
	S32750	S32750		1.4410	X2CrNiMoN 25-7-4	S25073（无缝管）
	S32760	S32760		1.4501	X2CrNiMoCuN 25-7-4	
	S32906	S32906				
	S39274	S39274				
	S44635	S44635				
	S44660	S44660				
	S44700	S44700				
	S44735	S44735				
	S44800	S44800				
牌号数	16	14	1	6		1

中国 GB 150—2011 压力容器标准中只用了一个牌号，且仅为无缝管。实际上中国 GB/T 20878—2007 不锈钢牌号标准中已列有 7 个超级不锈钢牌号，此外在新制定的中国热交换器用铁素体不锈钢焊接管的国家标准中又列入了 5 个超级铁素体不锈钢新牌号（见表6-2），中国的超级不锈钢的生产已有了一定的基础。

美国压力容器采用超级不锈钢较早，1983 年版的 ASME 中已采用了 S31254、N08366 及 S32550。

实际上有的超级不锈钢牌号很早即已用于压力容器，如海水换热器 1970 年采用 S44660 作为耐海水腐蚀的换热管，至今四十多年仍然运转良好。国外称此牌号为 "SEA-CURE"，中译名常为 "海酷"。据统计，近年每年采用超级奥氏体不锈钢管和超级铁素体不锈钢管用作海水换热管的用量每年已超过 3 000 万米。

我国的不锈钢厂已试制了一些牌号的超级不锈钢材，我国压力容器应用超级不锈钢提高不锈钢压力容器的耐蚀水平具有较大的空间。

6.3.3 超级不锈钢应用于压力容器的讨论

（1）超级不锈钢在压力容器上的应用是提高不锈钢压力容器耐蚀水平和安全性与可

靠性的重要措施,值得不锈钢的生产行业和压力容器的建造与应用行业重视。

(2)我国压力容器采用超级不锈钢时,可首先考虑我国不锈钢标准中已列出的牌号。也可优先参考国外压力容器标准中已采用的牌号(表6-7的16个牌号)。这些牌号在相应容器标准或不锈钢材标准中列有高温短时强度的数据,可参考这些数据确定压力容器用不锈钢材的许用应力。

(3)超级不锈钢具有优良的耐蚀性能,主要用于介质腐蚀性较强及对耐蚀安全要求较高的场合。有的超级奥氏体不锈钢也可能有一定的耐高温性能,但一般不用作耐热钢(ASME中的使用温度不超过426℃),也可能有好的耐低温性能,但一般不用作低温钢。

(4)超级不锈钢为含钼钢,多不宜用于强氧化性的介质,如高温硝酸。超级不锈钢含钼量不够高(比镍钼合金低),不能用于强还原性的介质,如高温盐酸。超级奥氏体不锈钢主要用于氧化性不太强、还原性也不太强的酸及氯化物盐类溶液,如稀硫酸、磷酸、含卤素的有机酸、热海水等。超级双相不锈钢用于耐应力腐蚀的场合较多,超级铁素体不锈钢的典型用途为换热压力容器的换热管。

(5)超级不锈钢耐蚀性最好的状态为固溶(奥氏体钢和双相钢)及退火(铁素体不锈钢)的原材料供货态,而制成的压力容器组焊后很难进行整体的固溶处理和退火处理,应用状态为制造状态。超级不锈钢在制造(如焊接)热过程中会析出碳化物相,较易析出金属间化合物,也可能降低耐蚀性(如晶间腐蚀性能等)。超级不锈钢的室温屈强比比一般不锈钢高,超级奥氏体钢为0.45~0.56,超级双相钢为0.69~0.82,超级铁素体钢为0.61~0.73。冷成形后会产生较高的残余应力。而不锈钢产生应力腐蚀的应力类型有80%以上为残余应力。因而应要求不锈钢在高的应力水平下仍具有足够的耐应力腐蚀性能。在选用牌号时,不能只考虑供货态的耐蚀性,更要考虑不锈钢在制造受到热敏化和较高残余应力的情况下仍具有足够的耐蚀性。

(6)超级不锈钢与一般不锈钢相比,耐晶间腐蚀性能存在一些差别:

(a)超级不锈钢的耐晶间腐蚀性能一般比普通不锈钢高;

(b)普通不锈钢的晶间腐蚀机理主要是碳化铬析出引起的贫铬区。超级不锈钢的晶间腐蚀机理应更多地考虑晶界析出σ相等金属间化合物高铬(钼)相,及其所产生的贫铬(钼)区;

(c)超级不锈钢不用于强氧化性酸(如硝酸),只用于氧化性不太高的介质,钢中析出的σ相一般也不会产生过钝化溶解,因而不宜采用硝酸法检验。而18-8不锈钢当用于强氧化性酸时,宜用硝酸法检验;

(d)超级不锈钢与普通不锈钢的贫铬概念有区别。如18-8和18-12不锈钢的铬含量为18%,贫铬区的铬含量降到10.5%以下时,16%硫酸+硫酸铜+铜屑法可使晶粒钝化而使晶界贫铬区活化腐蚀,因而可检验出晶间腐蚀敏感性,此检验方法成为普通不锈钢最常用的基本检验方法。超级不锈钢的铬含量高,如25%,当贫铬区的铬含量降到18%时,16%硫酸+硫酸铜+铜屑法并不能对此贫铬区产生活化腐蚀,仍保持钝态,因而不能检验出晶间腐蚀敏感性。由于超级不锈钢所用的介质多为强腐蚀性介质,在应用时可对18%

以下的贫铬区产生较快速的腐蚀，而产生晶间腐蚀。因此 16%硫酸+硫酸铜+铜屑法由于其腐蚀性不够，常不宜用于检验超级不锈钢的晶间腐蚀敏感性。应采用腐蚀性更高的标准试验方法，如 ISO 3651-2：1998 中的 35%硫酸+硫酸铜+铜屑法、40%硫酸+硫酸铁法；

（e）10%草酸电解浸蚀法为筛选法，基于能快速溶解 $Cr_{23}C_6$ 的原理。由于超级不锈钢碳含量低，可能析出的 $Cr_{23}C_6$ 很有限，同时超级不锈钢的贫铬区常主要由析出 σ 相等高铬相所引起，草酸法并不能快速浸蚀 σ 相等晶界金属间相，因而草酸法基本上不适用于超级不锈钢；

（f）不锈钢晶间腐蚀试验方法中的敏化热处理温度，GB/T 4334 中为 650℃、ASTM A262 为 650℃～675℃、ISO 3651 为 650℃或 700℃、ΓОСТ 6032 为 540℃～710℃，全按 $Cr_{23}C_6$ 析出较快的温度确定。而 σ 相的析出温度范围多为 600℃～1 050℃，析出最快的温度明显高于 $Cr_{23}C_6$ 析出的最敏感温度。因而对于超级不锈钢而言，试样敏化处理不一定采用现有标准的敏化热处理温度，用焊接工艺接近实际制造工艺的焊接接头试样进行检验比较恰当。

（7）超级双相不锈钢在 350℃～1 000℃温度区域内易析出较多的金属间化合物相，会产生脆性降低耐蚀性。压力容器的焊接接头宜在焊后状态对母材、热影响区及焊缝部位进行有害金属间化合物相的检验，按 ASTM A923—2006 规定，应用金相法、冲击试验及在 6%$FeCl_3$ 溶液中的腐蚀试验进行检验，并规定了合格指标。

有些文章已提出，应将对有害金属间相的检验作为双相不锈钢焊接工艺评定的内容，尤其是对超级双相不锈钢更应如此。

（8）超级不锈钢的焊接

（a）焊接方法宜采用能源能量集中，线能量不高的焊接方法，以减少焊接接头析出析出相的量。如可用钨极气体保护焊、金属极气体保护焊、等离子弧焊等；

（b）焊丝可采用合金成分不低于母材的焊丝，也可采用镍含量较高的镍铬钼合金焊丝。超级奥氏体钢和超级双相钢焊接时，氮含量可能有损失。超级双相钢可用镍含量比母材高 2%～4%的焊丝，以保持焊缝金属具有较高的奥氏体形成能力。避免双相不锈钢焊缝的铁素体含量过分偏高。保护氩气中加入 2%的氮也是减少氮含量损失的措施，有时超级铁素体不锈钢也可用奥氏体不锈钢焊丝或含铬、钼的镍合金焊丝焊接；

（c）超级奥氏体不锈钢中氮含量较高，应采用适当的工艺减少气孔缺陷。

7 低温用不锈钢

7.1 类型特点

7.1.1 低温只用奥氏体不锈钢

各国不锈钢标准中基本上都将不锈钢按组织分为 5 类：奥氏体钢、铁素体钢、奥氏体-铁素体双相钢、马氏体钢及沉淀硬化钢。压力容器焊接件不用沉淀硬化钢，其他 4 类不锈钢在压力容器标准中的最低许用温度列于表 7-1。可见能用于较低温度压力容器的不锈钢仅为奥氏体不锈钢。

表 7-1　标准中规定的各类不锈钢的最低应用温度

标准号	标准类	各类不锈钢的最低应用温度/℃			
		铁素体钢	马氏体钢	双相钢	奥氏体钢
GB 150—2011	压力容器	0		−20	−253
ASME—2013	压力容器	−29	−29	−29	< −196
ASTM A312—2001	无缝与焊接管				−250
ASTM A320—2007	螺栓用钢				−255
EN 13445：2009	压力容器			~ −50	−273
ISO 9328-7：2004 EN 10028-7：2007	承压板	室温	−20	−40	< −196
JIS B8243—1986 JIS B8270—1993	压力容器	−10	−10	−10	−268
AD-2000	压力容器				−270
BS 5500：1997	压力容器				−250
NF A36-209—1990	承压板			−50	−253

7.1.2 主要用于深冷温度

EN 10028-7：2007 承压不锈钢板标准中注明：奥氏体不锈钢即使在低于深冷温度（cryogenic temperature）时也能具有优良的冲击吸收能量（KV_2），因而可用于深冷温度的容器。"深冷温度"指常压沸点低于−75℃的液相物质的温度。

相同容积的容器在相同压力下所能盛装的物质的质量，液相可比气相多得多，如−253℃的液相氢的质量可为气相氢的 54 倍；−183℃的液相氧的质量可为气相氧的 255 倍；−196℃的液相氮的质量可为气相氮的 175 倍。为使这些物质的温度低于沸点呈液相，应同时使温度低于临界温度，压力高于临界压力。因此奥氏体不锈钢低温压力容器主要用于−75℃至−273℃的深冷低温。这些低沸点物质的常压沸点，临界温度和临界压力列于表 7-2。

表 7-2 常压沸点低于 -75℃ 物质的物理性能

物质名称	分子式	常压沸点/℃	临界温度/℃	临界压力（绝压）MPa
氦	He	−268.9	−267.8	0.227
氢	H$_2$	−252.7	−240.0	1.29
氖	Ne	−245.9	−228.7	2.76
氮	N$_2$	−195.8	−146.9	3.39
空气	N$_2$+O$_2$	−194.2	−140.5	3.77
一氧化碳	CO	−192.0	−140.2	3.50
氟	F$_2$	−187.0		
氩	Ar	−185.7	−22.4	4.87
氧	O$_2$	−183	−118.4	5.04
甲烷	CH$_4$	−161.3	−82.6	4.60
氪	Kr	−151.8	−63	5.47
一氧化氮	NO	−151.0		
臭氧	O$_3$	−112.0		
氯化氢	HCl	−85.0	51.4	8.27
二氧化碳	CO$_2$	−75.5	31.1	7.38

7.1.3 最低许用温度可分两级

各国的压力容器标准及不锈钢材标准中推荐采用了一些奥氏体不锈钢的牌号及对其低温冲击吸收能的要求，基本上按两个温度级别档次，一个级别档次按最低许用温度为 −196℃、−200℃ 等，主要用于液氧、液氮等介质，可称为 −196℃ 的一般低温级别。另一个级别档次按最低许用温度为 −250℃、−253℃、−255℃、−268℃、−269℃、−270℃ 及 −273℃ 等，主要用于液氦、液氢等介质，可归纳为 −273℃ 的超低温级别。EN 13445：2009 压力容器标准中即将奥氏体不锈钢按最低许用温度分为 −196℃ 和 −273℃ 两个级别。一般可采用此种分级来推荐可用的奥氏体不锈钢牌号及其检验要求。

7.1.4 容器构件分两类

压力容器用材及强度计算中常将构件分为非螺栓与螺栓两类。非螺栓类主要指壳体等主要构件，制造过程中一般要进行变形、焊接等制造工艺。对于奥氏体不锈钢而言，原材料为固溶处理状态，具有良好的性能。热成形（如封头）后仍可进行固溶处理恢复良好的性能。但是冷成形与组装焊接后一般不能进行固溶处理，只能在制造状态（冷成形状态及焊后状态）应用。因而必须要求材料在制造状态许多性能有所降低的情况下仍能达到必要的性能要求。而螺栓在制造中不必进行变形与焊接，可以保持原材料固溶状态的良好性能，必要时还可以进行应变强化处理和适当的热处理。螺栓材料不要求冷变形，要承受较高的预紧力，可以选用强度较高的牌号。螺栓在长期预紧力的作用下，容易产生应力松弛，必要时可采用抗松弛稳定性较高的抗蠕变奥氏体不锈钢。因此对于低温奥氏体不锈钢压力容器而言，接触低温的构件所用低温奥氏体不锈钢也可分为非螺栓用钢和螺栓用钢两类。对材料牌号与性能有不同的要求。

对于低温奥氏体不锈钢压力容器而言，由于固溶状态的奥氏体不锈钢在室温时的屈强比要低于屈服强度的安全系数与抗拉强度的安全系数的比值，许用应力由屈服强度决定，没有充分发挥材料的强度水平。因而除一般容器外，又发展了应变强化型低温压力容器。即将已成形的容器壳体在常温时通过容器中的液压（水压）使容器材料产生不超过 10% 的塑性变形，提高材料的屈服强度，即可按照较高的许用设计应力进行强度计算，以减薄容器壁厚，节省材料。美、欧、澳已将应变强化容器形成标准，应用温度 50℃ ～ -196℃。由于要求在长期工作温度下运行时，应变强化作用也不会减弱（回复），因而应用温度不能超过 50℃。为使材料具有良好的塑性变形性能，EN 标准中要求 $A_5 \geqslant 35\%$。为保证应变强化后在低温下仍能保持足够的韧性，现有标准只用至-196℃，没有用到更低温度。既要求应变强化，又要求低温韧性，对材料的要求与一般低温用钢应有所差别。

7.1.5　低温钢牌号从耐蚀钢与抗蠕变钢中选用

压力容器用不锈钢按其应用特性可分为耐蚀钢、高温钢和低温钢。按低温钢用时并不要求耐蚀和高温特性，只要求具有良好的低温特性。一般不锈钢标准中只将不锈钢按组织类型分为五类。只有 EN 10020：2000《钢类的定义与分类》和 EN 10088-1：2005《不锈钢清单》标准中除将不锈钢按组织类型分为五类外，还同时将不锈钢按应用类型分为耐腐蚀钢、耐热钢和抗蠕变钢三类。其中对温度高于 550℃的热气和燃烧气体具有良好的抗氧化、抗硫化的性能称为耐热钢。对温度高于 500℃且在长期受力条件下具有良好的抗变形性能的钢类称为抗蠕变钢。并没有将低温用钢列为独立的应用类型。

EN 10088-1：2005 标准中将奥氏体不锈钢牌号按三类应用类型分类的牌号数列于表7-3。具有以下特点：

（1）所列总共 85 个奥氏体不锈钢牌号中，耐腐蚀钢 50 个，抗蠕变钢 21 个，耐热钢14 个。但 EN 13445：2009 压力容器标准所采用的 49 个牌号中，有耐腐蚀钢 32 个，抗蠕变钢 17 个，没有采用耐热钢；

表 7-3　EN 标准中奥氏体不锈钢三类应用类型的牌号数

三类应用类型	数字牌号的范围	奥氏体不锈钢牌号数	压力容器用奥氏体不锈钢牌号数	非螺栓一般构件用低温奥氏体不锈钢牌号数		螺栓用低温奥氏体不锈钢牌号数		EN 13458-2：2002,附件 C，应变强化低温压力容器用奥氏体不锈钢牌号数
	EN 10088-1：2005 不锈钢牌号标准		EN 13445：2009 压力容器标准					EN 13458-2：2002
				-196℃级	-273℃级	-196℃级	-273℃级	-196℃级
耐腐蚀钢	1.40XX ~ 1.46XX	50	32	15	10	5	1	6
耐热钢	1.47XX ~ 1.48XX	14	0	0	0	0	0	0
抗蠕变钢	1.49XX	21	17	0	0	4	1	0
牌号数合计		85	49	15	10	9	2	6

（2）压力容器非螺栓一般构件用的 25 个低温用牌号全采用了耐腐蚀钢。非螺栓应变强化用的 6 个低温用牌号也全采用了耐腐蚀钢。只有螺栓用的 11 个低温用牌号中，6 个牌号属耐腐蚀钢，5 个牌号属抗蠕变钢。因此可以认为压力容器用低温奥氏体不锈钢中，绝大部分都选用了耐腐蚀钢牌号，只有少数低温螺栓用钢采用了抗蠕变钢。

其他国家压力容器用低温奥氏体不锈钢的牌号实际也基本上属于与 EN 耐腐蚀钢相对应的牌号。耐腐蚀钢主要要求优良的耐蚀性，而低温钢则主要要求良好的低温韧性，两类钢在性能要求上有很大差别，但在合金化及影响因素方面则有很好的一致性。如果 EN 标准中将低温钢也列为单独的应用类型，必然使耐腐蚀钢和低温钢的大部分牌号相互重复，造成分类的混乱。不锈钢百余年的发展历史主要是耐蚀钢的发展历史。在较后年代的工程应用与研究中发现大部分成熟的耐腐蚀奥氏体不锈钢牌号同时具有优良的低温韧性，在大量低温压力容器中得到了成功的应用。因此形成了在耐腐蚀奥氏体不锈钢牌号中选用低温用奥氏体不锈钢牌号的局面。

7.2 性能要求

7.2.1 耐蚀性

低温用奥氏体不锈钢一般可不考虑耐蚀性，原因为：

（1）低温下腐蚀的化学反应和电化学反应速度很慢，乃至基本停止；

（2）主要的腐蚀介质为液相，较强的腐蚀介质多为酸、碱、盐的水溶液，较强的腐蚀均系在水溶液电介质中进行的电化学腐蚀。这些水溶液冰点温度甚高（水为 0℃），低温下不会存在液相的电化学腐蚀。且低温介质多为液氧、液氮、液氩、液氖、液氢、液烃等低沸点液相，腐蚀性很弱或无腐蚀性；

（3）低温奥氏体不锈钢基本上都采用了耐腐蚀类的奥氏体不锈钢的牌号，耐蚀性均佳，即使介质有些腐蚀性，这些不锈钢也能完全耐蚀。

7.2.2 强度

不锈钢低温强度高于室温，强度计算均按由室温与室温以上的强度确定的许用应用进行，因而低温用奥氏体不锈钢只要求检验室温强度合格即可。只有 ASME—2013 ULT 篇《用低温下具有较高许用应力的材料制造压力容器的另一规则》中对 304 钢在设计温度不低于−196℃时可按比室温许用应力较高的强度计算，但此时也未要求检验材料的低温强度。

美、欧的应变强化低温不锈钢压力容器标准或文件中，当使用温度 ≥−196℃时也不要求检验低温强度。但 EN 13458-2：2002 附件 C 中规定，当采用了规定（6 个）牌号以外的牌号或工作温度低于−196℃时，应在 20℃及最低工作温度下进行拉伸试验，要求 $R_{p0.2}$ 不应低于最大许用设计应力值 σ_K。

奥氏体不锈钢的室温屈强比低于屈服强度的安全系数 n_s 与抗拉强度的安全系数 n_b 的比值 n_s/n_b。随着温度降低屈强比也降低，因此在确定许用应力时以屈服强度为决定性因素。欧洲各国的低温奥氏体不锈钢容器除可按 $R_{p0.2}$ 确定许用应力外，也常按 $R_{p1.0}$ 确定许用应力，即使对应变强化的低温容器也是如此。美、日及中国对于奥氏体不锈钢的受压元件当允许有微量的永久变形时，可按 $0.9R_{p0.2}^t$ 取较高的许用应力，但不得超过 $R_{p0.2}/1.5$。只有在较高温度时 $0.9R_{p0.2}^t$ 才会低于 $R_{p0.2}/1.5$ 值，才能得到较高的应力。低温压力容器按室温 $R_{p0.2}$ 取许用应力为 $R_{p1.0}/1.5$，不能获得较高的许用应力。中国可按 $R_{p1.0}/1.5$ 取较高的许用应力。

7.2.3 塑性

奥氏体不锈钢标准中，室温断后伸长率 A 的保证值大多为 30%～50%。在低于－196℃时 A 值下限值仍然能达到 30%～40%。低温用奥氏体不锈钢一般只要求检验室温 A 值。EN 13458-2：2002 中规定对于应变强化用材，当工作温度不低于－196℃时，应要求室温 $A_5 \geqslant 35\%$.当应用规定牌号以外的牌号或工作温度低于－196℃时，要求最低工作温度下的母材与焊缝 $A_5 \geqslant 25\%$。

奥氏体不锈钢在固溶状态及不大的拉伸变形状态时，A 值随温度降低而小幅降低。但在较大的压缩变形状态，A 值开始时随温度降低常会上升，到一定低温后 A 值随温度降低而降低。见图 7-1 和图 7-2 中的冷轧薄板即为此现象。压力容器构件的冷变形，包括应变强化，主要均为拉伸变形，可不考虑压缩变形。

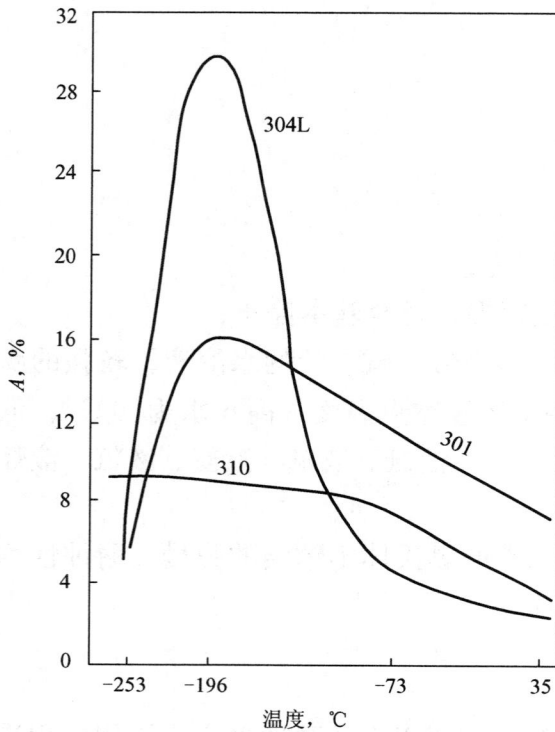

304L——冷轧 50%，厚 0.3mm；
301——冷轧 60%，厚 0.64mm；
310——冷轧 75%，厚 0.5mm。

图 7-1　三种奥氏体不锈钢的断后伸长率随
　　　　降温的变化

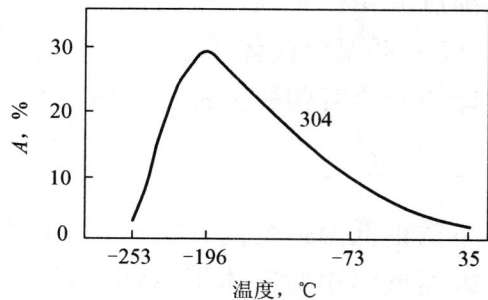

图 7-2　304 不锈钢冷轧变形率 70%，
　　　　厚度 0.5mm，断后伸长率随
　　　　降温的变化

7.2.4 韧性

低温奥氏体不锈钢压力容器的主要失效形式为低温脆性断裂。低温与冷变形是降低韧性的主要外部条件。ISO 9328-7：2004 和 EN 10028-7：2007 承压不锈钢板标准中各有 27 个耐蚀类奥氏体不锈钢牌号，规定其中 25 个牌号在－196℃时应 $KV_2 \geqslant 60J$，1 个含铌牌号应 $KV_2 \geqslant 40J$。NF A36-209—1990 承压不锈钢板标准中的奥氏体不锈钢，22 个牌号用于 ≥

–196℃，应 $KV_2 \geqslant 70$ J，1 个含铌牌号 $KV_2 \geqslant 40$J。7 个可用于–253℃的牌号应 $KV_2 \geqslant 50$J。在压力容器标准中也都要求母材、焊缝与热影响区的韧性应达到一定要求。在规定条件范围内应检验或免检（免检仍表示应符合要求）。

绝大部分压力容器标准和材料标准中对奥氏体不锈钢低温韧性均用冲击吸收能量 KV_2（J）的值来计量。ASME—2013 中则主要用侧膨胀值 LE（mm）来计量。如 18-8 钢用于 $\geqslant$ –196℃时 $LE \geqslant 0.38$mm；316L 焊缝在 < –196 应用时应要求在–196℃时 $LE \geqslant 0.53$mm。如焊接材料不是 316L 型或铁素体含量 > 5%时，设计温度 < –196℃，应要求不高于设计温度时的 KIC（J）值不小于 $132MPa\sqrt{m}$。KV_2（J）、LE（mm）及 KIC（J）之间并没有固定的换算关系。

7.3 低温韧性的影响因素

7.3.1 低温奥氏体不锈钢中的相

奥氏体不锈钢材应固溶状态供货，室温时绝大部分基体相为奥氏体。由于固溶处理时冷却速度很快，钢中碳化物、氮化物及金属间化合物极少。有的牌号中含有少量铁素体相，焊接接头的焊缝与高温热影响区在焊后状态所含铁素体相含量要比母材多些，含量常为百分之几或百分之十几，不会太多。在低温与冷变形等条件下，部分奥氏体相会转变为马氏体相。因此低温用奥氏体不锈钢中的主要相为奥氏体相、铁素体相和马氏体相。低温奥氏体不锈钢的性能应为这三类相的综合性能。低温奥氏体不锈钢最关键的性能为低温韧性。奥氏体不锈钢的低温韧性取决于这三类相分别的低温韧性以及分别的含量。分别影响这三类相的含量及其低温韧性的因素组成了对奥氏体不锈钢低温韧性的影响因素。

7.3.2 奥氏体相的影响因素

7.3.2.1 奥氏体相含量的影响

奥氏体不锈钢材及焊接接头在室温与未冷变形时一般没有马氏体相变，全部或绝大部分为奥氏体相。常用的 18-8 铬镍奥氏体不锈钢即使降温到–196℃时，也多不会产生马氏体。压力容器构件的冷变形一般在室温进行，并控制冷变形量不超过 10%，此时 18-8 不锈钢在–196℃时的马氏体量不会超过 40%，因而绝大部分情况下，钢中奥氏体相含量均占大多数。钢中奥氏体相含量可随温度降低而减少，但在某一低温下长期保持时奥氏体相会保持一定的量。在冷变形量很大、温度很低时可能绝大部分奥氏体相都相变成为马氏体，但不可能全部相变为马氏体（马氏体"饱和"）。随着钢中奥氏体相含量的减少，奥氏体相对钢的韧性的影响也减小，马氏体相对钢的韧性的影响则增大。

7.3.2.2 低温对奥氏体相韧性的影响

ISO 9328-7：2004 和 EN 10028-7：2009 承压不锈钢板标准中均有 25 个奥氏体钢牌号（不含铌）可保证在 20℃和–196℃横向 $KV_2 \geqslant 60$J。说明奥氏体不锈钢在–196℃时的低温韧性仍与室温相当。一些牌号的低温 KV_2 值见表 7-4。这些牌号为固溶状态，未经冷变形，钢中基本上均为奥氏体相。说明奥氏体相的 KV_2 值随温度降低而降低，但降低幅度不大，很低温度时仍能保持较高的 KV_2 值。

表 7-5 ~ 7-8 为一些国家 18-8 型奥氏体不锈钢牌号低温对拉伸与冲击性能的影响。

表 7-4　中、法一些牌号的低温 KV_2 值

国　别	牌　号	各温度（℃）的 KV_2 值/J					
		0	−50	−100	−150	−196	−253
中国	06Cr19Ni10	208	198	172		172	
	06Cr18Ni11Ti	203	214	169		136	
	06Cr18Ni11Nb	176	178	152		124	
法国	Z2CN18-10				152	120	96
	Z6CN18-09				160	120	96
	Z6CNT18-10 Z6CNNb18-10				120	104	80

表 7-5　法国 NF A36-607—1984 压力容器用奥氏体不锈钢锻件低温拉伸性能

法国牌号	R_m/MPa，≥				$R_{p0.2}$/MPa，≥				A/%，≥			
	20℃	−150℃	−196℃	−253℃	20℃	−150℃	−196℃	−253℃	20℃	−150℃	−196℃	−253℃
Z2CN18-10	560	1200	1350	1500	210	230	240	250	50	45	40	35
Z5CN18-09	590	1400	1500	1700	230	370	400	450	50	40	35	30
Z6CN18-09	590	1400	1500	1700	230	370	400	450	50	40	35	30
Z6CNT18-10	600	1200	1350	1500	240	360	400	430	45	40	35	30
Z6CNNb18-10	600	1200	1350	1500	240	360	400	430	45	40	35	30

表 7-6　几种奥氏体不锈钢美国牌号的低温拉伸性能实测值

牌号	R_m/MPa			$R_{p0.2}$/MPa			A_{50}/%			Z/%	
	23.9℃	−178.9℃	−237.2℃	23.9℃	−178.9℃	−237.2℃	23.9℃	−178.9℃	−237.2℃	−178.9℃	−237.2℃
304	595	1439	1712	231	400	446	60	43	48	45	43
304L	595	1362	1540	196	245	237	60	42	41	50	57
310	665	1103	1243	315	588	809	60	54	56	54	61
347	630	1302	1472	245	288	319	50	40	41	32	50

表 7-7　几种奥氏体不锈钢美国牌号的低温 KV_2/J 实测值

牌　号	27℃	−196℃	−218℃	−254℃
304	208.8	118	112.6	122
304L	160	90.9	90.9	90.9
310	192.6	120.7	116.7	116.6
317	162.7	89.5	77.5	77.3

表 7-8 ISO 9328-7：2004 和 EN 10028：2007 承压奥氏体不锈钢板的低温拉伸性能

EN 牌号		R_m/ MPa, ≥				$R_{p0.2}$/ MPa, ≥				$R_{p1.0}$/ MPa, ≥				A/ %, ≥			
牌号	数字牌号	20℃	-80℃	-150℃	-196℃	20℃	-80℃	-150℃	-196℃	20℃	-80℃	-150℃	-196℃	20℃	-80℃	-150℃	-196℃
X2CrNi18-9	1.4307	500	830	1070	1200	200	220	225	300	240	290	325	400	45	35	30	30
X5CrNi19-9	1.4315	550	890	1180	1350	270	385	450	550	310	455	550	650	40	40	35	35
X2CrNiN18-10	1.4311	550	850	1050	1250	270	350	450	550	310	420	550	650	40	40	35	35
X5CrNi18-10	1.4301	520	860	1100	1250	210	270	315	300	250	350	415	400	45	35	30	30
X6CrNiTi18-10	1.4541	500	855	1100	1200	200	260	350	390	240	290	420	470	40	35	35	30
X2CrNiMo17-12-2	1.4404	520	840	1070	1200	220	275	315	350	260	355	415	450	40	40	40	35
X2CrNiMoN17-11-2	1.4406	580	800	1000	1150	280	380	500	600	320	450	600	700	40	35	35	35
X2CrNiMoN17-13-3	1.4429	580	800	1000	1150	280	380	500	600	320	450	600	700	35	30	30	30

由表 7-5～7-8 可见，随着温度的降低，奥氏体不锈钢的抗拉强度提高得很快，屈服强度提高得很慢，屈强比随温度降低而下降，塑性的下降也很慢，这是面心立方晶格的奥氏体相一般没有低温脆性的特点。降温时不易产生形变孪晶，位错容易运动，局部应力容易松弛，屈服强度提高不大，仍具有较高的塑性和韧性。因此低温用奥氏体不锈钢中保持尽量多的奥氏体相是有利的。

7.3.2.3 冷变形对奥氏体相韧性的影响

压力容器构件的冷变形，包括应变强化处理一般均在室温进行。Md 点指由冷变形诱发开始马氏体相变的最高温度。Md 点温度应高于在冷却中开始马氏体相变的最高温度 Ms 点，并不是一开始冷变形就都立刻产生马氏休相变。如有的试验对 304L 在室温进行了 3.5% 的变形时开始发生马氏体相变，对镍当量超过 12% 的 18-8 钢在室温下进行了冷轧变形量 30% 后仍未产生马氏体相变。在产生马氏体相变前的奥氏体相经受冷变形后，奥氏体相仍然会产生应变强化。晶体受到滑移变形和孪晶变形，增加晶格的位错密度，增强位错间的相互作用，提高了塑性变形抗力，提高了强度，降低了塑性和韧性。由于面心立方晶格的奥氏体相有 4 个滑移面和 3 个滑移方向组成 12 个滑移系，面心立方晶格的 3 个滑移方向多于体心立方晶格的 2 个滑移方向，滑移方向对滑移的作用要超过滑移面的作用，因此面心立方金属的塑性要明显优于体心立方金属。冷变形本身对于降低奥氏体韧性的应变强化作用并不很大，实际上冷变形对韧性的影响主要体现在促进马氏体相变上。

7.3.3 铁素体相的影响因素

7.3.3.1 铁素体相的低温脆性

铁素体相系体心立方晶格，在应用温度低于-75℃的深冷温度（或低于 0℃～29℃）时铁素体已呈低温脆性状态，韧性甚差。体心立方晶格的铁素体相在拉伸载荷下，随着温度的降低，抗拉强度和屈服强度均很快升高，但屈服强度上升得更快。在某一低温后屈服强度几乎等于抗拉强度，塑性韧性也大幅下降，在不太高的载荷下即容易脆断。仅由于奥氏体不锈钢中的铁素体含量很少，钢材的载荷主要由奥氏体相承担，被大量奥氏体相所包围的铁素体相不易因受到较大载荷而首先脆断。铁素体相的存在对奥氏体不锈钢的低温韧性起不利作用，但影响并不很大。

7.3.3.2　铁素体相含量的影响

奥氏体不锈钢可分两类，一类为全奥氏体不锈钢，一类为含少量铁素含量的不锈钢。不锈钢按组织类型分类时主要按固溶快冷的状态分类，钢中的铁素体含量主要取决于由合金成分与含量所确定的铬当量与镍当量的比值。即铁素体形成能力与奥氏体形成能力的比较，奥氏体形成能力偏高而铁素体形成能力偏低时，可成不含铁素体相的全奥氏体钢；奥氏体形成能力偏低而铁素体形成能力偏低时，奥氏体钢中可含一些铁素体含量。但奥氏体钢中所含铁素体含量不会太高，按 GB/T 20878—2007 的规定，铁素体含量高于 15% 已成为双相不锈钢。

不锈钢中的铁素体含量还与状态有关。奥氏体不锈钢的铬当量与镍当量的比值约在 1.2～1.8 的范围内。在低于熔点的高温（稍高于 1 400℃）时，如镍当量偏高，凝固的固相可全为奥氏体，直到慢冷到室温时可为全奥氏体钢；如镍当量偏低，凝固的固相可为奥氏体及铁素体两相。继续冷却时，铁素相有相变成为奥氏体相的倾向。如在 1 050℃～1 150℃ 的固溶处理温度保持一段平衡时间，铁素体到奥氏体的相变可充分进行，可能全部铁素体相变为奥氏体，成为全奥氏体钢。也可能部分铁素体相变为奥氏体，成为含少量铁素体相的奥氏体钢。焊接接头的焊缝及高温热影响区没有进行固溶处理，焊后冷却时由于室温的冷构件的体积比焊接接头的高温区的体积大得多，金属的热传导使焊接接头的冷速很快，使铁素体到奥氏体的相变来不及充分进行，可能使较多的铁素体一直保留到室温，使焊缝与高温热影响区保持较多的铁素体含量。因此焊后状态的焊缝和高温热影响区中所含铁素体含量总是要比相同化学成分的固溶状态的母材要高。超低碳的含钼不锈钢由于奥氏体形成元素的碳含量低，含钼又提高了铁素体形成能力（铬当量），焊接接头更易产生较高的铁素体含量。

由于铁素体相存在低温脆性，铁素体含量高对不锈钢的低温韧性起不利影响，因此低温用奥氏体不锈钢尤其是焊缝应控制铁素体含量不宜过高。ASME—2013 中规定，当应用温度 <−196℃ 时，316L 型的焊缝铁素体含量应 < 5%。EN 13445：2009 中规定，低温用奥氏体钢当焊缝铁素体含量超过 12% 时，应要求 −196℃ 时 $KV_2 \geqslant 40J$。德国西门子公司的材料采购规范规定，−269℃ 用的 X2CrNiN18-10（1.4311）铁素体含量应 ≤0.1%，X2CrNi19-11（1.4306）应 ≤5%。

全奥氏体不锈钢的焊缝中没有铁素体或铁素体含量很低时，焊缝中易产生热裂缝。全奥氏体不锈钢凝固结晶时产生柱状晶和树枝状奥氏体结晶。钢中的硫、磷、硅、铌形成的化合物的熔点低，在基体凝固结晶时，这些化合物如 FeS 等会呈液态或半液态被集中于奥氏体柱状晶和树枝状结晶的奥氏体的晶间。奥氏体的热膨胀系数大，冷却收缩的变形量较大，对晶间形成的拉应力较大。而晶间的低熔点化合物或共晶尚未完全凝固，基本上还没有形成强度，在奥氏体晶体冷却收缩的拉应力作用下很易开裂。如果钢中铬当量与镍当量的比值稍高些，凝固时同时产生奥氏体相和部分铁素体相。两相结晶的晶粒较小，晶界宽幅较窄，高温时铁素体的热膨胀系数仅为奥氏体的 2/3，两相冷却收缩时所产生的对晶间的拉应力要比奥氏体单相小，晶间的低熔点化合物或共晶比较不易开裂，含铁素体的奥氏体不锈钢对凝固热裂纹的敏感性要小。铁素体含量可降低凝固热裂纹的敏感性。试验表明凝固热裂纹敏感性降低的顺序为：310、316、347、321、304。一般认为焊缝中含4%~10%的铁素体含量时可以有效抑制热裂纹。低温用奥氏体不锈钢应从低温韧性和抗热裂性能两方面来考虑铁素体含量的影响。

实际上在常用的奥氏体不锈钢牌号中18-8、18-12-Mo不锈钢占绝大部分，常易含铁素体（尤其是焊缝）。而全奥氏体的牌号主要为高镍或高镍铬或中氮型的钢，应用量均较少，即使低温用奥氏体不锈钢也是这样。各国压力容器标准中所推荐采用的低温用奥氏体不锈钢牌号中，全部或大部分为18-8、18-12-Mo型牌号。典型的全奥氏体钢如305（10Cr18Ni12）、310（20Cr25Ni20）很少用于低温。

可以采用降低钢中硫、磷、硅等易形成低熔点化合物的杂质元素含量的方法来降低热裂纹敏感性。例如EN 13458-2：2002附件C中推荐用于>-196℃的应变强化用的6个牌号均为18-8型。EN 13445：2009中推荐用于-196℃和-273℃的非螺栓用的共25个牌号中，18个牌号属18-8或18-12-Mo型，7个牌号可能为全奥氏体钢。按照EN不锈钢标准，所有18-8和18-12-Mo型含铁素体的牌号中均要求S≤0.015%；P≤0.045%（仅X5CrNi18-10中P≤0.25%），Si≤1.00%；所有7个可能为全奥氏体不锈钢的牌号均要求S≤0.010%、P≤0.025%或0.030%、Si≤0.25%或0.50%或0.70%。即全奥氏体不锈钢均采用了降低硫、磷、硅的方法来控制热裂纹，而18-8和18-12-Mo钢主要靠铁素体含量来控制热裂纹。

可按照不锈钢的化学成分计算出镍当量与铬当量，按图7-3~图7-6的组织图分别估算出钢材与焊缝中的铁素体含量。由于只有固溶于基体中的合金含量才能对奥氏体和铁素体的形成能力起作用，但一般只掌握钢中的合金的化学分析含量（平均含量），按此含量查组织图所得铁素体含量是不准确的，只可用于半定量的估计。

此外由于历史原因各组织图所采用的镍当量与铬当量计算公式也稍有差别，因此在检验铁素体含量时不宜采用此种方法，只宜采用磁性法或金相法。

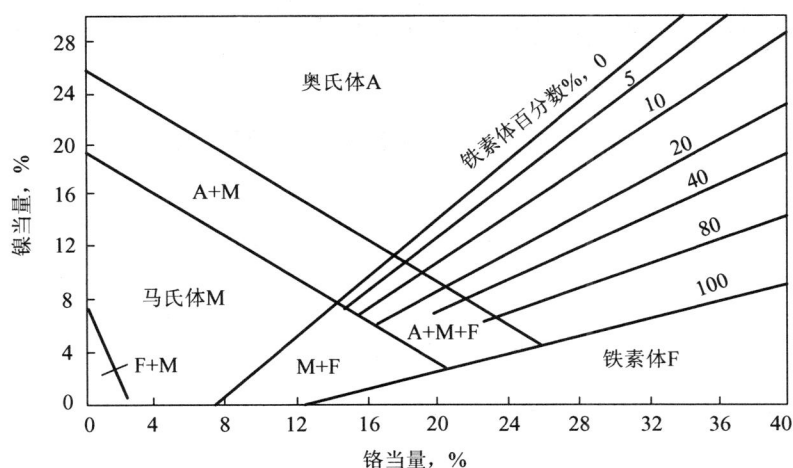

图7-3 Schaeffler组织图（主要用于焊缝，也用于压力加工材）

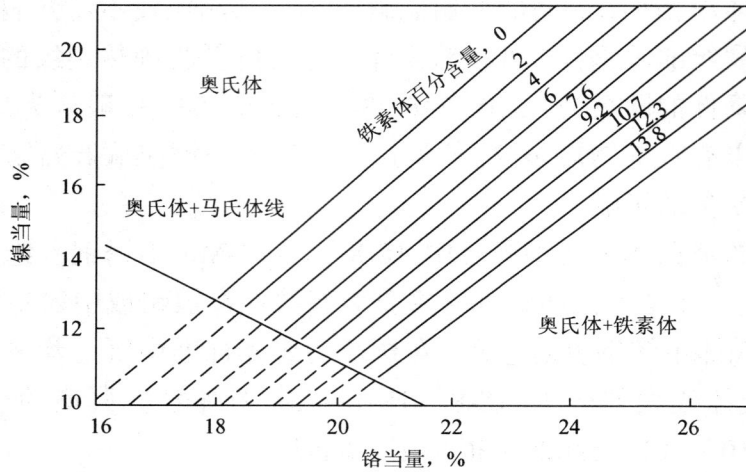

图 7-4 Delong 组织图（适用于焊缝）

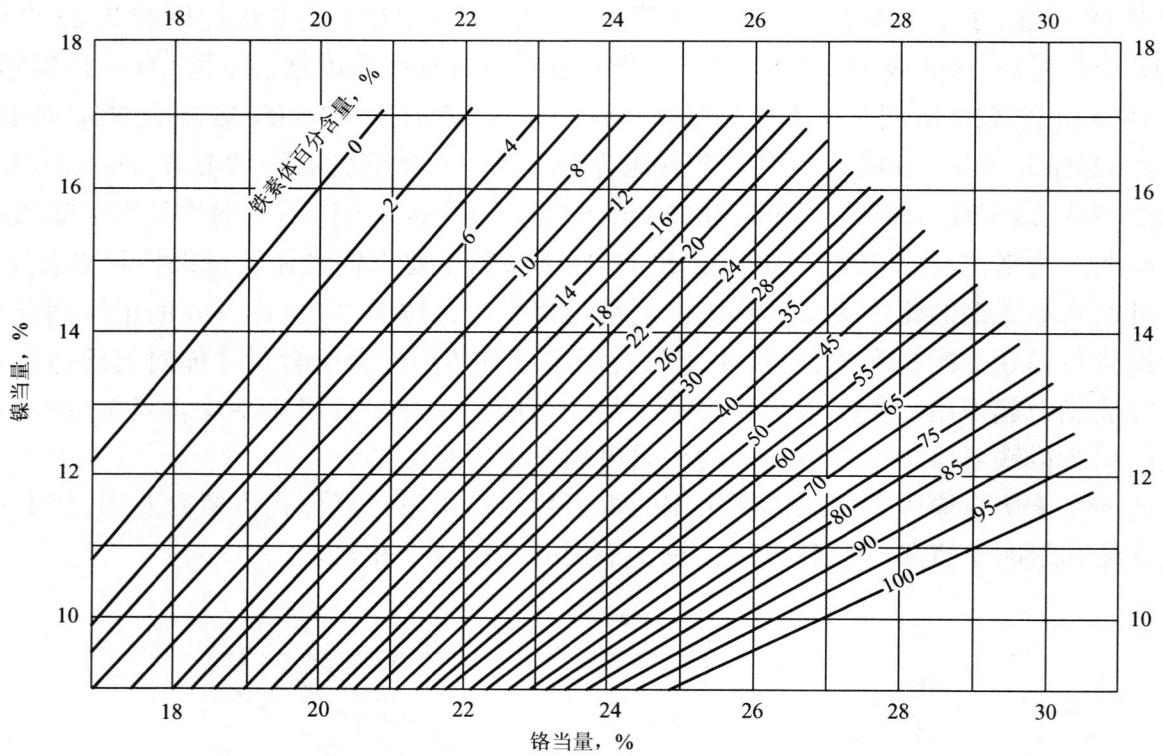

图 7-5 WRC—1992 组织图（适用于焊缝）

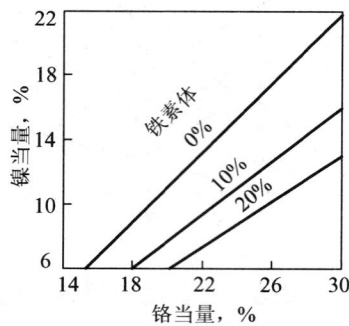

图 7-6 Hammond 组织图（适用于压力加工材）

7.3.4 马氏体相的影响因素

7.3.4.1 马氏体相变机构

奥氏体不锈钢在固溶处理温度时碳在奥氏体基体中的溶解度约为 0.1%，常用低碳级牌号 C≤0.08%，超低碳级牌号 C≤0.03%。室温时碳的溶解度低于 0.02%。固溶快冷时过饱和的碳来不及析出，在室温时几乎全部碳含量都过饱和地溶于奥氏体基体中。由于室温时原子已不能扩散，碳过饱和溶于奥氏体基体中的这种非稳定状态可以保持。但在低于某一温度后，面心立方晶格的奥氏体会开始无扩散性地相变成为马氏体，这一相变的起始温度称为马氏体点 Ms。随着温度的降低，马氏体相的量会逐渐增多，但在某一低温下保持时马氏体的量并不明显增多。奥氏体不锈钢的马氏体点 Ms 一般低于室温，有些牌号可低于-196℃，也有牌号直到-273℃绝对零度也不会仅由于低温而产生马氏体相变。

碳素钢或低合金钢淬火时奥氏体相变形成的马氏体为体心立方晶格，而奥氏体不锈钢中由奥氏体相变成的马氏体有两种形态，一种为具有体心立方晶格的 α' 马氏体，呈磁性，可用磁性法测定；另一种为具有密集六方晶格的 ε 相，为非磁性，可用 X 射线测定。由于 ε 马氏体总是与 α' 马氏体相伴随而出现，有人认为 ε 相是由奥氏体相转变为 α' 相过程中的一种中间过渡相。但也有人主张 ε 相就是存在于奥氏体不锈钢中的一种独立形成的相。一般认为 α' 相对不锈钢性能影响更重要，常可代表马氏体相的作用。

奥氏体不锈钢的马氏体相变亦遵循相变热力学条件，相变驱动力为马氏体相与奥氏体相的化学自由能差。马氏体相变是一种无扩散的点阵畸变型组织转变，马氏体相和奥氏体相之间具有明显的晶体学取向关系，通过剪切机构产生大规模，有规则的原子排列的变化而迅速完成，相变时基体要产生均匀的切变，切变应力受应变能的控制。降温是相变驱动力的重要因素。

表7-9中比较了铁碳合金与不锈钢中体心立方晶格和面心立方晶格的铁素体相和奥氏体相在相似温度时碳的溶解度。很明显，体心立方晶格中碳的溶解度要比面心立方晶格中碳的溶解度低十倍到数十倍。在奥氏体相变为 α' 马氏体时化学成分并无变化，碳含量也并无变化。体心立方晶格的 α' 马氏体中碳的溶解度要比面心立方晶格的奥氏体小得多。在相同碳含量时，碳在 α' 马氏体中的过饱和度要比在奥氏体中的过饱和度高得多。使 α' 马氏体大大增加了位错密度，产生严重的点阵畸变，导致明显的应变强化（或称相变强化），致使强度提高，韧性塑性下降。

表 7-9 体心立方晶格与面心立方晶格中碳溶解度的比较

铁碳合金				不锈钢			
体心立方晶格 铁素体相		面心立方晶格 奥氏体相		体心立方晶格 铁素体相（Cr26%）		面心立方晶格 奥氏体相	
温度/℃	碳溶解度/%	温度/℃	碳溶解度/%	温度/℃	碳溶解度/%	温度/℃	碳溶解度/%
1495	0.09	1148	2.11	1093	0.04	约 1100	约 0.1
727	0.0218	727	0.77	927	0.004	约 927	约 0.04
600	0.01						
室温	0.006			室温	< 0.004	室温	约 0.02

碳原子直径较小，仅为 0.18nm，而铁为 0.25nm，铬为 0.26nm。碳在不锈钢中的溶解只能属于间隙式溶解，与金属原子的置换式溶解相比，其固溶强化尤其是过饱和固溶强化的作用要大得多。这也是 α' 马氏体相韧性低的原因之一。

奥氏体不锈钢相变产生的 α' 马氏体中的碳含量基本上为奥氏体不锈钢中的全部碳含量。当碳含量较低时，体心立方晶格的 a，b，c 三个晶格常数相同。当碳含量较高时，晶格畸变严重，可使 c/a > 1，成为具有长方度的体心立方晶格。碳含量越高，正方度 c/a 值越大，韧性越低，可称为体心四方晶格。

7.3.4.2 马氏体相含量的影响

在奥氏体不锈钢中，奥氏体相在一定条件下可相变成为马氏体相。固溶状态的奥氏体不锈钢中没有马氏体，有的牌号即使温度降到 −273℃ 也可能没有马氏体相变。在有些条件下，钢中绝大部分奥氏体可以相变成为马氏体，但不可能全部奥氏体都相变成为马氏体。奥氏体相变成为马氏体后，马氏体的韧性要比相同低温时的奥氏体明显降低，而钢中的马氏体相的含量可以在 0 到 90% 左右变动，因此马氏体含量的多少对钢的低温韧性的高低影响很大，常为关键影响因素。

7.3.4.3 低温对马氏体相韧性的影响

在温度降到开始产生马氏体相变的最高临界温度——马氏体点 Ms 时，奥氏体会开始自发相变为马氏体。温度越低，马氏体相变的过冷度越大，相变的热力学驱动力越大，奥氏体相变成为马氏体的量越多，钢的低温韧性的降低越大。如在某一低温下保持，相变生成的马氏体相的量也会保持一定的量，不会随保温时间的延长而增大。如果在某一低温下相变生成了一定量的马氏体相，在温度升到室温左右时，马氏体相并不会重新回复成为奥氏体相，而能保持原来已有的马氏体含量。如对含有马氏体的奥氏体钢重新进行固溶处理，可消除钢中的马氏体成为奥氏体。

随着温度的降低，奥氏体相和铁素体相的韧性均稍有降低。马氏体相的韧性也稍有降低，但并不明显。低温对奥氏体不锈钢韧性的影响主要是由该低温下有多少奥氏体相变成为马氏体的数量来呈现的。

7.3.4.4 冷变形对马氏体相韧性的影响

压力容器构件的冷变形一般均在室温下进行。冷变形对马氏体相最主要的作用为促进马氏体相变。室温时由于温度一般高于 Ms 点，单靠温度的热力学驱动力不足以使奥氏体相自发转变为马氏体。冷变形的塑性变形过程中，外加应力也会作为马氏体相变的驱动力，补充了室温热力学驱动力的不足，可使钢材在室温时也可能形成马氏体相变。由冷变形诱发马氏体转变的最高温度称为 Md 马氏体点。具体的 Md 值应与冷变形量有关，Md 温度高于同一钢材的 Ms 温度。

由图 7-7 和图 7-8 可见，在同一温度下冷变形，应变量越大，所形成的马氏体量越多。在同一应变量时，变形温度越低，形成马氏体的量也越多。马氏体含量越多，低温韧性也越低。

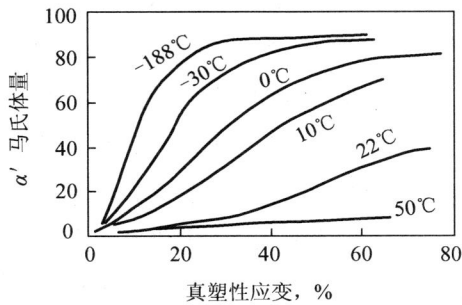

图 7-7 变形量与变形温度对 18Cr-8Ni 不锈钢中 α' 马氏体相变量的影响

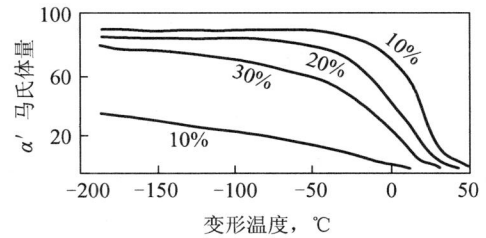

图 7-8 变形温度与真塑性应变量（%）对 18Cr-8Ni 不锈钢中 α' 马氏体相变量的影响

由于压力容器构件的冷变形均在室温进行，可以不考虑低温变形的影响。但由图 7-7 可见，0℃、10℃、22℃及 50℃均可认为是室温变形，在相同应变量的情况下，这几种温度变形所得到的马氏体量相差很大。因此在一般压力容器构件冷成形时，应尽量在较高温度时变形，可比在较低温度时变形产生少得多的马氏体量，可以获得较高的低温韧性，对于应变强化型的压力容器而言，现行标准中只规定了最大冷变形量（如 10%），应变强化操作一般在室温下进行，没有严格规定操作温度。应变强化也通过产生马氏体相变提高钢中的马氏体含量来提高钢材的屈服强度，在较低温度（如 0℃）进行应变强化可获较高的马氏体含量，对提高钢材的强度是有利的。但较高的马氏体含量对经应变强化的构件在低温应用时希望保持较高韧性的要求又是不利的。如果在较高温度（如 50℃）进行应变强化则仅获得较低的马氏体含量。要获得所要求的高屈服强度则需增加变形量，更多依靠奥氏体本身的应变强化（没有相变）来提高屈服强度。较低马氏体含量的应变强化构件可能在低温应用时有较好的韧性。因此依据具体情况，较严格地控制应变强化的操作温度是重要的。

提高变形速率如能由于变形发热导致构件材料的温度上升，可减少 α' 马氏体的生成量。压力容器构件的冷成形过程中一般不会由于变形而明显提高构件材料的温度，因而变形速率对马氏体形成量的影响不大。小试样在提高变形速率时，变形发热可能会提高小试样的温度，减少马氏体生成量，小试样的这种试验结果不一定适用于大构件。

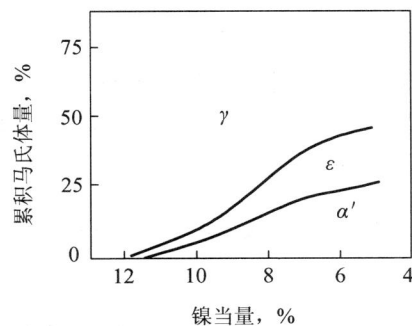

γ ——奥氏体区域；
ε ——ε 马氏体区域；
α ——α' 马氏体区域。

图 7-9 铬含量 18% 的奥氏体不锈钢在 21℃冷轧变形量 30% 后，镍当量对马氏体量的影响

由图 7-9 可见，当钢中镍当量超过 12%时，在 21℃冷轧变形量 30%时也不会产生马氏体。因此并不是对于任何奥氏体不锈钢，冷变形都会产生马氏体。对在某一低温下，进行一定的冷变形量，可形成一定量的马氏体。冷变形量越大，马氏体量也越多。但在最低的温度下，无论进行多大的冷变形量，总不会全部奥氏体相都转变为马氏体相。马氏体相达到一定量后即趋于"饱和"，不会再增加，这也属于奥氏体的"稳定化"。从冷变形对马氏体含量的影响而言，马氏体含量的幅度可从 0 到约 90%，因而对低温韧性的影响较大。但由于压力容器构件的冷变形仅在室温进行，按 GB 150—2011 的规定， −100℃以下低温用的奥氏体不锈钢允许冷变形后可不进行相应热处理的冷变形量不允许超过 10%，因而压力容器构件冷变形后奥氏体不锈钢中所形成的马氏体相含量常不会太多，例如多不超过 20%～40%，对降低钢材低温韧性的影响是有限的。

冷变形可在拉应力下变形，也可在压应力下变形。钢材的冷轧，冷拉等制钢工艺主要在压应力下冷变形。压力容器构件的滚园，弯曲，翻边，冲压以及液压应变强化等制造工艺主要在拉应力下冷变形。在拉应力下和在压应力下变形对奥氏体转变为马氏体的相变会有一些不同的影响。在压力容器构件中，主要只考虑以拉应力为主的对冷变形的影响。

冷变形对奥氏体不锈钢中的三种相本身分别都具有应变强化的作用。由于奥氏体相为面心立方晶格，屈服强度低，塑性好，在变形应力作用下很易滑移变形，使强度，硬度的提高和塑性，韧性的降低比较明显。而马氏体相为体心立方晶格，本身的强度，硬度高，塑性、韧性低，在相同的变形应力下，能产生的塑性变形很小，变形应力对马氏体应变强化的作用很小。可以认为冷变形的作用主要是诱发马氏体相变，提高钢中马氏体相的含量，使低温韧性有所降低。马氏体相本身的应变强化作用是很次要的。

7.3.4.5 奥氏体稳定性对马氏体相变的影响

低温与冷变形是诱发奥氏体相变为马氏体的主要外部条件，奥氏体相的稳定性则是奥氏体相变为马氏体的重要内在影响因素。奥氏体不锈钢中的奥氏体相按其稳定性可分为稳定型奥氏体和亚稳定型奥氏体两类。固溶状态的奥氏体不锈钢，如经降温、冷变形后奥氏体相较容易逐渐相变为马氏体者称为亚稳定型奥氏体相，如不能或很难相变为马氏体者称为稳定型奥氏体相。

一般认为，当奥氏体不锈钢中奥氏体的形成能力较强，而铁素体形成能力较弱时，钢中不易含有铁素体相，奥氏体不锈钢中的奥氏体相可为稳定型奥氏体相。当奥氏体不锈钢中奥氏体的形成能力较弱，而铁素体形成能力较强时，钢中容易形成铁素体相，奥氏体钢中的奥氏体相可为亚稳定型奥氏体相，奥氏体不锈钢为亚稳定型不锈钢。大部分常用的18-8、18-12-Mo 奥氏体不锈钢均为亚稳定奥氏体不锈钢，而 305（10Cr18Ni12）、310（20Cr25Ni20）、904L（015Cr21Ni26Mo5Cu$_2$）及一些超级奥氏体不锈钢属稳定型奥氏体钢。

不锈钢中的奥氏体形成元素大多可提高奥氏体相的稳定性，铁素体形成元素大多可降低奥氏体相的稳定性。

有时也不一定完全如此。例如低温奥氏体不锈钢中的铬含量常为 16%～31%。铬含量在不锈钢中为铁素体形成元素，但由于铬含量在不锈钢中常较高，对降低开始马氏体相变温度 Ms 和 Md 时常起主要作用，Ms 和 Md 的降低也是奥氏体相稳定性提高的表现。

含铜奥氏体不锈钢中含铜量多为≤2%，也可以为 1%～4%。铜为弱的奥氏体形成元素，铜的镍当量仅为 0.3%。铜在奥氏体不锈钢中更重要的作用为在冷变形时可显著降低冷作硬化，可减少冷变形诱发马氏体相变的作用。日本和法国曾在较早的标准中推荐含铜奥氏体不锈钢用于低温压力容器，如日本牌号 SUS 316J1（-196℃）、SUS 316J1L（-268℃）。法国牌号 Z2NCDU 25-20、Z2NCDU 25-25-05AZ、Z2CNDU 17-16、Z1NCDU 25-20、Z1NCDU31-27、Z1NCDU 25-25-05AZ、Z1CND 25-22AZ、Z1CNDU 20-18-06AZ 均可用于 -196℃。由于含铜奥氏体不锈钢的热成形性能较低，在耐蚀不锈钢中含铜奥氏体不锈钢主要用来提高在硫酸等还原性介质中的耐蚀性，而低温钢可不考虑耐蚀性，因此近年低温用奥氏体不锈钢已很少用含铜钢。

锰在一般的铬镍奥氏体不锈钢中常作为非主要元素（杂质），锰含量一般≤2%。只在铬锰氮不锈钢和铬锰镍氮不锈钢（200 系）中才加入大量锰，以部分取代镍的奥氏体形成能力。锰属于弱的奥氏体形成元素，锰的镍当量为 0.5%，如以镍含量的两倍的锰取代铬镍奥氏体不锈钢中全部或部分镍，成为铬锰氮或铬锰镍氮类的奥氏体不锈钢，即使其镍当量相同，铬锰氮或铬锰镍氮奥氏体不锈钢也会比铬镍奥氏体不锈钢更容易发生马氏体相变，马氏体的生成量明显增多。降温或冷变形时都会生成较多的 α' 和 ε 马氏体。早期前苏联、法国等曾在低温压力容器用奥氏体不锈钢中推荐采用一些铬锰镍氮和铬锰氮奥氏体不锈钢牌号，如前苏联的 10X14Г14H4T（-260℃），03X20H16AГ6（-269℃），法国的 Z4CMN18-08-07AZ（-253℃）。近年低温用奥氏体不锈钢已基本不推荐采用铬锰镍氮和铬锰氮不锈钢，只采用铬镍不锈钢。

在铬镍奥氏体不锈钢中，提高奥氏体稳定性的合金元素主要是镍和氮。镍的含量常较高。中国规定镍含量低于30%才是不锈钢，镍含量30%～50%为铁镍基合金。因此不锈钢中的镍含量均低于30%。含镍量最高的牌号为 S31782（015Cr21Ni26Mo5Cu2），镍含量＜28%，相当于美国的 904L。美国和 EN 则将有些镍含量高于30%的牌号也列入不锈钢标准中，如美国的 UNS N08020 镍含量最高可为 38%，EN 的 X2NiCrALTi32-20（1.4558）镍含量最高可为 35%。氮和碳对奥氏体稳定性的提高均有很大的作用。由于碳含量高会提高马氏体中碳的过饱和度，降低马氏体的低温韧性，因此低温用钢的碳含量一般不超过0.08%。而氮含量对降低马氏体的低温韧性并无明显影响。氮在奥氏体相中的溶解度很高，当铬含量为25%时，在固溶温度时氮在奥氏体相中的溶解度可达 1.4%。在铬含量为18%时，在固溶温度时氮在奥氏体相中的溶解度可达 0.9%。一般控氮型牌号中含氮≤0.1%或≤0.11%，许多中氮钢中氮含量可达 0.3%，高合金中氮钢含量可达 0.6%，氮对提高奥氏体稳定性起着重要作用。低温用奥氏体不锈钢中除含钛、铌的牌号外，都采用控氮型或中氮型含氮钢。

7.3.4.6 合金成分对马氏体起始相变温度的影响

奥氏体不锈钢的奥氏体相中除钴外的所有合金元素都能不同程度地降低奥氏体相开始产生马氏体相变的最高临界温度-马氏体点 Ms 和 Md。奥氏体相中的合金元素含量越多，Ms 和 Md 温度越低，奥氏体相越不易相变成马氏体。对于 α' 马氏体的形成已经建立起了

Ms（α'）和 Md（α'）（30/50）点与合金成分的经验公式：

Ms（α'）=1305−61.1[Ni]−41.7[Cr]−33.3[Mn]−27.8[Si]−1667[C+N]

Md（α'）（30/50）=413−9.5[Ni]−13.7[Cr]−8.1[Mn]−9.2[Si]−18.5[Mo]−462[C+N]

公式中，Ms（α'）为 α' 马氏体相变起始温度，Md（α'）（30/50）为冷变形真应变量 30% 产生 50% α' 马氏体的相变起始温度，单位为℃。合金元素符号表示奥氏体相中该合金元素的质量百分数。当奥氏体不锈钢为全奥氏体不锈钢时，奥氏体相的合金含量与不锈钢中的含量相同。当奥氏体不锈钢中含有少量铁素体相时，奥氏体相中的合金含量与不锈钢的平均含量相差不多。由于奥氏体相中的合金含量较难测定，公式可用不锈钢的实测平均含量代替奥氏体相中的合金含量，误差不会很大。

铬镍奥氏体不锈钢中铬和镍的含量较多，两公式中铬和镍的系数也较大，因而铬镍含量常起主要作用。氮含量常比碳含量高，起的作用也较大。Ms（α'）的公式中未列入钼，而 Md（α'）（30/50）的公式中列入了钼，说明只有在冷变形后钼才起到明显的作用。此应为含钼钢的特点。由于 α' 马氏体和 ε 马氏体的 Ms 和 Md 较接近，两公式虽仅为 α' 马氏体的公式，可认为与整个马氏体的 Ms 和 Md 是接近的。

马氏体起始相变温度仅为马氏体相变降低韧性的一个因素。韧性主要由马氏体相的量所决定。Ms 和 Md 可在牌号选用时作为一个参数因素。不宜作为检验考核指标。

Ms（α'）为钢材没有冷变形时的参数，Md（α'）（30/50）为 30% 真应变量时的参数。压力容器非螺栓构件一般要经受冷变形，且冷变形量不超过 10%。因而压力容器非螺栓构件上的奥氏体不锈钢的马氏体起始相变温度值应在两公式的值之间。

EN 13445：2009 标准对低温压力容器非螺栓构件用压力加工奥氏体不锈钢的牌号作了明确的规定，有较好的代表性，压力加工材可用至−196℃的牌号 15 个，可用至−273℃的牌号 10 个，现将这些牌号按 EN 10088-1：2005 不锈钢牌号标准中规定的化学成分的上限、下限和平均值分别计算出 Ms（α'）和 Md（α'）（30/50）值列于表 7-10。如将 18-8 型和 18-12-Mo 型作为亚稳定性奥氏体的牌号，高合金的牌号作为稳定型奥氏体的牌号，按平均成分的 Ms（α'）和 Md（α'）（30/50）马氏点温度范围列于表 7-11，由表 7-10 和表 7-11 可见：

（1）下限成分的马氏体点为最高温度，上限成分的马氏体点为最低温度，两值相差很大。因此对同一牌号，合金成分在标准范围内波动时，马氏体点可在很宽的温度范围（如数百度）内波动；

（2）某牌号按平均成分所得的马氏体点温度对该牌号有较好的代表性，表 7-11 中，可用于−196℃的牌号，Ms（α'）均低于−196℃；可用于−273℃的牌号，Ms（α'）均＜−273℃（按−273℃计）。稳定型奥氏体牌号的 Ms（α'）和 Md（α'）（30/50）低于亚稳定型奥氏体牌号；

表 7-10 EM 13445：2009 用低温奥氏体不锈钢的 Ms（α'）和 Md（α'）（30/50）

许用最低温度/℃	奥氏体稳定性	相应习惯牌号	EN 牌号		Ms（α'）/℃			Md（α'）（30/50）/℃		
			数字牌号	牌号	上限成分	平均成分	下限成分	上限成分	平均成分	下限成分
-196	亚稳定型	304	1.4301	X5CrNi18-10	（-544）	（-316）	87	-62	18	97
		304L	1.4307	X2CrNi19-9	（-478）	-196	87	-44	77	197
		321	1.4541	X6CrNiTi18-10	（-448）	-201	46	-24	36	95
		347	1.4550	X6CrNiNb18-10	（-445）	-200	46	-24	36	95
		316	1.4401	X5CrNiMo17-12-2	（-655）	（-331）	-6	-117	-31	55
		316L	1.4404	X2CrNiMo17-12-2	（-588）	（-297）	-6	-100	-23	55
		316Ti	1.4571	X6CrNiMoTi17-12-2	（-386）	-206	-25	-77	-14	50
		316Nb	1.4580	X6CrNiMoNb17-12-2	（-386）	-206	-25	-77	-14	50
		317	1.4436	X3CrNiMo17-13-3	（-622）	（-324）	-25	-118	-39	41
		317L	1.4432	X2CrNiMo17-12-3	（-549）	（-287）	-25	-110	-35	41
		317LMN	1.4439	X2CrNiMoN17-13-3	（-864）	（-606）	（-347）	-212	-137	-61
	稳定型	S31254	1.4547	X1CrNiMoCuN20-18-7	（-1200）	（-1039）	（-878）	（-317）	-266	-215
		25-25-5	1.4537	X1CrNiMoN25-25-3	（-1965）	（-1666）	（-1366）	（-453）	（-381）	（-309）
		904L	1.4539	X1NiCrMo25-20-5	（-1449）	（-1202）	（-954）	（-315）	-232	-149
		N08926	1.4529	X1NiCrMo25-20-7	（-1657）	（-1431）	（-1204）	（-389）	（-323）	-256
-273	亚稳定型	304L	1.4306	X2CrNi19-11	（-590）	（-323）	-56	-65	-3	71
		304LN	1.4311	X2CrNiN18-10	（-724）	（-434）	-144	-104	-34	37
		316LN	1.4406	X2CrNiMoN17-11-7	（-738）	（-469）	-199	-146	-74	-1
		317L	1.4435	X2CrNiMo18-14-3	（-732）	（-450）	-167	-135	-60	15
		317L	1.4438	X2CrNiMo18-15-4	（-814）	（-517）	-219	-170	-88	-5
		317LN	1.4429	X2CrNiMoN17-13-3	（-833）	（-544）	-255	-170	-67	36
		317LN	1.4434	X2CrNiMoN18-12-4	（-841）	（-543）	-244	-193	-89	15
	稳定型	310L	1.4335	X1CrNi25-21	（-1414）	（-1165）	（-916）	（-286）	-219	-152
		310MoLN	1.4466	X1CrNiMoN25-22-2	（-1570）	（-1358）	（-1145）	（-313）	-254	-195
		No8028	1.4563	X1NiCrMoCu31-27-4	（-1131）	（-1372）	（-1612）	（-430）	（-357）	（-283）

注：括号中的值可视为-273℃时的值，即接近绝对零度。

表 7-11 亚稳定型与稳定型奥氏体牌号平均成分的 Ms（α'）和 Md（α'）（30/50）

许用最低温度/℃	Ms（α'）/℃		Md（α'）（30/50）/℃	
	亚稳定型奥氏体牌号	稳定型奥氏体牌号	亚稳定型奥氏体牌号	稳定型奥氏体牌号
-196	< -196	< -273	77 ~ 137	-232 ~ -273
-273	< -273	< -273	-3 ~ -89	-219 ~ -273

注：低于-273℃的值按-273℃计。

（3）冷变形后的马氏体点可参考平均成分的 Md（α'）（30/50）温度，含钼奥氏体不锈钢的值明显低于非含钼钢。从马氏体点来考虑，冷变形的奥氏体不锈钢采用含钼钢是有利的。钼为形成和稳定铁素体的元素，易使钢中产生铁素体相，并降低奥氏体相的稳定性。

7.3.4.7　碳含量对马氏体相韧性的影响

铬镍奥氏体不锈钢在固溶温度时碳的溶解度约为 0.10%。当钢中碳含量≤0.08%时碳基本上均可溶于奥氏体基体中。快冷到室温时，碳基本上均可过饱和溶解于奥氏体钢中。奥氏体相相变为马氏体相系无扩散相变，碳仍均过饱和地溶于马氏体相中。马氏体中的碳含量越高，碳的过饱和溶解度越大，造成的晶格点阵畸变越严重，马氏体本身的韧性就越低。因而低温用奥氏体不锈钢只采用碳含量≤0.08%、≤0.03%、≤0.02%三种碳含量的牌号。由表 7-10 可见，用于–273℃的牌号只采用 C≤0.03%和≤0.02%的碳含量。所用稳定型的奥氏体钢只采用 C≤0.02%的碳含量。

对于 C≤0.08%的低碳型奥氏体不锈钢而言，钢中加入适量的钛或铌，并在 850℃～900℃的稳定化热处理后，钛与铌可充分地与碳结合形成碳化钛和碳化铌。即使在固溶温度时，仍可有部分碳以碳化钛和碳化铌的形式存在，这样都会使奥氏体相中溶解的碳含量减少。因此固溶处理状态的奥氏体不锈钢中奥氏体中过饱和溶解的碳含量会减少，奥氏体相变为马氏体相后，马氏体中碳的过饱和度也会减小，这样会使马氏体的低温韧性也下降得较少。加入的钛和铌实际上起了降低碳含量的作用。因此含钛、铌的奥氏体不锈钢对提高低温韧性也是有利的。当然碳化钛与碳化铌存在于奥氏体中对韧性有些不利作用，但不太明显。

7.4　牌号成分

7.4.1　一般压力容器非螺栓用低温钢

7.4.1.1　牌号应用概况

在一些压力容器标准及不锈钢材料标准中对低温用的不锈钢牌号的规定并不具体，由于绝大部分奥氏体不锈钢牌号都可用作–196℃级，标准中只用了原则性说明，对于可用作–273℃级的牌号的规定则较少。如 GB 150—2011 中只说明奥氏体不锈钢如用于≥196℃时可免做冲击试验，没有推荐具体牌号，也未提及宜用于–273℃级的牌号。ASME—2013只提及 304、304L、316、316L、321、347 及 C≤0.10%的奥氏体不锈钢材及焊接热影响区在用于≥196℃时，焊缝在≥–104℃时，可免检冲击试验。ASTM A312—2001奥氏体不锈钢无缝管标准中说明 304、304L、347 用于不低于–250℃时可免检冲击试验。BS5500：1997 中规定奥氏体不锈钢用于≥–196℃时无特殊检验要求。ISO 与 EN 的承压不锈钢板标准中标明耐蚀级的奥氏体不锈钢材均可保证–196℃的 KV_2≥60J（个别含铌牌号 KV_2≥40J）。只有 EN 13445：2009、AD—2000 及 JIS B8270—1993 压力容器标准及 NF A36-209—1990 压力容器用不锈钢板标准中分别规定了–196℃级和–273℃级可用的具体牌号，列于表 7-12。可作为一般压力容器（非应变强化）非螺栓构件用低温奥氏体不锈钢牌号的代表。概况如下：

表7-12　部分压力容器与承压不锈钢材料标准中规定可采用的低温奥氏体不锈钢牌号

按铬含量分类	合金类型	习惯牌号	碳含量%	合金特点	EN数字牌号	EN 13445: 2009 ≥-196℃	EN 13445: 2009 ≥-273℃	AD—2000（采用EN牌号）≥-200℃	AD—2000（采用EN牌号）≥-270℃	JIS B8270—1993 ≥-196℃	JIS B8270—1993 ≥-268℃	NF A36-209—1990 ≥-196℃	NF A36-209—1990 ≥-253℃	相应GB牌号 统一数字代号	相应GB牌号 牌号
Cr≤19%	18Cr-8Ni	304	低碳级		1.4301	X5CrNi18-10		X5CrNi18-10		SUS304		Z4CN19-10 Z6CN18-09 Z7CN18-09		S30408	06Cr19Ni10
		304	低碳级		1.4303			X4CrNi18-12							
		304N	低碳级	中氮	1.4315								Z6CN19-09AZ	S30458	06Cr19Ni10N
		304L	超低碳		1.4306		X2CrNi19-11		X2CrNi19-11		SUS304L	Z1CN18-12 Z3CN18-10		S30403	022Cr19Ni10
		304L	超低碳		1.4307	X2CrNi18-9									
		304LN	超低碳	中氮	1.4311	X2CrNiN18-10	X2CrNiN18-10		X2CrNiN18-10				Z3CN18-10AZ	S30453	022Cr19Ni10N
		S30600 304L+Si	低碳级	含硅	1.4361							Z1CNS17-15			
		321	低碳级	稳定化	1.4541	X6CrNiTi18-10			X6CrNiTi18-10	SUS321		Z6CNT18-10		S32168	06Cr18Ni11Ti
		347	低碳级	稳定化	1.4550	X6CrNiNb18-10		X6CrNiNb18-10		SUS347		Z6CNNb18-10		S34778	06Cr18Ni11Nb
		347H	0.04~0.10	耐热型	1.4912					SUS347H				S347779	07Cr18Ni11Nb
	18Cr-12Ni-Mo	316	低碳级		1.4401	X5CrNiMo17-12-2		X5CrNiMo17-12-2		SUS316		Z7CND17-11-02		S31608	06Cr17Ni12Mo2
		316L	超低碳		1.4404	X2CrNiMo17-12-2		X2CrNiMo17-12-2			SUS316L	Z3CND17-11-02		S31603	022Cr17Ni12Mo2
		316LN	超低碳级	中氮	1.4406	X2CrNiMoN17-11-2	X2CrNiMoN17-11-2		X2CrNiMoN17-11-2				Z3CND17-11AZ	S31653	022Cr17Ni12Mo2N
		316Ti	低碳级	稳定化	1.4571	X6CrNiMoTi17-12-2			X6CrNiMoTi17-12-2				Z6CNDT17-12	S31668	06Cr17Ni12Mo3Ti
		316Nb	低碳级	稳定化	1.4580	X6CrNiMoNb17-12-2		X6CrNiMoNb17-12-2					Z6CNDNb18-12	S31678	06Cr17Ni12Mo2Nb
		316+Cu	低碳级	含铜						SUS316JI				S31688	06Cr18Ni12Mo2Cu2
		316L+Cu	超低碳	含铜							SUS316J1L			S31683	022Cr18Ni14Mo2Cu2
		316H	0.04~0.10	耐热型						SUS316H				S31609	07Cr17Ni12Mo2

表7-12（续）

按铬含量分类	合金类型	习惯牌号	碳含量 %	合金特点	EN 数字牌号	EN 13445:2009 ≥-196℃	EN 13445:2009 ≥-273℃	AD—2000（采用EN牌号）≥-200℃	AD—2000（采用EN牌号）≥-270℃	JIS B8270—1993 ≥-196℃	JIS B8270—1993 ≥-268℃	NF A36-209—1990 ≥-196℃	NF A36-209—1990 ≥-253℃	统一数字代号	相应GB牌号
Cr≤19%	18Cr-12Ni-Mo	317	低碳级		1.4436	X3CrNiMo17-13-3		X3CrNiMo17-13-3		SUS317			Z6CND18-12-03 Z4CND18-12-03	S31708	06Cr19Ni13Mo3
		317L	超低碳		1.4432	X2CrNiMo17-12-3						Z3CND17-12-03			
					1.4435		X2CrNiMo18-14-3	X2CrNiMo18-14-3			SUS317L	Z3CND-18-12-03		S31703	022Cr19Ni13Mo3
			超低碳		1.4438		X2CrNiMo18-15-4					Z3CND19-15-04			
		317LN	超低碳	中氮	1.4429		X2CrNiMoN17-13-3		X2CrNiMoN17-13-3				Z3CND19-14AZ	S31753	022Cr19Ni13Mo4N
					1.4434		X2CrNiMoN18-12-4								
		317LMN	超低碳	中氮 高钼	1.4439	X2CrNiMoN17-13-5			X2CrNiMoN17-13-5					S31723	022Cr19Ni16Mo5N
Cr>19%	高合金	309S	低碳级							SUS309S				S30908	06Cr23Ni13
		310S	低碳级							SUS310S				S31008	06Cr25Ni20
		310L	超低碳（C≤0.02）		1.4335		X1CrNi25-21					Z1CN25-20			
		310MoLN	超低碳（C≤0.02）	中氮	1.4466		X1CrNiMoN25-22-2					Z2CND25-22AZ		S31053	022Cr25Ni22Mo2N
		S31254	超低碳（C≤0.02）	中氮 高钼	1.4547	X1CrNiMoCuN20-18-7								S31252	015Cr20Ni18Mo6CuN
		25-25-5	超低碳（C≤0.02）	中氮 高钼	1.4537	X1CrNiMoN25-25-5						Z2NCDU25-25-05			
		904L	超低碳（C≤0.02）	高钼	1.4539	X1NiCrMo25-20-5						Z2NCDU25-20		S31782 S39042	015Cr21Ni26Mo5Cu2
		No8926	超低碳（C≤0.02）	高钼	1.4529	X1NiCrMo25-20-7									
		No8028	超低碳（C≤0.02）	含钼、铜	1.4563		X1NiCrMoCu31-27-4					Z2NCD31-27			
Cr-Mn-Ni-N		202	低碳级	高锰、含氮	1.4373							Z4CMN18-08-07AZ		S35450	12Cr18Mn9Ni4N

（1）主要应用铬镍钢（300 系），过去也应用个别铬锰镍氮钢牌号，俄罗斯用 03X20H16AГ6（−269℃）；

（2）EN 13445：2009 中将铬镍奥氏体不锈钢按铬含量分为 Cr≤19% 及 Cr＞19% 两类牌号。Cr≤19% 的牌号主要为 18Cr-8Ni、18Cr-12Ni-2Mo 及 18Cr-12Ni-3Mo 等类型，多为亚稳定型奥氏体钢，在低温钢中应用较多；Cr＞19% 的牌号合金含量高，常为稳定型奥氏体钢，用作低温的较少；

（3）牌号的碳含量上限有 0.10%、0.08%、0.03% 及 0.02% 几种。氮含量有控氮型（≤ 0.11%）和中氮型（0.1%～0.4%），也有含硅、含铜的牌号。钼含量既用一般 ≤4% 的常规牌号，也用 Mo≤7% 的高钼牌号。可用含钛或铌的稳定化牌号。

7.4.1.2　牌号应用趋向

在表 7-12 中列出规定低温用压力加工奥氏体不锈钢牌号的四个标准中，JIS B 8270—1993 和 NF A36-209—1990 为早期标准，现已被取代（现版 JIS B 8265：2003 中未规定低温钢牌号），可视为早期对低温牌号的规定。AD—2000 中规定了 ≥−200℃ 用的 9 个牌号和 ≥−270℃ 的 6 个牌号。在此基础上，EN 13445：2002 规定了 ≥−200℃ 用的 15 个牌号和 ≥−270℃ 用的 10 个牌号。EN 13445：2009 中改将 15 个牌号规定用于 ≥−196℃，10 个牌号规定用于 ≥−273℃（另规定了用于 ≥−196℃ 的 5 个铸钢牌号，此处不讨论）。

在其他压力容器标准中，对不同低温级别规定应采用的牌号均不够具体和全面。因此按 EN 13445：2009 中的规定将牌号与其他较早的标准相比较，可以得到低温用奥氏体不锈钢的应用趋向如下：

（1）只应用铬镍奥氏体不锈钢，基本上不再采用铬锰镍氮奥氏体不锈钢；

（2）只应用 C≤0.08% 的牌号，不采用含碳量 0.04%～0.10% 的 347H、316H 耐热型牌号；

（3）一般牌号不采用非含氮钢，至少应采用控氮钢（N≤0.10% 或 0.11%）。低碳级的牌号不采用中氮钢（氮含量 0.1%～0.4%），C≤0.03% 的超低碳级的牌号才采用中氮钢。如不采用 304N、316N、317N，而采用 304LN、316LN、317LN、317LMN、310MoLN、S32154、1.4537 等；

（4）不用含硅钢如 S30600（1.4361）；

（5）Cr＞19% 的高合金钢只采用超低碳级（C≤0.03% 或 C≤0.02%），不采用低碳级（C≤0.08%），如 309S、310S。Cr≤19% 的牌号可采用低碳级；

（6）可采用低碳级稳定化牌号如 321、347、316Ti、316Nb；

（7）Cr≤19% 的牌号不用含铜钢，Cr＞19% 的高合金牌号有时可用含铜钢如 S31254、904L、N08028，可改善高合金牌号的冷成形性能。

7.4.1.3　−273℃ 级用牌号相对于 −196℃ 级的特点

主要比较 EN 13445：2009 中 −273℃ 级的 10 个牌号相对于 −196℃ 级 15 个牌号的合金特点：

（1）−196℃ 级的牌号可采用 C≤0.08% 的牌号。−273℃ 级的牌号中，当 Cr≤19% 时要求采用 C≤0.03% 的牌号；当 Cr＞19% 时的高合金牌号要求采用 C≤0.02% 的牌号；

（2）含钛或铌的稳定化牌号只用于-196℃级，不用于-273℃级；

（3）同一类型的牌号，镍含量高的牌号奥氏体稳定性高，可用于-273℃级，镍含量低的牌号奥氏体稳定性低，可用于-196℃级，见表7-13；

表7-13　同类型牌号按镍含量高低决定低温应用级别

牌号类型	EN 牌号		主要合金成分/%，上限或范围					应用低温级别
	数字牌号	牌号	C	N	Cr	Ni	Mo	
304L	1.4307	X2CrNi18-9	0.03	0.11	17.5~19.5	8.0~10.5		-196℃
	1.4306	X2CrNi19-11	0.03	0.11	18.0~20.0	10.0~12.0		-273℃
307L	1.4432	X2CrNiMo17-12-3	0.03	0.11	16.5~18.5	10.5~13.0	2.5~3.00	-196℃
	1.4435	X2CrNiMo18-14-3	0.03	0.11	17.0~19.0	12.5~15.0	2.50~3.00	-273℃
	1.4438	X2CrNiMo18-15-4	0.03	0.11	17.5~19.5	13.0~16.0	3.0~4.0	-273℃

（4）钼含量超过4%的牌号如1.4439、1.4547、1.4537、1.4539、1.4529只能用于-196℃级，不能用于-273℃级，钼为形成与稳定铁素体的元素，在合金元素较高的合金中含较高含量的钼，焊接接头在焊后状态时钢中易形成δ铁素体和σ相，降低韧性；

（5）中氮钢（钼含量低于4%）牌号，如304LN、316LN、317LN、310MoLN等主要用于-273℃级。

7.4.2　应变强化压力容器非螺栓用低温钢

ASME—2013，Case 2596-1《奥氏体不锈钢压力容器的冷延伸》和EN 13458-2：2002《低温容器——固定式真空绝热容器》的附件C《奥氏体不锈钢容器的压力强化》中对设计温度为50℃~-196℃的应变强化压力容器所用奥氏体不锈钢板材的牌号及拉伸性能列于表7-14。ASME中采用了7个牌号，EN中采用了6个牌号。特点如下：

表7-14　ASME—2013和EN 13458-2：2002中可用于应变强化的低温（≥-196℃）奥氏体不锈钢

习惯牌号	ASME—2013 Case 2596-1					EN 13458-2：2002，附件C							相应 GB 牌号	
	UNS牌号	R_m ≥ MPa	$R_{p0.2}$ ≥ MPa	A_{50} ≥ %	σ_K MPa	数字牌号	牌号	R_m ≥ MPa	$R_{p0.2}$ ≥ MPa	$R_{p1.0}$ ≥ MPa	A ≥ %	σ_K MPa	统一数字代号	牌号
304	S30400	515	205	40	270	1.4301	X2CrNi18-10	520	210	250	45	410	S30408	06Cr19Ni10
304N	S30451	550	240	30	247	1.4315	X5CrNiN19-09	550	270	310	40	470	S30458	06Cr19Ni10N
304L	S30403	485	170	40	293	1.4306	X2CrNi19-11	500	200	240	45	400	S30403	022Cr19Ni10
304LN						1.4311	X2CrNiN18-10	550	270	310	40	470	S30453	022Cr19Ni10N
321						1.4541	X6CrNiTi18-10	500	200	240	40	400	S32168	06Cr18Ni11Ti
347						1.4550	X6XNiNb18-10	500	200	240	40	400	S34778	06Cr18Ni11Nb
316	S31600	515	205	40	270								S31608	06Cr17Ni12Mo2
316N	S31651	550	240	35	247								S31658	06Cr17Ni12Mo2N
316L	S31603	485	170	40	293								S31603	022Cr17Ni12Mo2
316LN	S31653	515	205	40	270								S31653	022Cr17Ni12Mo2N

注1：容器拉伸性能的合格指标分别按ASTM A240—2007和EN 10028-7：2007承压不锈钢板标准。

注2：σ_K为压力容器壳体在室温下液压应变强化时允许达到的最大应力。

（1）EN 所用 6 个牌号均为 18Cr-8Ni 型牌号，ASME 所用 7 个牌号中 3 个牌号为 18Cr-8Ni 型，4 个牌号为 18Cr-12Ni-2Mo 型牌号。均为奥氏体不锈钢中合金含量最低的牌号。合金含量低，由冷变形诱发开始产生马氏体转变的最高温度——马氏体点 Md 也就高。在室温下冷变形能较容易开始产生由奥氏体到马氏体的相变。这些牌号均为亚稳定奥氏体钢，低温与变形均易促使马氏体相变达到应变强化的效果；

（2）碳含量采用了低碳级与超低碳级，碳含量高者应变强化所产生的马氏体强度也较高。应变强化作用更明显；

（3）采用了中氮钢，可提高强度，而对降低韧性的影响不大；

（4）不采用含铜钢，以免含铜会降低应变强化的作用；

（5）EN 采用了钛、铌稳定化钢。钛、铌可降低马氏体中的碳含量，增加钢中铁素体含量，有利有弊。ASME 中未用；

（6）ASME 中采用了含钼钢，钼会降低 Md 温度。EN 中未用；

（7）在同为 304、304N、304L 三种类型的牌号中，EN 牌号的强度和塑性指标均比 ASME 稍高。尤其是 EN 中可按 $R_{p1.0}$ 确定许用应力，而 ASME 仅按 $R_{p0.2}$ 确定许用应力。因而三类牌号应变强化的最大应力值 σ_K，EN 的值分别为 ASME 的值的 1.52 倍、1.9 倍、1.37 倍。按 EN 用材可明显节省材料用量。

将应变强化压力容器的设计温度上限定为 50℃，是因为在较高温度下长期运转可能会产生回复退火，降低应变强化所提高的强度。

两标准所推荐的牌号仅用于 ≥-196℃ 温度，如用于 <-196℃ 时对材料有更高的要求，如 EN 13458-2：2002 附件 C 中要求应在最低工作温度时 $R_{p0.2} \geq \sigma_K$，$A_5 \geq 25\%$，$KV_2 \geq 40J$。

规定应变强化在室温时进行，但室温温度范围内具体温度的高低对应变强化作用的影响仍然很明显，应适当控制。

7.4.3 压力容器螺栓用低温钢

低温螺栓的特点是在固溶状态的棒材基础上只进行机械切削加工，不进行成形和焊接，必要时也可进行热处理或应变强化处理，宜采用低温韧性和强度较高的牌号。有时要求较高的抗松弛稳定性即抗蠕变性能，以免工作时，易产生应力松弛。

一些压力容器标准与螺栓用材标准中规定采用的低温螺栓用奥氏体不锈钢牌号列于表 7-15。这些牌号的特点为：

（1）主要采用 18Cr-8Ni 及 18Cr-12Ni-2Mo 型牌号，没有采用 18Cr-12Ni-3Mo 牌号，仅个别牌号采用了高合金牌号；

（2）多数牌号采用了耐腐蚀钢类，部分牌号采用了抗蠕变钢类，可使螺栓在高应力载荷下具有良好的抗应力松弛性能；

（3）多数牌号的碳含量不高于 0.08%，其中部分牌号要求碳含量下限不低于 0.04% 或 0.03%。个别牌号碳含量上限可达 0.15% 或 0.12%，以保持较高的强度；

（4）许多牌号采用了控氮型与中氮型，可提高强度，同时保持较好的低温韧性；

（5）采用了 18Cr-8Ni 型的钛或铌稳定化钢，没有采用含钼的稳定化钢；

（6）采用了 305 型高镍稳定型奥氏体钢，有很好的低温韧性；

（7）采用 303Se 牌号，含硒后可提高螺栓大批量自动化切削加工性能；

表 7-15　压力容器与螺栓用材标准中低温螺栓用奥氏体不锈钢牌号

EN按应用分的钢类	合金类型	习惯牌号	碳含量%	合金特点	EN13445:2009 EN数字牌号	EN13445:2009 ≥-196℃	EN13445:2009 ≥-273℃	GB150—2011（螺母用）≥-253℃	ASTM A320—2007（螺栓用材）≥-200℃	ASTM A320—2007（螺栓用材）≥-255℃	JIS B8270—1993 ≥-268℃	BS 5500—1997 ≥-250℃	统一数字代号	相应GB牌号
耐腐蚀钢类	18Cr-8Ni	304	低碳级		1.4301	X5CrNi18-10		06Cr19Ni10	304	304	SOS304	304S31	S30408	06Cr19Ni10
					1.4303	X4CrNi18-12								
		304L	超低碳级		1.4307	X2CrNi18-9							S30403	022Cr19Ni10
		303Se	≤0.15	含硒					303Se				S30327	Y12Cr18Ni9Se
		304N	低碳级	中氮								304S71	S30458	06Cr19Ni10N
		304LN	超低碳	中氮						304LN	304LN		304S61	S30453	022Cr19Ni10N
		305	≤0.12	高镍（11%~13%）					305	305			S30510	10Cr18Ni12
		321	低碳级	稳定化				06Cr18Ni11Ti	321		SOS321	321S31	S32168	06Cr18Ni11Ti
		347	低碳级	稳定化						347	SOS347	347S31	S34778	06Cr18Ni11Nb
	18Cr-12Ni-2Mo	316	低碳级		1.4401	X2CrNiMo17-12-2		06Cr17Ni12Mo2	316		SOS316	316S31	S31608	06Cr17Ni12Mo2
		316L	超低碳		1.4404	X2CrNiMo17-12-2							S31603	022Cr17Ni12Mo2
		316N	低碳级	中氮								316S65	S31658	06Cr17Ni12Mo2N
		316LN	超低碳	中氮	1.4429		X2CrNiMoN17-13-3		316LN	316LN		316S61	S31653	022Cr17Ni12Mo2N
	25Cr-20Ni	310S	低碳级					06Cr25Ni20					S31008	06Cr25Ni20
抗蠕变钢类	18Cr-8Ni	304H	0.04~0.08		1.4948	X6CrNi18-10							S30409	07Cr19Ni10
		321H+B	0.04~0.08	含钛、硼	1.4941	X6CrNiTiB18-10								
	18Cr-12Ni-2Mo	316H+B	0.04~0.08	含硼	1.4419	X6CrNiMoB17-12-2								
		316+B.N	≤0.04	中氮，含硼	1.4910	X3CrNiMoBN17-13-3								
	25Ni-15Cr-2Ti	660（S66286）	0.03~0.08	含钛、钼、钒、硼	1.4980		X6NiCrTiMoVB25-15-2						S51525	06Cr15Ni25Ti2MoAlVB

（8）部分牌号含微量硼可提高钢的抗蠕变性能，也可提高热加工塑性；

（9）EN 13445：2009 中规定用于–273℃级的螺栓用材牌号为 X2CrNiMoN17-13-3（1.4429）和 X6NiCrTiMoVB25-15-2（1.4980）两个牌号，值得重视。其中 1.4980 为沉淀硬化型奥氏体不锈钢。$\phi22mm$ 的棒材，在 980℃×1h 油冷+718℃×16h 时效状态应用，室温时 R_m 可达 1000MPa，$R_{p0.2}$ 可达 635 MPa，A 可达 24%。–190℃时 KV_2=77J。在 900℃×5h 油冷+718℃×20h 时效状态应用，原 12.7mm 的板材–190℃时 KV_2=77J，–269℃时 J_{1c}=143KJ/cm^2，K_{1c}=180 MPa$\cdot\sqrt{m}$。强度高，低温韧性好，抗蠕变性能高，抗应力松弛性能好，适用于极低温高载荷的螺栓材料。中、美均有相应牌号，如中国的 06Cr15Ni25Ti2MoAlVB（S51525），美国 UNS 的 S66286（660）及 S66545（665）。

7.5　低温检验

7.5.1　用冲击吸收能 KV_2 衡量低温韧性的特点

冲击吸收能量 KV_2（J）即为冲击试样受到冲击载荷而断裂所消耗的能量（功）。试样受冲击后首先产生弹性变形，继而产生塑性变形，最后试样断裂。有时当材料的塑性和韧性很高时试样不会断裂，此时测不出具体的 KV_2 值，认为其韧性很高。冲击试样受冲击后，材料不论受拉受压，所消耗的能量可分三个部分：一为消耗于试样弹性变形的弹性功；二为消耗于塑性变形的塑性功；三为消耗于出现裂纹并产生断裂的撕裂功。有时将前两部分所消耗的功称为裂纹形成功，第三部分所消耗的功称为裂纹扩展功。弹性功、塑性功和撕裂功之和为冲击总功，数值应等于摆锤的冲击吸收能量 KV_2。三种功中只有塑性变形功与裂纹扩展撕裂功才能真正衡量材料的韧性（或脆性），弹性功对衡量材料韧性基本不起作用。由于 KV_2 包含了三种功之和，因而其中弹性功所占冲击总功的比例越小，KV_2 值越能准确衡量材料的韧性。现对三种功分别分析。

（1）弹性功

弹性功或称弹性比功，是金属在弹性变形过程中吸收变形功的能力。一般可用金属弹性变形达到弹性极限时单位体积吸收的弹性变形功表示。日常所说钢材弹性的高低即指钢材弹性比功的大小。冲击试验时试样缺口部位主要受到拉伸应力，此时

$$弹性比功 = \frac{（弹性极限）^2}{2\times弹性模量} \approx \frac{（屈服强度）^2}{2\times弹性模量}$$

由于屈服强度很接近弹性极限，弹性极限可用屈服强度替代。由于钢材的弹性模量都很近似（约 200GPa），影响弹性比功的主要因素是屈服强度。碳素钢与低合金钢等铁素体钢的屈强比常为 0.6～0.8，奥氏体不锈钢的屈强比常为 0.35～0.4。当两类钢的抗拉强度 R_m 差不多时，室温奥氏体不锈钢的屈服强度要比铁素体钢的屈服强度低得多。即奥氏体不锈钢的弹性比功要比铁素体钢低得多。在冲击试验时，奥氏体不锈钢所消耗的弹性功要比铁素体钢少得多。因此奥氏体不锈钢的 KV_2 值比铁素体钢的 KV_2 值更能较准确地衡量钢材的韧性。

尤其是在低温时，面心立方晶格的奥氏体不锈钢的屈服强度随温度降低而升高得很慢，如–196℃时的屈服强度仅比室温提高约 0.4 倍。而体心立方晶格的铁素体钢的屈服强

度随温度降低而升高得很快，如 $-196℃$ 时的屈服强度可为室温时的 4 倍。因此低温下冲击试验时，奥氏体不锈钢所消耗的弹性功更比铁素体钢少得多。奥氏体不锈钢的低温 KV_2 值比铁素体钢的低温 KV_2 值更能较准确地衡量钢材的低温韧性。低温冲击试验对检验奥氏体不锈钢低温韧性的适用性应超过低温铁素体钢。

（2）塑性功

塑性功为材料消耗于塑性变形所做的功。材料在抗拉强度相似时，屈强比低者塑性功越大，屈强比高者塑性功小。面心立方晶格的奥氏体不锈钢屈强比比体心立方晶格的铁素体钢低，其塑性功大，同时材料的伸长率 A 高者塑性功大，奥氏体不锈钢的室温伸长率一般都高于铁素体钢，塑性功也应高，因而奥氏体不锈钢的塑性功在冲击总功中所占比例要高于铁素体钢，KV_2 对衡量奥氏体不锈钢冲击韧性的适用性要高于铁素体不锈钢。

随着温度下降，抗拉强度明显提高，但奥氏体不锈钢的屈服强度提高甚慢，屈强比降低。而铁素体钢的屈服强度提高很快，屈强比提高。因此在低温冲击时奥氏体不锈钢的塑性功在冲击总功中所占比例要更高于铁素体钢。KV_2 对衡量奥氏体不锈钢的低温冲击韧性的适用性要更高于铁素体不锈钢。

（3）断裂功

抗拉强度高，断裂功也大。断裂功在冲击总功中所占比例也高。低温时抗拉强度会提高，许多奥氏体钢的强度不低于铁素体钢。

7.5.2 用侧膨胀值 LE 衡量低温韧性的特点

V 型缺口试样的夏比摆锤冲击试验中，除采用测定冲击吸收能量 KV_2 的方法衡量冲击韧性，还同时可用侧膨胀值 LE 的方法来衡量冲击韧性。美国对低温用奥氏体不锈钢以及一些高强度调质钢（如 9Ni 钢、8Ni 钢、5Ni 钢等）检测冲击韧性时，均主要要求检测 LE 值合格，有时也可同时采用 KV_2。

用根部开 V 型缺口的夏比试样测量材料抵抗三轴应力断裂的能力时主要应考虑此位置产生的变形量。变形主要是压缩变形，由于测量变形较困难，即使断裂以后也是如此，因此测定试样断后两截试样断面两侧的最大侧膨胀值 LE 来代表压缩变形量的高低，以衡量材料的冲击韧性。侧膨胀是由压缩应力所产生的变形。由于是在试样断裂后测量无载荷时的侧膨胀值，因此所测侧膨胀值并不包括压缩应力下的弹性变形的作用，仅为塑性变形所致。由于弹性变形对衡量冲击韧性基本不起作用，仅由塑性变形所产生的侧膨胀值能很好地衡量材料的冲击韧性。

冲击韧性的高低，取决于材料有无快速塑性变形的能力。材料的塑性高，一般冲击韧性也高，材料的塑性与强度的提高均能提高冲击韧性，塑性对韧性的影响更大。

在冲击试验中相对于测定 KV_2 值而言，测定 LE 值有以下特点：

（1）KV_2 值中包括了对冲击韧性无关的弹性功，使 KV_2 值与冲击韧性之间产生偏差。而 LE 值中不包括弹性变形的作用，仅为塑性变形的作用。因而 LE 值比 KV_2 更能较准确地衡量冲击韧性；

（2）当测定 KV_2 值的冲击试样的宽度小于标准试样 10mm 的宽度时，所测 KV_2 值应除以小试样的宽度与标准试样 10mm 的宽度的比值，才获得标准试样的 KV_2 值，而 LE 值对于不同宽度的试样均相同；

（3）ISO 和 EN 承压不锈钢材料标准中要求绝大多数奥氏体不锈钢在 20℃和-196℃的横向 KV_2 值不得低于 60J。一般要求标准抗拉强度 R_m 低于 650MPa 的碳素钢和低合金钢的低温横向 KV_2 值不得低于 18J ~ 40J，$R_m \geqslant 650MPa$ 的高强钢的低温 KV_2 值不得低于 27J ~ 47J。GB/T 229—2007《金属材料　夏比摆锤冲击试验方法》标准中规定，对每个试样的冲击吸收能量 KV_2 值应至少估读到 0.5J。这样对于 KV_2 值约为 10J 的测值也能具有较好的测量精度。LE 的测值为长度单位，一般读值要达到 0.05mm 也是不容易的。ASME 标准中要求奥氏体不锈钢在-196℃的 LE 值不应低于 0.38mm。如果奥氏体不锈钢 KV_2 值 $\geqslant 60J$ 的指标与 $LE \geqslant 0.38mm$ 的指标相当，那么低强度的铁素体钢 KV_2 值为 20J 时相当于 LE 值 0.13mm，KV_2 值 10J 时相当于 LE 值 0.06mm。对于冲击试样厚度小于 10mm 的试样的 KV_2 实测值可能更低，这时检测的 LE 值的误差会较大。从这一情况分析，美国规定对塑性高的奥氏体不锈钢和强度高的调质钢和 5Ni、8Ni、9Ni 低温钢，由于其塑性高或强度高，具有较高的低温冲击韧性，主要对其检测 LE 值。而对于 $R_m < 650MPa$ 的碳素钢和低合金钢，由于其强度不高，低温塑性常较低，具有较低的低温冲击韧性，因而对其检测 KV_2 值；

（4）KV_2 值与同一试样的 LE 值并不存在换算关系。如对于绝大部分奥氏体不锈钢，ISO 和 EN 要求-196℃时 $KV_2 \geqslant 60J$，而美国要求 $LE \geqslant 0.38mm$；而对于 $R_m \geqslant 650MPa$ 的高强度铁素体钢则要求低温横向 $KV_2 \geqslant 27J$，纵向 $KV_2 \geqslant 34J$，或 $LE \geqslant 0.38mm$。对 X2CrNiN18-10（1.4311）在室温-196℃和-269℃测定了 KV_2 值和 LE 值。室温时 KV_2 为 337J ~ 368J，LE 为 2.71mm ~ 2.82mm；-196℃ KV_2 值为 247J ~ 255J，LE 为 2.04 ~ 2.47；-269℃时 KV_2 为 217 ~ 240J，LE 为 2.14 ~ 2.3mm。

对 E308L-15（022Cr19Ni10）焊缝在-196℃进行了许多冲击试验，同时测定了 KV_2 值与 LE 值两数值的关系见图 7-10。相应关系为一个阴影区。

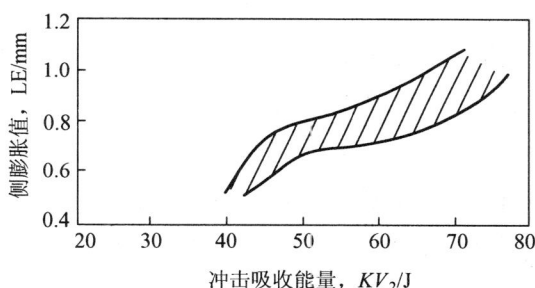

图 7-10　E308L-15 焊缝在-196℃时 KV_2 和 LE 之间的关系（阴影区），与焊接工艺焊材批次与渣系有关

冲击试样材料的不同成分，组织与性能以及不同的试验温度，对 KV_2 冲击吸收能量与 LE 的塑性变形量（侧膨胀量）当然会有不同的影响。因此，可以认为，KV_2 值与 LE 值只有定性的关系，即 KV_2 值高，LE 值也高；KV_2 值低，LE 值也低。只有相同的材料在相同的温度下试验，KV_2 值与 LE 值才可能有相应的定性关系。不存在对任何材料与试验温度都适用的共同的 KV_2 与 LE 值的数量关系。

7.5.3　衡量低温韧性的其他方法

测定低温韧性的方法除测定 KV_2 和 LE 外，还有其他方法，但不一定都适用于奥氏体不锈钢。

（1）夏比冲击试样断口表面的剪切断面率

冲击试样断口形貌，一为剪切断口常称为纤维断口，一为解理断口或称晶状断口。剪切断口的断面率越高，材料韧性越好。解理断口的解理断面率越高，材料的脆性越高，体心立方晶格的铁素体钢低于某一温度合金呈明显脆性，因而此法所测数据有时可供某些铁素体钢参考，面心立方晶格的奥氏体不锈钢一般没有明显的脆化现象，或极低温度（如－253℃～253℃以下）才有一些脆化现象，因此奥氏体不锈钢一般不用此方法。大多数冲击试样的形貌为剪切与解理断裂的混合状态，使断口评定带有很高的主观性。一般均不作为技术规范的内容。

（2）韧性脆性的转变温度

在系列低温下进行冲击试验，分别测定各温度下的 KV_2 值，或 LE 值，或剪切断面率，所测数据与试验温度的关系曲线包括了上平台，转变区和下平台。转变区往往为数据突变的一个温度区，一般不是某一个温度。规定转变温度可按以下几种判据：KV_2 值达到某一特定值时，如 KV_2=27J；KV_2 达到上平台的某一百分数，如 50%；LE 值达到某一个量，如0.9mm；剪切断面率达到某一百分数，如 50%。确定转变温度的判据可按协议或产品标准。面心立方的奥氏体不锈钢的韧性仅随温度下降而缓慢下降，一般没有明显的韧性转变温度，因而不进行此项测定。

（3）ASME 中规定，当奥氏体不锈钢的焊缝金属不属 316L 型，或焊缝中铁素体含量超过 5%，并且容器设计温度低于－196℃时，应在试验温度不低于设计温度时（即低于－196℃）进行缺口断裂韧性试验。采用 ASTM E1820 JIC 方法，要求横向 K_{1c}（J）不得低于 132MPa·$\sqrt{m}$（120 KSi·$\sqrt{in.}$）。断裂韧性是指金属材料中已有裂纹扩展的性能，一般多用于强度高，屈强比高，塑性韧性较低的铁素体钢。奥氏体不锈钢的屈强比低，塑性韧性高，一般情况下钢中不大会产生裂纹。此处由于设计温度低于－196℃，应在低于－196℃时进行试验，可能考虑到在很低温度下易产生奥氏体相到马氏体相的相变，由于马氏体相的塑性韧性低，有可能萌生裂纹，因此采用测定低温断裂韧性的方法来评定奥氏体不锈钢的低温韧性。此方法已在 ASME 中规定，但尚未见其他压力容器规范和标准采用。

7.5.4 压力容器用奥氏体不锈钢材标准中的低温性能检验要求

奥氏体不锈钢用于低温压力容器是重要的应用领域之一。因此压力容器用不锈钢材标准中应当列出有关奥氏体不锈钢材的低温性能以供设计制造中采用。这些低温性能可有拉伸性能（R_m、$R_{p0.2}$、$R_{p1.0}$、A 等），冲击韧性（KV_2、LE）以及物理性能（弹性模量、热膨胀系数、热导率、比热容等）。这些低温性能一般都不要求检验，但钢材厂应有大量试验数据为基础可予保证，使钢材的用户放心应用。低温韧性是低温压力容器用奥氏体不锈钢最重要的性能，绝大部分国家主要用 KV_2 值检测，美国主要用 LE 值检测，有时也用断裂韧性 KIC 标示。

各国压力容器用不锈钢材标准中对奥氏体不锈钢低温性能列出的情况差别甚大。ISO、EN 及 NF 的标准中列出数据较多，除列出低温拉伸性能和物理性能外，多数牌号都列出－196℃的 KV_2 保证值，NF 标准中还列出了部分牌号－253℃的 KV_2 保证值。BS 标准列出了部分锻件与棒材－196℃的 KV_2 保证值。ASTM 标准中仅说明少数管、棒材在一定温度以上时可以免检。中、日、俄等国的不锈钢材标准中则基本没有列出低温数据。

不锈钢材标准中列出了一些典型低温下可保证的冲击韧性值，一般都没有作为必保检验要求，而仅作为附加检验要求。奥氏体不锈钢材更多地用作耐腐蚀、耐热及抗高温蠕变时并不要求低温性能，只有用于低温时才要求低温性能。即使用于低温压力容器，并不要求检验低温韧性时，钢厂也应能保证标准中所列的低温韧性。只有当用户要求检验时，才作为检验项目。

压力容器用不锈钢材标准中对奥氏体不锈钢低温性能的检验要求列于表 7-16。对于同类牌号各国标准的检验要求并不相同。所用钢材标准中的检验要求应不低于所用压力容器标准中的检验要求才是可以接受的。

表 7-16　承压不锈钢标准对奥氏体不锈钢低温性能的检验要求

标 准 号	钢 材 类	牌号数量（与类型）	温度/℃	要求横向 KV_2/J 或 $LE \geqslant$/mm
ISO9328-7：2004	承压板	24	-196	60
		1（含铌）	-196	40
ISO9329-4：1997	承压无缝管	2（304、304L）	-195	71
		6（321、347，18-12-2）	-195	63
ISO9330-6：1997	承压焊接管	2（304、304L）	-195	71
		6（321、347，18-12-2）	-195	63
EN 10028-7：2007	承压板	24（耐蚀类）	-196	60
		1（含铌，耐蚀类）	-196	40
EN10216-5：2004	承压无缝管	21（耐蚀类）	-196	60
EN10217-7：2005	承压焊接管	19（耐蚀类）	-196	40
EN10222-5：2005	承压锻件	14（耐蚀类）	-196	60
		2（含铌，耐蚀类）	-196	40
EN10272：2000	承压轧棒	17（耐蚀类）	-196	60
		2（含铌，耐蚀类）	-196	40
BS1503：1980	承压锻件	6（304、304L、316L、316N）	-196	50
		2（321、347）	-196	40
BS1506：1986	承压螺栓用棒	3（304、316N）	-196	70
		2（321、347）	-196	60
		6（304N、304LN、316N、316LN）	-196	50
NF A36-209—1990	承压板	21	-196	70
		1（含铌）	-196	40
		7（含氮）	-253	50
NF A36-218—1988	承压特殊用板	9	-196	56
NF A49-117—1980	管线用无缝管	8	-196	80
NF A49-217—1981	换热用无缝管	5（18-8、18-12-2）	-196	80
		2（含氮 18-8、18-12-2）	-196	72

表 7-16（续）

标 准 号	钢 材 类	牌号数量（与类型）	温度/℃	要求横向 KV_2/J 或 $LE \geqslant$/mm
NF A36-607—1984	承压锻件	7（18-8、18-12-2）	-196	56
		3（含钛或铌）	-196	48
		3（18-8）	-196	120（参考值）
			-253	96（参考值）
		2（18-8 含钛或铌）	-196	104（参考值）
			-253	80（参考值）
EN10269：1999	紧固件用钢	6	-196	60
ASTM A312—2001a	无缝与焊接管	3（304、304L、347）	-254	20J 或 LE0.38mm（免检）
		C≤0.10%牌号	-198	20J 或 LE0.38mm（免检）
ASTM A320—2007	螺栓用材	7（304、303Se、305、316、321、304LN、316LN）	-200	免检
		4（304、305、347、304LN）	-255	免检

7.5.5　压力容器标准中对奥氏体不锈钢的低温性能检验要求

压力容器标准中对非螺栓构件的钢材、热影响区与焊缝应分别提出检验要求。对螺栓用材有不同的要求，应变强化容器与非应变强化容器有不同的规定。列于表7-17。

从表7-12、表7-15、表7-17中比较各国压力容器标准对低温用奥氏体不锈钢的牌号、应用温度及低温性能的检验等方面的具体规定，在许多方面并不相同：

（1）有的标准列出了在一定低温范围内规定可应用的具体牌号，有的标准并不规定具体牌号；

（2）规定可以免检的范围不同；

（3）低温韧性多数用 KV_2，美国主要用 LE，也用 K_{IC}，中国主要用 KV_2，有时也测 LE 作参考；

（4）同一牌号类型在同一低温条件下要求的 KV_2 合格指标有高有低；

（5）有的标准中对母材、热影响区、焊缝的低温韧性合格指标的要求相同，有的标准中对焊缝要求的指标低于母材；

（6）有的标准中规定冲击韧性检测温度不得高于最低设计温度，这基于冲击韧性随温度降低而降低的规律，但也有标准中规定检测温度可高于最低设计温度，甚至可在室温时检测。

中国压力容器标准中对非螺栓用材没有规定具体牌号，对于＜-196℃温度的检验也没有具体规定，承压不锈钢材料标准中也没有低温性能数据，对低温奥氏体不锈钢压力容器还有许多工作要做。在参考国外标准时也存在一个选择问题，需进行一些较基础的科研试验工作。

表 7-17　压力容器标准中对奥氏体不锈钢材与焊接接头低温性能的检验要求

标准号	受检材料	设计温度/℃	检验温度/℃	低温检验要求
GB 150—2011	非螺栓材料，螺柱用材，螺母用材	≥−196		免检
		<−196 ~ −253		按设计文件
	焊缝	−100 ~ −196	≤设计温度	KV_2≥31J，实测 LE
		−192 ~ −196	−192	KV_2≥31J，实测 LE
	螺栓用应变强化 S30408	<−100	≤设计温度	KV_2≥41J
ASME—2013	母材、热影响区、焊缝	≥−196	≤设计温度	LE≥0.38mm
	母材、热影响区（C≤0.10%）	≥−196		免检
	母材、热影响区（C≤0.10%）	≥48		免检
	铸钢	≥−29		免检
	焊缝、焊接工艺评定，C≤0.10%	≥−104		免检
	焊缝、焊接工艺评定，C>0.10%	≥−48		免检
	自熔焊接	≥−196		免检
	自熔焊接后固溶处理	任意		免检
	母材、热影响区、焊缝（用 316L 型焊材）	<−196	−196	LE≥0.53mm
	母材、热影响区、焊缝（用 316L 以外的焊材）	<−196	≤设计温度	K_{IC}（J）≥132MPa·$\sqrt{m}$
ASME—2013 case2596-1（应变强化）	规定牌号钢板	≥−196		免检
	焊缝与热影响区（焊接工艺评定）	−48 ~ −196	≤设计温度	LE≥0.38mm
		≥−48		免检
	产品检验	≥−196		免检
AD—2000	规定牌号非螺栓用材	≥−200	20	KV_2≥60J
		<−200 ~ −270	−196	KV_2≥40J
	焊缝	<−10	最低工作温度	KV_2≥32J
	焊接热影响区	任何低温	最低工作温度	KV_2≥27J
EN 13445—2009	规定牌号非螺栓用材	任何低温		
		<−75	室温	按 EN 10028-7：2007，厚度>20mm 时，KV_2≥60J（80J）
	焊缝与热影响区	<105	−196	KV_2≥40J
	规定牌号螺栓用材	任何低温	−196	KV_2≥40J
EN 13458-2：2002 附件 C（应变强化）	规定牌号钢板	≥−196	−196	按 EN 10028-7：2007，KV_2≥60J
	规定牌号钢板与焊缝	<−196	最低设计温度	KV_2≥40J，A_5≥25%
	规定以外的牌号与焊缝	≥−196	最低设计温度	KV_2≥40J，A_5≥25%
CODAP—2000	材料与热影响区	<20	≤最低设计温度	KV_2≥40J
	焊缝	<20	≤最低设计温度	KV_2≥27J
JIS B8270—1993	非螺栓规定牌号，R_m<490MPa	≥−268	≤最低设计温度	KV_2≥21J
	非螺栓规定牌号，R_m≥490MPa	≥−268	≤最低设计温度	KV_2≥27J
	焊缝，热影响区			免检或协议
	规定螺栓牌号	≥−268	≤最低设计温度	KV_2≥40J

注：JIS B8270—1993 已被 JIS B8265：2003 取代，JIS B8265：2003 中未规定具体的低温应用范围。

8 专用铬镍奥氏体不锈钢

铬镍奥氏体不锈钢应用最广泛。为了某些类型的专门用处，在普通牌号的基础上对化学成分进行了一些调整，增加了某些技术要求，可以提高在这些专门用处的耐蚀性，成为专用的铬镍奥氏体不锈钢。

8.1 高纯奥氏体不锈钢

当硝酸浓度和温度不高时，采用超低碳 18-8 钢 304L 和超低碳 25-20 钢 310L 可满足耐蚀要求。当硝酸浓度和温度较高时，不锈钢溶解于介质中可呈 Cr^{6+} 离子存在，提高了硝酸的氧化性，使不锈钢在硝酸中处于过钝化区或钝化与过钝化过渡区。不锈钢晶界的磷、硫、硅、硼等元素偏聚会使不锈钢产生非敏化晶间腐蚀。应尽量减少这些杂质含量。不锈钢中含钼后易促使钢中生成 α 相，在强氧化性的硝酸中易产生过钝化腐蚀，因而钼含量也应尽量减少。对高纯 304L 和 310L 的杂质要求列于表 8-1。高纯 304L 的类似牌号有瑞典 Sandvik2R12，在沸腾的 65%硝酸中固溶态腐蚀率约为 0.06mm/a～0.14mm/a。高纯 310L 类似牌号有 Sandvik2RE60、ASTM 的 UNS S31002 以及 EN 牌号 X1CrNi25-21（1.4335），在≤85%的硝酸中有良好的耐蚀性。中国的试验牌号 C18 和 C25 分别称为高纯 304L 和高纯 310L，杂质含量均很低，耐蚀性很好，但熔炼技术要求高，一直没有列入正式标准。高纯不锈钢对杂质含量的要求见表 8-1。

表 8-1　高纯 304L 和 310L 型不锈钢的杂质要求

类型	对杂质要求的来源		304L 和 310L 硝酸级奥氏体不锈钢的杂质要求（%，≤）						
			C	Si	Mn	P	S	Mo	B
一般级	GB/T 20878—2007 及 ASTM A959：2009 要求		0.03	0.75	1 或 2	0.045	0.03		
承压级	GB 24511—2009，S30403		0.03	0.75	2	0.035	0.02		
	EN 13445：2009	Cr≤19%				0.045	0.015～0.030		
		Cr＞19%				0.035	0.015		
理论要求	避免非敏化型晶间腐蚀			0.1		0.01			0.001
高纯304L	工程要求		0.015	0.1		0.02		0.2	
	Sandvik 2R12		0.02	0.1	0.8	0.015	0.010	0.1	
	中国试验牌号 C18		0.01	0.1	0.5	0.01	0.01		
高纯310L	工程要求		0.02	0.2		0.02		0.02	可含 Nb
	Sandvik 2RE10		0.02	0.3	0.8		0.015		
	EN 牌号，X1CrNi25-21（1.4335）		0.02	0.25	2	0.025	0.01	0.2	
	ASTM，UNS S31002		0.015	0.15	2	0.02	0.015	0.1	
	中国试验牌号 C25		0.01	0.1	0.5	0.1	0.1		

由图 8-1～图 8-4 可见，高纯度的奥氏体不锈钢要求比同类型的一般牌号具有良好的耐腐蚀性能。

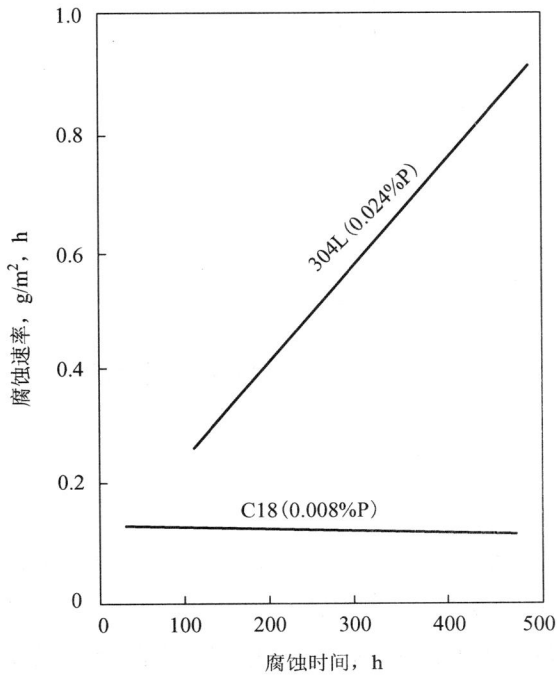

图 8-1 高纯 C18 和一般 304L 经 650℃，1h 敏化后在沸腾 65%硝酸中的腐蚀速率比较

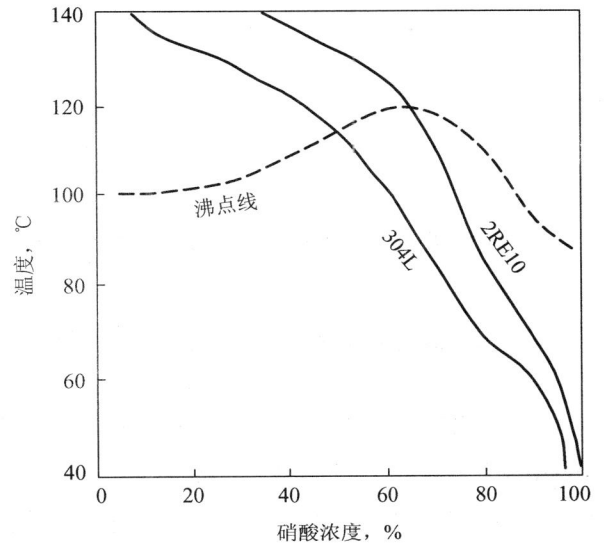

图 8-2 Sandvik 2RE10 与 304L 在硝酸中的等腐蚀曲线（0.1mm/a）

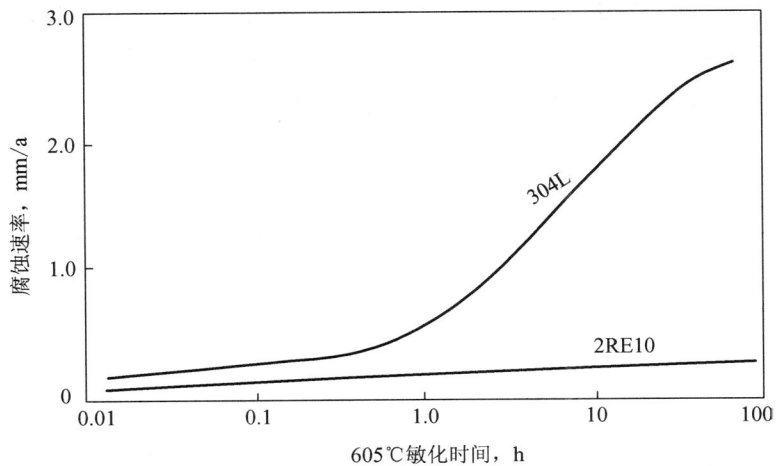

图 8-3 不同敏化时间的 304L 与 2RE10 在沸腾 65%硝酸中试验 5X48h 的腐蚀速度

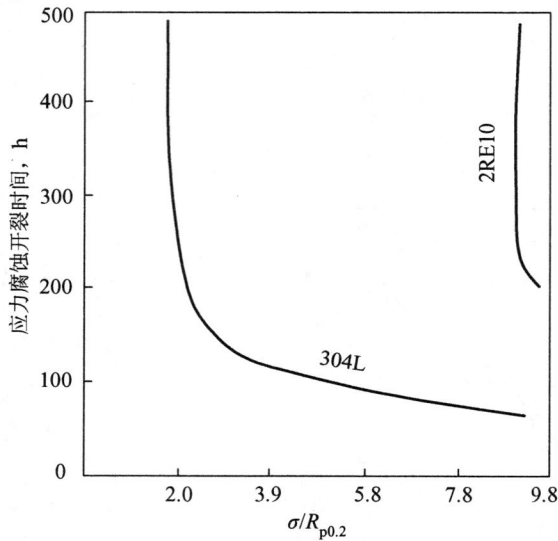

图 8-4　2RE10 与 304L 在 100℃ 40%CaCl$_2$+1g/L CuCl$_2$ 介质中的应力腐蚀开裂时间

8.2　高硅的铬镍奥氏体不锈钢

在一般的不锈钢中，硅大多不作为主要合金元素，而为杂质成分。板材管材常要求 Si≤0.75%；长材锻件常要求 Si≤1.00%。硅含量在 1% 以下时，硅含量的提高会降低耐硝酸腐蚀性能。当硅含量极低（如 0.1%）时，可明显提高耐硝酸腐蚀性能。当硅含量在 2%～7% 范围作为主要合金元素时，可提高耐浓硝酸腐蚀性能及耐氯化物溶液应力腐蚀性能，可称为高硅的铬镍奥氏体不锈钢。

主要国家不锈钢标准中的高硅奥氏体不锈钢的牌号对照见表 8-2。各国标准中的高硅的铬镍奥氏体不锈钢的化学成分见表 8-3。中国曾经研制过的高硅奥氏体不锈钢（非标准牌号）的化学成分见表 8-4。

ASME 压力容器标准从 2011a 版开始，在强制性附录 34《压力容器用高硅不锈钢的应用要求》中，采用了硅含量 3.7%～6.2% 的三个牌号可用于压力容器。这三个牌号为 UNS S30600，S30601 及 S32615。化学成分及技术要求见表 8-5。

表8-2 各国高硅奥氏体不锈钢牌号对照

类型	主要名义成分/%				GB		UNS	JIS	ISO		EN	
	C	Cr	Ni	Si	数字	牌号	牌号	牌号	数字	牌号	数字	牌号
	0.018	18	15	4			S30600				1.4361	X1CrNiSi18-15-4
	0.015	17.5	17.5	5.3			S30601					
	0.07	18	20	5.5			S32615					
耐蚀钢	0.03	14	16	6			S38815					
	0.08	18	13	4	S38148	06Cr18Ni13Si4		SUSXM15J1	S30577	X6CrNiSi18-13-4		
	0.08	19	12.5	3.3				SUS315J2	S31572	X6CrNiSiCuMo19-13-3-3-1		
	0.08	18	18	2			S38100, XM-15					
	0.08	19	10	3					S31573	X6CrNiCuSi19-10-3-2		
	0.15	18	9	3	S30240	12Cr18Ni9Si3	S30215, 302B	SUS302B	S30272	X12CrNiSi18-9-3		
	0.2	18	15	3.6			S30615					
耐热钢	0.2	20	14	2	S38240	16Cr20Ni14Si2						
	0.2	25	20	2	S38340	16Cr25Ni20Si2			S31072	X15CrNiSi25-21	1.4841	X15CrNiSi15-21
	0.2	20	12	2					S30572	X15CrNiSi20-12	1.4828	X15CrNiSi20-12
	0.09	21	11	2							1.4835	X9CrNiSiNCe21-31-2

表 8-3　各国标准中高硅的铬镍奥氏体不锈钢的化学成分

化学成分（范围或上限）/%

国别	数字	牌号	C	Si	Mn	P	S	Cr	Ni	Mo	N	Cu	其他
中	S30240	12Cr18Ni9Si3	0.15	2.00~3.00	2.00	0.045	0.030	17.00~19.00	8.00~10.00		0.10		
中	S38148	06Cr18Ni13Si4	0.08	3.00~5.00	2.00	0.045	0.030	15.00~20.00	11.50~15.00				
中	S38240	16Cr20Ni14Si2	0.20	1.50~2.50	1.50	0.040	0.030	19.00~22.00	12.00~15.00				
中	S38340	16Cr25Ni20Si2	0.20	1.50~2.50	1.50	0.040	0.030	24.00~27.00	18.00~21.00				
美	S30215	302B	0.15	2.00~3.00	2.00	0.045	0.030	17.0~19.0	8.00~10.00		0.10		
美	S30600		0.018	3.7~4.3	2.00	0.020	0.020	17.0~18.5	14.0~15.5	0.20		0.50	
美	S30601		0.015	5.0~5.6	0.50~0.80	0.030	0.013	17.0~18.0	17.0~18.0	0.20	0.05	0.30	
美	S30615		0.16~0.24	3.2~4.0	2.00	0.030	0.030	17.0~19.5	13.5~16.0				AL0.80~1.50
美	S30615		0.07	4.8~6.0	2.00	0.045	0.030	16.5~19.5	19.0~22.0	0.30~1.50		1.50~2.50	
美	S38100	XM-15	0.08	1.50~2.50	2.00	0.030	0.030	17.0~19.0	17.5~18.5				
美	S38815		0.030	5.5~6.5	2.00	0.045	0.020	13.0~15.0	15.0~17.0	0.75~1.50		0.75~1.50	AL0.30
日	SUS302B		0.15	2.00~3.00	2.00	0.045	0.030	17.00~19.00	8.00~10.00				
日	SUS315J2		0.08	2.50~4.00	2.00	0.045	0.030	17.00~20.50	11.00~14.00	0.50~1.50		0.50~3.50	
日	SUSXM15J1		0.08	3.00~5.00	2.00	0.045	0.030	15.00~20.00	11.50~15.00				必要时可加入其他
ISO	S31573	X6CrNiCuSi19-10-3-2	0.08	0.50~2.50	2.00	0.045	0.030	17.0~20.5	8.5~11.5	0.50~1.00		1.5~3.5	
ISO	S30572	X15CrNiSi20-12	0.20	1.50~2.50	2.00	0.045	0.030	19.0~21.0	11.0~13.0		0.10		
ISO	S30577	X6CrNiSi18-13-4	0.08	3.0~5.0	2.00	0.045	0.030	15.0~20.0	11.5~15.0				
ISO	S31572	X6CrNiSiCuMo19-13-3-3-1	0.08	2.5~4.0	2.00	0.045	0.030	17.0~20.5	11.0~14.0	0.50~1.50		1.5~3.5	
ISO	S31072	X15CrNiSi25-21	0.20	1.50~2.50	2.00	0.045	0.015	24.00~26.00	19.0~22.0				
ISO	S30272	X12CrNiSi18-9-3	0.15	2.00~3.00	2.00	0.045	0.030	17.0~19.0	8.0~10.0				
EN	1.4361	X1CrNiSi18-15-4	0.015	3.7~4.5	2.00	0.025	0.010	16.5~18.5	14.0~16.0	0.20	0.11		
EN	1.4828	X15CrNiSi20-12	0.20	1.50~2.50	2.00	0.045	0.015	19.0~21.0	11.0~13.0	0.11			
EN	1.4835	X9CrNiSiNCe21-11-2	0.05~0.12	1.40~2.50	1.00	0.045	0.015	20.0~22.0	10.0~12.0	0.12~0.20			Ce0.03~0.08
EN	1.4841	X15CrNiSi25-21	0.20	1.50~2.50	2.00	0.045	0.015	24.0~26.0	19.0~22.0	0.11			

表 8-4　中国研制过的高硅奥氏体不锈钢非标准牌号

牌号	简称	化学成分（范围或上限）/%								相应牌号
		C	Si	Mn	S	P	Cr	Ni	其他	
0Cr18Ni18Si2RE		0.08	2.0 ~ 2.5	0.6 ~ 1.0	0.030	0.03	17 ~ 19	17 ~ 19	RE（加入量，0.15）	USS18-18-2
00Cr14Ni14Si4	C₄	0.03	3.5 ~ 4.5	1.0	0.030	0.035	13 ~ 15	13 ~ 15		
00Cr17Ni15Si4Nb	C₂	0.03	3.5 ~ 4.5	1.00	0.030	0.035	16 ~ 18	14 ~ 16	Nb0.4 ~ 0.8	
00Cr20Ni24Si4Ti	C₆L	0.03	3.5 ~ 4.5	1.0	0.030	0.035	19 ~ 21	23 ~ 25	Ti0.2 ~ 0.6	

表 8-5　ASME—2013 用高硅奥氏体不锈钢的化学成分与标准要求（强制性附录 34）

UNS 牌号	化学成分（范围或上限）/%										材料标准
	C	Si	Mn	P	S	Cr	Ni	Mo	N	Cu	
S30600	0.018	3.7 ~ 4.3	2.00	0.020	0.020	17.5 ~ 18.5	14.0 ~ 15.5	0.20		0.50	SA-479，SA-182 SA-240，SA-312
S30601	0.015	5.0 ~ 5.6	0.50 ~ 0.80	0.030	0.013	17.0 ~ 18.0	17.0 ~ 18.0	0.20	0.05	0.30	SA-240
S32615	0.07	4.8 ~ 6.0	2.00	0.045	0.030	16.5 ~ 19.5	19.0 ~ 22.0	0.30 ~ 1.50		1.5 ~ 2.5	SA-479，SA-240 SA-213，SA-312

UNS 牌号	名义成分	要　　求
S30600	18Cr-15Ni-4Si	板厚≤50mm，管、棒直径≤100mm
S30601	17.5Cr-17.5Ni-5.3Si	焊件厚度≤25mm，弯曲直径为 4 倍试样厚 100mm 时，弯曲直径 38mm
S32615	18Cr-20Ni-5.5Si	焊件厚度≤13mm，冷轧板应按 ASTM E112 检验晶粒度 3 级或更细

UNS 牌号	固溶处理温度	R_m/MPa ≥	$R_{p0.2}$/MPa ≥	A/% ≥	焊接方法	最高应用温度
S30600	1 100 ~ 1 150	540	240	40	CTMAW，GTAW，PAW	300° F（149℃）
S30601	1 100 ~ 1 150	540	255	30	CTMAW，GTAW，PAW	500° F（260℃）
S32615	≥1 040	550	270	25	CTMAW，GTAW	400° F（204℃）

3 个牌号在压力容器中的最低应用温度为 -46℃，最高应用温度不高，不作为耐热钢，仅用作耐蚀钢。在 60℃以下各种浓度的硝酸中有好的耐蚀性，尤其用于硝酸浓度高于共沸浓度 68.4%的情况。在浓硝酸和浓硫酸混合酸中耐蚀性良好，耐氯化物应力腐蚀性能也很优良。

国内牌号 S38148（06Cr18Ni13Si4）成分与美国 S30600 接近，主要用于耐氯化物应力腐蚀。国内试验牌号 C2（00Cr17Ni15Si4Nb），成分与美国 S30600 更接近，但加入了铌。已在国内制造过许多硝酸设备应用，效果很好。但此牌号没有在国家标准中列入。

一般认为高硅奥氏体铬镍不锈钢应属耐高浓氯化物溶液应力腐蚀的专用材料之一。但实际上此类不锈钢没有在解决氯化物应力腐蚀的工程中大量应用。

EN 牌号 X1CrNiSi18-15-4（1.4361）应与 UNS S30600 相对应，但该牌号没有被 EN 13445：2009 采用。

不锈钢中硅含量对耐蚀性能的影响见图 8-5～8-10。不锈钢中硅含量提高易析出 σ 相，π 相等析出相，见图 8-11，可能降低耐蚀性与塑性、韧性。

含硅约 6% 的牌号和 SARAMET（00Cr17Ni17Si6）、SANDVIK SX（00Cr18Ni20Si6MoCu）以及中国的 SS920（00Cr11Ni22Si6Mo2Cu）等用于高温浓硫酸设备，耐蚀性能良好，但 SS-920 宜采用激光焊并焊后应固溶处理。SS-920 在浓硫酸中的等腐蚀曲线见图 8-12。

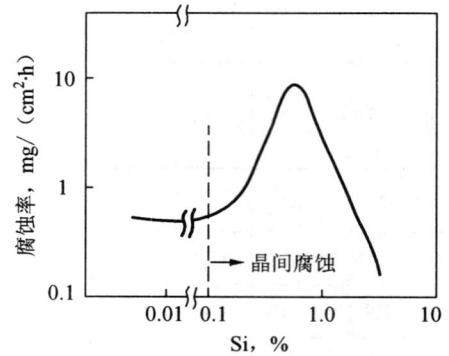

图 8-5　铬镍奥氏体不锈钢中的硅含量对在沸腾硝酸+Cr^{+6}溶液中非敏化态晶间腐蚀的影响

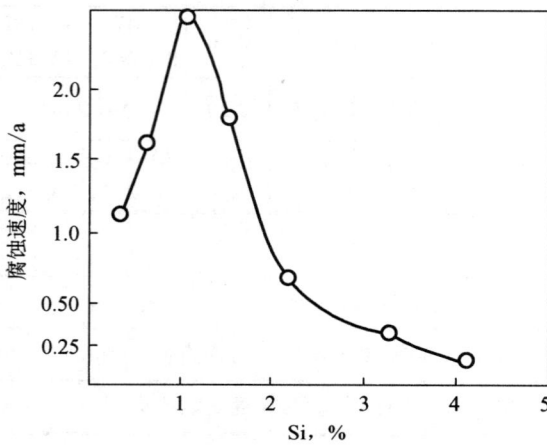

a）沸腾 98%HNO$_3$ 溶液

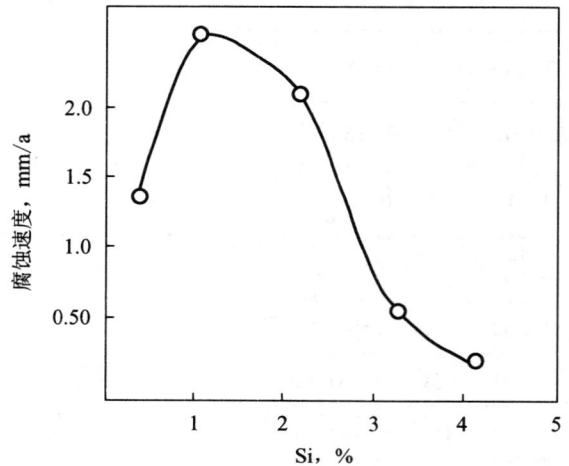

b）沸腾 28%HNO$_3$+1g/L Cr^{+6}溶液，硅含量超过 2% 均无晶间腐蚀

图 8-6　Cr18-Ni15-Si 超低碳奥氏体不锈钢中硅含量对腐蚀的影响

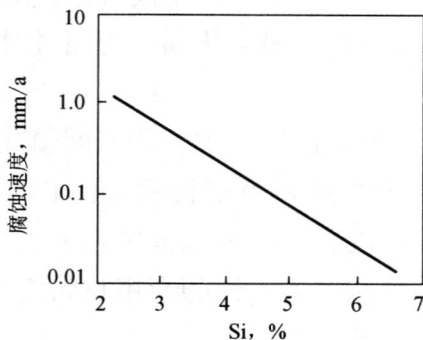

图 8-7　Cr18Ni（15～17）奥氏体不锈钢中硅含量对在高浓硝酸酸中耐蚀性的影响

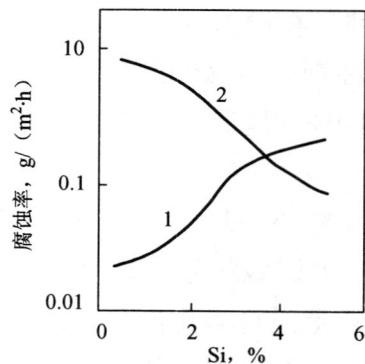

1——40%HNO$_3$；
2——40% HNO$_3$+0.2g/L Cr^{+6}溶液。

图 8-8　25%Cr 的铬镍奥氏体不锈钢中硅含量在沸腾硝酸中的耐蚀性的影响

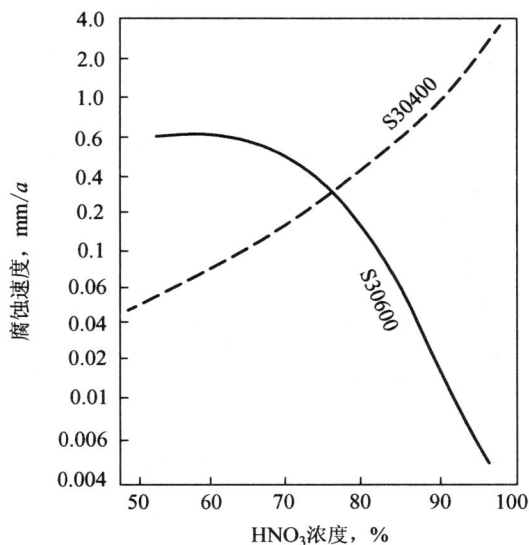

图 8-9 S30600 和 S30400 在沸腾浓硝酸中的耐蚀性

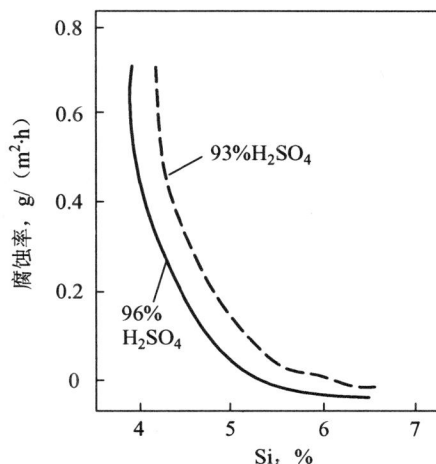

图 8-10 铬镍奥氏体不锈钢中不同硅含量对在 100℃硝酸中腐蚀的影响

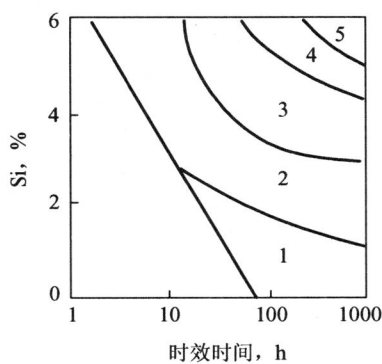

1 区——$M_{23}C_6$；
2 区——$\pi + M_{23}C_6$；
3 区——$\pi + M_{23}C_6 + \sigma$；
4 区——$\pi + \sigma$；
5 区——$\pi + \sigma + Cr_3Si$；
π 相分子式为 $M_{11}(C \cdot N)_2$。

图 8-11 含硅的 00Cr18Ni15 奥氏体不锈钢经 1 100℃固溶+600℃时效，不同硅含量与不同时效时间的析出相

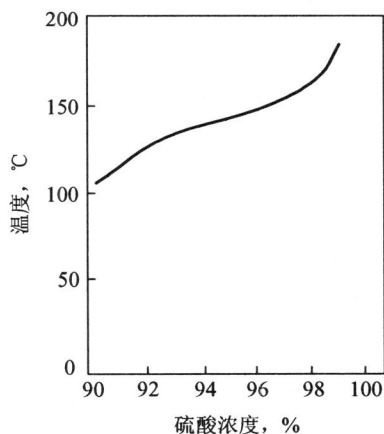

图 8-12 SS-920（00Cr11Ni22Si6Mo2Cu）在浓硫酸中的等腐蚀曲线（0.1mm/a）

8.3 尿素级奥氏体不锈钢

按照荷兰 Stamicarbon 工程规范，尿素级 316L 及尿素级 25-22-2 为用于尿素高压设备的耐尿素合成介质腐蚀用的奥氏体不锈钢牌号，已被我国有关尿素高压设备标准 GB 9842、GB 9843、GB 10476、HG 2952 采用。尿素级 316L 的化学成分为在一般的 316L 的基础上对 Cr、Mo、Ni、N 等元素含量作了进一步限制，要求铁素体含量≤0.6%，硝酸腐蚀检验要求腐蚀率≤0.6mm/a，选择性腐蚀深度横向≤70μm，纵向≤200μm。尿素级

25-22-2 以瑞典 Sandvik 2RE69 为基础，耐蚀性高于尿素级 316L，要求铁素体含量＜0.6%，硝酸法腐蚀率≤0.27mm/a，选择性腐蚀深度≤100μm。尿素级 316L、25-22-2 牌号的化学成分与非尿素级的一般牌号的比较列于表8-6。因此一般的不锈钢标准中的 316L 和 25-22-2 的成分与性能与尿素级 316L 和尿素级的 25-22-2 差别很大，尿素级的材料不应由一般不锈钢代用。

表 8-6　尿素级 316L、25-22-2 化学成分与一般牌号的比较

类型	标准	牌号	化学成分（%，未注明者为上限）								
			C	Si	Mn	P	S	Cr	Ni	Mo	N
316L	GB/T 20878—2007	S31603、022Cr17Ni12Mo2	0.030	1.00	2.00	0.045	0.030	16.00~18.00	10.00~14.00	2.00~3.00	
	GB/T 24511—2009	S31603、022Cr17Ni12Mo2	0.030	0.75	2.00	0.035	0.020	16.00~18.00	10.00~14.00	2.00~3.00	0.10
	ASTM A959—2009	S31603，316L	0.030	1.00	2.00	0.045	0.030	16.00~18.00	10.00~14.00	2.00~3.00	
	ASTM A240—2007	S31603，316L	0.030	0.75	2.00	0.045	0.030	16.00~18.00	10.00~14.00	2.00~3.00	0.10
	STAC 18005L 版	尿素级 316L	0.030	0.70	1.50~2.00	0.030	0.03	17.00~18.00	13.00~16.00	2.00~3.00	0.20
25-22-2 型	GB/T 20878—2007	S31053、022Cr25Ni22Mo2N	0.030	0.40	2.00	0.030	0.015	24.00~26.00	21.00~23.00	2.00~3.00	0.10~0.16
	ASTM A959—2009	S31050，310MoLN	0.030	0.40	2.00	0.030	0.015	24.00~26.00	21.0~23.0	2.00~3.00	0.10~0.16
	ASTM A240—2007	S31050，310MoLN	0.020	0.50	2.00	0.030	0.010	24.00~26.00	20.5~23.5	1.60~2.60	0.09~0.15
	GB/T 4237—2007	S31053，022Cr25Ni22Mo2N	0.020	0.50	2.00	0.030	0.010	24.00~26.00	20.5~23.5	1.60~2.60	0.09~0.15
	STAC 53930C 版	尿素级 25-22-2	0.020	0.4	1.50~2.00	0.020	0.015	24.5~25.5	21.5~22.5	1.9~2.3	0.10~0.14

注：STAC 为荷兰 Stamicarbon 公司工程标准。

8.4　双牌号不锈钢

不锈钢中应用最多的牌号应为 304、316、304L、316L。压力容器也应用最多。304 和 316 为 C≤0.08%的低碳级牌号，而 304L 和 316L 为 C≤0.03%的超低碳级牌号。不锈钢压力容器大多要求材料和设备具有好的耐晶间腐蚀性能，而不锈钢的焊接接头又应在焊后状态能具有足够的耐晶间腐蚀性能。因此采用超低碳牌号 304L 和 316L 是有利的。但超低碳级的强度明显低于低碳级，按中国和美国的不锈钢板标准，室温时超低碳牌号的 R_m 指标要比低碳级牌号低 30MPa，$R_{p0.2}$ 低 25MPa，304L 的 $R_{p1.0}$ 指标要低 20MPa，不能两全。

非含氮的奥氏体不锈钢在标准化学成分中不标注氮含量，一般控制 N≤0.04%。控氮型奥氏体不锈钢应在标准化学成分中要求 N≤0.10%，但牌号的标示不变（不标出氮），且室温力学性能指标也与非含氮钢牌号相同。对于 304、316、304L 和 316L 类型的牌号，ISO 和 EN 的牌号标准中均都要求 N≤0.10%或 N≤0.11%，因而其材料制品（板材等）应均为控氮型。美国牌号标准 ASTM A959 中对这些牌号均要求 N≤0.10%，板材标准 ASTM A240

中也要求 N≤0.10%，但有的制品标准（如管材）中没有标明 N≤0.10%。中国的不锈钢牌号标准 GB/T 20878—2007 中对这些牌号没有要求 N≤0.10%，但 GB/T 4237—2007 板材标准中对这 4 个牌号均要求 N≤0.10%，应为控氮钢。而 GB 24511—2009 中对 S30408，S31608 及 S31603 均要 N≤0.10% 为控氮钢，但对 S30403 没有要求 N≤0.10%。

按照一些行业的经验，将 18-8 和 18-12-2Mo 不锈钢的碳含量控制低于 0.030% 或 0.035%，同时将氮含量控制在 0.06%～0.12%，其他成分不变，仍可称为控氮型钢。由于碳含量低，保证了耐晶间腐蚀性能，保持了一定的氮含量，对提高强度与提高耐晶间腐蚀性能都有有利作用。这些材料的强度指标可按 304 或 316 牌号的指标。由于兼有低碳级牌号的强度和超低碳牌号的耐蚀性能，常称为"双牌号"。在核电行业称为控氮 304（304NG）及控氮 316（316NG）。中、美、日、法等国均有其相应牌号，板材室温强度 R_m≥520MPa，$R_{p0.2}$≥210MPa，比中、美的 304 和 316 还稍高。

表 8-7 列出了美、中、欧 4 种类型板材的室温强度保证值。EN 标准中，可能由于低碳级的类型 C≤0.07%，X5CrNi18-10 与 X2CrNi18-9 的强度差别较小。而 X5CrNiMo17-12-3、X2CrNiMo17-12-3、X2CrNiMo17-12-2 的强度指标相同，不一定要考虑双牌号的问题。

表 8-7 各国 304、304L、316、316L 型板材的室温强度

类 型	板 材 标 准	牌 号	C、N 含量/%，≤		室温强度/MPa，≥		
			C	N	R_m	$R_{p0.2}$	$R_{p1.0}$
304	ASTM A240—2011	UNS S30400	0.08	0.10	515	205	
304L		UNS S30403	0.030	0.10	485	170	
316		UNS S31600	0.08	0.10	515	205	
316L		UNS S31603	0.030	0.10	485	170	
304	GB/T 4237—2007	06Cr19Ni10	0.08	0.10	515	205	
304L		022Cr19Ni10	0.030	0.10	485	170	
316		06Cr17Ni12Mo2	0.08	0.10	515	205	
316L		022Cr17Ni12Mo2	0.030	0.10	485	170	
304	GB 24511—2009	06Cr19Ni10，S30408	0.08	0.10	520	205	250
304L		022Cr19Ni10，S30403	0.030		490	180	230
316		06Cr17Ni12Mo2，S31608	0.08	0.10	520	205	260
316L		022Cr17Ni12Mo2，S31603	0.030	0.10	490	180	260
304	EN10028-7：2007	X5CrNi18-10，1.4301	0.07	0.10	520	210	250
304L		X2CrNi18-9，1.4307	0.030	0.10	500	200	240
316		X5CrNiMo17-12-2，1.4401	0.07	0.10	520	220	260
316L		X2CrNiMo17-12-2，1.4404	0.030	0.10	520	220	260
		X2CrNiMo17-12-3，1.4432	0.030	0.10	520	220	260

8.5 超超临界电站锅炉管用不锈钢

锅炉也可视为换热管外壁由火焰直接加热的管壳式换热压力容器。一般压力容器为非直接火压力容器，锅炉也可称为直接火压力容器。

水的沸点随着压力提高而上升，当温度上升到 374.3℃ 的临界温度时，其临界压力为 22.1MPa。当温度继续提高时，无论压力再怎么提高，水仍呈水蒸气存在，不会呈液相水存在。因而锅炉水温超过 374.3℃ 临界温度，称为超超临界（U1tra super critical）锅炉。高温高压锅炉可以明显提高发电效率。如蒸汽温度 565℃，压力 30MPa，或蒸汽温度为 600℃ 或稍高，压力 25MPa 等均为超超临界锅炉。所用不锈钢管材主要应考虑在高温下具有高的长时强度，以及管内对高温水蒸气的氧化化学腐蚀和管外对高温燃烧气体的化学腐蚀。由于介质中没有水等液相，不用考虑电化学腐蚀与局部腐蚀。所用不锈钢为在 304、309、310 的基础上，适量加入了 Mo、W、Cu、V、Nb、Ti、B、N 等，以提高高温强度。ASTM A213—2008《铁素体与奥氏体合金锅炉、过热器与换热器用无缝管》中的 S30432、S30942 和 S31042 的成分与性能列于表 8-8。

表 8-8　ASTM A213—2008 超超临界锅炉奥氏体不锈钢无缝管

UNS 牌号	牌号	化学成分（范围或上限）/%											
		C	Mn	P	S	Si	Cr	Ni	N	Nb	Al	B	Cu
S30432		0.07 ~ 0.13	1.00	0.040	0.010	0.030	17.0 ~ 19.0	7.5 ~ 10.5	0.05 ~ 0.12	0.30 ~ 0.60	0.003 ~ 0.03	0.001 ~ 0.010	2.5 ~ 3.5
S30942		0.03 ~ 0.10	2.00	0.040	0.030	1.00	21.0 ~ 23.0	14.5 ~ 16.5	0.10 ~ 0.20	0.50 ~ 0.80		0.001 ~ 0.005	
S31042	TP31011 CbN	0.04 ~ 0.10	2.00	0.045	0.030	1.00	24.0 ~ 26.0	19.0 ~ 22.0	0.15 ~ 0.35	0.20 ~ 0.60			

UNS 牌号	牌号	固溶处理温度 ℃	室温拉伸性能，≥			硬度，≤		
			R_m MPa	$R_{p0.2}$ MPa	$A50$ %	HBW	HV	HRB
S30432		≥1100	590	235	35	219	230	95
S30942		≥1160	590	235	35	219	230	95
S31042	TP31011 CbN	≥1040	655	295	30	256		100

日本的牌号有 SUS304JIHTB、SUS310JITB。应用的不锈钢还有 TP347H（18Cr-9Ni-Nb）。可应用的镍合金有 Nimonic 80A（Ni-20Cr-2-4Ti-1.5Al），Waspaloy（Ni-20Cr-14Co-4.5Mo-3Ti-1.5Al），inconel740（Ni-25Cr-20Co-0.5Mo-2Nb-1.8Ti-0.9Al），inconel 740A（Ni-25Cr-20Co-0.5Mo-1.5Nb-1.35Ti-1.35Al）等。

参 考 文 献

（1）Harold M.Cobb.The History of Stainless Steel(M)USA.Ohio：ASM Internation.2010 版，中国特钢企业协会不锈钢分会译，2012.

（2）Nickel Institute,High Performance Stainless Steels（镍协会参考书系列 NO.11021）[M]，国际镍协会北京办事处，NB 2002—018.

（3）International Molybdenum Association（国际钼协会），双相不锈钢的制造实用指南[M]1999 版，中国特钢企业协会不锈钢分会，吴玖等 2001 年译.

（4）陆世英等. 不锈钢[M]，北京，原子能出版社，1995.

（5）吴玖等. 双相不锈钢[M]，北京，冶金工业出版社，1999.

（6）冈毅民等. 中国不锈钢腐蚀手册[M]，北京，冶金工业出版社，1992.

（7）徐坚等. 腐蚀金属学及耐腐蚀金属材料[M]，浙江科学技术出版社，1981.

（8）王非，林英. 化工设备用钢[M]，北京，化学工业出版社，2004.

（9）中国特钢企业协会不锈钢分会。不锈钢实用手册[M]，北京，中国科学技术出版社，2003.

（10）陆世英. 超级不锈钢和高镍耐蚀合金[M]，北京，化学工业出版社，2012.

（11）陆世英. 不锈钢概论[M]，北京，化学工业出版社，2013.

（12）黄嘉琥，吴剑. 耐腐蚀铸锻材料应用手册[M]，北京，机械工业出版社，1991.

（13）黄嘉琥. 压力容器材料实用手册——特种材料[M]，北京，化学工业出版社，1994.

（14）黄嘉琥，全国锅炉压力容器标准化技术委员会组织编写. 不锈钢晶间腐蚀——GB/T 21433—2008《不锈钢压力容器晶间腐蚀敏感性检验》标准释义[M]，北京，新华出版社，2008.

（15）吴玖，刘尔华. 国内外双相不锈钢的发展[J]，不锈，2008.40（3）：13~16.

（16）黄嘉琥. 我国过程工业设备应用不锈钢的曲折历程[J]，不锈，2008，40（3）：27~30.

（17）周保仓编译自《日本钢铁学会会刊国际版，2011.1，124~129》SUS304 亚稳定奥氏体不锈钢在各种温度条件下应力诱发马氏体转变行为和它们的 TRIP（转变诱发塑性）效应[J]，不锈，2013.58（1）：21~25.

（18）黄嘉琥. 超低温压力容器用奥氏体不锈钢（1）[J]，不锈，2012，55（2）：3~10.

（19）黄嘉琥. 超低温压力容器用奥氏体不锈钢（2）[J]，不锈，2012，56（3）：9~17.

（20）黄嘉琥. 超级不锈钢的耐晶间腐蚀性能及其检验[J]，不锈，2013，60（3）：6~23.

（21）黄嘉琥. 奥氏体和双相不锈钢多为含氮钢[J]，不锈，2014，64（3）：10~21.

（22）黄嘉琥，王昊旸. 0Cr13 属铁素体不锈钢还是马氏体不锈钢[J]，不锈，2012，57（4）：9~13.

（23）黄嘉琥. 压力容器用材的强度检测方向[J]，压力容器，2012，29（1）：39~57.

（24）黄嘉琥. 关于奥氏体不锈钢晶间腐蚀敏感性试验的各种标准中一些问题的探讨[J]，压力容器，2013，30（1）：54~59.

（25）黄嘉琥，付逸芳. 耐点蚀当量（PRE）与压力容器用超级不锈钢[J]，压力容器，2013，30（4）：41~50.

（26）黄嘉琥. 压力容器用含氮不锈钢[J]，压力容器，2013.30（10）：42~53.

（27）黄嘉琥，陆戴丁. 低温压力容器用不锈钢（一）[J]，压力容器，2014，31（5）：1~12.

（28）黄嘉琥，陆戴丁. 低温压力容器用不锈钢（二）[J]，压力容器，2014，31（6）：1~14.

（29）黄嘉琥. 压力容器用双相不锈钢（一）[J]，压力容器，2015，32（2）：1~20.

（30）黄嘉琥. 压力容器用双相不锈钢（二）[J]，压力容器，2015，32（3）：1~14.

（31）黄嘉琥. 压力容器用双相不锈钢（三）[J]，压力容器，2015，32（4）：1~21.

（32）黄嘉琥. 压力容器用双相不锈钢（四）[J]，压力容器，2015，32（5）：1~10.

附 录 A

不锈钢相关标准目录

A.1 包含不锈钢的压力容器标准

GB 150—2011	压力容器
ASME—2013	锅炉与压力容器规范
EN 13445：2009	非火压力容器
EN 13458-2：2002	低温容器——固定式真空绝热容器，规范性附件C，奥氏体不锈钢制容器的压力强化
JIS B 8265：2003	压力容器的构造——一般事项
AD—2000	压力容器规范
BS 5500：1997	非火焊制压力容器
CODAP—2000	非火压力容器建造规范
ΓOCT 14249—1989	容器强度计算规范与方法

A.2 不锈钢牌号标准

GB/T 20878—2007	不锈钢和耐热铜 牌号及化学成分
ISO/DIS 15510：2008	不锈钢——化学成分
ASTM A959—2009	压力加工不锈钢规定协调的标准牌号成分
EN 10088-1：2005	不锈钢 1.不锈钢清单

A.3 GB 150—2011 采用的不锈钢标准

GB/T 1220—2007	不锈钢棒
GB/T 4226	不锈钢冷加工钢棒
GB/T 3280—2007	不锈钢冷轧钢板和钢带
GB/T 4237—2007	不锈钢热轧钢板和钢带
GB 24511—2009	承压设备用不锈钢板和钢带
GB/T 12771—2008	流体输送用不锈钢焊接钢管
GB/T 14976—2002	流体输送用不锈钢无缝钢管
GB 13296—2007	锅炉、热交换器用不锈钢无缝钢管
GB/T 24593—2009	锅炉和热交换器用奥氏体不锈钢焊接钢管
GB/T 21833—2008	奥氏体-铁素体型双相不锈钢无缝钢管
GB/T 21832—2008	奥氏体-铁素体型双相不锈钢焊接钢管
GB/T 983	不锈钢焊条

GB/T 17854—1999	埋弧焊用不锈钢焊丝和焊剂
YB/T 5092—2005	焊接用不锈钢丝
NB/T 47002.1—2009	压力容器用爆炸焊接复合板　第 1 部分：不锈钢—钢复合板
NB/T 47010—2010	承压设备用不锈钢和耐热钢锻件
NB/T 47018.2—2011	承压设备用焊接材料订货技术条件　第 2 部分：钢焊条
NB/T 47018.4—2011	承压设备用焊接材料订货技术条件 第 4 部分：埋弧焊钢焊丝和焊剂
NB/T 47019.5—2011	锅炉、热交换器用管订货技术条件　第 5 部分：不锈钢
NB/T 47019.6—2011	锅炉、热交换器用管订货技术条件　第 6 部分：铁素体/奥氏 体型双相不锈钢

A.4　ASME—2013 采用的不锈钢标准（包括部分铁镍基合金）

ASTM A182—2007	高温用锻、轧合金与不锈钢管法兰、锻制管件、阀门及构件
ASTM A193—2007	高温或高压及其他特殊应用的合金钢与不锈钢螺栓材料
ASTM A213—2008	锅炉、过热器及换热器铁素体与奥氏体合金钢无缝管（Tube）
ASTM A217—1996	承压、高温用马氏体不锈钢与合金钢铸件
ASTM A240—2011	用于压力容器与一般应用的铬、铬镍不锈钢板、带
ASTM A249—2004	锅炉、过热器、换热器及冷凝器用奥氏体焊接钢管（Tube）
ASTM A263—2003	铬不锈钢复合板
ASTM A264—2003	铬镍不锈钢复合板
ASTM A265—2003	镍及镍基合金复合钢板
ASTM A268—2005a	一般用铁素体和马氏体不锈钢无缝与焊接管（Tube）
ASTM A276—1997	不锈钢棒和型材
ASTM A312—2001a	奥氏体不锈钢无缝与焊接管（pipe）
ASTM A320—2007	低温用合金钢和不锈钢螺栓材料
ASTM A351—2000	承压部件用奥氏体、奥氏体—铁素体（双相）不锈铸钢
ASTM A358—2001	高温用铬镍奥氏体合金钢电熔焊接管（pipe）
ASTM A376—2006	高温中央电站用奥氏体钢无缝管（pipe）
ASTM A403—2007	奥氏体不锈钢压力加工管件
ASTM A409—1995a	腐蚀与高温用大直径奥氏体钢焊接管（pipe）
ASTM A450—1996	碳钢、铁素体合金钢和奥氏体合金钢管（Tube）的一般要求
ASTM A451—2006	高温用奥氏体钢离心铸管（pipe）
ASTM A453—1999	热膨胀系数接近奥氏体钢的高温螺栓材料
ASTM A479—2004	锅炉及其他压力容器用不锈钢棒与型材
ASTM A480—2003c	不锈钢与耐热钢轧制板、带的一般要求
ASTM A484—1998	不锈钢棒、条和锻件的一般要求
ASTM A487—1993（R07）	承压用钢铸件
ASTM A564—2004（R07）	热轧与冷作的时效硬化不锈钢棒与型材

ASTM A666—2003	冷作或退火（中文可为固溶）奥氏体不锈板、带与扁棒
ASTM A688—2004	给水器加热管用奥氏体不锈钢焊接管（Tube）
ASTM A693—2002	沉淀硬化不锈与耐热钢板、带
ASTM A703—2007	承压用钢铸件的一般要求
ASTM A705—1995（R09）	时效硬化不锈钢锻件
ASTM A731—1991	铁素体、马氏体不锈钢无缝与焊接管（pipe）
ASTM A747—2004	时效硬化不锈钢铸件
ASTM A781—2006	一般工业用钢与合金铸件的一般要求
ASTM A788—2006	钢锻件的一般要求
ASTM A789—2010a	一般用铁素体/奥氏体不锈钢无缝与焊接管（Tube）
ASTM A790—2011	铁素体/奥氏体不锈钢无缝与焊接管（pipe）
ASTM A803—2003	给水器加热器用铁素体不锈钢焊接管（Tube）
ASTM A813—2001（R05）	单面或双面焊接的奥氏体不锈钢焊接管（pipe）
ASTM A814—2005	冷作的奥氏体不锈钢焊接管（pipe）
ASTM A815—2008	压力加工的铁素体、铁素体/奥氏体及马氏体不锈钢管件
ASTM A965—2006	承压与高温构件用奥氏体钢锻件
ASTM A995—1998（R07）	承压构件用奥氏体—铁素体（双相）不锈钢铸件
ASTM A999—2004a	合金和不锈钢管（pipe）的一般要求
ASTM A1010	高强度马氏体不锈钢板、带
ASTM A1016—2004a	铁素体合金钢、奥氏体合金钢及不锈钢管（Tube）的一般要求
ASTM B494—2005	镍及镍合金铸件
ASTM B564—2006	镍合金锻件
ASTM B625—1990	UNS N08904、N08925、N08031、N08932、N08926、R20033 板、带
ASTM B649—1995	UNS N08904、N08925、N08031、N08926、R20033 棒、丝
ASTM B673—1991	UNS N08904、N08925 及 N08926 焊接管（pipe）
ASTM B674—1991	UNS N08904、N08925 和 N08926 焊接管（Tube）
ASTM B675—2002（R07）	UNS N08367 焊接管（pipe）
ASTM B676—2003（R09）	UNS N08367 焊接管（Tube）
ASTM B677—1999	UNS N08904、N08925、N08926 无缝管（pipe 及 Tube）
ASTM B688—1996（R09）	铁–镍–铬–钼合金（UNS N08366 和 N08367）板、带
ASTM B690—2002（R07）	铁–镍–铬–钼合金（UNS N08366 和 N08367）无缝管（pipe 及 Tube）
ASTM B691—2002（R07）	铁–镍–铬–钼合金（UNS N08366 和 N08367）丝、棒
ASTM B804—2002（R07）	UNSNO8367 及 NO8926 焊接管（pipe）
ASTM B751—2003	镍及镍合金焊接管（Tube）的一般要求

ASTM B775—2002　　　　镍及镍合金焊接管（pipe）的一般要求

ASTM B829—1999　　　　镍及镍合金无缝管（pipe 和 Tube）的一般要求

ASTM B906—2002（R06）　镍及镍合金轧制板、带的一般要求

AWS A5.4—1992　　　　不锈钢焊条

AWS A5.9　　　　　　　不锈钢焊丝与药芯焊丝

AWS A5.13—2000　　　　手工电弧焊堆焊焊条

AWS A5.21—2001　　　　堆焊用光焊丝

AWS A5.22—1995　　　　钨极气体保护焊用不锈钢药芯焊丝及焊条

A.5　JIS B8265：2003 采用的不锈钢标准

JIS G3214　　　压力容器用不锈钢锻件

JIS G3448　　　一般配管用不锈钢管

JIS G3459　　　配管用不锈钢管

JIS G3463　　　锅炉、热交换器用不锈钢管

JIS G3467　　　加热炉用钢管

JIS G3468　　　配管用大直径不锈钢焊接管

JIS G3601　　　不锈钢复合钢

JIS G4303　　　不锈钢棒

JIS G4304　　　热轧不锈钢板、带

JIS G4305　　　冷轧不锈钢板、带

JIS G4308　　　不锈钢丝

JIS G4316　　　焊接用不锈钢丝

JIS G4309　　　不锈钢丝

JIS G5121　　　不锈钢铸件

A.6　EN 13445：2009 采用的不锈钢标准

EN 10028-7：2007　承压钢平板制品，7，不锈钢

EN 10216-5：2004　承压无缝钢管（Tube），5，不锈钢

EN 10217-7：2003　承压焊接钢管（Tube），7，不锈钢

EN 10222-5：2000　承压钢锻件，5，马氏体、奥氏体及奥氏体—铁素体 不锈钢

EN 10272：2000　　承压不锈钢棒

A.7　ISO 承压不锈钢标准

ISO 9327-5：1999　承压钢锻件及轧锻棒，5，不锈钢

ISO 9328-7：2004　承压钢平板制品，7，不锈钢

ISO 9329-4　1997　承压无缝钢管（Tube），4，奥氏体不锈钢

ISO 9330-6：1997　承压焊接钢管（Tube），6，纵缝焊接奥氏体不锈钢管

A.8　不锈钢晶间腐蚀及有害金属间相的检测方法标准

A.8.1　ASTM 标准

ASTM A262—2010　奥氏体不锈钢晶间腐蚀敏感性检验

ASTM A763—2009　铁素体不锈钢晶间腐蚀敏感性检验

ASTM G28—1997　富镍含铬的压力加工合金晶间腐蚀敏感性检验的标准试验方法

ASTM A923—2006　奥氏体/铁素体双相不锈钢中有害金属间相的检验方法

A.8.2　ISO 标准

ISO 3651-1：1998　不锈钢耐晶间腐蚀性能的检验——第 1 部分：奥氏体和铁素体—奥氏体（双相）不锈钢—在硝酸介质中测定失重的腐蚀试验（Huey 试验）

ISO 3651-2：1998　不锈钢耐晶间腐蚀性能的检验—第 2 部分：铁素体、奥氏体和铁素体—奥氏体（双相）不锈钢——在含硫酸的介质中的腐蚀试验

ISO 9400：1990　镍基合金—耐晶间腐蚀性能的检验

A.8.3　GB 标准

GB/T 4334—2008　金属和合金的腐蚀——不锈钢晶间腐蚀试验方法

GB/T 21433—2008　不锈钢压力容器晶间腐蚀敏感性检验

GB/T 15260—1994　镍基合金晶间腐蚀试验方法

A.8.4　JIS 标准

JIS G0571：1999　不锈钢的 10%草酸浸蚀试验方法

JIS G0572：1999　不锈钢的硫酸·硫酸亚铁腐蚀试验方法

JIS G0573：1999　不锈钢的 65%硝酸腐蚀试验方法

JIS G0574：1980　不锈钢的硝酸·氢氟酸腐蚀试验方法（基本不用）

JIS G0575：1999　不锈钢的硫酸·硫酸铜腐蚀试验方法（采用了 ISO 3651—2 标准）

A.8.5　ΓOCT 标准

ΓOCT6032—1989　耐蚀钢与合金，耐晶间腐蚀的试验方法

ΓOCT24982—1981　耐蚀、耐热及热强合金板（表 5 中列出）几种晶间腐蚀试验方法）

A.8.6　EN 标准

EN ISO 3651-（1~2）：1998　　DIN EN ISO3651-（1~2）：1998

BN EN 3651-（1~2）：1998　　NF EN ISO3651-（1~2）：1998

均完全采用 ISO 3651-（1~2）：1998

附 录 B

压力容器用奥氏体不锈钢 $R_{p1.0}$ 数据集

压力容器的强度设计原则为筒体等构件材料承压后的最大应力不得超过材料的许用应用。压力容器用材在没有达到明显蠕变的温度以上时，材料的许用应力由抗拉强度和屈服强度的保证值来确定。不锈钢压力容器绝大部分采用综合性能优良的奥氏体不锈钢。绝大部分奥氏体不锈钢的塑性均较高（如室温时 $A \geqslant 35\%$），屈强比低（如室温 $R_{p0.2}/R_m$ 低于 0.4~0.5），因此许用应力实际上主要由屈服强度所决定。各国规定可按 $R_{p0.2}/1.5$ 来确定许用应力。由于 $R_{p0.2}$ 较低，屈强比 $R_{p0.2}/R_m$ 也低，所确定的许用应力也较低，筒体的计算壁厚则较厚，即需应用较多的材料，没有能充分发挥材料的强度性能，因而产生了提高许用应力的两种方法。

一种方法主要由美、日等国采用，中国也予采用。当构件允许有少量塑性变形时（壳体等构件均属此类，密封件等除外），许用应力可在室温 $R_{p0.2}/1.5$ 及 $0.9R^t_{p0.2}$ 中取小值。实际上 $0.9 R^t_{p0.2} \approx R^t_{p0.2}/1.11$，可视为将其安全系数由 1.5 降低至 1.11。由于要在温度达到一定高温后 $0.9 R^t_{p0.2}$ 值才能低于室温 $R_{p0.2}/1.5$，许用应力才能按 $0.9 R^t_{p0.2}$ 决定成为较高值，此温度前则仍由室温 $R_{p0.2}$ 确定，并不能提高许用应力。

另一种提高许用应力的方法为屈服强度以 $R_{p1.0}$ 代替 $R_{p0.2}$ 来确定许用应力，即认为壳体等压力容器的构件承压时最大允许的塑性变形量可由 0.2% 提高到 1%，这样大多数奥氏体不锈钢的室温 $R_{p1.0}$ 可比 $R_{p0.2}$ 提高约 20% 左右。随着温度的提高，$R_{p1.0}$ 可比 $R_{p0.2}$ 提高得更多（如提高 35% 以上）。这样许用应力也可提高相应的倍数，而且在室温及室温以上的温度均可获得提高。拉伸试验时 $R_{p1.0}$ 与 $R_{p0.2}$ 可以同时测定，不会增加检测工作量。欧州各国的奥氏体不锈钢制压力容器的标准中均已规定采用此方法，详见表 B-1。

表 B-1 压力容器标准中奥氏体不锈钢可按屈服强度 $R_{p1.0}$ 确定许用应力的规定

压力容器标准	可按屈服强度 $R_{p1.0}$ 确定许用应力的规定
EN 13445：2009	室温 $A>35\%$ 时，可按 $R_{p1.0}$
AD—2000，W2	按 $R_{p1.0}$
CODAP—2000	可按 $R_{p1.0}$
BS 5500—1997	按 $R_{p1.0}$
ГOCT 14249—1987	有 $R_{p1.0}$ 数据时可按 $R_{p1.0}$，否则按 $R_{p0.2}$
瑞典压力容器标准	可按 $R_{p1.0}$
GB 150—2011	引用标准规定了 $R_{p1.0}$ 或 $R_{pt1.0}$ 时可按 $R_{p1.0}$

GB 150—2011 中规定允许选用这两种提高许用应力的方法。多数情况下采用 $R_{p1.0}$ 代替 $R_{p0.2}$ 的方法可能获得更高的许用应力。

采用 $R_{p1.0}$ 代替 $R_{p0.2}$ 确定奥氏体不锈钢在各温度时的许用应力的必要条件是不锈钢材标准中必须列有不锈钢材各温度时的 $R_{p1.0}$ 保证值数据。这些 $R_{p1.0}$ 保证值数据只有 ISO、EN 及欧洲各国的奥氏体不锈钢材标准中才有，美、日标准中没有。中国不锈钢标准只有 GB 24511—2009《承压设备用不锈钢板和钢带》中有室温 $R_{p1.0}$ 的合格指标，并没有各温度时的 $R_{p1.0}$ 保证值数据。这些数据必须由大量生产实测数据经整理获取，目前只能参照 ISO、EN 及欧洲各国的标准数据加以应用，详见表 B-2 及表 B-3~B-32。

按中国的规定，对于铬镍铁合金而言，镍含量低于 30% 称为不锈钢，镍含量高于 30%，且镍与铁之和大于 60% 者称为铁镍基合金。而美国的牌号中只要镍含量超过除铁之外的其他合金元素即可称为镍铁铬合金。也属于高镍合金，其中有些牌号也作为不锈钢。欧洲与 ISO 标准中也将有的镍铁铬合金同时作为不锈钢。本附录中也将这些牌号作为不锈钢列出。

表 B-2 各国压力容器用奥氏体不锈钢各温度的 $R_{p1.0}$ 等强度保证值

表目	制品类型	温度	项目	数据来源（标准号）
表 B－3	承压板	室温，高温	R_m、$R_{p0.2}$、$R_{p1.0}$	ISO 9328-7：2004，EN 10028-7：2007
表 B－4	承压板	室温，低温	R_m、$R_{p0.2}$、$R_{p1.0}$	ISO 9328-7：2004，EN 10028-7：2007
表 B－5	承压无缝管	高温	$R_{p0.2}$、$R_{p1.0}$	EN 10216-5：2004
表 B－6	承压焊接管	高温	$R_{p0.2}$、$R_{p1.0}$	EN 10217-7：2005
表 B－7	承压锻件	室温，高温	R_m、$R_{p0.2}$、$R_{p1.0}$	EN 10222-5：2000
表 B－8	承压棒材	室温，高温	R_m、$R_{p0.2}$、$R_{p1.0}$	EN 10272：2000
表 B－9	承压无缝管	高温	$R_{p0.2}$、$R_{p1.0}$	ISO 9329-4：1997
表 B－10	承压焊接管	高温	$R_{p0.2}$、$R_{p1.0}$	ISO 9330-6：1997
表 B－11	承压焊接管	高温	$R_{p0.2}$、$R_{p1.0}$	ISO 2604-V：1978
表 B－12	承压锻件、棒材	高温	$R_{p0.2}$、$R_{p1.0}$	ISO 9327-5：1999
表 B－13	热轧板、锻件、棒材	高温	$R_{p0.2}$、$R_{p1.0}$	德 DIN 17440-1985
表 B－14	冷轧板	高温	$R_{p0.2}$、$R_{p1.0}$	德 DIN 17441-1985
表 B－15	无缝管	高温	$R_{p0.2}$、$R_{p1.0}$	德 DIN 17458-1985
表 B－16	铸钢	高温	$R_{p0.2}$、$R_{p1.0}$	德 DIN 17445-1985
表 B－17	压力容器用板	高温	$R_{p1.0}$	英 BS 1501-3：1971
表 B－18	压力容器用高屈服强度板	高温	$R_{p1.0}$	英 BS 1501-3：1973
表 B－19	压力容器用板	高温	$R_{p0.2}$、$R_{p1.0}$	英 BS 1501-3：1990
表 B－20	压力容器用无缝，焊接管	高温	$R_{p1.0}$	英 BS 3605-1：1991
表 B－21	锅炉与过热管	高温	$R_{p1.0}$	英 BS 3059-2：1978
表 B－22	锅炉与过热管	室温、高温	$R_{p1.0}$	英 BS 3059-2：1990
表 B－23	无缝与焊接管	高温	$R_{p0.2}$、$R_{p1.0}$	英 BS 3605：1973
表 B－24	压力容器用棒、型材	高温	$R_{p1.0}$	英 BS 1502：1982
表 B－25	压力容器用锻件	高温	$R_{p1.0}$	英 BS 1503：1980（$R_{p1.0}$为标准值）
表 B－26	压力容器用锻件	高温	$R_{p1.0}$	英 BS 1503：1980（$R_{p1.0}$为非标准值）
表 B－27	锅炉、压力容器用板	低温、室温、高温	R_m、$R_{p0.2}$、$R_{p1.0}$	注 NFA 36-209：1990
表 B－28	锅炉、压力容器用特殊板	室温、高温	R_m、$R_{p0.2}$、$R_{p1.0}$	注 NFA 36-218：1988
表 B－29	压力加工材	室温、高温	R_m、$R_{p0.2}$、$R_{p1.0}$	俄钢制压力容器标准 Г OCT 14249—1989
表 B－30	压力容器用板、管	高温	$R_{p0.2}$、$R_{p1.0}$	瑞典 NG S 010—1987 板；NG S 012—1987 管
表 B－31	尿素用不锈钢	室温、高温	R_m、$R_{p0.2}$、$R_{p1.0}$	瑞典 Avesta.SandviK 企业标准
表 B－32	承压板、带	室温	R_m、$R_{p0.2}$、$R_{p1.0}$	中 GB 24511—2009

表 B-3 ISO 9328-4: 2007 及 EN 10028-7: 2007 承压奥氏体不锈钢板（厚≤75mm）固溶态的各温度 R_m、$R_{p0.2}$、$R_{p1.0}$ 值

ISO 牌号	EN 牌号 牌号	EN 牌号 数字	室温强度指标 MPa, ≥ R_m	室温强度指标 MPa, ≥ $R_{p0.2}$	室温强度指标 MPa, ≥ $R_{p1.0}$	强度项	50	100	150	200	250	300	350	400	450	500	550	600
X2CrNiN18-7	X2CrNiN18-7	1.4318	650	330	370	R_m	605	530	490	460	450	440	430					
						$R_{p0.2}$	309	265	200	185	180	170	165					
						$R_{p1.0}$	—	—	235	215	210	200	195					
X2CrNiN18-9	X2CrNiN18-9	1.4307	500	200	240	R_m	466	410	380	360	350	340	340					
						$R_{p0.2}$	180	147	132	118	108	100	94	89	85	81	80	
						$R_{p1.0}$	218	181	162	147	137	127	121	116	112	109	108	
X2CrNiN19-11	X2CrNiN19-11	1.4306	500	200	240	R_m	466	410	380	360	350	340	340					
						$R_{p0.2}$	180	147	132	118	108	100	94	89	85	81	80	
						$R_{p1.0}$	218	181	162	147	137	127	121	116	112	109	108	
X5CrNiN18-8	X5CrNiN19-9	1.4315	550	270	310	R_m	527	490	460	430	420	410	410					
						$R_{p0.2}$	246	205	175	157	145	136	130	125	121	119	118	
						$R_{p1.0}$	284	240	210	187	175	167	161	156	152	149	147	
X2CrNiN18-10	X2CrNiN18-10	1.4311	550	270	310	R_m	527	490	460	430	420	410	410					
						$R_{p0.2}$	246	205	175	157	145	136	130	125	121	119	118	
						$R_{p1.0}$	284	240	210	187	175	167	161	156	152	149	147	
X5CrNi18-9	X5CrNi18-10	1.4301	520	210	250	R_m	494	450	420	400	390	380	380	380	370	360	330	
						$R_{p0.2}$	190	157	142	127	118	110	104	98	95	92	90	
						$R_{p1.0}$	228	191	172	157	145	135	129	125	122	120	120	
X6CrNiTi18-10	X6CrNiTi18-10	1.4541	500	200	240	R_m	477	440	410	390	385	375	375	375	370	360	330	
						$R_{p0.2}$	191	176	167	157	147	136	130	125	121	119	118	
						$R_{p1.0}$	228	208	196	186	177	167	161	156	152	149	147	

表 B-3（续）

ISO 牌号	EN 牌号		室温强度指标 MPa, ≥			强度项	各温度（℃）时的 R_m、$R_{p0.2}$、$R_{p1.0}$ 值 MPa, ≥											
	牌号	数字	R_m	$R_{p0.2}$	$R_{p1.0}$		50	100	150	200	250	300	350	400	450	500	550	600
X6CrNiNb18-10	X6CrNiNb18-10	1.4550	500	200	240	R_m	476	435	400	370	350	340	335	330	320	310	300	
						$R_{p0.2}$	191	177	167	157	147	136	130	125	121	119	118	
						$R_{p1.0}$	229	211	196	186	177	167	161	156	152	149	147	
X1CrNi25-21	X1CrNi25-21	1.4335	470	200	240	R_m	459	440	425	410	390	385	380					
						$R_{p0.2}$	181	150	140	130	120	115	110	105				
						$R_{p1.0}$	217	180	170	160	150	140	135	130				
X2CrNiMo17-12-2	X2CrNiMo17-12-2	1.4404	520	220	260	R_m	486	430	410	390	385	380	380	380		360		
						$R_{p0.2}$	200	166	152	137	127	118	113	108	103	100	98	
						$R_{p1.0}$	237	199	181	167	157	145	139	135	130	128	127	
X2CrNiMoN17-11-2	X2CrNiMoN17-11-2	1.4406	520	220	260	R_m	486	430	410	390	385	380	380					
						$R_{p0.2}$	204	177	162	147	137	127	120	115	112	110	108	
						$R_{p1.0}$	242	211	191	177	167	156	150	144	141	139	137	
X5CrNiMo17-12-2	X5CrNiMo17-12-2	1.4401	520	220	260	R_m	486	430	410	390	385	380	380					
						$R_{p0.2}$	204	177	162	147	137	127	120	115	112	110	108	
						$R_{p1.0}$	242	211	191	177	167	156	150	144	141	139	137	
X1CrNiMoN25-22-2	X1CrNiMoN25-22-2	1.4466	540	250	290	R_m	521	490	475	460	450	440	435					
						$R_{p0.2}$	229	195	170	160	150	140	135					
						$R_{p1.0}$	266	225	205	190	180	170	165					
X6CrNiMoTi17-12-2	X6CrNiMoTi17-12-2	1.4571	520	220	260	R_m	490	440	410	390	385	375	375	375	370	360	330	
						$R_{p0.2}$	207	185	177	167	157	145	140	135	131	129	127	
						$R_{p1.0}$	244	218	206	196	186	175	169	164	160	158	157	

表 B-3（续）

ISO 牌号	EN 牌号 牌号	EN 牌号 数字	室温强度指标 MPa ≥ R_m	室温强度指标 MPa ≥ $R_{p0.2}$	室温强度指标 MPa ≥ $R_{p1.0}$	强度项	各温度（℃）时的 R_m、$R_{p0.2}$、$R_{p1.0}$ 值 MPa ≥ 50	100	150	200	250	300	350	400	450	500	550	600
X6CrNiMoNb17-12-2	X6CrNiMoNb17-12-2	1.4580	520	220	260	R_m	490	440	410	390	385	375	375	375	370	360	330	
						$R_{p0.2}$	207	185	177	167	157	145	140	135	131	129	127	
						$R_{p1.0}$	244	218	206	196	186	175	169	164	160	158	157	
X2CrNiMoI7-12-3	X2CrNiMoI7-12-3	1.4432	520	220	260	R_m	486	430	410	390	385	380	380	380		360		
						$R_{p0.2}$	200	166	152	137	127	118	113	108	103	100	98	
						$R_{p1.0}$	237	199	181	167	157	145	139	135	130	128	127	
X2CrNiMoN17-13-3	X2CrNiMoN17-13-3	1.4429	580	280	320	R_m	557	520	490	460	450	440	436	435		430		
						$R_{p0.2}$	254	211	185	167	155	145	140	135	131	129	127	
						$R_{p1.0}$	292	246	218	198	183	175	169	164	160	158	157	
X3CrNiMoI7-12-3	X3CrNiMoI7-12-3	1.4436	530	220	260	R_m	504	460	440	420	416	410	410	410		390		
						$R_{p0.2}$	204	177	162	147	137	127	120	115	112	110	108	
						$R_{p1.0}$	252	211	191	177	167	156	150	144	141	139	137	
X2CrNiMo18-14-3	X2CrNiMo18-14-3	1.4435	520	220	260	R_m	482	420	400	380	375	370	370					
						$R_{p0.2}$	199	165	150	137	127	119	113	108	103	100	98	
						$R_{p1.0}$	237	200	180	165	153	145	139	135	130	128	127	
X2CrNiMoN18-12-4	X2CrNiMoN18-12-4	1.4434	540	270	310	R_m	525	500	470	440	430	420	415	415	415	410	390	
						$R_{p0.2}$	248	211	185	167	155	145	140	135	131	129	127	
						$R_{p1.0}$	286	246	218	198	183	175	169	164	160	158	157	
X2CrNiMo18-15-4	X2CrNiMo18-15-4	1.4438	520	220	260	R_m	486	430	410	390	382	380	380					
						$R_{p0.2}$	202	172	157	147	137	127	120	115	112	110	108	
						$R_{p1.0}$	240	206	188	177	167	156	148	144	140	138	136	

表 B-3（续）

ISO牌号	EN牌号 牌号	EN牌号 数字	室温强度指标/MPa，≥ R_m	$R_{p0.2}$	$R_{p1.0}$	强度项	各温度（℃）时的 R_m、$R_{p0.2}$、$R_{p1.0}$ 值/MPa，≥ 50	100	150	200	250	300	350	400	450	500	550	600
X2CrNiMoN17-13-5	X2CrNiMoN17-13-5	1.4439	580	270	310	R_m	557	520	490	460	450	440	435					
						$R_{p0.2}$	253	225	200	185	175	165	155	150				
						$R_{p1.0}$	289	255	230	210	200	190	180	175				
X1NiCrMoCu31-27-4（相应美国镍合金 UNSN08028）	X1NiCrMoCu31-27-4	1.4563	500	220	260	R_m	485	460	445	430	410	400	395					
						$R_{p0.2}$	209	190	175	160	155	150	145	135	125	120	115	
						$R_{p1.0}$	245	220	205	190	185	180	175	165	155	150	145	
X1NiCrMoCu25-20-5（相应美国镍合金 UNSN08904）	X1NiCrMoCu25-20-5	1.4539	520	220	260	R_m	512	500	480	460	450	440	435					
						$R_{p0.2}$	214	205	190	175	160	145	135	125	115	110	105	
						$R_{p1.0}$	251	235	220	205	190	175	165	155	145	140	135	
X1CrNiMoCuN25-25-5	X1CrNiMoCuN25-25-5	1.4537	600	290	330	R_m	581	550	535	520	500	480	475					
						$R_{p0.2}$	271	240	220	200	190	180	175	170				
						$R_{p1.0}$	307	270	250	230	220	210	205	200				
X1CrNiMoCuN20-18-7	X1CrNiMoCuN20-18-7	1.4547	650	300	340	R_m	637	615	587	560	542	525	517	510	502	495		
						$R_{p0.2}$	274	230	205	190	180	170	165	160	153	148		
						$R_{p1.0}$	314	270	245	225	212	200	195	190	184	180		
X1NiCrMoCuN25-20-7（相当于美国镍合金 UNSNO8926）	X1NiCrMoCuN25-20-7	1.4529	650	300	340	R_m	612	550	535	520	500	480	475					
						$R_{p0.2}$	274	230	210	190	180	170	165	160	130	120	105	
						$R_{p1.0}$	314	270	245	225	215	205	195	190	160	150	135	
X3CrNiMoBN17-13-3	X3CrNiMoBN17-13-3	1.4910	550	260	300	R_m	529	495	472	450	440	430	425	420	410	400	385	365
						$R_{p0.2}$	239	205	187	170	159	148	141	134	130	127	124	121
						$R_{p1.0}$	277	240	220	200	189	178	171	164	160	157	154	151
X7CrNiTiB18-10	X7CrNiTiB18-10	1.4941	490	200	240	R_m	460	410	390	370	360	350	345	340	335	330	320	300
						$R_{p0.2}$	186	162	152	142	137	132	127	123	118	113	105	103
						$R_{p1.0}$	225	201	191	181	176	172	167	162	157	152	147	142

表 B-3（续）

ISO 牌号	EN 牌号（牌号）	EN 牌号（数字）	室温强度指标 MPa, ≥ Rm	Rp0.2	Rp1.0	强度项	各温度（℃）时的 Rm、Rp0.2、Rp1.0 值/MPa, ≥ 50	100	150	200	250	300	350	400	450	500	550	600
X6CrNi18-10	X6CrNi18-10	1.4948	510	190	230	R_m	484	440	410	390	385	375	375	375	370	360	330	300
						$R_{p0.2}$	178	157	142	127	117	108	103	98	93	88	83	78
						$R_{p1.0}$	215	191	172	157	147	137	132	127	122	118	113	108
X6CrNi23-13	X6CrNi23-13	1.4950	510	200	240	R_m	495	470	450	430	420	410	405	400	385	370	350	320
						$R_{p0.2}$	177	140	128	116	108	100	94	91	86	85	84	82
						$R_{p1.0}$	219	185	167	154	146	139	132	126	123	121	118	114
X6CrNi25-20	X6CrNi25-20	1.4951	510	200	240	R_m	495	470	450	430	420	410	405	400	385	370	350	320
						$R_{p0.2}$	177	140	128	116	108	100	94	91	86	85	84	82
						$R_{p1.0}$	219	185	167	154	146	139	132	126	123	121	118	114
X5NiCrAlTi31-20（相应美国镍合金 UNS N08800）	X5NiCrAlTi31-20（固溶）	1.4958（固溶）	500	170	200	R_m	487	465	445	435	425	420	418	415	415	415		
						$R_{p0.2}$	159	140	127	115	105	95	90	85	82	80	75	75
						$R_{p1.0}$	185	160	147	135	125	115	110	105	102	100	95	95
X5NiCrAlTi31-20, +RA（相应美国镍合金 UNS N08800）	X5NiCrAlTi31-20, +RA（再结晶退火态）	1.4958+RA（再结晶退火态）	500	210	240	R_m	487	465	445	435	425	420	418	415	415	415		
						$R_{p0.2}$	199	180	170	160	152	145	137	130	125	120	115	110
						$R_{p1.0}$	227	205	193	180	172	165	160	155	150	145	140	135
X8NiCrAlTi32-21（相应于美国镍合金 UNS N08811）	X8NiCrAlTi32-21	1.4959	500	170	200	R_m	487	465	445	435	425	420	418	415	415	415		
						$R_{p0.2}$	159	140	127	115	105	95	90	85	82	80	75	75
						$R_{p1.0}$	185	160	147	135	125	115	110	105	102	100	95	95
X8CrNiNb16-13	X8CrNiNb16-13	1.4961	510	200	240	R_m	493	465	440	420	400	385	375	370	360	350	340	320
						$R_{p0.2}$	191	175	166	157	147	137	132	128	123	118	118	113
						$R_{p1.0}$	227	205	195	186	176	167	162	157	152	147	147	142

注：室温 $R_{p0.2}$ 纵向指标比横向低 15MPa。

表B-4 ISO 9328-7: 2004 及 EN 10028-7: 2007 承压奥氏体不锈钢板（厚≤不锈钢板）固溶态的低温与室温 R_m、$R_{p0.2}$、$R_{p1.0}$ 值

ISO牌号	EN牌号		20℃				-80℃				-150℃				-196℃			
	牌号	数字	R_m MPa ≥	$R_{p0.2}$ MPa ≥	$R_{p1.0}$ MPa ≥	A % ≥	R_m MPa ≥	$R_{p0.2}$ MPa ≥	$R_{p1.0}$ MPa ≥	A % ≥	R_m MPa ≥	$R_{p0.2}$ MPa ≥	$R_{p1.0}$ MPa ≥	A % ≥	R_m MPa ≥	$R_{p0.2}$ MPa ≥	$R_{p1.0}$ MPa ≥	A % ≥
X2CrNi18-9	X2CrNi18-9	1.4307	500	200	240	45	830	220	290	35	1070	225	325	30	1200	300	400	30
X5CrNiN19-9	X5CrNiN19-9	1.4315	550	270	310	40	890	385	455	40	1180	450	550	35	1350	550	650	35
X2CrNiN18-10	X2CrNiN18-10	1.4311	550	270	310	40	850	350	420	40	1050	450	550	35	1250	550	650	35
X5CrNi18-10	X5CrNi18-10	1.4301	520	210	250	45	860	270	350	35	1100	315	415	30	1250	300	400	30
X6CrNiTi18-10	X6CrNiTi18-10	1.4541	500	200	240	40	855	260	290	35	1100	350	420	35	1200	390	470	30
X2CrNiMo17-12-2	X2CrNiMo17-12-2	1.4404	520	220	260	45	840	275	355	40	1070	315	415	40	1200	350	450	35
X2CrNiMoN17-11-2	X2CrNiMoN17-11-2	1.4406	580	280	320	40	800	380	450	35	1000	500	600	35	1150	600	700	30
X2CrNiMoN17-13-3	X2CrNiMoN17-13-3	1.4429	580	280	320	35	800	380	450	30	1000	500	600	30	1150	600	700	30

表 B-5　EN 10216-5: 2004 承压奥氏体不锈钢无缝管（壁厚不超过 60mm 和 50mm）固溶态各温度的 $R_{p0.2}$、$R_{p1.0}$ 值

EN牌号		室温强度指标 MPa，≥			强度项	各温度（℃）时的 $R_{p0.2}$ 和 $R_{p1.0}$ 值/MPa，≥										
牌号	数字	R_m	$R_{p0.2}$	$R_{p1.0}$		50	100	150	200	250	300	350	400	450	500	550
X2CrNi18-9	1.4307	460	180	215	$R_{p0.2}$	165	145	130	118	108	100	94	89	85	81	80
					$R_{p1.0}$	200	180	160	145	135	127	121	116	112	109	108
X2CrNi19-11	1.4306	460	180	215	$R_{p0.2}$	165	145	130	118	108	100	94	89	85	81	80
					$R_{p1.0}$	200	180	160	145	135	127	121	116	112	109	108
X2CrNiN18-10	1.4311	550	270	305	$R_{p0.2}$	255	205	175	157	145	136	130	125	121	119	118
					$R_{p1.0}$	282	240	210	187	175	167	160	156	152	149	147
X5CrNi18-10	1.4301	500	195	230	$R_{p0.2}$	180	155	140	127	118	110	104	98	95	92	90
					$R_{p1.0}$	218	190	170	155	145	135	129	125	122	120	120
X6CrNiTi18-10（冷终成形）	1.4541	500	200	235	$R_{p0.2}$	190	176	167	157	147	136	130	125	121	119	118
					$R_{p1.0}$	222	208	195	185	175	167	161	156	152	149	147
X6CrNiTi18-10（冷终成形）	1.4541	460	180	215	$R_{p0.2}$	162	147	132	118	108	100	94	89	85	81	80
					$R_{p1.0}$	201	181	162	147	137	127	121	116	112	109	108
X6CrNiNb18-10	1.4550	510	205	240	$R_{p0.2}$	195	175	165	155	145	136	130	125	121	119	118
					$R_{p1.0}$	232	210	195	185	175	167	161	156	152	149	147
X1CrNi 25-21	1.4335	470	180	210	$R_{p0.2}$	170	150	140	130	120	115	110	105			
					$R_{p1.0}$	200	180	170	160	150	140	135	130			
X2CrNiMo17-12-2	1.4404	490	190	225	$R_{p0.2}$	182	165	150	137	127	119	113	108	103	100	98
					$R_{p1.0}$	217	200	180	165	153	145	139	135	130	128	127
X5CrNiMo17-12-2	1.4401	510	205	240	$R_{p0.2}$	196	175	158	145	135	127	120	115	112	110	108
					$R_{p1.0}$	230	210	190	175	165	155	150	145	141	139	137
X1CrNiMoN25-22-2	1.4466	540	260	295	$R_{p0.2}$	230	195	170	160	150	140	135				
					$R_{p1.0}$	262	225	205	190	180	170	165				

表 B-5（续）

EN牌号 牌号	EN牌号 数字	室温强度指标/MPa，≥ R_{m}	室温强度指标/MPa，≥ $R_{\mathrm{p0.2}}$	室温强度指标/MPa，≥ $R_{\mathrm{p1.0}}$	强度项	各温度（℃）时的 $R_{\mathrm{p0.2}}$ 和 $R_{\mathrm{p1.0}}$ 值/MPa，≥ 50	100	150	200	250	300	350	400	450	500	550
X6CrNiMoTi17-12-2（冷终成形）	1.4571（冷终成形）	500	210	245	$R_{\mathrm{p0.2}}$	202	185	177	167	157	145	140	135	131	129	127
					$R_{\mathrm{p1.0}}$	234	208	195	185	175	167	161	156	152	149	147
X6CrNiMoTi17-12-2（冷终成形）	1.4571（冷终成形）	490	190	225	$R_{\mathrm{p0.2}}$	182	166	152	137	127	118	113	108	103	100	98
					$R_{\mathrm{p1.0}}$	201	181	162	147	137	127	121	116	112	109	108
X6CrNiMoNb17-12-2	1.4580	510	215	250	$R_{\mathrm{p0.2}}$	202	186	177	167	157	145	140	135	131	129	127
					$R_{\mathrm{p1.0}}$	240	221	206	196	186	175	169	164	160	158	157
X2CrNiMoN17-13-3	1.4429	580	295	330	$R_{\mathrm{p0.2}}$	255	215	195	175	165	155	150	145	140	138	136
					$R_{\mathrm{p1.0}}$	290	245	225	205	195	185	180	175	170	168	166
X3CrNiMo17-13-3	1.4436	510	205	240	$R_{\mathrm{p0.2}}$	195	175	158	145	135	127	120	115	112	110	108
					$R_{\mathrm{p1.0}}$	228	210	190	175	165	155	150	145	141	139	137
X2CrNiMo18-14-3	1.4435	490	190	225	$R_{\mathrm{p0.2}}$	180	165	150	137	127	119	113	108	103	100	98
					$R_{\mathrm{p1.0}}$	217	200	180	165	153	145	139	135	130	128	127
X2CrNiMoN17-13-5	1.4439	580	285	315	$R_{\mathrm{p0.2}}$	260	225	200	185	175	165	155	150			
					$R_{\mathrm{p1.0}}$	290	255	230	210	200	190	180	175			
X1NiCrMoCu31-27-4（UNS N08028）	1.4563	500	215	245	$R_{\mathrm{p0.2}}$	210	190	175	160	155	150	145	135	125	120	115
					$R_{\mathrm{p1.0}}$	240	220	205	190	185	180	175	165	155	150	146
X1NiCrMoCu25-20-5（UNS N08904）	1.4539	520	230	250	$R_{\mathrm{p0.2}}$	221	205	190	175	160	145	135	125	115	110	105
					$R_{\mathrm{p1.0}}$	244	235	220	205	190	175	165	155	145	140	135
X1NiCrMoCuN20-18-7	1.4547	650	300	340	$R_{\mathrm{p0.2}}$	267	230	205	190	180	170	165	160	153	148	
					$R_{\mathrm{p1.0}}$	306	270	245	225	212	200	195	190	184	180	
X1NiCrMoCuN25-20-7（UNS N08926）	1.4529	600	270	310	$R_{\mathrm{p0.2}}$	254	230	210	190	180	170	165	160			
					$R_{\mathrm{p1.0}}$	296	270	245	225	215	205	195	190			
X2NiCrAlTi32-20（相应美国镍合金 UNS N08800 的超低碳型）	1.4558	450	180	210	$R_{\mathrm{p0.2}}$	168	155	145	140	135	130	125	120	110	100	90
					$R_{\mathrm{p1.0}}$	198	185	175	170	165	160	155	150	140	130	120
X6CrNi18-10	1.4948	500	185	225	$R_{\mathrm{p0.2}}$	174	157	142	127	117	108	103	98	93	88	83
					$R_{\mathrm{p1.0}}$	201	191	172	157	147	137	132	127	122	118	113

表 B-5（续）

EN牌号		室温强度指标/MPa，≥			强度项	各温度（℃）时的 $R_{p0.2}$ 和 $R_{p1.0}$ 值/MPa，≥										
牌号	数字	R_m	$R_{p0.2}$	$R_{p1.0}$		50	100	150	200	250	300	350	400	450	500	550
X7CrNiTi18-10	1.4940	510	190	220	$R_{p0.2}$	172	156	145	135	128	124	120	116	113	111	109
					$R_{p1.0}$	207	191	179	170	163	159	155	151	148	146	144
X7CrNiNb18-10	1.4912	510	205	240	$R_{p0.2}$	190	171	162	153	147	139	133	129	129	124	
					$R_{p1.0}$	225	204	192	182	172	166	162	159	159	155	
X6CrNiTiB18-10	1.4941	490	195	235	$R_{p0.2}$	180	162	152	142	137	132	127	123	118	113	108
					$R_{p1.0}$	219	201	191	181	176	172	167	162	157	152	147
X6CrNiMo17-13-2	1.4918	490	205	245	$R_{p0.2}$	184	177	162	147	137	127	122	118	113	108	103
					$R_{p1.0}$	228	211	194	177	167	157	152	147	142	137	132
X5NiCrAlTi31-20（UNS N08800）	1.4958	500	170	200	$R_{p0.2}$	157	140	127	115	105	95	90	85	82	80	75
					$R_{p1.0}$	180	160	147	135	125	115	110	105	102	100	95
X5NiCrAlTi31-20+RA（再结晶退火态）	1.4958+RA	500	210	240	$R_{p0.2}$	195	180	170	160	152	145	137	130	125	120	115
					$R_{p1.0}$	225	205	193	180	172	165	160	155	150	145	140
X8NiCrAlTi32-21（UNS N08811）	1.4959	500	170	200	$R_{p0.2}$	157	140	127	115	105	95	90	85	82	80	75
					$R_{p1.0}$	180	160	147	135	125	115	110	105	102	100	95
X3CrNiMoBN17-13-3	1.4910	550	260	300	$R_{p0.2}$	234	205	187	170	159	148	141	134	130	127	124
					$R_{p1.0}$	273	240	220	200	189	178	171	164	160	157	154
X8CrNiNb16-13	1.4961	510	205	245	$R_{p0.2}$	197	175	166	157	147	137	132	128	123	118	118
					$R_{p1.0}$	231	205	195	186	176	167	162	157	152	147	147
X8CrNiMoVNb16-13	4.4988	540	255	295	$R_{p0.2}$	239	215		196		177		167		157	152
					$R_{p1.0}$	273	245		226		206		196		186	181
X8CrNiMoNb16-16	1.4981	530	215	255	$R_{p0.2}$	202	195		177		157		147		137	137
					$R_{p1.0}$	242	225		206		186		177		167	167
X10CrNiMoNbVB15-10-1	1.4982	540	220	270	$R_{p0.2}$	213	188	171	161	153	148	145	144	141	139	136
					$R_{p1.0}$	254	232	210	195	190	187	184	182	179	178	175

表 B-6　EN 10217-7：2005 承压奥氏体不锈钢焊接管（壁厚≤60mm）固溶态各温度的 $R_{p0.2}$、$R_{p1.0}$ 值

EN 牌号		室温强度指标 MPa，≥			强度项	各温度（℃）时的 $R_{p0.2}$、$R_{p1.0}$ 值/MPa，≥											
牌号	数字	R_m	$R_{p0.2}$	$R_{p1.0}$		50	100	150	200	250	300	350	400	450	500	550	600
X2CrNi18-9	1.4307	470	180	215	$R_{p0.2}$	165	147	132	118	108	100	94	89	85	81	80	
					$R_{p1.0}$	200	181	162	147	137	127	121	116	112	109	108	
X2CrNi19-11	1.4306	460	180	215	$R_{p0.2}$	165	147	132	118	108	100	94	89	85	81	80	
					$R_{p1.0}$	200	181	162	147	137	127	121	116	112	109	108	
X2CrNiN18-10	1.4311	550	270	305	$R_{p0.2}$	255	205	175	157	145	136	130	125	121	119	118	
					$R_{p1.0}$	282	240	210	187	175	167	161	156	152	149	147	
X5CrNi18-10	1.4301	500	195	230	$R_{p0.2}$	180	157	142	127	118	110	104	98	95	92	90	
					$R_{p1.0}$	218	191	172	157	145	135	129	125	122	120	120	
X6CrNiTi18-10	1.4541	500	200	235	$R_{p0.2}$	190	176	167	157	147	136	130	125	121	119	118	
					$R_{p1.0}$	222	208	196	186	177	167	161	156	152	149	147	
X6CrNiNb18-10	1.4550	510	205	240	$R_{p0.2}$	195	177	167	157	147	136	130	125	124	119	118	
					$R_{p1.0}$	232	211	196	186	177	167	161	156	152	149	147	
X2CrNiMo17-12-2	1.4404	490	190	225	$R_{p0.2}$	182	166	152	137	127	118	113	108	103	100	98	
					$R_{p1.0}$	217	199	181	167	157	145	139	135	130	128	127	
X5CrNiMo17-12-2	1.4401	510	205	240	$R_{p0.2}$	193	177	162	147	137	127	120	115	112	110	108	
					$R_{p1.0}$	230	211	191	177	167	156	150	144	141	139	137	
X6CrNiMoTi17-12-2	1.4571	500	210	245	$R_{p0.2}$	202	185	177	167	157	145	140	135	131	129	127	
					$R_{p1.0}$	232	218	206	196	186	175	169	164	160	158	157	
X2CrNiMo17-12-3	1.4432	490	190	225	$R_{p0.2}$	182	166	152	137	127	118	113	108	103	100	98	
					$R_{p1.0}$	217	199	181	167	157	145	139	135	130	128	127	

表 B-6（续）

EN 牌号 牌号	数字	室温强度指标 MPa, ≥ R_m	$R_{p0.2}$	$R_{p1.0}$	强度项	各温度（℃）时的 $R_{p0.2}$、$R_{p1.0}$值, MPa, ≥ 50	100	150	200	250	300	350	400	450	500	550	600
X2CrNiMoN17-13-3	1.4429	580	295	330	$R_{p0.2}$	260	211	185	167	155	145	140	135	131	129	127	
					$R_{p1.0}$	290	246	218	198	183	175	169	164	160	158	157	
X3CrNiMo17-13-3	1.4436	510	205	240	$R_{p0.2}$	195	177	162	147	137	127	120	115	112	110	108	
					$R_{p1.0}$	228	211	191	177	167	156	150	144	141	139	137	
X2CrNiMo18-14-3	1.4435	490	190	225	$R_{p0.2}$	180	165	150	137	127	119	113	108	103	100	98	
					$R_{p1.0}$	217	200	180	165	153	145	139	135	130	128	127	
X2CrNiMoN17-13-5	1.4439	580	285	315	$R_{p0.2}$	260	225	200	185	175	165	155	150				
					$R_{p1.0}$	290	255	230	210	200	190	180	175				
X2CrNiMo18-15-4	1.4438	490	220	250	$R_{p0.2}$	200	172	157	147	137	127	120	115	112	110	108	
					$R_{p1.0}$	232	206	188	177	167	156	148	144	140	138	136	
X1NiCrMoCu31-27-4 (UNS N08028)	1.4563	500	215	245	$R_{p0.2}$	210	190	175	160	155	150	145	135	125	120	115	
					$R_{p1.0}$	240	220	205	190	185	180	175	165	155	150	145	
X1NiCrMoCu25-20-5 (UNS N08904)	1.4539	520	220	250	$R_{p0.2}$	216	205	190	175	160	145	135	125	115	110	105	
					$R_{p1.0}$	244	235	220	205	190	175	165	155	145	140	135	
X1CrNiMoCuN20-18-7	1.4547	650	300	340	$R_{p0.2}$	267	230	205	190	180	170	165	160	153	148		
					$R_{p1.0}$	306	270	245	225	212	200	195	190	184	180		
X1NiCrMoCuN25-20-7 (UNS N08926)	1.4529	600	300	340	$R_{p0.2}$	270	230	210	190	180	170	165	160	130	120	105	
					$R_{p1.0}$	310	270	245	225	215	205	195	190	160	150		

注：EN10217-7: 2005 中未给出各温度的 R_m 值。

表 B-7 EN 10222-5：2000 承压奥氏体不锈钢锻件固溶态各温度的 R_m、$R_{p0.2}$、$R_{p1.0}$ 值

| EN牌号 | | 室温强度指标 MPa，≥ | | | 强度项 | 各温度（℃）时的 R_m、$R_{p0.2}$、$R_{p1.0}$ 值/MPa，≥ | | | | | | | | | | | | 厚度/mm ≤ |
牌号	数字	R_m	$R_{p0.2}$	$R_{p1.0}$		50	100	150	200	250	300	350	400	450	500	550	600	
X2CrNi18-9	1.4307	500	200	230	R_m		410	380	360	350	340	340						250
					$R_{p0.2}$		147	132	118	108	100	94	89		81			
					$R_{p1.0}$		181	162	147	137	127	121	116		109			
X2CrNiN18-10	1.4311	550	270	305	R_m		490	460	430	420	410	410						250
					$R_{p0.2}$		205	175	157	145	136	130	98		92			
					$R_{p1.0}$		240	210	187	175	167	161	156		149			
X5CrNi18-10	1.4301	500	200	230	R_m		450	420	400	390	380	380	380		360			250
					$R_{p0.2}$		157	142	127	118	110	104	98		92			
					$R_{p1.0}$		191	172	157	145	135	129	125		120			
X6CrNiTi18-10	1.4541	510	200	235	R_m		440	410	390	385	375	375	375		360			450
					$R_{p0.2}$		176	167	157	147	136	130	125		119			
					$R_{p1.0}$		208	196	186	177	167	161	156		149			
X6CrNiNb18-10	1.4550	510	205	240	R_m		435	400	370	350	340	335	330		310			450
					$R_{p0.2}$		177	167	157	147	136	130	125		119			
					$R_{p1.0}$		211	196	186	177	167	161	156		149			
X6CrNi18-10	1.4948	490	195	230	R_m		440	410	390	385	375	375	375		360		300	250
					$R_{p0.2}$		157	142	127	117	108	103	98		88		78	
					$R_{p1.0}$		191	172	157	147	137	132	127		118		108	
X6CrNiTiB18-10	1.4941	490	175	210	R_m		410	390	370	360	350	345	340		330		300	450
					$R_{p0.2}$		162	152	142	137	132	127	123		113		103	
					$R_{p1.0}$		201	191	181	176	172	167	162		152		142	

表 B-7（续）

EN牌号 牌号	数字	室温强度指标 MPa, ≥ R_m	$R_{p0.2}$	$R_{p1.0}$	强度项	50	100	150	200	250	300	350	400	450	500	550	600	厚度 mm ≤
X7CrNiNB18-10	1.4912	510	205	240	R_m		410	390	370	360	350	345	340		330		300	450
					$R_{p0.2}$		171	162	153	147	139	133	129		124		121	
					$R_{p1.0}$		204	192	182	172	166	162	159		155		151	
X2CrNiMo17-12-2	1.4404	490	190	225	R_m		430	410	390	385	380	380	380		360			250
					$R_{p0.2}$		166	152	137	127	118	113	108		100			
					$R_{p1.0}$		199	181	167	157	145	139	135		128			
X2CrNiMoN17-11-2	1.4406	580	280	315	R_m		520	490	460	450	440	435						160
					$R_{p0.2}$		211	185	167	155	145	140	135		128			
					$R_{p1.0}$		246	218	198	183	175	169	164		158			
X5CrNiMo17-12-2	1.4401	510	205	240	R_m		430	410	390	385	380	380						250
					$R_{p0.2}$		177	162	147	137	127	120	115		110			
					$R_{p1.0}$		211	191	177	167	156	150	144		139			
X6CrNiMoTi17-12-2	1.4571	510	210	245	R_m		440	410	390	385	375	375	375		360			450
					$R_{p0.2}$		185	177	167	157	145	140	135		129			
					$R_{p1.0}$		218	206	196	186	175	169	164		158			
X2CrNiMo17-12-3	1.4432	490	190	225	R_m		430	410	390	385	380	380	380		360			250
					$R_{p0.2}$		166	152	137	127	118	113	108		100			
					$R_{p1.0}$		199	181	167	157	145	139	135		128			

各温度（℃）时的 R_m、$R_{p0.2}$、$R_{p1.0}$ 值/MPa, ≥

表 B-7（续）

EN牌号 牌号	数字	室温强度指标 MPa, ≥			强度项	各温度（℃）时的 R_m、$R_{p0.2}$、$R_{p1.0}$ 值/MPa, ≥												厚度 mm ≤
		R_m	$R_{p0.2}$	$R_{p1.0}$		50	100	150	200	250	300	350	400	450	500	550	600	
X2CrNiMoN17-13-3	1.4429	580	280	315	R_m		520	490	460	450	440	435	435		430			160
					$R_{p0.2}$		211	185	167	155	145	140	135		129			
					$R_{p1.0}$		246	218	198	183	175	169	164		158			
X3CrNiMo17-13-3	1.4436	510	205	240	R_m		460	440	420	415	410	410	410		390			250
					$R_{p0.2}$		177	162	147	137	127	120	115		110			
					$R_{p1.0}$		211	191	177	167	156	150	144		139			
X2CrNiMo18-14-3	1.4435	520	200	235	R_m		420	400	380	375	370	370						75
					$R_{p0.2}$		165	150	137	127	119	113	108		100			
					$R_{p1.0}$		200	180	165	153	145	139	135		128			
X3CrNiMoN17-13-3	1.4910	550	260	300	R_m		495	472	450	440	430	425	420		400		365	75
					$R_{p0.2}$		205	187	170	159	148	141	134		127		121	
					$R_{p1.0}$		240	220	200	189	178	171	164		157		151	
X2CrNiCu19-10	1.4650	520	210	245	R_m		450	420	400	390	380	380	380		360			450
					$R_{p0.2}$		155	140	127	118	110	104	98		92			
					$R_{p1.0}$		190	170	155	145	135	129	125		120			
X3CrNiMo18-12-3	1.4449	520	220	255	R_m		460	440	420	414	410	410	410		390		350	450
					$R_{p0.2}$		175	158	145	135	127	120	115		110		100	
					$R_{p1.0}$		210	190	175	165	155	150	144		139		129	

表 B-8　EN 10272: 2000 承压奥氏体不锈钢棒（直径≤250mm）固溶态各温度的 R_m、$R_{p0.2}$、$R_{p1.0}$ 值

EN 牌号 数字	牌号	室温强度指标/MPa R_m, ≥	$R_{p0.2}$, ≥	$R_{p1.0}$, ≥	强度项	各温度（℃）时的 R_m、$R_{p0.2}$、$R_{p1.0}$ 值/MPa, ≥ 50	100	150	200	250	300	350	400	450	500	550	600
1.4307	X2CrNi18-9	450	175	210	R_m		410	380	360	350	340	340					
					$R_{p0.2}$		145	130	118	108	100	94	89	85	81	80	
					$R_{p1.0}$		180	160	145	135	127	121	116	112	109	108	
1.4306	X2CrNi19-11	460	180	215	R_m		410	380	360	350	340	340					
					$R_{p0.2}$		145	130	118	108	100	94	89	85	81	80	
					$R_{p1.0}$		180	160	145	135	127	121	116	112	109	108	
1.4311	X2CrNiN18-10	550	270	305	R_m		490	460	430	420	410	410					
					$R_{p0.2}$		205	175	157	145	136	130	125	121	119	118	
					$R_{p1.0}$		240	210	187	175	167	160	156	152	149	147	
1.4301	X5CrNi18-10	500	190	225	R_m		450	420	400	390	380	380	380	370	360	330	
					$R_{p0.2}$		155	140	127	118	110	104	98	95	92	90	
					$R_{p1.0}$		190	170	155	145	135	129	125	122	120	120	
1.4541	X6CrNiTi18-10	500	190	225	R_m		440	410	390	385	375	375	375	370	360	330	
					$R_{p0.2}$		175	165	155	145	136	130	125	121	119	118	
					$R_{p1.0}$		205	195	185	175	167	161	156	152	149	147	
1.4404	X2CrNiMo17-12-2	500	200	235	R_m		430	410	390	385	380	380	380		360		
					$R_{p0.2}$		165	150	137	127	119	113	108	103	100	98	
					$R_{p1.0}$		200	180	165	153	145	139	135	130	128	127	
1.4406	X2CrNiMoN17-11-2	580	280	315	R_m		520	490	460	450	440	435					
					$R_{p0.2}$		215	195	175	165	155	150	145	140	138	136	
					$R_{p1.0}$		245	225	205	195	185	180	175	170	168	166	

表 B-8（续）

EN 牌号		室温强度指标 MPa, ≥			强度项	各温度（℃）时的 R_m、$R_{p0.2}$、$R_{p1.0}$ 值/MPa, ≥											
牌号	数字	R_m	$R_{p0.2}$	$R_{p1.0}$		50	100	150	200	250	300	350	400	450	500	550	600
X5CrNiMo17-12-2	1.4401	500	200	235	R_m		430	410	390	385	380	380					
					$R_{p0.2}$		175	158	145	135	127	120	115	112	110	108	
					$R_{p1.0}$		201	190	175	165	155	150	145	141	139	137	
X6CrNiMoTi17-12-2	1.4571	500	200	235	R_m		440	410	390	385	375	375	375	370	360	330	
					$R_{p0.2}$		185	175	165	155	145	140	135	131	129	127	
					$R_{p1.0}$		215	205	192	183	175	169	164	160	158	157	
X2CrNiMo17-12-3	1.4432	500	200	235	R_m		430	410	390	385	380	380	380	375	360		
					$R_{p0.2}$		165	150	137	127	119	113	108	103	100	98	
					$R_{p1.0}$		200	180	165	153	145	139	135	130	128	127	
X2CrNiMo18-14-3	1.4435	500	200	235	R_m		420	400	380	375	370	370					
					$R_{p0.2}$		165	150	137	127	119	113	108	103	100	98	
					$R_{p1.0}$		200	180	165	153	145	139	135	130	128	127	
X2CrNiMoN17-13-5	1.4439	580	280	315	R_m		520	490	460	450	440	435					
					$R_{p0.2}$		225	200	185	175	165	155	150				
					$R_{p1.0}$		255	230	210	200	190	180	175				
X1NiCrMoCu25-20-5（UNS N08904）	1.4539	530	230	260	R_m		500	480	460	450	440	435					
					$R_{p0.2}$		205	190	175	160	145	135	125	115	110	105	
					$R_{p1.0}$		235	220	205	190	175	165	155	145	140	135	
X6CrNiNb18-10	1.4550	510	205	240	R_m		435	400	370	350	340	335	330	320	310	300	
					$R_{p0.2}$		175	165	155	145	136	130	125	121	119	118	
					$R_{p1.0}$		210	195	185	175	167	161	156	152	149	147	

表 B-8（续）

EN牌号		室温强度指标 MPa，≥			强度项	各温度（℃）时的 R_m、$R_{p0.2}$、$R_{p1.0}$ 值/MPa，≥											
牌号	数字	R_m	$R_{p0.2}$	$R_{p1.0}$		50	100	150	200	250	300	350	400	450	500	550	600
X6CrNiMoNb17-12-2	1.4580	510	215	250	R_m		440	410	390	385	375	375	375	370	360	330	
					$R_{p0.2}$		186	177	167	157	145	140	135	131	139	127	
					$R_{p1.0}$		221	206	196	186	175	169	164	160	158	157	
X2CrNiMoN17-13-3	1.4429	580	280	315	R_m		520	490	460	450	440	435	435		430		
					$R_{p0.2}$		215	195	175	165	155	150	145	140	138	136	
					$R_{p1.0}$		245	225	205	195	185	180	175	170	168	166	
X3CrNiMo17-13-3	1.4436	500	200	235	R_m		460	440	420	415	410	410	410		390		
					$R_{p0.2}$		175	158	145	135	127	120	115	112	110	108	
					$R_{p1.0}$		210	190	175	165	155	150	145	141	139	137	
X1NiCrMoCu31-27-4 (UNS N08028)	1.4563	500	220	250	R_m		460	445	430	410	400	395					
					$R_{p0.2}$		190	175	160	155	150	145	135	125	120	115	
					$R_{p1.0}$		220	205	190	185	180	175	165	155	150	145	
X1CrNiMoCuN20-18-7	1.4547	650	300	340	R_m		615	587	560	542	525	517	510	502	495		
					$R_{p0.2}$		230	205	190	180	170	165	160	153	148		
					$R_{p1.0}$		270	245	225	212	200	195	190	184	180		
X1NiCrMoCuN25-20-7 (UNS N08906)	1.4529	650	300	340	R_m		610	585	560	540	525	515	510				
					$R_{p0.2}$		230	210	190	180	170	165	160				
					$R_{p1.0}$		270	245	225	215	205	195	190				

表 B-9　ISO 9329-4：1997 承压奥氏体不锈钢无缝管（壁厚≤50mm）固溶态各温度的 $R_{p0.2}$、$R_{p1.0}$ 值

ISO牌号	室温强度指标 MPa，≥ R_m	$R_{p0.2}$	$R_{p1.0}$	强度项	各温度（℃）时的 $R_{p0.2}$、$R_{p1.0}$值/MPa，≥ 50	100	150	200	250	300	350	400	450	500	550	600	应用温度 ℃，≤
X2CrNi1810	480	180	215	$R_{p0.2}$			116	104	96	88	84	81	78	76	74	72	350
				$R_{p1.0}$			150	137	128	122	116	110	108	106	102	100	
X5CrNi189	500	195	230	$R_{p0.2}$			126	114	106	98	93	89	86	84	81	79	300
				$R_{p1.0}$			160	147	139	132	125	120	117	115	112	109	
X7CrNi189	490	195	230	$R_{p0.2}$			126	114	106	98	93	89	86	84	81	79	400
				$R_{p1.0}$			160	147	139	132	125	120	117	115	112	109	
X6CrNiNb1811	510	205	240	$R_{p0.2}$			162	153	147	139	133	129	126	124	122	121	
				$R_{p1.0}$			192	182	172	166	162	159	157	155	153	151	
X7CrNiNb1811	510	205	240	$R_{p0.2}$			162	153	147	139	133	129	126	124	122	121	400
				$R_{p1.0}$			192	182	172	166	162	159	157	155	153	151	
X6CrNiNb1810	490	175	210	$R_{p0.2}$			149	144	139	135	129	124	119	116	111	108	
				$R_{p1.0}$			179	172	164	158	152	148	143	140	138	135	
X7CrNiTi1810	490	175	210	$R_{p0.2}$			123	117	114	110	105	100	95	93	90	88	400
				$R_{p1.0}$			155	147	141	133	129	126	121	118	116	115	
X2CrNiMo1712	490	190	225	$R_{p0.2}$			130	120	109	101	96	90	87	84	81	79	400
				$R_{p1.0}$			161	149	139	133	127	123	119	115	112	110	
X2CrNiMo1713	490	190	225	$R_{p0.2}$			130	120	109	101	96	90	87	84	81	79	400
				$R_{p1.0}$			161	149	139	133	127	123	119	115	112	110	

表 B-9（续）

ISO 牌号	室温强度指标 MPa ≥			强度项	各温度（℃）时的 R_m、$R_{p0.2}$、$R_{p1.0}$值/MPa，≥												应用温度 ℃，≤
	R_m	$R_{p0.2}$	$R_{p1.0}$		50	100	150	200	250	300	350	400	450	500	550	600	
X5CrNiMo1712	510	205	240	$R_{p0.2}$			144	132	121	113	107	101	98	95	92	90	300
				$R_{p1.0}$			172	159	150	143	137	133	129	125	121	119	
X7CrNiMo1712	510	205	240	$R_{p0.2}$			144	132	121	113	107	101	98	95	92	90	
				$R_{p1.0}$			172	159	150	143	137	133	129	125	121	119	
X7CrNiMoB1712	510	205	240	$R_{p0.2}$			144	132	121	113	107	101	98	95	92	90	
				$R_{p1.0}$			172	159	150	143	137	133	129	125	121	119	
X6CrNiMoTi1712（壁厚≤6mm）	510	210	245	$R_{p0.2}$			(148)	(137)	(126)	(117)	(111)	(105)	(102)	(99)	(95)	(93)	400
				$R_{p1.0}$			(183)	(169)	(159)	(152)	(147)	(142)	(138)	(133)	(129)	(127)	
X6CrNiMoNb1712	510	215	250	$R_{p0.2}$			(153)	(141)	(130)	(121)	(115)	(109)	(106)	(102)	(99)	(97)	400
				$R_{p1.0}$			(186)	(172)	(163)	(155)	(150)	(145)	(141)	(136)	(132)	(130)	
X5CrNiMo1713	510	205	240	$R_{p0.2}$			144	132	121	113	107	101	98	95	92	90	300
				$R_{p1.0}$			172	159	150	143	137	133	129	125	121	119	
X2CrNiN1810	580	270	305	$R_{p0.2}$			169	155	143	135	129	123	119	115	113	110	400
				$R_{p1.0}$			201	182	172	163	156	149	144	140	136	131	
X2CrNiMoN1713	580	280	315	$R_{p0.2}$			178	164	154	146	140	136	132	129	126	124	400
				$R_{p1.0}$			208	192	180	172	166	161	157	152	149	144	

注 1：括号中的数据取自最接近的钢号。

注 2：应用温度指耐晶间腐蚀性能。

表 B-10 ISO 9330-6：1997 承压奥氏体不锈钢纵向焊接管（壁厚≤50mm）固溶态各温度的 $R_{p0.2}$、$R_{p1.0}$ 值

ISO牌号	室温强度指标 MPa, ≥			强度项	各温度（℃）时的 R_m、$R_{p0.2}$、$R_{p1.0}$ 值/MPa, ≥												应用温度 ℃, ≤
	R_m	$R_{p0.2}$	$R_{p1.0}$		50	100	150	200	250	300	350	400	450	500	550	600	
X2CrNi1810	480	180	215	$R_{p0.2}$			116	104	96	88	84	81	78	76	74	72	350
				$R_{p1.0}$			150	137	128	122	116	110	108	106	102	100	
X5CrNi189	500	195	230	$R_{p0.2}$			126	114	106	98	93	89	86	84	81	79	300
				$R_{p1.0}$			160	147	139	132	125	120	117	115	112	109	
X6CrNiNb1810	510	205	240	$R_{p0.2}$			162	153	147	139	133	129	126	124	122	121	400
				$R_{p1.0}$			192	182	172	166	162	159	157	155	153	151	
X6CrNiTi1810	510	200	235	$R_{p0.2}$			149	144	139	135	129	124	119	116	111	108	400
				$R_{p1.0}$			179	172	164	158	152	148	143	140	138	135	
X2CrNiMo1712	490	190	225	$R_{p0.2}$			130	120	109	101	96	90	87	84	81	79	400
				$R_{p1.0}$			161	149	139	133	127	123	119	115	112	110	
X2CrNiMo1713	490	190	225	$R_{p0.2}$			130	120	109	101	96	90	87	84	81	79	400
				$R_{p1.0}$			161	149	139	133	127	123	119	115	112	110	
X5CrNiMo1712	510	205	240	$R_{p0.2}$			144	132	121	113	107	101	98	95	92	90	300
				$R_{p1.0}$			172	159	150	143	137	133	129	125	121	119	
X6CrNiMoTi1712（壁厚≤6mm）	510	210	245	$R_{p0.2}$			(148)	(137)	(126)	(117)	(111)	(105)	(102)	(99)	(95)	(93)	400
				$R_{p1.0}$			(183)	(169)	(159)	(152)	(147)	(142)	(138)	(133)	(129)	(127)	
X6CrNiMoNb1712	510	215	250	$R_{p0.2}$			(153)	(141)	(130)	(121)	(115)	(109)	(106)	(102)	(99)	(97)	400
				$R_{p1.0}$			(186)	(172)	(163)	(155)	(150)	(145)	(141)	(136)	(132)	(130)	
X5CrNiN1810	510	205	240	$R_{p0.2}$			144	132	121	113	107	101	98	95	92	90	300
				$R_{p1.0}$			172	159	150	143	137	133	129	125	121	119	
X2CrNiN1810	550	270	305	$R_{p0.2}$			169	155	143	135	129	123	119	115	113	110	400
				$R_{p1.0}$			201	182	172	163	156	149	144	140	136	131	
X2CrNiMoN1713	580	280	315	$R_{p0.2}$			178	164	154	146	140	136	132	129	126	124	400
				$R_{p1.0}$			208	192	180	172	166	161	157	152	149	144	

注1：括号中的数据取自最接近的钢号。
注2：应用温度挡指耐晶间腐蚀性能。

压力容器用不锈钢

表 B-11　ISO 2604-V：1978 承压奥氏体不锈钢纵向焊接管固溶态各温度的 $R_{p0.2}$、$R_{p1.0}$ 值

EN 老牌号	相应美国牌号简称	室温强度指标 MPa, ≥ R_m	室温强度指标 MPa, ≥ $R_{p0.2}$	室温强度指标 MPa, ≥ $R_{p1.0}$	强度项	各温度（℃）时的 $R_{p0.2}$、$R_{p1.0}$ 值/MPa, ≥ 100	150	200	250	300	350	400	450	500	550	600	650	700
TW46	304L	490	175	205	$R_{p0.2}$	118	105	95	86	78	73	70	68	66	65	64		
					$R_{p1.0}$	161	143	130	121	115	109	104	102	99	97	94	91	89
TW47	304	490	195	235	$R_{p0.2}$	132	120	109	100	93	87	84	80	79	77	76		
					$R_{p1.0}$	182	163	151	142	135	129	123	120	118	115	111	107	101
TW50	347	510	205	245	$R_{p0.2}$	171	162	153	147	139	134	129	126	124	122	121		
					$R_{p1.0}$	209	197	186	177	171	166	164	161	160	158	155		
TW53	321	510	195	235	$R_{p0.2}$	148	144	138	134	129	124	119	114	111	107	104	101	99
					$R_{p1.0}$	192	180	172	164	158	152	148	144	140	138	135	130	124
TW57	316L（Mo2~2.5）	490	185	215	$R_{p0.2}$	137	126	115	105	97	90	86	83	80	77	76	75	75
					$R_{p1.0}$	169	154	141	132	126	120	116	112	108	105	103	100	98
TW58	316L（Mo2.5~3）	490	185	215	$R_{p0.2}$	137	126	115	105	97	90	86	83	80	77	76	75	75
					$R_{p1.0}$	169	154	141	132	126	120	116	112	108	105	103	100	98
TW60	316（Mo2~2.5）	510	205	245	$R_{p0.2}$	155	144	132	121	113	107	101	98	95	91	90	89	88
					$R_{p1.0}$	194	176	163	153	147	141	136	132	128	125	122	119	116
TW61	316（Mo2.5~3）	510	205	245	$R_{p0.2}$	155	144	132	121	113	107	101	98	95	91	90	89	88
					$R_{p1.0}$	194	176	163	153	147	141	136	132	128	125	122	119	116
TW69	UNS N08800	480	195	235	$R_{p1.0}$	206	194	184	175	169	162	157	154	149	144	137	126	110

表B-12 ISO 9327-5：1999 承压奥氏体不锈钢锻件与棒材固溶状态各温度的 $R_{p0.2}$、$R_{p1.0}$ 值

ISO牌号 ISO/TR4949	ISO 2604-1	室温强度指标 MPa, ≥			强度项	各温度（℃）时的 R_m、$R_{p0.2}$、$R_{p1.0}$值/MPa, ≥												厚度 mm ≤
		R_m	$R_{p0.2}$	$R_{p1.0}$		50	100	150	200	250	300	350	400	450	500	550	600	
X2CrNi18-10	F46	480	180	215	$R_{p0.2}$			116	104	96	88	84	81	78	76	74	72	250
					$R_{p1.0}$			150	137	128	122	116	110	108	106	102	100	
X2CrNiN18-10		550	270	305	$R_{p0.2}$			169	155	143	135	129	123	119	115	113	110	250
					$R_{p1.0}$			201	182	172	163	156	149	144	140	136	131	
X5CrNi18-9	F47	500	195	230	$R_{p0.2}$			126	114	106	98	93	89	86	84	81	79	250
					$R_{p1.0}$			160	147	139	132	125	120	117	115	112	109	
X7CrNi18-9	F48	490	195	230	$R_{p0.2}$			126	114	106	98	93	89	86	84	81	79	250
					$R_{p1.0}$			160	147	139	132	125	120	117	115	112	109	
X6CrNiNb18-10	F50	510	205	240	$R_{p0.2}$			162	153	147	139	133	129	126	124	122	121	450
					$R_{p1.0}$			192	182	172	166	162	159	157	155	153	151	
X6CrNiTi18-10	F53	510	200	235	$R_{p0.2}$			149	144	139	135	129	124	119	116	111	108	450
					$R_{p1.0}$			179	172	164	158	152	148	143	140	138	135	
X7CrNiTi18-10	F54	490	175	210	$R_{p0.2}$			123	117	114	110	105	100	95	93	90	88	450
					$R_{p1.0}$			155	147	141	133	129	126	121	118	116	115	
X7CrNiNb18-10	F51	510	205	240	$R_{p0.2}$			162	153	147	139	133	129	126	124	122	121	450
					$R_{p1.0}$			192	182	172	166	162	159	157	155	153	151	
X2CrNiMo17-12	F59	490	190	225	$R_{p0.2}$			130	120	109	101	96	90	87	84	81	79	
					$R_{p1.0}$			161	149	139	133	127	123	119	115	112	110	
X2CrNiMoN17-12		580	280	315	$R_{p0.2}$			178	164	154	146	140	136	132	129	126	124	160
					$R_{p1.0}$			208	192	180	172	166	161	157	152	149	144	

表 B-12（续）

ISO牌号		室温强度指标 MPa, ≥			强度项	各温度（℃）时的 R_m、$R_{p0.2}$、$R_{p1.0}$ 值/MPa, ≥													厚度 mm ≤
ISO/TR4949	ISO 2604-1	R_m	$R_{p0.2}$	$R_{p1.0}$		50	100	150	200	250	300	350	400	450	500	550	600	
X2CrNiMo17-13	F59	490	190	225	$R_{p0.2}$			130	120	109	101	96	90	87	84	81	79	250
					$R_{p1.0}$			161	149	139	133	127	123	119	115	112	110	
X2CrNiMoN17-13	—	580	280	315	$R_{p0.2}$			178	164	154	146	140	136	132	129	125	124	160
					$R_{p1.0}$			208	192	180	172	166	161	157	152	149	144	
X5CrNiMo17-12	F62	510	205	240	$R_{p0.2}$			144	132	121	113	107	101	96	95	92	90	250
					$R_{p1.0}$			172	159	150	143	137	133	129	125	121	119	
X5CrNiMo17-13	F62	510	205	240	$R_{p0.2}$			144	132	121	113	107	101	96	95	92	90	250
					$R_{p1.0}$			172	159	150	143	137	133	129	125	121	119	
X7CrNiMo17-12	F64	510	205	240	$R_{p0.2}$			144	132	121	113	107	101	96	95	92	90	250
					$R_{p1.0}$			172	159	150	143	137	133	129	125	121	119	
X6CrNiMoTi17-12	F66	510	210	245	$R_{p0.2}$			(148)	(137)	(126)	(117)	(111)	(105)	(102)	(99)	(95)	(93)	450
					$R_{p1.0}$			(183)	(169)	(159)	(152)	(147)	(142)	(136)	(133)	(129)	(127)	
X6CrNi25-21	F68	550	210	250	$R_{p0.2}$			(128)	(116)	(108)	(100)	(94)	(91)	(86)	(85)	(84)	(82)	160
					$R_{p1.0}$			(167)	(154)	(146)	(139)	(132)	(126)	(123)	(121)	(118)	(114)	
X2NiCrMoCu25-20-5	—	520	220	225	$R_{p0.2}$			(165)	(155)	(145)	(135)	(130)	(125)					160
					$R_{p1.0}$			(195)	(185)	(175)	(165)	(160)	(155)					

注：括号中的数据取自最接近的钢号。

表 B-13　德国 AD 规范 W2 (1987) 压力容器用奥氏体不锈钢固溶态热轧板、棒、锻件 (DIN 17440—1985 不锈钢固溶) 的各温度 $R_{p0.2}$、$R_{p1.0}$ 值 (横向)

EN牌号 牌号	数字	室温强度指标 MPa,≥ R_m	$R_{p0.2}$	$R_{p1.0}$	强度项	\multicolumn 50	100	150	200	250	300	350	400	450	500	550	应用温度 ℃,≤
X5CrNi1810	1.4301	500	195	230	$R_{p0.2}$	177	157	142	127	118	110	104	98	95	92	90	300
					$R_{p1.0}$	211	191	172	157	145	135	129	125	122	120	120	
X5CrNi1812	1.4303	490	185	220	$R_{p0.2}$	175	155	142	127	118	110	104	98	95	92	90	300
					$R_{p1.0}$	208	188	172	157	145	135	129	125	122	120	120	
X2CrNi1911	1.4306	460	180	215	$R_{p0.2}$	162	147	132	118	108	100	94	89	85	81	80	350
					$R_{p1.0}$	201	181	162	147	137	127	121	116	112	109	108	
X2CrNiN1810	1.4311	550	270	305	$R_{p0.2}$	245	205	175	157	145	136	130	125	121	119	118	400
					$R_{p1.0}$	280	240	210	187	175	167	161	156	152	149	147	
X6CrNiTi1810	1.4541	500	200	235	$R_{p0.2}$	190	176	167	157	147	136	130	125	121	119	118	400
					$R_{p1.0}$	222	208	195	185	175	167	161	156	152	149	147	
X6CrNiNb1810	1.4550	510	205	240	$R_{p0.2}$	191	177	167	157	147	136	130	125	121	119	118	400
					$R_{p1.0}$	226	211	196	186	171	167	161	156	152	149	147	
X5CrNiMoN17122	1.4401	510	205	240	$R_{p0.2}$	196	177	162	147	137	127	120	115	112	110	108	300
					$R_{p1.0}$	230	211	191	177	167	156	150	144	141	139	137	
X2CrNiMo17132	1.4404	490	190	225	$R_{p0.2}$	182	166	152	137	127	118	113	108	103	100	98	400
					$R_{p1.0}$	217	199	181	167	157	145	139	135	130	128	127	
X2CrNiMoN17122	1.4406	580	280	315	$R_{p0.2}$	250	211	185	167	155	145	140	135	131	129	127	400
					$R_{p1.0}$	284	246	218	198	183	175	169	164	160	158	157	

表 B-13（续）

DIN牌号		室温强度指标 MPa，≥			强度项	各温度（℃）时的 R_m、$R_{p0.2}$、$R_{p1.0}$值/MPa，≥											应用温度 ℃，≤
牌号	数字	R_m	$R_{p0.2}$	$R_{p1.0}$		50	100	150	200	250	300	350	400	450	500	550	
X6CrNiMoTi17122	1.4571	500	210	245	$R_{p0.2}$	202	185	177	167	157	145	140	135	131	129	127	400
					$R_{p1.0}$	234	218	206	196	186	175	169	164	160	158	157	
X6CrNiMoNb17122	1.4580	510	215	250	$R_{p0.2}$	206	186	177	167	157	145	140	135	131	129	127	400
					$R_{p1.0}$	240	221	206	196	186	175	169	164	160	158	157	
X2CrNiMoN17133	1.4429	580	295	330	$R_{p0.2}$	265	225	197	178	165	155	150	145	140	138	136	400
					$R_{p1.0}$	300	260	227	208	195	185	180	175	170	168	166	
X2CrNiMo18143	1.4435	490	190	225	$R_{p0.2}$	182	166	152	137	127	118	113	108	103	100	98	400
					$R_{p1.0}$	217	199	181	167	157	145	139	135	130	128	127	
X5CrNiMo17133	1.4436	510	205	240	$R_{p0.2}$	196	177	162	147	137	127	120	115	112	110	108	300
					$R_{p1.0}$	230	211	191	177	167	156	150	144	141	139	137	
X2CrNiMo18164	1.4438	490	195	230	$R_{p0.2}$	186	172	157	147	137	127	120	115	112	110	108	350
					$R_{p1.0}$	221	206	186	177	167	156	148	144	140	138	136	
X2CrNiMoN17135	1.4439	580	285	315	$R_{p0.2}$	260	225	200	185	175	165	155	150				400
					$R_{p1.0}$	290	255	230	210	200	190	180	175				

注：适用于热轧板厚≤75mm。应用温度指耐晶间腐蚀性能。

表 B-14 德国 AD 规范 W2（1987）压力容器用奥氏体不锈钢固溶态冷轧板（DIN 17441—1985 不锈钢固溶）的各温度 $R_{p0.2}$、$R_{p1.0}$ 值（横向）

DIN牌号		室温强度指标/MPa, ≥			强度项	各温度（℃）时的 R_m、$R_{p0.2}$、$R_{p1.0}$ 值/MPa, ≥											应用温度 ℃, ≤
牌号	数字	R_m	$R_{p0.2}$	$R_{p1.0}$		50	100	150	200	250	300	350	400	450	500	550	
X5CrNi1810	1.4301	550	235	265	$R_{p0.2}$	204	182	165	152	143	135	128	123	120	117		300
					$R_{p1.0}$	234	212	195	182	173	165	158	153	150	147		
X5CrNi1812	1.4303	500	215	245	$R_{p0.2}$	185	162	149	134	125	117	110	105	102	99		300
					$R_{p1.0}$	215	192	179	164	155	147	140	135	132	129		
X2CrNi1911	1.4306	520	235	265	$R_{p0.2}$	204	182	165	152	143	135	128	123	120	117		350
					$R_{p1.0}$	234	212	195	182	173	165	158	153	150	147		
X2CrNiN1810	1.4311	550	285	315	$R_{p0.2}$	245	205	175	157	145	136	130	125	121	119		400
					$R_{p1.0}$	280	240	210	187	175	167	161	156	152	149		
X6CrNiTi1810	1.4541	540	245	275	$R_{p0.2}$	210	196	186	177	164	156	147	145	142	139		400
					$R_{p1.0}$	240	226	216	207	194	186	177	175.	172	169		
X6CrNiNb1810	1.4550	550	255	285	$R_{p0.2}$	210	196	186	177	164	156	147	145	142	139		400
					$R_{p1.0}$	240	226	216	207	194	186	177	175	172	169		
X5CrNiMo17122	1.4401	550	255	285	$R_{p0.2}$	222	197	182	167	157	147	140	135	132	130		300
					$R_{p1.0}$	252	227	212	197	187	177	170	165	162	160		
X2CrNiMo17132	1.4404	550	255	285	$R_{p0.2}$	212	186	172	157	147	138	133	128	123	120		400
					$R_{p1.0}$	242	216	202	187	177	168	163	158	153	150		
X2CrNiMoN17122	1.4406	580	295	310	$R_{p0.2}$	252	216	187	167	155	145	140	135	131	129		400
					$R_{p1.0}$	282	246	218	198	183	175	169	164	160	158		

表 B-14（续）

DIN牌号		室温强度指标 MPa, ≥			强度项	各温度（℃）时的 R_m, $R_{p0.2}$, $R_{p1.0}$ 值/MPa, ≥											应用温度 ℃, ≤
牌号	数字	R_m	$R_{p0.2}$	$R_{p1.0}$		50	100	150	200	250	300	350	400	450	500	550	
X6CrNiMoTi17122	1.4571	540	255	285	$R_{p0.2}$	225	205	197	187	175	165	157	155	151	149		400
					$R_{p1.0}$	255	235	227	217	205	195	187	185	181	179		
X2CrNiMoN17133	1.4429	580	315	345	$R_{p0.2}$	265	225	197	178	165	155	150	145	140	138		400
					$R_{p1.0}$	300	260	227	208	195	185	180	175	170	168		
X2CrNiMo18143	1.4435	540	255	285	$R_{p0.2}$	212	186	172	157	147	138	133	128	123	120		400
					$R_{p1.0}$	242	216	202	187	177	168	163	158	153	150		
X5CrNiMo17133	1.4436	550	255	285	$R_{p0.2}$	222	197	182	167	157	147	140	135	132	130		300
					$R_{p1.0}$	252	227	212	197	187	177	170	165	162	160		
X2CrNiMo18164	1.4438	500	235	265	$R_{p0.2}$	186	172	157	147	137	127	120	115	112	110		350
					$R_{p1.0}$	221	206	186	177	167	156	148	144	140	138		
X2CrNiMoN17135	1.4439	600	315	345	$R_{p0.2}$	260	225	200	185	175	165	155	150				400
					$R_{p1.0}$	290	255	230	210	200	190	180	175				

注：室温横向 $R_{p0.2}$ 及 $R_{p1.0}$ 指标均比纵向高 15MPa。应用温度指标晶间腐蚀性能。

表 B-15　德国 AD 规范 W2（1987）压力容器用奥氏体不锈钢固溶态无缝管（DIN 17458—1985 不锈钢固溶）、焊接管（DIN174578 不锈钢固溶）的各温度 $R_{p0.2}$、$R_{p1.0}$ 值

牌号	数字	室温强度指标 MPa，≥			强度项	各温度（℃）时的 R_m、$R_{p0.2}$、$R_{p1.0}$ 值/MPa，≥											应用温度 ℃，≤
		R_m	$R_{p0.2}$	$R_{p1.0}$		50	100	150	200	250	300	350	400	450	500	550	
X5CrNi1810	1.4301	500	195	230	$R_{p0.2}$	177	157	142	127	118	110	104	98	95	92	90	300
					$R_{p1.0}$	211	191	172	157	145	135	129	125	122	120	120	
X2CrNi1911	1.4306	460	180	215	$R_{p0.2}$	162	147	132	118	108	100	94	89	85	81	80	350
					$R_{p1.0}$	201	181	162	147	137	127	121	116	112	109	108	
X2CrNiN1810	1.4311	550	270	305	$R_{p0.2}$	245	205	175	157	145	136	130	125	121	119	118	400
					$R_{p1.0}$	280	240	210	187	175	167	161	156	152	149	147	
X6CrNiTi1810（冷作）	1.4541	500	200	235	$R_{p0.2}$	190	176	167	157	147	136	130	125	121	119	118	400
					$R_{p1.0}$	222	208	195	185	175	167	161	156	152	149	147	
X6CrNiTi1810（热作，仅用无缝管）	1.4541	460	180	215	$R_{p0.2}$	162	147	132	118	108	100	94	89	85	81	80	400
					$R_{p1.0}$	201	181	162	147	137	127	121	116	112	109	108	
X6CrNiNb1810	1.4550	510	205	240	$R_{p0.2}$	191	177	167	157	147	136	130	125	121	119	118	400
					$R_{p1.0}$	226	211	196	186	177	167	161	156	152	149	147	
X5CrNiMo17122	1.4401	510	205	240	$R_{p0.2}$	196	177	162	147	137	127	120	115	112	110	108	300
					$R_{p1.0}$	230	211	191	177	167	156	150	144	141	130	137	
X2CrNiMoTi17132	1.4404	490	190	225	$R_{p0.2}$	182	166	152	137	127	118	113	108	103	100	98	400
					$R_{p1.0}$	217	199	181	167	157	145	139	135	130	128	127	
X6CrNiMoTi17122（冷作）	1.4571	500	210	245	$R_{p0.2}$	202	185	177	167	157	145	140	135	131	129	127	400
					$R_{p1.0}$	234	218	206	196	186	175	169	164	160	158	157	
X6CrNiMoTi17122（热作，仅用无缝管）	1.4571	490	190	225	$R_{p0.2}$	182	166	152	137	127	118	113	108	103	100	98	400
					$R_{p1.0}$	217	199	181	167	157	145	139	135	130	128	127	

表 B-15（续）

DIN牌号 牌号	数字	室温强度指标 MPa, ≥ Rm	Rp0.2	Rp1.0	强度项	各温度（℃）时的 Rm、Rp0.2、Rp1.0 值/MPa, ≥ 50	100	150	200	250	300	350	400	450	500	550	应用温度 ℃, ≤
X6CrNiMoNb17122（仅用无缝管）	1.4580	510	215	250	$R_{p0.2}$	206	186	177	167	157	145	140	135	131	129	127	400
					$R_{p1.0}$	240	221	206	196	186	175	169	164	160	158	157	
X2CrNiMoN17133	1.4429	580	295	330	$R_{p0.2}$	265	225	197	178	165	155	150	145	140	138	136	400
					$R_{p1.0}$	300	260	227	208	196	185	180	175	170	168	166	
X2CrNiMo18143	1.4435	490	190	225	$R_{p0.2}$	182	166	152	137	127	118	113	108	103^	100	98	400
					$R_{p1.0}$	217	199	181	167	157	145	139	135	130	128	127	
X5CrNiMo17133	1.4436	510	205	240	$R_{p0.2}$	196	177	162	147	137	127	120	115	112	110	108	300
					$R_{p1.0}$	230	211	191	177	167	156	150	144	141	139	137	
X2CrNiMoN17135	1.4439	580	285	315	$R_{p0.2}$	260	225	200	185	175	165	155	150				400
					$R_{p1.0}$	290	255	230	210	200	190	180	175				

注：应用温度指耐晶间腐蚀性能。

表 B-16　DIN 17445（1985）奥氏体不锈铸钢固溶态各温度 $R_{p0.2}$、$R_{p1.0}$ 值

| DIN 牌号 | | 室温强度指标/MPa, ≥ | | | 强度项 | 各温度（℃）时的 R_{m}、$R_{p0.2}$、$R_{p1.0}$值/MPa, ≥ | | | | | | | | | |
牌号	数字	R_{m}	$R_{P0.2}$	$R_{p1.0}$		100	150	200	250	300	350	400	450	500	550
G-X6CrNi189	1.4308	440	175	200	$R_{p0.2}$	145	125	115	105	100					
					$R_{p1.0}$	170	150	140	130	125					
G-X5CrNiNb189	1.4552	440	175	200	$R_{p0.2}$	150	135	130	125	120	115	110	105	100	90
					$R_{p1.0}$	175	160	155	150	145	140	130	120	110	100
G-X6CrNiMo1810	1.4408	440	185	210	$R_{p0.2}$	150	130	120	110	100					
					$R_{p1.0}$	175	155	145	135	125					
G-X5CrNiMoNb1810	1.4581	440	185	210	$R_{p0.2}$	165	150	140	135	130	125	120	115	110	105
					$R_{p1.0}$	190	175	165	160	155	150	140	130	120	110
G-X3CrNiMoN17135	1.4439	490	210	230	$R_{p0.2}$	165	150	140	130	120	115	110			
					$R_{p1.0}$	192	177	162	151	143	138	125			

表 B-17　BS 15013: 1973 压力容器用奥氏体不锈钢板（厚≤51mm）固溶态的 $R_{p1.0}$ 值

BS牌号	美国相应牌号简称	室温强度指标/MPa, ≥			各温度（℃）时的 $R_{p1.0}$ 值/MPa, ≥													
		R_m	$R_{p0.2}$	$R_{p1.0}$	100	150	200	250	300	350	400	450	500	550	600	650	700
304S12	304L	490	200	230	182	162	148	139	133	128	125						
304S15	304	510	215	245	193	171	156	147	141	136	133						
304S49	304H	510	185	215	173	154	141	131	127	122	119	116	111	105	100		
321S12	321 厚≤20	540	240	280	227	212	202	196	191	188	184	178	171				
	厚 20~51	510	210	245	202	190	182	178	173	170	165	161	156				
321S49	321H	490	160	195	165	156	150	144	139	134	130	127	122				
347S17	347 厚≤20	540	240	280	227	212	202	196	191	188	184	178	171				
	厚 20~51	510	210	245	202	190	182	178	173	170	165	161	156				
347S49	347H	510	180	215	176	168	162	157	154	153	150	145	141				
316S12	316L（Mo2.25~3）	510	215	245	193	171	156	147	141	136	133						
316S16	316（Mo2.25~3）	520	230	260	205	181	165	154	148	144	139						
316S37	316L（Mo2.25~3）+B	510	215	245	193	171	156	147	141	136	133						
316S49	316NbH（Mo2~2.75）	510	185	215	173	154	141	131	127	122	119	116	111	105	100		
320S17	316Ti（Mo2.25~3）	520	240	270	212	185	167	157	151	145	141						
310S24	310	540	230	270	212	185	167	157	151	145	141	136	131	127	122		
NA15	800（1000℃）	520		240	195	181	174	174	174	174	170	165	165	161	154		
	（1150℃）	450		195	179	167	150	131	116	116	116	116	105	96	93	93	93
NA16	825	590		260	242	229	216	207	201	201	201	201					

注：NA15、NA16 可为镍合金，相应美国牌号为 UNS N08800 及 UNS N08825。

表 B-18　BS 15013：1973 压力容器用高屈服强度奥氏体不锈钢板固溶态的 $R_{p1.0}$ 值

BS 牌号	美国相应牌号简称	板厚/mm ≤	室温强度指标/MPa，≥			各温度（℃）时的 $R_{p1.0}$ 值/MPa，≥											
			R_m	$R_{p0.2}$	$R_{p1.0}$	100	150	200	250	300	350	400	450	500
304S62	304LN	32	590	295	313	239	216	201	178	170	165	162	151	147
304S65	304N	32	590	295	315	239	216	201	178	170	165	162	151	147
321S87	321	25.4	620	405	430	405	398	394	384	375	367	358	349	346
347S67	347Nb	32	650	340	370	317	286	270	262	255	247	239	235	221
316S62	316LN	32	620	315	340	255	232	208	201	193	185	178	173	167
316S66	316N	32	620	315	340	255	232	208	201	193	185	178	173	167
316S82	316LN	25.4	620	400	430	386	367	347	341	335	329	324		

表B-19 BS 1501-3: 1990 压力容器用奥氏体不锈钢板固溶态各温度 $R_{p0.2}$、$R_{p1.0}$ 值

BS牌号	相应的美国简称	R_m	$R_{p0.2}$	$R_{p1.0}$	强度项	100	150	200	250	300	350	400	450	500	550	600
		室温强度指标/MPa，≥				各温度（℃）时的 R_m、$R_{p0.2}$、$R_{p1.0}$值/MPa，≥										
304S11	304L	480	180	215	$R_{p0.2}$	121	108	98	90	82	76	74	71	70	68	67
					$R_{p1.0}$	168	150	137	128	122	116	110	108	106	102	100
304S31	304	500	195	230	$R_{p0.2}$	132	120	109	100	93	87	84	81	79	78	76
					$R_{p1.0}$	178	160	147	139	132	125	120	117	115	112	109
304S51	304H	490	195	230	$R_{p0.2}$	132	120	109	100	93	87	84	81	79	78	76
					$R_{p1.0}$	178	160	147	139	132	125	120	117	115	112	109
304S61	304LN	550	270	305	$R_{p0.2}$	196	169	155	143	135	129	123	119	115	113	110
					$R_{p1.0}$	230	201	182	172	163	156	149	144	140	136	131
309S61	309	510	205	240	$R_{p0.2}$	140	128	116	108	100	94	91	86	85	84	82
					$R_{p1.0}$	185	167	154	146	139	132	126	123	121	118	114
310S16	310	510	205	240	$R_{p0.2}$	140	128	116	108	100	94	91	86	85	84	82
					$R_{p1.0}$	185	167	154	146	139	132	126	123	121	118	114
316S11	316L（Mo2~2.5）	490	190	225	$R_{p0.2}$	142	130	120	109	101	96	90	87	84	81	79
					$R_{p1.0}$	177	161	149	139	133	127	123	119	115	112	110
316S13	316L（Mo2.5~3）	490	190	225	$R_{p0.2}$	142	130	120	109	101	96	90	87	84	81	79
					$R_{p1.0}$	177	161	149	139	133	127	123	119	115	112	110
316S31	316（Mo2~2.5）	510	205	240	$R_{p0.2}$	155	144	132	121	113	107	101	98	95	92	90
					$R_{p1.0}$	189	172	159	150	143	137	133	129	125	121	119
316S33	316（Mo2.5~3）	510	205	240	$R_{p0.2}$	155	144	132	121	113	107	101	98	95	92	90
					$R_{p1.0}$	189	172	159	150	143	137	133	129	125	121	119

表 B-19（续）

BS牌号	相应的美国简称	室温强度指标/MPa, ≥			强度项	各温度（℃）时的 R_m、$R_{p0.2}$、$R_{p1.0}$ 值/MPa, ≥										
		R_m	$R_{p0.2}$	$R_{p1.0}$		100	150	200	250	300	350	400	450	500	550	600
316S51	316H（Mo2~2.5）	510	205	240	$R_{p0.2}$	155	144	132	121	113	107	101	98	95	92	90
					$R_{p1.0}$	189	172	159	150	143	137	133	129	125	121	119
316S53	316H（Mo2.5~3）	510	205	240	$R_{p0.2}$	155	144	132	121	113	107	101	98	95	92	90
					$R_{p1.0}$	189	172	159	150	143	137	133	129	125	121	119
316S61	316LN（Mo2~2.5）	580	280	315	$R_{p0.2}$	204	178	164	154	146	140	136	132	129	126	124
					$R_{p1.0}$	238	208	192	180	172	166	161	157	152	149	144
316S63	316LN（Mo2.5~3）	580	280	315	$R_{p0.2}$	204	178	164	154	146	140	136	132	129	126	124
					$R_{p1.0}$	238	208	192	180	172	166	161	157	152	149	144
320S31	316Ti	510	210	245	$R_{p0.2}$	165	150	137	128	122	117	112	109	105	102	100
					$R_{p1.0}$	193	176	163	154	147	141	136	132	128	125	122
321S31	321	510	200	235	$R_{p0.2}$	154	149	144	139	135	129	124	119	116	111	108
					$R_{p1.0}$	192	180	172	164	158	152	148	144	140	138	135
321S51	321H	490	175	210	$R_{p0.2}$	128	123	117	114	110	105	100	95	93	90	88
					$R_{p1.0}$	166	155	147	141	133	129	126	121	118	116	115
347S31	347	510	205	240	$R_{p0.2}$	171	162	153	147	139	133	129	126	124	122	121
					$R_{p1.0}$	204	192	182	172	166	162	159	157	156	153	151
347S51	347H	510	205	240	$R_{p0.2}$	171	162	153	147	139	133	129	126	124	122	121
					$R_{p1.0}$	204	192	182	172	166	162	159	157	155	153	151
904S13	904L（UNS N08904）	520	220	255	$R_{p0.2}$	175	165	155	145	135	130	125	120	110	105	
					$R_{p1.0}$	205	195	185	175	165	160	155	150	140	135	

表B-20 BS 3605-1: 1991 承压奥氏体不锈钢无缝与焊接管固溶态的高温 $R_{p1.0}$ 值

BS牌号	美国相应牌号简称	室温强度/MPa, ≥		各温度（℃）时的 $R_{p1.0}$值/MPa, ≥											
		R_m	$R_{p1.0}$	100	150	200	250	300	350	400	450	500	550	600	650
304S11	304L	480	215	168	150	137	128	122	116	110	108				
304S31	304	490	230	178	160	147	139	132	125	120	117				
304S51	304H	490	230	178	160	147	139	132	125	120	117	115	112	109	104
316S11	316L（Mo2~2.5）	490	225	177	161	149	139	133	127	123	119				
316S13	316L（Mo2.5~3）	490	225	177	161	149	139	133	127	123	119				
316S31	316（Mo2~2.5）	510	240	189	172	159	150	143	137	133	129	125	121	119	116
316S33	316（Mo2.5~3）	510	240	189	172	159	150	143	137	133	129	125	121	119	116
316S51	316H（Mo2~2.5）	510	240	189	172	159	150	143	137	133	129	125	121	119	116
316S52	316H（Mo2~2.5）+B	510	240	189	172	159	150	143	137	133	129	125	121	119	116
321S31	321	510	235	192	180	172	164	158	152	148	144				
321S51（1010℃固溶）	321H	510	235	192	180	172	164	158	152	148	144	140	138	135	130
321S51（1105℃固溶）	321H	490	190	149	139	131	125	118	114	110	107	105	104	102	100
347S31	347	510	240	204	192	182	172	166	162	159	157	155	153	151	
347S51	347H	510	240	204	192	182	172	166	162	159	157				

表 B-21 BS 3059-2：1978 奥氏体不锈钢锅炉管和过热管固溶的高温 $R_{p1.0}$（较低可信度）

BS 牌号	相应美国牌号简称或主要成分	ISO 2604—1975 相应牌号	室温强度指标/MPa，≥		各温度（℃）时的 $R_{p1.0}$ 值/MPa，≥									
			R_{m}	$R_{p1.0}$	室温	250	300	350	400	450	500	550	600	650
304S59	304H	TS48	490	235	250	138	132	126	120	117	115	112	109	104
					350	207	199	190	184	180	177	173	168	155
316S59	316H	TS63	510	245	250	143	136	131	126	122	118	115	113	110
					350	215	207	200	194	190	184	180	177	173
321S59	321H	TS54	510	235	250	160	153	148	144	139	136	134	131	127
			490	195	350	247	240	233	227	220	215	211	204	194
347S59	347H	TS56	510	245	250	162	158	153	150	149	148	146	145	
					350	254	248	242	238	232	228	221	210	
1250	15Cr-10Ni-6Mn-Nb-V		540	270	230	146	143	141	139	137	136	135	133	131
					330	223	219	216	213	210	207	202	198	190

注：各温度的 $R_{p1.0}$ 值有两组数据，可信度较低。

表 B-22 BS 3059-2：1990 锅炉与过热器用奥氏体不锈钢管固溶态高温 $R_{p1.0}$ 值

BS 牌号	相应美国牌号简称或主要成分	室温拉伸性能			各温度（℃）时的 $R_{p1.0}$ 值/MPa，≥								
		R_{m} MPa，≥	$R_{p1.0}$ MPa，≥	A %，≥	250	300	350	400	450	500	550	600	650
304S51	304H	490	230	35	139	132	125	120	117	115	112	109	104
316S51	316H	510	240	35	150	143	137	133	129	125	121	119	116
316S52	316H（含 B）	510	240	35	150	143	137	133	129	125	121	119	116
321S51（1010℃固溶）	321H	510	235	35	164	158	152	148	144	140	138	135	130
321S51（1015℃固溶）	321H	490	190	35	125	118	114	110	107	105	104	102	100
347S51	347H	510	240	35	172	166	162	159	157	155	153	151	

注：BS 3059：Part2 的 1990 版与 1978 版变化甚大。

表 B-23　BS 3605：1973 奥氏体不锈钢无缝管和焊接管固溶态各温度的 $R_{p0.2}$、$R_{p1.0}$ 值

BS牌号 无缝管	相应美国牌号简称	室温强度 MPa, ≥ R_m	室温强度 MPa, ≥ $R_{p1.0}$	强度项	各温度（℃）时的 $R_{p0.2}$、$R_{p1.0}$ 值/MPa, ≥ 20	50	100	150	200	250	300	350	400	450	500	550	600	650
304S14	304L	490	205	$R_{p0.2}$	175	154	130	110	99	94	90	86	83	80				
				$R_{p1.0}$		187	159	136	120	114	108	103	99	96				
304S18	304	490	235	$R_{p0.2}$	195	175	147	127	114	110	107	103	99	96				
				$R_{p1.0}$		219	185	164	147	137	131	127	122	119				
304S59	304H	490	235	$R_{p0.2}$	195	175	147	127	114	110	107	103	99	96	91	86	79	71
				$R_{p1.0}$		219	185	164	147	137	131	127	122	119	116	111	103	96
316S14	316L	490	215	$R_{p0.2}$	185	171	149	130	122	116	111	107	102	99				
				$R_{p1.0}$		199	178	161	151	145	139	134	128	124				
316S18	316	510	245	$R_{p0.2}$	205	192	164	142	133	127	122	117	114	110				
				$R_{p1.0}$		224	202	181	170	164	158	151	145	141				
316S59	316H	510	245	$R_{p0.2}$	205	192	164	142	133	127	122	117	114	110	105	102	99	94
				$R_{p1.0}$		224	202	181	170	164	158	151	145	141	134	130	125	119
321S18	321	510	235	$R_{p0.2}$	195	175	158	148	142	137	133	128	125	120				
				$R_{p1.0}$		208	190	181	176	171	168	164	159	156				
321S59 (1010℃)	321H	510	235	$R_{p0.2}$	195	175	158	148	142	137	133	128	125	120	117	113	110	105
				$R_{p1.0}$		208	190	181	176	171	168	164	159	156	151	147	142	137
321S59 (1105℃)	321H	490	195	$R_{p0.2}$	155	136	122	114	108	103	99	94	91	86	83	79	76	73
				$R_{p1.0}$		175	158	148	142	137	133	129	125	120	117	113	110	105

附录 B 压力容器用奥氏体不锈钢 $R_{p1.0}$ 数据集

表 B-23（续）

各温度（℃）时的 $R_{p0.2}$、$R_{p1.0}$ 值/MPa, ≥

BS牌号 无缝管	BS牌号 焊接管	相应美国牌号简称	室温强度 MPa R_m	室温强度 $R_{p1.0}$	强度项	20	50	100	150	200	250	300	350	400	450	500	550	600	650
347S18		347	510	245	$R_{p0.2}$	205	195	179	167	158	150	144	137	133	130				
					$R_{p1.0}$		232	212	199	190	184	178	173	168	165				
347S59		347H	510	245	$R_{p0.2}$	205	195	179	167	158	150	144	137	133	130	128	126	124	120
					$R_{p1.0}$		232	212	199	190	184	178	173	168	165	162	159	156	151
	304S22	304L	490	205	$R_{p0.2}$	175	154	130	110	99	94	90	86	83	80				
					$R_{p1.0}$		187	159	136	120	114	108	103	99	96				
	304S25	304	490	235	$R_{p0.2}$	195	175	147	127	114	110	107	103	99	96				
					$R_{p1.0}$		219	185	164	147	137	131	127	122	119				
	316S22	316L	490	215	$R_{p0.2}$	185	171	149	130	122	116	111	107	102	99				
					$R_{p1.0}$		199	178	161	151	145	139	134	128	124				
	316S26	316	510	245	$R_{p0.2}$	205	192	164	142	133	127	122	117	114	110				
					$R_{p1.0}$		224	202	181	170	164	158	151	145	141				
	321S22	321	510	235	$R_{p0.2}$	195	175	158	148	142	137	133	128	125	120				
					$R_{p1.0}$		208	190	181	176	171	168	164	159	156				
	347S17	347	510	245	$R_{p0.2}$	205	195	179	167	158	150	144	137	133	130				
					$R_{p1.0}$		232	212	199	190	184	178	173	168	165				

表 B-24　BS 1502—1982 压力容器用奥氏体不锈钢棒、型材（截面尺寸≤160mm）固溶态的 $R_{p1.0}$ 值

BS牌号	美国相应牌号简称	室温强度/MPa,≥		各温度（℃）时的 $R_{p1.0}$ 值/MPa,≥											
		R_m	$R_{p1.0}$	150	200	250	300	350	400	450	500	550	600	650	700
304S11	304L	480	215	150	137	128	122	116	110	108	106	102	100	96	93
304S31	304	490	230	160	147	139	132	125	120	117	115	112	109	104	99
304S51	304H	490	230	160	147	139	132	125	120	117	115	112	109	104	99
304S61	304LN	550	305	201	182	172	163	156	149	144	140	136			
304S71	304N	550	305	201	182	172	163	156	149	144	140	136			
316S11	316L（Mo2~2.5）	490	225	161	149	139	133	127	123	119	115	112	110	107	105
316S13	316L（Mo2.5~3）	490	225	161	149	139	133	127	123	119	115	112	110	107	105
316S31	316（Mo2~2.5）	510	240	172	159	150	143	137	133	129	125	121	119	116	113
316S33	316（Mo2.5~3）	510	240	172	159	150	143	137	133	129	125	121	119	116	113
316S51	316H（Mo2~2.5）	510	240	172	159	150	143	137	133	129	125	121	119	116	113
316S53	316H（Mo2.5~3）	510	240	172	159	150	143	137	133	129	125	121,	119	116	113
316S61	316LN（Mo2~2.5）	580	315	208	192	180	172	166	161	157	152	149			
316S63	316LN（Mo2.5~3）	580	315	208	192	180	172	166	161	157	152	149			
316S65	316N（Mo2~2.5）	580	315	208	192	180	172	166	161	157	152	149			
316S67	316N（Mo2.5~3）	580	315	208	192	180	172	166	161	157	152	149			
321S31	321	510	235	180	172	164	158	152	148	144	140	138	135	130	124
321S51~490	321H~490	490	190	139	131	125	118	114	110	107	105	104	102	100	97
321S51~510	321H~510	510	235	180	172	164	158	152	148	144	140	138	135	130	124
347S31	347	510	240	192	182	172	166	162	159	157	155	153	151		
347S51	347H	510	240	192	182	172	166	162	159	157	155	153	151		

表 B-25　BS 1503：1980 压力容器用奥氏体不锈钢锻件固溶态室温 $R_{p1.0}$ 为标准值时，各温度的 $R_{p1.0}$ 值

BS牌号	美国相应牌号简称	R_m	$R_{p1.0}$	100	150	200	250	300	350	400	450	500	550	600	650	700
		室温强度/MPa, ≥		各温度（℃）时的 $R_{p1.0}$ 值/MPa, ≥												
304S11	304L	480	215	168	150	137	128	122	116	110	108	106	102	100	96	93
304S31	304	490	230	178	160	147	139	132	125	120	117	115	112	109	104	99
304S51	304H	490	230	178	160	147	139	132	125	120	117	115	112	109	104	99
347S31	347	510	240	204	192	182	172	166	162	159	157	155	153	151		
347S51	347H	510	240	204	192	182	172	166	162	159	157	155	153	151		
321S31	321	510	235	192	180	172	164	158	152	148	144	140	138	135	130	124
321S51~490	321H~490	490	190	149	139	131	125	118	114	110	107	105	104	102	100	97
321S51~510	321H~510	510	235	192	180	172	164	158	152	148	144	140	138	135	130	124
316S11	316L（Mo2~2.5）	490	225	177	161	149	139	133	127	123	119	115	112	110	107	105
316S13	316L（Mo2.5~3）	490	225	177	161	149	139	133	127	123	119	115	112	110	107	105
316S31	316（Mo2~2.5）	510	240	189	172	159	150	143	137	133	129	125	121	119	116	113
316S33	316（Mo2.5~3）	510	240	189	172	159	150	143	137	133	129	125	121	119	116	113
316S51	316H	510	240	189	172	159	150	143	137	133	129	125	121	119	116	113

表B-26　BS 1503：1980 压力容器用奥氏体不锈钢锻件固溶态室温 $R_{p1.0}$ 为非标准值时，各温度的 $R_{p1.0}$ 值

BS牌号	室温 $R_{p1.0}$/MPa，≥	各温度（℃）时的 $R_{p1.0}$ 值/MPa，≥												
		100	150	200	250	300	350	400	450	500	550	600	650	700
304S11，304S31，304S51	220	158	139	126	118	112	106	101	99	96	94	91	89	88
	350	248	228	217	207	199	190	184	180	177	173	168	155	138
347S31，347S51	250	196	184	172	164	158	153	150	149	148	146	145		
	350	285	271	263	254	248	242	238	232	228	221	212		
321S31，321S51~490，321S51~510	220	140	130	123	116	110	105	103	99	97	96	95	93	91
	350	281	265	256	247	240	233	227	220	215	211	204	194	180
316S11，316S13，316S31，316S33，316S51	220	157	143	131	121	115	110	105	102	98	96	94	91	90
	350	263	241	224	215	207	200	194	190	184	180	177	173	168

注：此表中的 $R_{p1.0}$ 数据为根据大量数据分析所得，可信度比 $R_{p1.0}$ 为标准值时的高温数据的可信度稍低。

表B-27 NF A36-209：1990 锅炉、压力容器用奥氏体不锈钢板（厚5mm~75mm）固溶态在各温度的 R_m、$R_{p0.2}$、$R_{p1.0}$值

NF牌号	室温强度指标/MPa, ≥			强度项	各温度（℃）时的 R_m、$R_{p0.2}$、$R_{p1.0}$值/MPa, ≥											
	R_m	$R_{p0.2}$	$R_{p1.0}$		-196	-150	50	100	150	200	250	300	350	400	500	600
Z1CN18-12	400	170	200	R_m			410	380	360	340	320	300	300			
				$R_{p0.2}$			155	140	125	110	100	90	85			
				$R_{p1.0}$			185	170	155	140	130	120	115			
Z1CNS17-15	530	220	260	R_m			520	490	470	450	435	420	410			
				$R_{p0.2}$			205	185	160	145	135	125	120			
				$R_{p1.0}$			240	210	190	175	165	155	150			
Z3CN18-10	490	190	230	R_m	1200	1070	440	410	380	360	350	340	340	330		
				$R_{p0.2}$	225	225	165	145	130	118	108	100	94	89	81	
				$R_{p1.0}$	325	325	200	180	160	145	135	127	121	116	109	
Z4CN19-10	520	210	245	R_m			480	450	420	400	390	380	380	380	360	
				$R_{p0.2}$			175	155	140	127	118	110	104	98	92	
				$R_{p1.0}$			210	190	170	155	145	135	129	125	120	
Z6CN18-09	540	205	245	R_m	1350	1100	480	450	420	400	390	380	380	380	360	300
				$R_{p0.2}$	350	315	175	155	140	127	118	110	104	98	92	
				$R_{p1.0}$	450	415	210	190	170	155	145	135	129	125	120	110
Z7CN18-09	520	205	245	R_m			480	450	420	400	390	380	380	380	360	300
				$R_{p0.2}$			175	155	140	127	118	110	104	98	92	85
				$R_{p1.0}$			210	190	170	155	145	135	129	125	120	110
Z6CNNb18-10	530	210	250	R_m	1200	1100	490	460	430	410	400	390	390	390	370	310
				$R_{p0.2}$	300	290	190	176	165	155	145	136	130	125	119	110
				$R_{p1.0}$	400	390	225	210	195	185	175	167	161	156	149	140

表 B-27（续）

NF 牌号	室温强度指标/MPa, ≥ R_m	$R_{p0.2}$	$R_{p1.0}$	强度项	各温度（℃）时的 R_m、$R_{p0.2}$、$R_{p1.0}$ 值/MPa, ≥ −196	−150	50	100	150	200	250	300	350	400	500	600
Z6CN18-10HT	530	210	250	R_m	1240	1100	490	460	430	410	400	390	390	390	370	310
				$R_{p0.2}$	350	315	190	176	165	155	145	136	130	125	119	110
				$R_{p1.0}$	450	415	225	210	195	185	175	167	161	156	149	140
Z3CN18-10AZ	570	270	310	R_m	1350	1100	520	490	460	430	420	410	410	400	390	340
				$R_{p0.2}$	500	400	245	205	175	157	145	136	130	125	119	110
				$R_{p1.0}$	600	500	280	240	210	187	175	167	160	156	149	140
Z6CN19-09AZ	590	290	330	R_m	1350	1100	540	510	480	450	440	430	430	420	410	350
				$R_{p0.2}$	550	450	255	215	185	165	153	143	137	130	120	110
				$R_{p1.0}$	650	550	290	250	220	195	183	175	167	161	150	140
Z3CND11-11-02	510	205	245	R_m			460	430	410	390	385	380	380	380	360	
				$R_{p0.2}$			185	165	150	137	127	119	113	108	100	
				$R_{p1.0}$			220	200	180	165	153	145	139	135	128	
Z3CND17-12-03	510	205	245	R_m			460	430	410	390	385	380	380	380	360	
				$R_{p0.2}$			185	165	150	137	127	119	113	108	100	
				$R_{p1.0}$			220	200	180	165	153	145	139	135	128	
Z3CND18-12-03	510	205	245	R_m			460	430	410	390	385	380	380	380	360	
				$R_{p0.2}$			185	165	150	137	127	119	113	108	100	
				$R_{p1.0}$			220	200	180	165	153	145	139	135	128	
Z3CND19-15-04	510	205	245	R_m			460	430	410	390	385	380	380	380	360	
				$R_{p0.2}$			185	170	156	144	134	126	120	115	110	
				$R_{p1.0}$			220	203	189	176	165	156	148	144	138	

表 B-27（续）

NF 牌号	室温强度指标/MPa，≥			强度项	各温度（℃）时的 R_m、$R_{p0.2}$、$R_{p1.0}$ 值/MPa，≥											
	R_m	$R_{p0.2}$	$R_{p1.0}$		−196	−150	50	100	150	200	250	300	350	400	500	600
Z4CND18-12-03	520	220		R_m			490	460	440	420	415	410	410	410	390	350
				$R_{p0.2}$			195	175	158	145	135	127	120	115	110	100
				$R_{p1.0}$			230	210	190	175	165	155	150	144	139	129
Z6CN18-12-03	540	215	255	R_m			490	460	440	420	415	410	410	410	390	350
				$R_{p0.2}$			195	175	158	145	135	127	120	115	110	100
				$R_{p1.0}$			230	210	190	175	165	155	150	144	139	129
Z7CND17-11-02	540	215	255	R_m			490	460	440	420	415	410	410	410	390	350
				$R_{p0.2}$			195	175	158	145	135	127	120	115	110	100
				$R_{p1.0}$			230	210	190	175	165	155	150	144	139	129
Z6CNDNb18-12	540	220	260	R_m			500	470	455	440	435	430	430	430	410	390
				$R_{p0.2}$			205	190	176	165	155	145	140	135	130	120
				$R_{p1.0}$			240	220	205	192	183	175	169	164	158	153
Z6CNDT17-12	540	220	260	R_m	1350	1100	500	470	455	440	435	430	430	430	410	370
				$R_{p0.2}$	600	500	205	190	176	165	155	145	140	135	130	120
				$R_{p1.0}$	700	600	240	220	205	192	183	175	169、	164	158	153
Z3CND17-11AZ	590	290	320	R_m			550	520	490	460	450	440	435	435	430	380
				$R_{p0.2}$			255	215	195	175	165	155	150	145	138	130
				$R_{p1.0}$			285	245	225	205	195	185	180	175	168	160
Z3CND17-12AZ	590	290	320	R_m			550	520	490	460	450	440	435	435	430	380
				$R_{p0.2}$			255	215	195	175	165	155	150	145	138	130
				$R_{p1.0}$			285	245	225	205	195	185	180	175	168	160

压力容器用不锈钢

表 B-27（续）

NF牌号	室温强度指标 MPa, ≥			强度项	-196	-150	50	100	150	200	250	300	350	400	500	600
	R_m	$R_{p0.2}$	$R_{p1.0}$													
Z3CND18-14-05AZ	580	280	310	R_m			550	525	505	490	470	460	455	435		
				$R_{p0.2}$			260	225	200	185	175	165	155	150		
				$R_{p1.0}$			290	255	230	210	200	190	185	175		
Z3CND19-14AZ	580	280	310	R_m			550	525	505	490	470	460	455	435		
				$R_{p0.2}$			260	225	200	185	175	165	155	150		
				$R_{p1.0}$			290	255	230	210	200	190	185	175		
Z4CMN18-08-07AZ	630	330	380	R_m	1350	1150	580	550	510	480	465	455	450			
				$R_{p0.2}$	700	550	230	200	175	160	150	145				
				$R_{p1.0}$	800	650	325	265	230	203	185	175	170			
Z1CN25-20	480	205	235	R_m			480	460	445	430	410	400	395			
				$R_{p0.2}$			200	180	165	150	140	130	125			
				$R_{p1.0}$			240	210	195	180	170	160	155			
Z2CND25-22AZ	520	230	260	R_m			510	490	475	460	450	440	435			
				$R_{p0.2}$			215	195	170	160	150	140	135			
				$R_{p1.0}$			250	225	205	190	180	170	165			
Z2NCDU25-20（相当于 UNS N08904 镍合金）	530	230	260	R_m			520	500	480	460	450	440	435			
				$R_{p0.2}$			220	205	190	175	160	145	140			
				$R_{p1.0}$			250	235	220	205	190	175	170			
Z2NCDU25-25-05AZ(相当于 UNS N08367 镍合金)	590	290	320	R_m			580	550	535	520	500	480	475			
				$R_{p0.2}$			270	240	220	200	190	180	175			
				$R_{p1.0}$			300	270	250	230	220	210	205			

各温度（℃）时的 R_m、$R_{p0.2}$、$R_{p1.0}$值/MPa, ≥

表 B-27（续）

NF牌号	室温强度指标/MPa, ≥ R_m	$R_{p0.2}$	$R_{p1.0}$	强度项	各温度（℃）时的 R_m、$R_{p0.2}$、$R_{p1.0}$值/MPa, ≥ −196	−150	50	100	150	200	250	300	350	400	500	600
Z2NCDU31-27（相当于 UNS N08028 镍合金）	490	210	240	R_m			480	460	445	430	410	400	395			
				$R_{p0.2}$			200	190	175	160	155	150	140			
				$R_{p1.0}$			230	220	205	190	185	180	170			
Z5NC32-21（相当于 UNS N08810 镍合金）	490	200	230	R_m			470	455	435	425	415	410	408	405	405	370
				$R_{p0.2}$			165	140	125	115	105	95	95	90	80	75
				$R_{p1.0}$			195	180	155	140	130	120	120	110	100	95
Z8CN25-20	540	240	270	R_m			520	500	480	460	440	435	428	420	390	360
				$R_{p0.2}$			225	200	185	170	160	155	150	145	135	120
				$R_{p1.0}$			255	230	215	200	190	185	180	170	160	145
Z10NC32-21（相当于 UNS N08800 镍合金）	490	200	230	R_m			480	465	445	435	425	420	418	415	415	380
				$R_{p0.2}$			165	140	125	115	105	95	95	90	80	75
				$R_{p1.0}$			195	180	155	140	130	120	120	110	100	95
Z15CN24-13	540	240	270	R_m			520	500	480	460	440	435	428	420	390	360
				$R_{p0.2}$			225	200	185	170	160	155	150	145	135	120
				$R_{p1.0}$			255	230	215	200	190	185	180	170	160	145
Z15CNS25-20	540	240	270	R_m			520	500	480	460	440	435	428	420	390	360
				$R_{p0.2}$			225	200	185	170	160	155	150	145	135	120
				$R_{p1.0}$			255	230	215	200	190	185	180	170	160	145
Z17CNS20-12	540	240	270	R_m			520	500	480	460	440	435	428	420	390	360
				$R_{p0.2}$			225	200	185	170	160	155	150	145	135	120
				$R_{p1.0}$			255	230	215	200	190	185	180	170	160	145

表 B-28　NF A36-218：1988 锅炉、压力容器用特殊奥氏体不锈钢板固溶态的各温度 R_m、$R_{p0.2}$、$R_{p1.0}$ 值

| NF 牌号 | | 室温强度指标/MPa，≥ | | | | | | 强度项 | 各温度（℃）时的 R_m、$R_{p0.2}$、$R_{p1.0}$ 值/MPa，≥ | | | | | | |
| 牌号 | 编号 | 板厚≤40mm | | | 板厚 40mm~75 mm | | | | 50 | 100 | 150 | 200 | 250 | 300 | 400 |
		R_m	$R_{p0.2}$	$R_{p1.0}$	R_m	$R_{p0.2}$	$R_{p1.0}$								
Z2CND19-14AZ	317F60	590	290	320	580	280	310	R_m	550	525	505	490	470	460	450
								$R_{p0.2}$	260	225	200	185	175	165	150
								$R_{p1.0}$	290	255	230	210	200	190	175
Z2CND18-14-5AZ	317F61	590	290	320	580	280	310	R_m	550	525	505	490	470	460	450
								$R_{p0.2}$	260	225	200	185	175	165	150
								$R_{p1.0}$	290	255	230	210	200	190	175
Z1NCDU25-20（相当于 UNS N08904 镍合金）	904F70	540	240	270	530	230	260	R_m	520	500	480	460	450	440	430
								$R_{p0.2}$	220	205	190	175	160	145	135
								$R_{p1.0}$	250	235	220	205	190	175	165
Z1NCDU31-27（相当于 UNS N08810 镍合金）	928F70	500	220	254	490	210	240	R_m	480	460	445	430	410	400	390
								$R_{p0.2}$	200	190	175	160	155	150	135
								$R_{p1.0}$	230	220	205	190	185	180	165
Z1NCDU25-25-5AZ（相当于 UNS N08367 镍合金）	932F70	600	300	330	590	290	320	R_m	580	550	535	520	500	480	470
								$R_{p0.2}$	270	240	220	200	190	180	170
								$R_{p1.0}$	300	270	250	230	220	210	200
Z1CN18-12	305F10	450	180	210	440	170	200	R_m	410	380	360	340	320	300	290
								$R_{p0.2}$	155	140	125	110	100	90	80
								$R_{p1.0}$	185	170	155	140	130	120	110
Z1CNNb25-20	310F10	490	215	245	482	205	235	R_m	480	460	445	430	410	400	390
								$R_{p0.2}$	200	180	165	150	140	130	125
								$R_{p1.0}$	240	210	195	180	170	160	155
Z1CNS18-15	382F80	540	230	260	530	220	250	R_m	520	490	470	450	435	420	400
								$R_{p0.2}$	205	185	160	145	135	125	115
								$R_{p1.0}$	240	210	190	175	165	155	145
Z1CND25-22AZ	310F60	530	240	270	520	230	260	R_m	510	490	475	460	450	440	430
								$R_{p0.2}$	215	195	170	160	150	140	130
								$R_{p1.0}$	250	225	205	190	180	170	160

表 B-29　ГОСТ 14249—1989 压力容器用奥氏体和双相不锈钢固溶态各温度的 R_m、$R_{p0.2}$、$R_{p1.0}$ 设计值

俄牌号	强度项	各温度（℃）时的 R_m、$R_{p0.2}$、$R_{p1.0}$ 值/MPa，≥											
		20	100	150	200	250	300	350	375	400	450	500	530
08Х18Г8Н2Т	R_m	600	535	495	455	415	375						
	$R_{p0.2}$	350	328	314	300	387	274						
15Х18Н12С4ТЮ（ЭИ654）	R_m	700	640	610	580	570	570						
	$R_{p0.2}$	350	330	310	300	280	270						
06ХН28МДТ，03ХН28МДТ	R_m	550	528	513	500	490	483	478	474	470			
	$R_{p0.2}$	220	207	195	186	175	165	160	158	155			
12Х18Н10Т，12Х18Н12Т，10Х17Н13М2Т，10Х17Н13М3Т，	R_m	540	500	475	450	443	440	438	437	436	428	420	415
	$R_{p0.2}$	240	228	219	210	204	195	190	186	181	176	170	167
	$R_{p1.0}$	276	261	252	240	231	222	216	210	206	198	191	185
08Х18Н10Т，08Х18Н12Т，08Х17Н13М2Т，08Х17Н15М3Т，	R_m	520	480	455	430	424	417	408	405	402	392	383	378
	$R_{p0.2}$	210	195	180	173	165	150	137	133	129	125	122	119
	$R_{p1.0}$	252	234	222	210	198	185	170	162	155	149	143	138
03Х21Н21М4ГБ	R_m	550	540	535	535	534	520	518	517	516			
	$R_{p0.2}$	250	240	235	235	232	205	199	195	191			
	$R_{p1.0}$	270	260	257	257	250	223	215	212	210			
03Х18Н11	R_m	520	450	433	415	405	397	394	392	390	380		
	$R_{p0.2}$	200	160	150	140	135	130	127	125	123	120		
	$R_{p1.0}$	240	200	188	180	173	168	162	160	160	160		
03Х17Н14М3	R_m	500	474	453	432	412	392	376	368	360	350		
	$R_{p0.2}$	200	180	165	150	140	126	115	108	100	95		
	$R_{p1.0}$	230	210	195	180	170	155	152	135	130	120		

注：表中的板、管、锻、棒材料的数据稍有区别，详见 ГОСТ14249—1989。

表 B-30　瑞典 NGS 010—1987、NGS 012—1987 压力容器用不锈钢板、管固溶态各温度的 $R_{p0.2}$、$R_{p1.0}$ 值

SIS标准号牌号	相应美国牌号简称	材 mm	R_m	$R_{p0.2}$	$R_{p1.0}$	强度项	20	50	75	100	125	150	175	200	225	250	275	300	325	350	375	400	425	450	475	500	525	550	575	600	625	650	675
142333	304	板（厚<30）	500	210	240	$R_{p0.2}$	210	186	174	163	155	148	142	137	133	129	126	123	120	118	116	114	112	110	107	105	103	100	97	94	91	88	
						$R_{p1.0}$	240	211	199	188	180	173	167	162	158	154	151	148	145	143	141	139	137	135	132	130	128		122	119	116		
		板（厚30～50）	500	190	220	$R_{p0.2}$	190	168	158	148	140	134	128	124	120	117	114	111	108	106	104	103	101	99	96	94	92	90	87	85	82	80	
						$R_{p1.0}$	220	193	183	173	165	159	153	149	145	142	139	136	133	131	129	128	126	124	121	119	117	115	112	110	107		
		管	500	180	210	$R_{p0.2}$	180	162	151	142	134	127	123	119	115	112	109	106	103	100	98	96	94	92	90	88	86	83	81	79			
						$R_{p1.0}$	210	187	176	167	159	152	148	144	140	137	134	131	129	127	125	123	121	119	117	115	113	111	108				
142337	321	板（厚<30）	510	210	240	$R_{p0.2}$	210	191	181	173	166	160	155	150	146	143	140	137	135	133	131	129	127	126	125	124	122	121	119	117	115		
						$R_{p1.0}$	240	226	216	208	201	195	190	185	181	178	175	172	170	168	166	164	162	161	160	159	157	156	154	152			
		板（厚30～50）	510	190	220	$R_{p0.2}$	190	172	163	156	150	145	140	135	131	128	126	124	122	120	118	116	114	113	112	111	110	109	107	105	103	101	
						$R_{p1.0}$	220	207	198	191	184	179	175	170	166	163	161	159	157	155	153	151	149	148	147	146	145	144	142	140			
142338	347	板（厚<30）	510	220	250	$R_{p0.2}$	220	198	190	183	177	171	166	161	157	154	151	149	147	145	144	143	141	140	139	138	137	136	135	133	131		
						$R_{p1.0}$	250	233	225	218	212	206	201	196	192	189	186	184	182	180	179	178	176	175	174	173	172	171	170	169			
		板（厚30～50）	510	200	230	$R_{p0.2}$	200	180	172	166	160	155	150	146	143	140	137	135	133	132	131	130	129	128	127	126	125	124	123	121	119		
						$R_{p1.0}$	230	215	207	201	195	190	185	183	178	175	172	170	168	167	166	165	164	163	162	161	160	159	158	156	155		
142343	316（Mo2.5～3）	板（厚<30）	510	220	250	$R_{p0.2}$	220	196	184	175	167	160	154	148	143	139	133	130	128	126	124	122	120	118	117	115	113	110	107	104	101	98	
						$R_{p1.0}$	250	221	209	200	192	185	179	173	168	164	161	158	155	153	151	149	147	145	143	142	140	138	135	132	129	126	
		板（厚30～50）	510	200	230	$R_{p0.2}$	200	176	166	158	150	144	138	133	129	125	122	120	117	115	113	112	110	108	106	105	104	102	99	96	93	90	87
						$R_{p1.0}$	230	201	191	183	175	169	163	158	154	150	147	145	142	140	138	137	135	133	131	130	129	127	124	121	119		

表 B-30（续）

室温强度指标/MPa, ≥ 与 各温度（℃）时的 $R_{p0.2}$、$R_{p1.0}$ 值/MPa, ≥

SIS标准牌号	相应美国牌号简称	材料 mm	R_m	$R_{p0.2}$	$R_{p1.0}$	强度项	20	50	75	100	125	150	175	200	225	250	275	300	325	350	375	400	425	450	475	500	525	550	575	600	625	650	675
142347	316 (Mo2~2.5)	板（厚<30）	510	220	250	$R_{p0.2}$	220	196	184	175	167	160	154	148	143	139	136	133	130	128	126	124	122	120	118	117	115	113	110	107	104	101	98
						$R_{p1.0}$	250	221	209	200	192	185	179	173	168	164	161	158	155	153	151	149	147	145	143	142	140	138	135	132	129	126	
		板（厚30~50）	510	200	230	$R_{p0.2}$	200	176	166	158	150	144	138	133	129	125	122	120	117	115	113	112	110	108	106	105	104	102	99	96	93	90	87
						$R_{p1.0}$	230	201	191	183	175	169	163	158	154	150	147	145	142	140	138	137	135	133	131	130	129	127	124	121	119	116	
142348	316L (Mo2~2.5)	板（厚<30）	490	210	240	$R_{p0.2}$	210	187	175	164	155	148	142	137	133	129	126	123	120	118	116	114	112	110	107	105	103	100	97	94	91	88	85
						$R_{p1.0}$	240	212	200	189	180	173	167	162	158	154	151	148	145	143	141	139	137	135	132	130	128	125	122	119	116	113	
		板（厚30~50）	490	200	230	$R_{p0.2}$	200	176	166	156	148	141	136	131	127	123	120	117	115	112	110	108	106	104	102	100	98	95	92	89	86	83	80
						$R_{p1.0}$	230	201	191	181	173	166	161	156	152	148	145	142	140	137	135	133	131	129	127	125	123	120	117	114	111	108	
142350	316Ti (Mo2~2.5)	板（厚<30）	510	220	250	$R_{p0.2}$	220	197	188	180	173	168	163	159	155	151	148	145	142	140	138	136	134	132	131	129							
						$R_{p1.0}$	250	232	223	215	208	203	198	194	190	186	183	180	177	175	173	171	169	167	166	164							
		板（厚30~50）	510	200	230	$R_{p0.2}$	200	179	171	164	158	153	148	144	140	137	134	131	129	127	125	123	121	120	118	117							
						$R_{p1.0}$	230	214	206	199	193	188	183	179	175	172	169	166	164	162	160	158	156	155	153	152							
142352	304L	板（厚<30）	480	190	220	$R_{p0.2}$	190	160	158	148	140	134	128	124	120	117	114	111	108	106	104	103	101	99	96	94	92	90	87	84	80		
						$R_{p1.0}$	220	193	183	173	165	159	153	149	145	142	139	136	133	131	129	128	126	124	121	119	117	115	112	109			
		板（厚30~50）	480	180	210	$R_{p0.2}$	180	162	151	142	134	127	123	119	115	112	109	106	104	102	100	98	96	94	92	90	88	86	83	80	76	72	
						$R_{p1.0}$	210	187	176	167	159	152	148	144	140	137	134	131	127	125	123	121	119	117	115	113	111	108	105				
142353	316L (Mo2.5~3)	板（厚<30）	490	210	240	$R_{p0.2}$	210	187	175	164	155	148	142	137	133	129	126	123	120	118	116	114	112	110	107	105	103	100	97	94	91	88	85
						$R_{p1.0}$	240	212	200	189	180	173	167	162	158	154	151	148	145	143	141	139	137	135	132	130	128	125	122	119	116	113	
		板（厚30~50）	490	200	230	$R_{p0.2}$	200	176	166	156	148	141	136	131	127	123	120	117	115	112	110	108	106	104	102	100	98	95	92	89	86	83	80
						$R_{p1.0}$	230	201	191	181	173	166	161	156	152	148	145	142	140	137	135	133	131	129	127	125	123	120	117	114	111	108	

表 B-30（续）

室温强度指标/MPa, ≥；各温度（℃）时的 $R_{p0.2}$、$R_{p1.0}$ 值/MPa, ≥

SIS标准牌号	相应美国牌号简称	板材 mm	R_m	$R_{p0.2}$	$R_{p1.0}$	强度项	20	50	75	100	125	150	175	200	225	250	275	300	325	350	375	400	425	450	475	500	525	550	575	600	625	650	675
142367	317	板（厚<30）	490	220	250	$R_{p0.2}$	220	196	183	172	163	155	149	144	140	136	132	129	126	123	121	119	117	115	112	110							
						$R_{p1.0}$	250	221	208	197	188	180	174	169	165	161	157	154	151	148	146	144	142	140	137	135							
		板（厚30~50）	490	210	240	$R_{p0.2}$	210	187	175	164	155	148	142	137	133	129	126	123	120	118	116	114	112	110	107	105							
						$R_{p1.0}$	240	212	200	189	180	173	167	162	158	154	151	148	145	143	141	139	137	135	132	130							
142371	304LN	板（厚<30）	500	270	300	$R_{p0.2}$	270	228	211	198	186	176	167	160	154	148	143	138	134	130	127	125	123	121	119	117	115	113	110	107	104	101	
						$R_{p1.0}$	300	257	239	226	214	203	193	186	179	173	167	162	157	153	149	147	145	142	139	137	135	132	128	124	121		
		板（厚30~50）	500	250	280	$R_{p0.2}$	250	205	190	178	167	158	150	144	138	133	129	125	121	117	114	112	111	109	107	105	104	102	99	96	93	91	
						$R_{p1.0}$	280	234	218	206	195	185	176	170	164	158	153	149	145	141	137	134	132	130	128	126	124	121	117	113	110		
142375	316LN（Mo2.5~3）	板（厚<30）	580	290	320	$R_{p0.2}$	290	255	236	222	209	198	188	181	173	167	162	157	153	149	145	142	139	136	133	130	128	127	125	123	121	119	117
						$R_{p1.0}$	320	280	261	247	234	223	213	205	198	192	187	182	178	174	170	167	164	161	158	155	153	152	150	148	146	144	
		板（厚30~50）	580	270	300	$R_{p0.2}$	270	230	212	200	188	178	169	162	156	151	146	142	138	134	130	128	125	122	120	117	115	114	112	111	109	107	105
						$R_{p1.0}$	300	255	237	225	213	203	194	187	181	176	171	167	163	159	155	153	150	147	145	142	140	139	137	136	134	132	
142378	UNS S31254	板（厚<30）	650	300	340	$R_{p0.2}$	300	265	246	230	219	208	198	190	183	177	172	167	163	159	155	152											
						$R_{p1.0}$	340	295	276	260	249	238	228	220	213	207	202	197	193	189	185	182											
142562	UNS N08904	板（厚<50）	500	220	250	$R_{p0.2}$	220	190	182	176	170	165	160	155	150	145	140	136	132	129	127	125	124	122	120	118	117						
						$R_{p1.0}$	250	215	207	201	195	190	185	180	175	170	165	161	157	154	152	150	149	147	145	143	142						
142584	UNS N08028	板（厚20~30）	500	220	230	$R_{p0.2}$		196	176	166	158	150	144	138	133	129	125	122	120	117	115	113	112	110	108	106	105						
						$R_{p1.0}$		221	201	191	183	175	169	163	158	154	150	147	145	142	140	138	137	136	135	133	131	130					

表 B-31　瑞典企业标准尿素用不锈钢固溶态各温度的 R_m、$R_{p0.2}$、$R_{p1.0}$ 值

瑞典公司	公司牌号	相应美国牌号	材料	强度项	各温度（℃）时的 R_m、$R_{p0.2}$、$R_{p1.0}$ 值/MPa，≥										
					20	50	100	150	200	250	300	350	400	450	500
Avesta	832SKR-5	316L	尿素用管	R_m	520	485	450		420		400		385		370
				$R_{p0.2}$	215	200	180		155		135		125		115
				$R_{p1.0}$	245	230	210		180		155		140		130
	3R69	316LN	尿素用管	R_m	590	530	510	485	465	440	435	425	420		
				$R_{p0.2}$	300	240	225	200	180	170	155	150	145		
				$R_{p1.0}$	340	275	260	230	210	200	185	175	170		
Sandvik	2RE69	310mod	尿素用管	R_m	580	555	530	510	500	490	480	470	460	455	450
				$R_{p0.2}$	270	250	230	215	200	190	175	165	155	145	140
				$R_{p1.0}$	300	285	260	245	230	215	205	195	185	175	170
	3R60	316L	尿素用管	R_m	490	470	450	430	415	410	400	395	392		
				$R_{p0.2}$	190	180	165	150	140	130	120	115	110		
				$R_{p1.0}$	235	225	200	180	165	155	145	140	135		

表 B-32　　GB 24511－2009 承压用奥氏体不锈钢板（厚≤80mm）室温拉伸性能

统一数字代号	牌号	$R_m \geqslant$ MPa	$R_{p0.2} \geqslant$ MPa	$R_{p1.0} \geqslant$ MPa	$A \geqslant$ %
S30408	06Cr19Ni10	520	205	250	40
S30403	022Cr19Ni10	490	180	230	40
S30409	07Cr19Ni10	520	205	250	40
S31008	06Cr25Ni20	520	205	240	40
S31608	06Cr17Ni12Mo2	520	205	260	40
S31603	022Cr17Ni12Mo2	490	180	260	40
S31668	06Cr17Ni12Mo2Ti	520	205	260	40
S39042	015Cr21Ni26Mo5Cu2	490	220	260	35
S31708	06Cr19Ni13Mo3	520	205	260	35
S31703	022Cr19Ni13Mo3	520	205	260	40
S32168	06Cr18Ni11Ti	520	205	250	40

附　录　C
不锈钢和镍合金在腐蚀介质中的
等腐蚀曲线图

　　压力容器因要求足够的耐腐蚀性能而选用不锈钢和其他耐蚀材料时，最基本的要求是所选用的牌号在规定的腐蚀介质条件下应具有良好的耐均匀腐蚀性能。对于许多不锈钢牌号与其他耐蚀材料在试验室条件下对主要常用的腐蚀介质在各种浓度与温度条件下进行了系列的腐蚀试验，获得许多均匀腐蚀速度的数据。一般认为当均匀腐蚀速度不高于 0.1mm/a 时具有良好的耐均匀腐蚀性能。因而常将均匀腐蚀速度等于 0.1mm/a 的试验数据在温度与腐蚀介质的浓度为轴的腐蚀图中连为曲线，形成等腐蚀曲线图。曲线图以下的区域表示在该介质温度与浓度的条件下均匀腐蚀速度低于 0.1mm/a，可以考虑应用。曲线图以上的区域表示在该介质温度与浓度的条件下均匀腐蚀速度高于 0.1mm/a，一般不一定应用。此曲线图称为等腐蚀曲线图。也可以按各种不同的均匀腐蚀速度分别连成不同的等腐蚀曲线。在选择牌号时可以按各种不同的均匀腐蚀速度的要求来具体考虑。有的等腐蚀曲线图中可以按不同牌号与材料分别得到各自的等腐蚀曲线，以比较不同牌号的材料在同类腐蚀介质条件时的耐蚀性。

　　试验介质多采用较纯的介质，常未考虑介质中其他杂质的影响，应用时要考虑工程介质中其他杂质组分对腐蚀速度的影响。

　　含铬的镍合金常为铬镍不锈钢提高镍含量后的延续。镍合金的耐蚀性常高于不锈钢。此附录中除列入不锈钢的等腐蚀曲线图外，也列入了部分镍合金的等腐蚀曲线图，以便于比较。

　　本附录中的等腐蚀曲线图按主要的腐蚀介质分类：

　　硝酸中的等腐蚀曲线图见图 C-1-1~C-1-26。

　　硫酸中的等腐蚀曲线图见图 C-2-1~C-2-97。

　　盐酸中的等腐蚀曲线图见图 C-3-1~C-3-43。

　　磷酸中的等腐蚀曲线图见图 C-4-1~C-4-35。

　　氢氟酸中的等腐蚀曲线图见图 C-5-1~C-5-8。

　　氢溴酸中的等腐蚀曲线图见图 C-6-1~C-6-2。

　　氟硅酸中的等腐蚀曲线图见图 C-7-1。

　　甲酸（蚁酸）中的等腐蚀曲线图见图 C-8-1~C-8-23。

　　乙酸（醋酸）中的等腐蚀曲线图见图 C-9-1~C-9-17。

草酸中的等腐蚀曲线图见图 C-10-1~C-10-4。

酒石酸中的等腐蚀曲线图见图 C-11-1~C-11-2。

氢氧化钠溶液中的等腐蚀曲线图见图 C-12-1~C-12-4。

【硝酸】

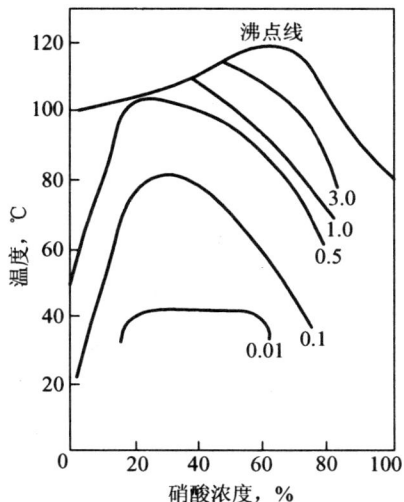

图 C-1-1 12Cr13 在硝酸中的等
腐蚀曲线（mm/a）

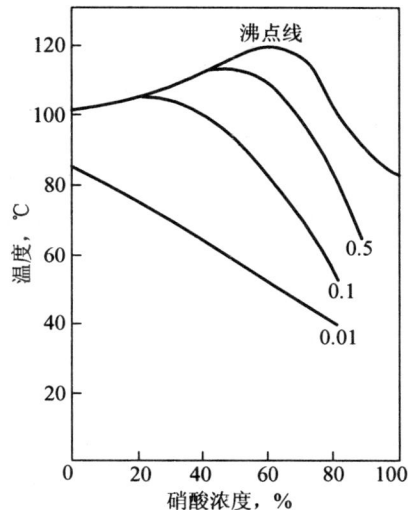

图 C-1-2 Cr17 在硝酸中的等
腐蚀曲线（mm/a）

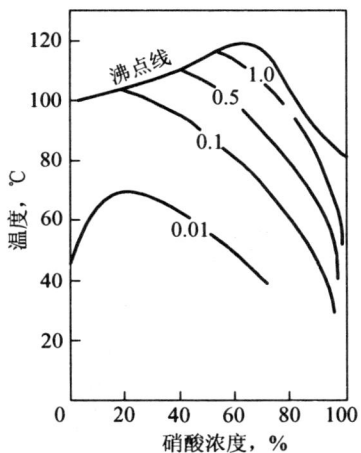

图 C-1-3 铬铸钢（0.6%C，30%Cr）在
硝酸中的等腐蚀曲线（mm/a）

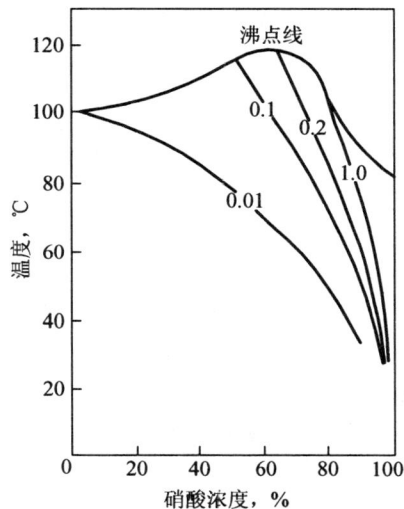

图 C-1-4 12Cr18Ni9 在硝酸中的
等腐蚀曲线（mm/a）

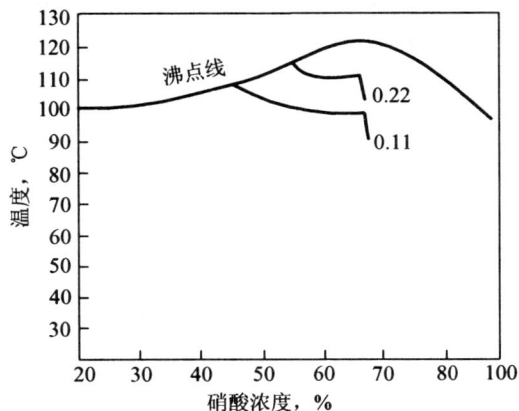

图 C-1-5 06Cr17Ni12Mo2Ti 在硝酸
中的等腐蚀曲线（mm/a）

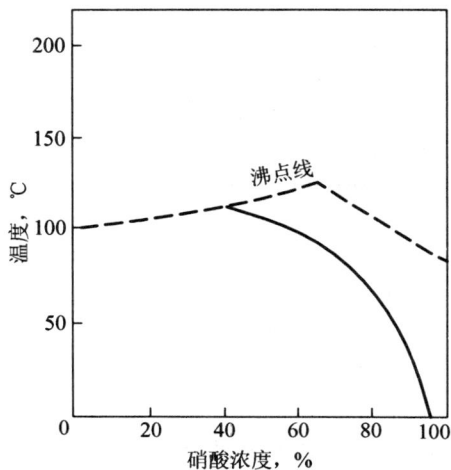

图 C-1-6 06Cr17Ni12Mo2Ti 在硝酸中
的等腐蚀曲线（0.1mm/a）

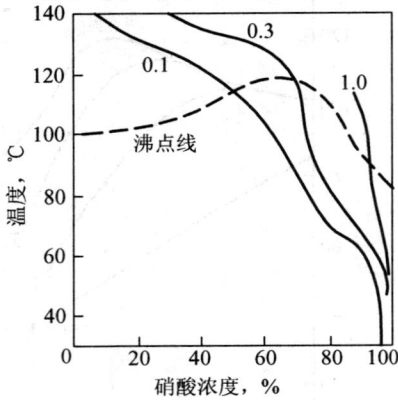

图 C-1-7　022 Cr19Ni10 在温度高达
沸点以上的硝酸中的等腐
蚀曲线（mm/a）

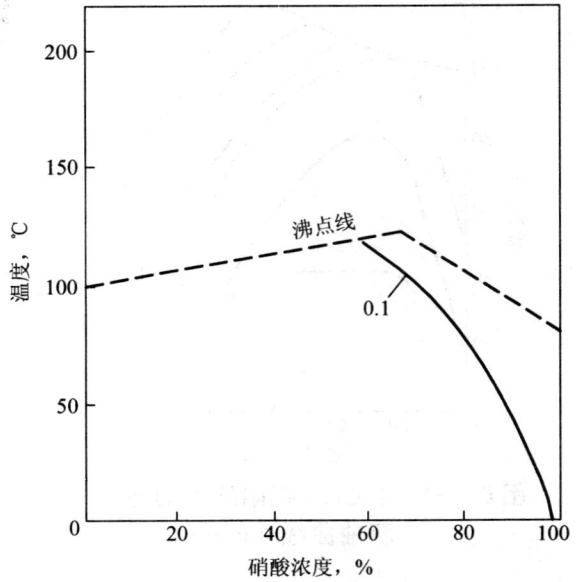

图 C-1-8　022 Cr19Ni10 在硝酸中的
等腐蚀曲线（mm/a）

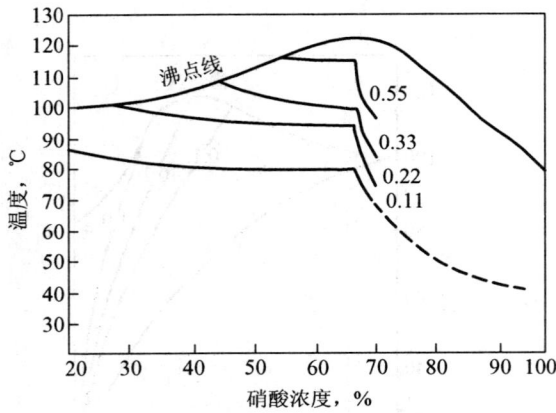

图 C-1-9　铬不锈钢（0.08C，16.2Cr）在
硝酸中的等腐蚀曲线（mm/a）

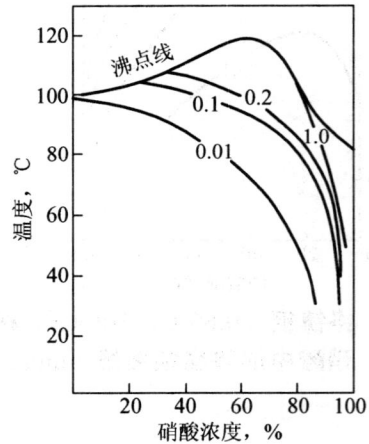

图 C-1-10　高钼不锈钢（0.05C-17Cr-13Ni-5Mo）
在硝酸中的等腐蚀曲线（mm/a）

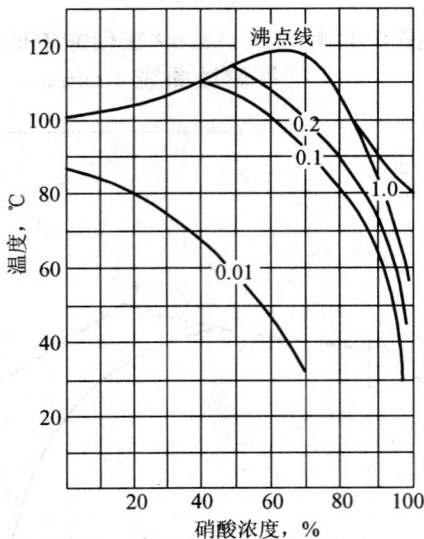

图 C-1-11　铬镍钼铜不锈钢（0.05C-20
Cr-25Ni-3Mo-2Cu）在硝酸
中的等腐蚀曲线（mm/a）

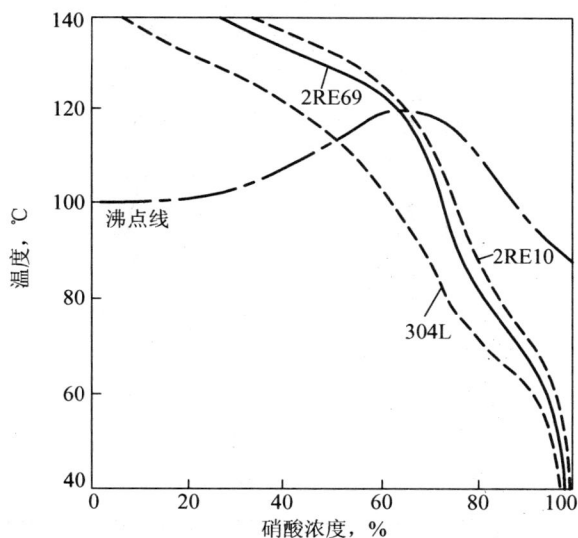

304L——022Cr19Ni10；2RE69——022Cr25Ni22Mo2N；
2RE10——UNS S31002（0.02C-25Cr-20Ni）

图 C-1-12　2RE69、2RE10 和 304L 在硝酸中的
　　　　　等腐蚀曲线（0.1mm/a）

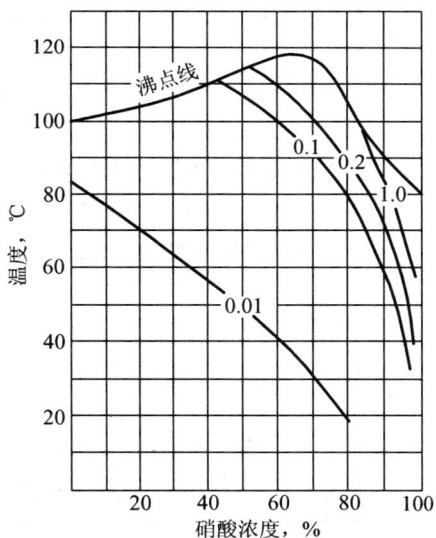

图 C-1-13　06Cr17Ni12Mo2 在硝酸中
　　　　　的等腐蚀曲线（mm/a）

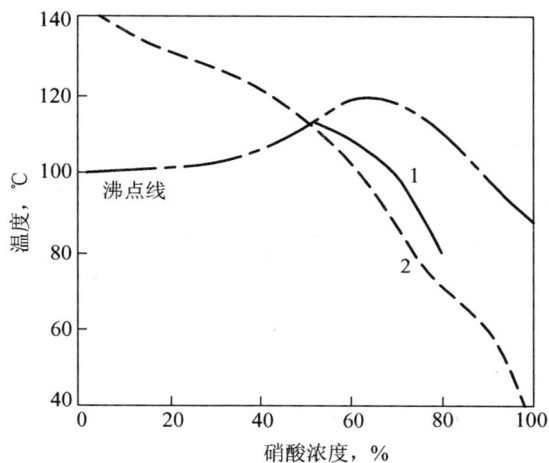

1——2304（022Cr23Ni4MoCuN，UNS S32304）；
2——304L（022Cr19Ni10，UNS S30403）

图 C-1-15　2304 与 304L 在硝酸中的等
　　　　　腐蚀曲线（0.1 mm/a）

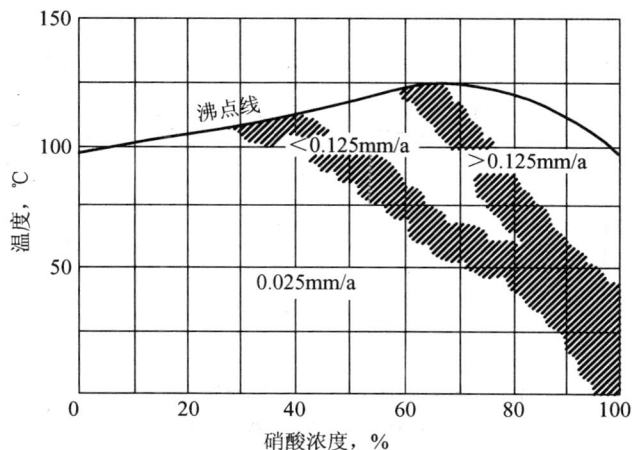

图 C-1-14　铬镍钼铜不锈钢（0.05C-18Cr-
　　　　　18Ni-2Mo-2Cu-微量 Nb）在硝
　　　　　酸中的等腐蚀曲线（mm/a）

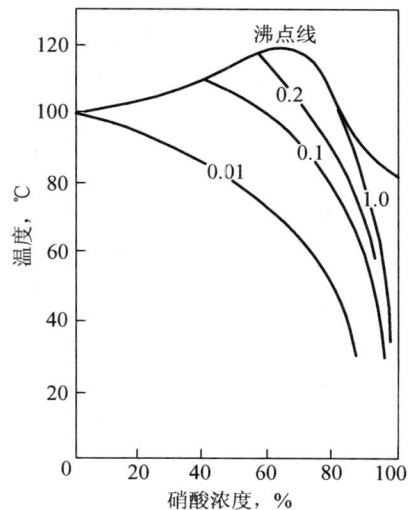

图 C-1-16　NS1402（UNS N08825,Incoloy 825）
　　　　　在硝酸中的等腐蚀曲线（mm/a）

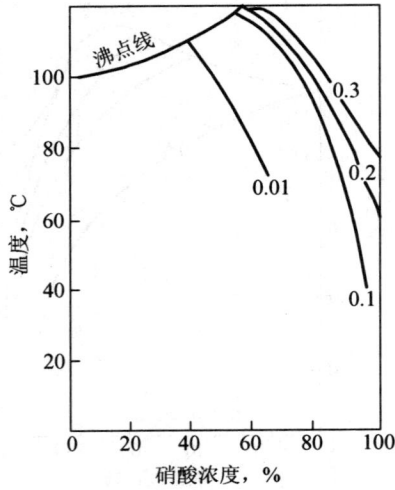

图 C-1-17 Corronel230 在硝酸中的等腐蚀曲线（mm/a）（0.08C-60Ni-35Cr）

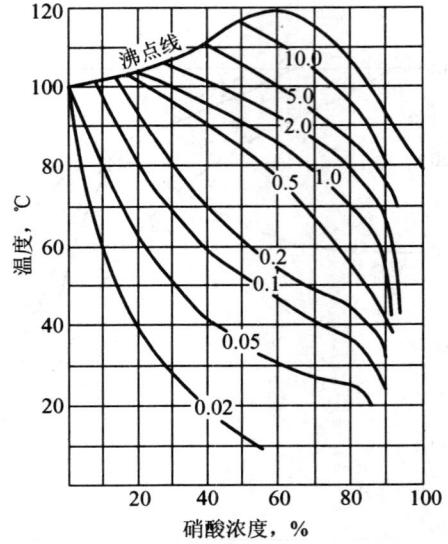

图 C-1-18 NS 3303（Hastelloy C，0Cr15Ni60 Mo16W4Fe5）在硝酸中的等腐蚀曲线（mm/a）

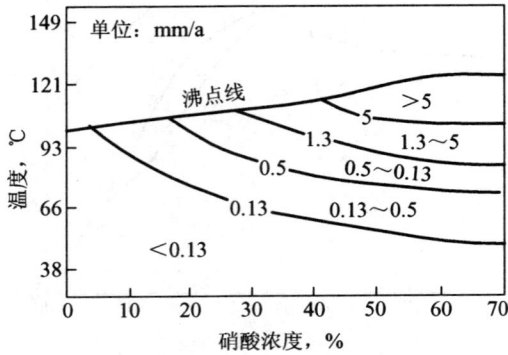

图 C-1-19 NS3304（UNS N10276，Hastelloy C-276）在硝酸中的等腐蚀曲线（mm/a）

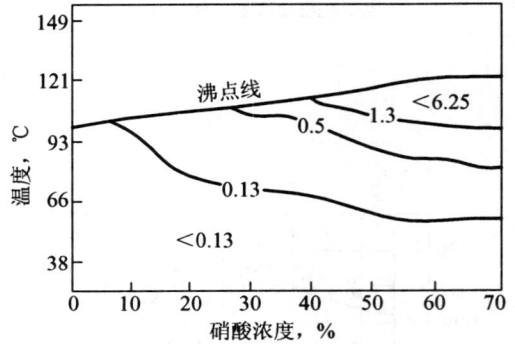

图 C-1-20 NS3305（UNS N06455，Hastelloy C-4）在硝酸中的等腐蚀曲线（mm/a）

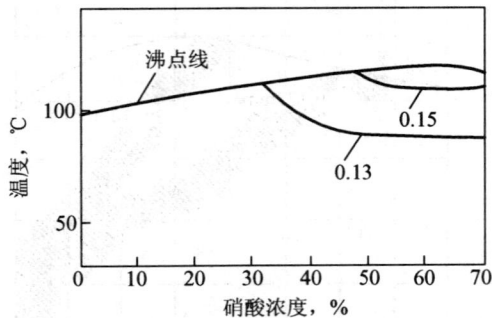

图 C-1-21 NS 3308（UNS N06022，Hastelloy C-22）在硝酸中的等腐蚀曲线（mm/a）

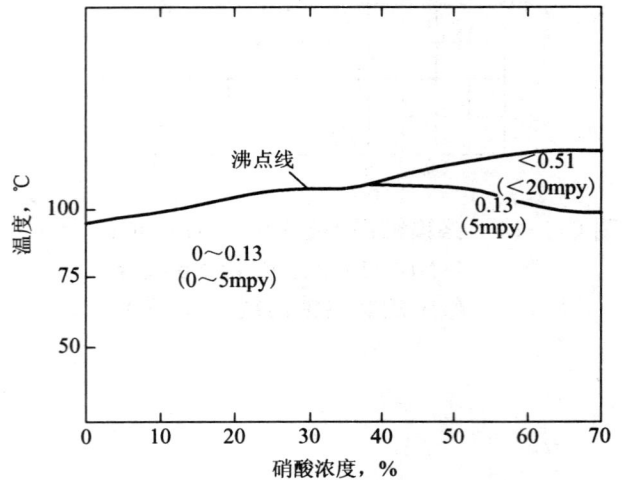

图 C-1-22 NS 3402（UNS N06007，Hastelloy G）在硝酸中的等腐蚀曲线（mm/a）

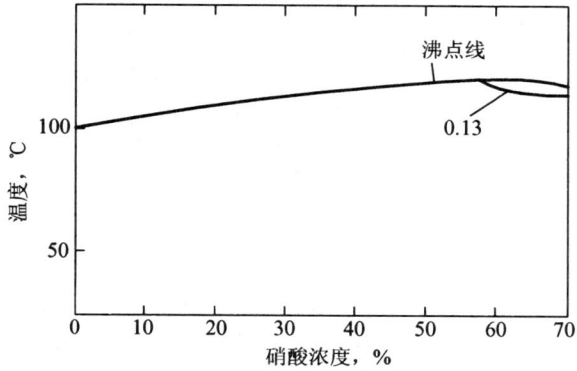

图 C-1-23 NS 3404（UNS N06030，Hastelloy G-30）在硝酸中的等腐蚀曲线（mm/a）

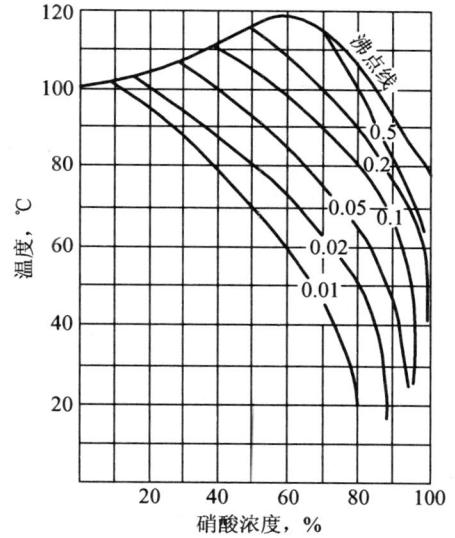

图 C-1-24 HastelloyF（0.1C-44Ni-30Fe-22Cr-6.5Mo-2Mn-1Si）在硝酸中的等腐蚀曲线（mm/a）

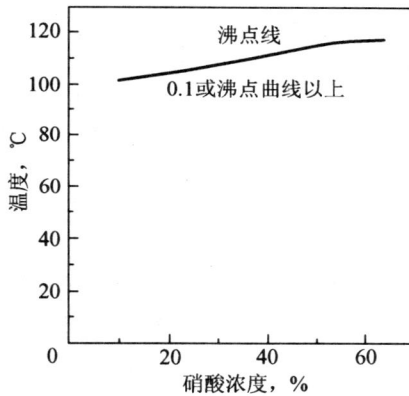

图 C-1-25 Hastelloy G-35（OCr33Ni55Mo8）在硝酸中的等腐蚀曲线

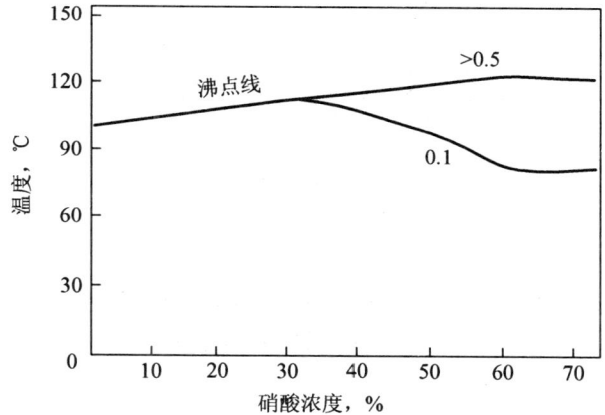

图 C-1-26 NS3405（UNS N06200，Hastelloy C-2000，2.4675）在硝酸中的等腐蚀曲线（mm/a）

【硫酸】

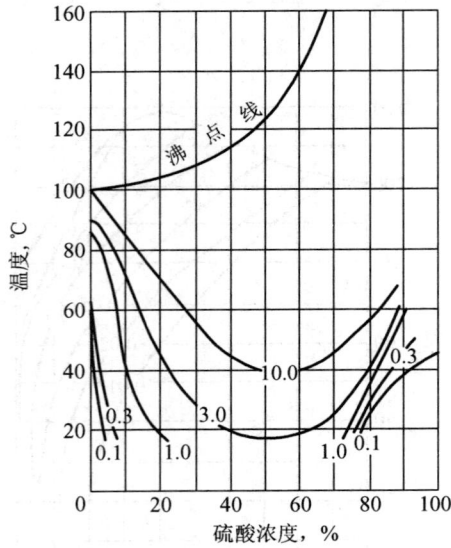

图 C-2-1　0.1C-18Cr-8Ni 不锈钢在硫酸
中的等腐蚀曲线（mm/a）

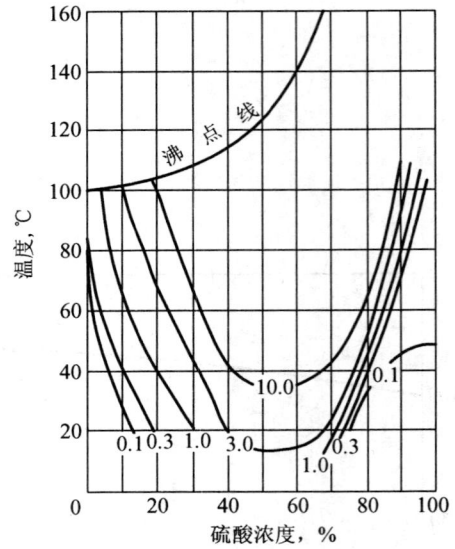

图 C-2-2　0.05C-18Cr-10Ni-2Mo 不锈钢在
硫酸中的等腐蚀曲线（mm/a）

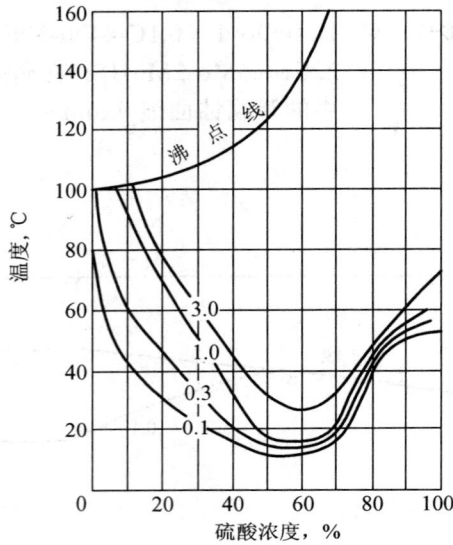

图 C-2-3　0.05C-17Cr-13Ni-5Mo 不锈钢在
硫酸中的等腐蚀曲线图（mm/a）

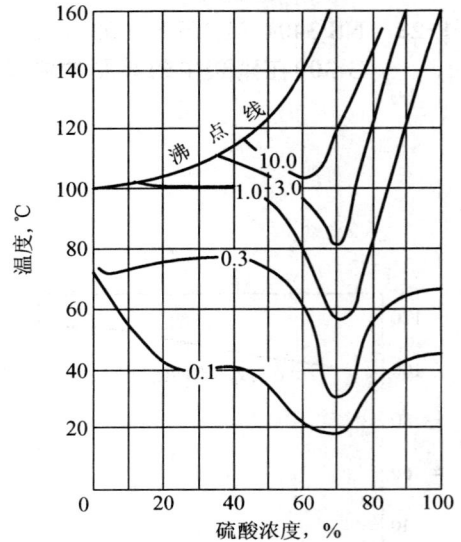

图 C-2-4　0.05C-18Cr-18Ni-2Mo-2Cu-Nb 不锈
钢在硫酸中的等腐蚀曲线（mm/a）

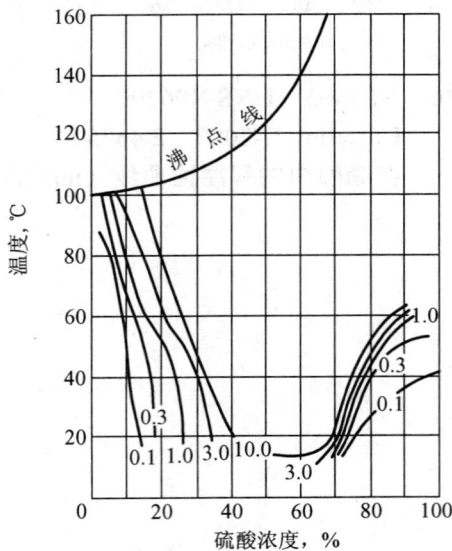

图 C-2-5　铸铬钢（0.6C，30Cr）在硫酸
中的等腐蚀曲线图（mm/a）

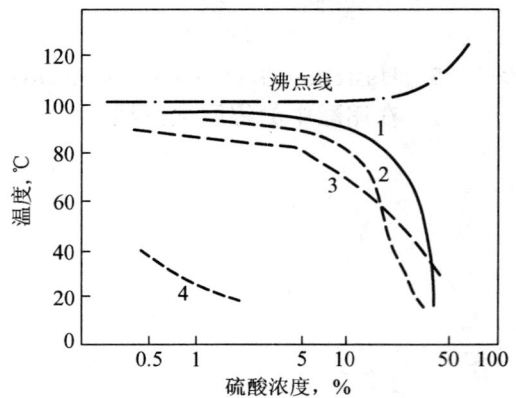

1——S13091（008Cr30Mo2）；
2——S22553（022Cr25Ni6Mo2N）；
3——S31603（022 Cr17Ni12Mo2）；
4——S30408（06 Cr19 Ni10）

图 C-2-6　四种不锈钢在硫酸中的等
腐蚀曲线（0.1mm/a）

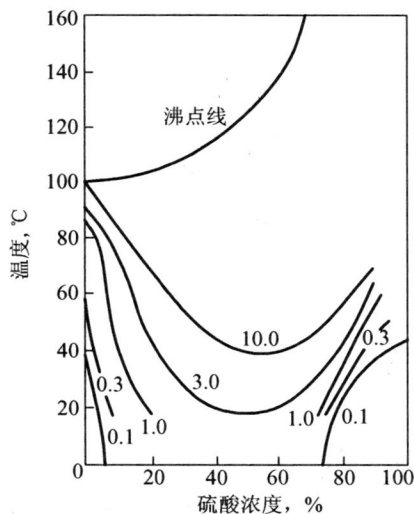

图 C-2-7　S30210（12Cr18Ni9）在硫酸中的等腐蚀曲线（mm/a）

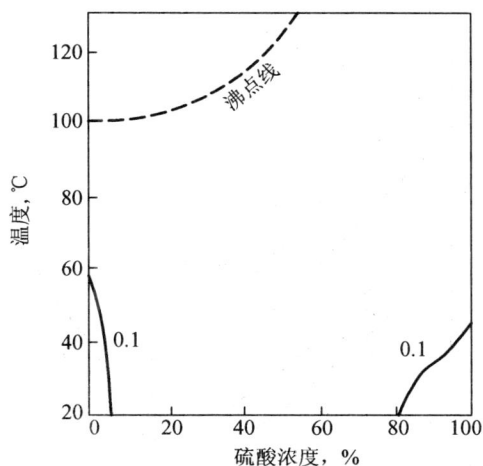

图 C-2-8　S30408（06Cr19Ni10）在硫酸中的等腐蚀曲线（0.1mm/a）

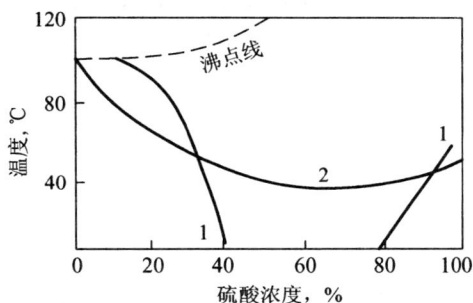

1——中 S31782（015Cr21Ni26Mo5Cu2），美 UNS N08904（904L）；
2——中 S12573（019Cr25Mo4Ni4NbTi），美 S44635（25-4-4）

图 C-2-9　两种不锈钢在硫酸中的等腐蚀曲线（0.1mm/a）

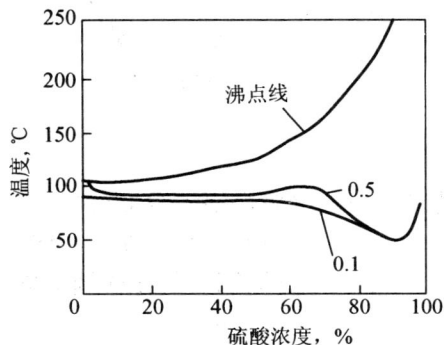

图 C-2-11　S31782（015Cr21Ni26Mo5Cu2）美 904L 在硫酸中的等腐蚀曲线（mm/a）

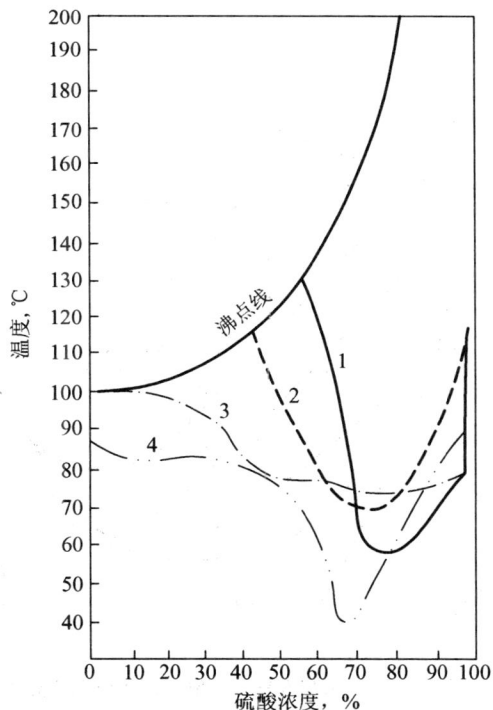

1——0 Cr12Ni25Mo3Cu3Si2Nb（试验钢号 941）；
2——中 NS1402，美 UNS N08825（Incoloy825）；
3——中 NS1403，美 UNS N08020（20Cb-3）；
4——0Cr18Ni18Mo2Cu2Ti（GB 1220—75）

图 C-2-10　4 种材料在硫酸中的等腐蚀曲线（0.5mm/a）

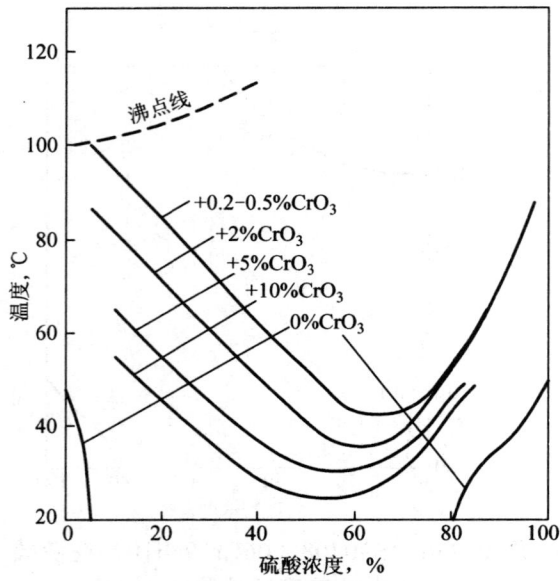

图 C-2-12   S30408（06Cr19Ni10）在含有不同量的三氧化铬的硫酸中的等腐蚀曲线（0.1mm/a）

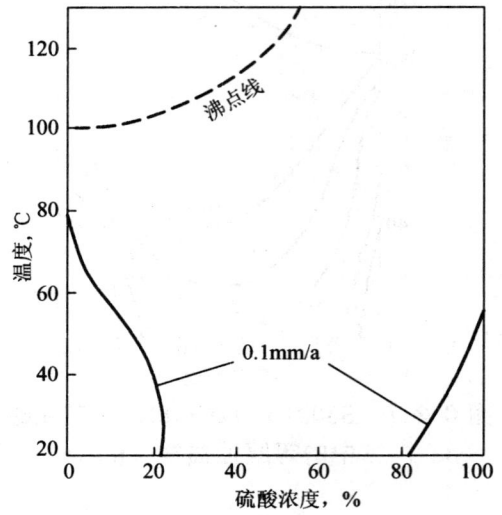

图 C-2-13   S31668（06Cr17Ni12Mo2Ti）在硫酸中的等腐蚀曲线（0.1mm/a）

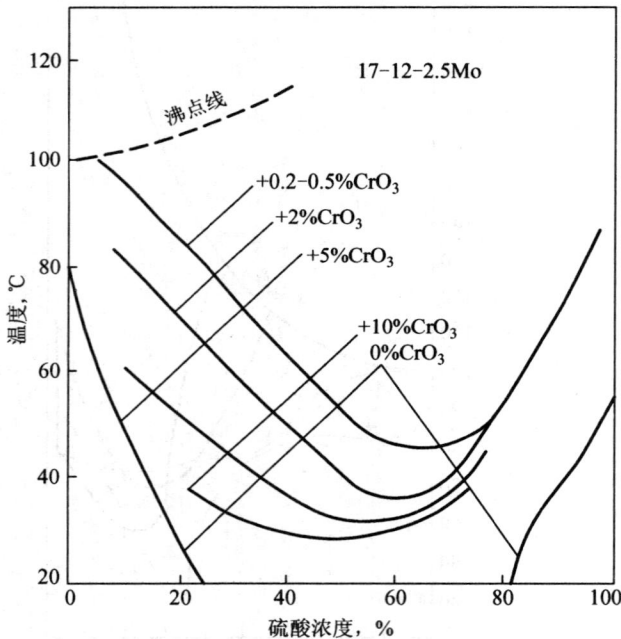

图 C-2-14   S31608（06Cr17Ni12Mo2）在含有不同量的三氧化铬氧化剂的硫酸中的等腐蚀曲线（0.1mm/a）

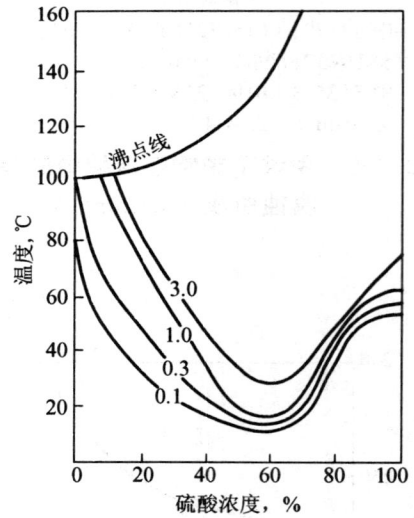

图 C-2-15   铬镍钼钢（C0.05%；Cr17%；Ni13%；Mo5%）在硫酸中的等腐蚀曲线图（mm/a）

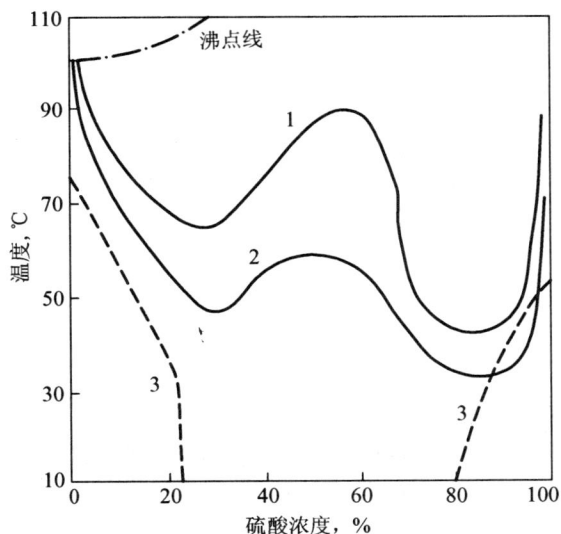

1——904L，0.3mm/a；2——904L，0.1mm/a；
3——316L，0.5 mm/a

图 C-2-16　硫酸中的等腐蚀曲线

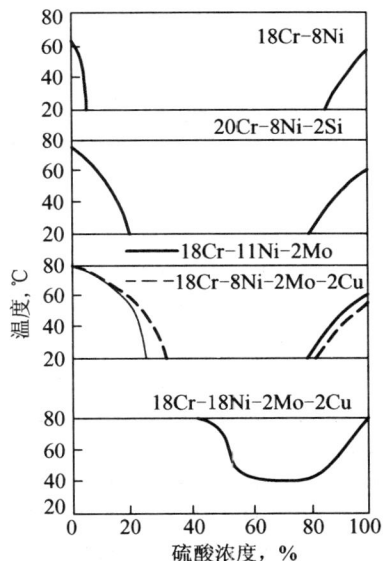

图 C-2-17　几种奥氏体不锈钢在硫酸中
的等腐蚀曲线（0.1mm/a）

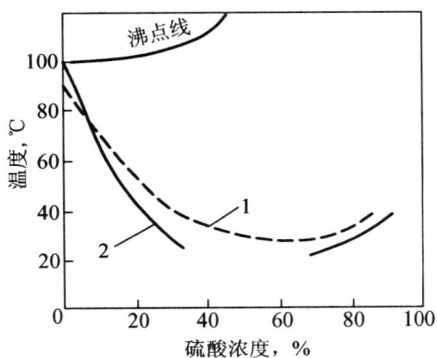

1——SUS 329J1；2——316L

图 C-2-18　SUS 329J1 和 316L 在硫酸
中的等腐蚀曲线（0.1mm/a）

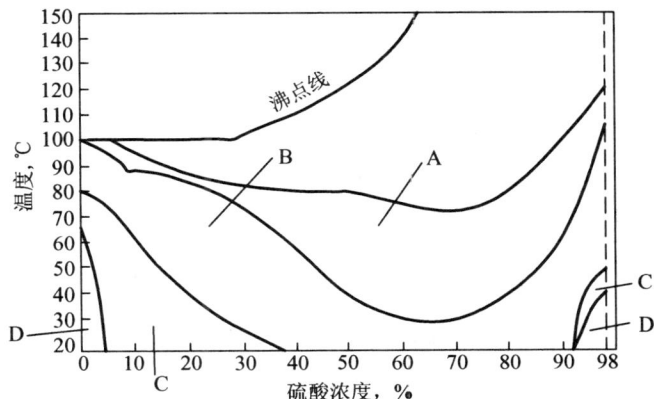

A——20 合金（NS1403，UNS N08020）；
B——255（03Cr25Ni6Mo3Cu2N，UNS S32550）；
C——316（06Cr17Mo2，UNS S31600）；
D——304（06Cr19Ni10，UNS S30400）

图 C-2-19　4 种不锈钢与合金在硫酸中的等
腐蚀曲线（0.1 mm/a）

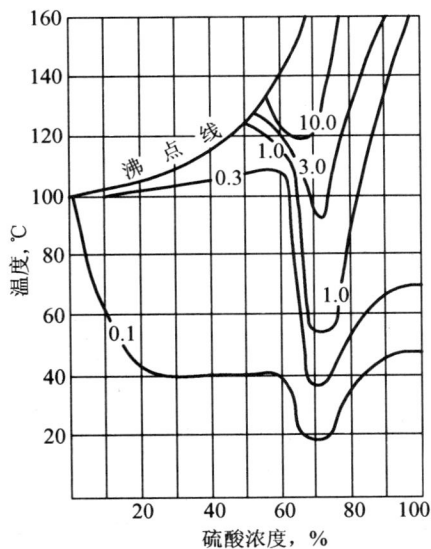

图 C-2-20　0.05C-20Cr-25Ni-3Mo-2Cu
不锈钢在硫酸中的等腐蚀
曲线（mm/a）

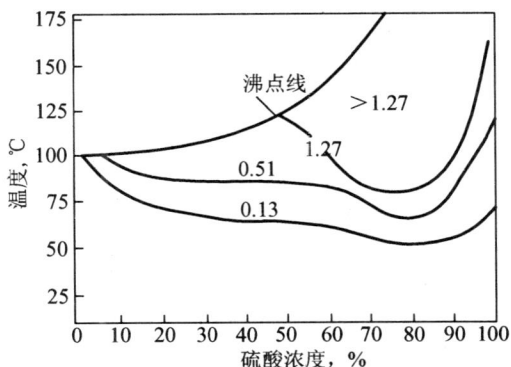

[C≤0.04-（28~31）Ni-（19~21）Cr-（2-3）
Mo-（2.75~3.25）Cu-Nb 铸件]

图 C-2-21　Durimet 20 在硫酸中的等
腐蚀曲线图（mm/a）

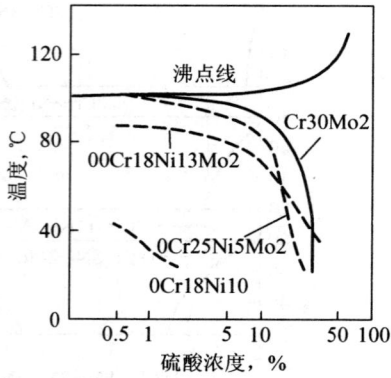

高纯 Cr30Mo2——008Cr30Mo2（SUS447J1）；
00Cr18Ni13Mo2——022Cr17Ni12Mo2（UNS S31603）；
0Cr25Ni5Mo2——03Cr25Ni6Mo3Cu2N（UNS S32550，225）；
0Cr18Ni10——06Cr19Ni10（UNS S30400，304）

图 C-2-22　4 种不锈钢在硫酸中的等腐蚀曲线
（0.1mm/a）

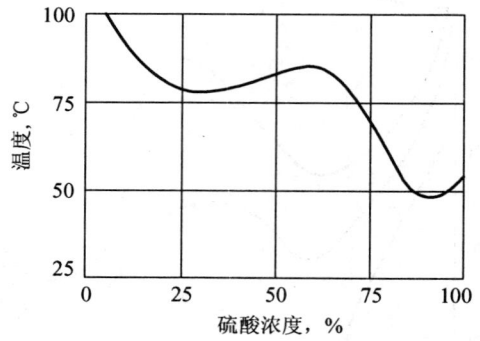

图 C-2-23　015 Cr21 Ni26 Mo5 Cu2（UNS
N08904，904L）在硫酸中的等腐
蚀曲线（0.1 mm/a）

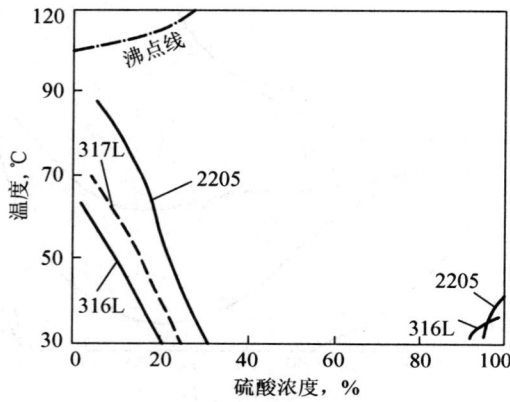

2205——UNS S 32205；
317L——UNS S31703；
316L——UNS S31603

图 C-2-24　几种不锈钢在硫酸中的等腐蚀
曲线（0.1mm/a）

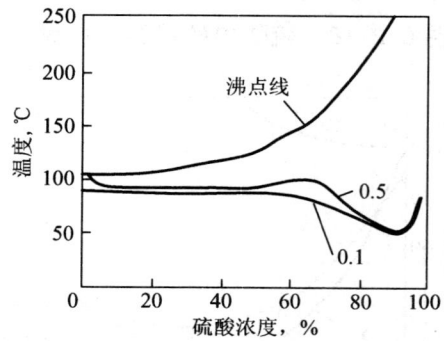

图 C-2-25　UNS N08926 在硫酸中的等
腐蚀曲线（0.1 mm/a）

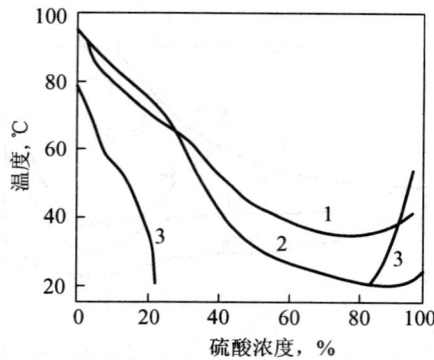

1——UNS N08904（904L）；
2——UNS S31254（254Mo）；
3——UNS S31603（316L）

图 C-2-26　几种不锈钢在硫酸中的等
腐蚀曲线（0.1mm/a）

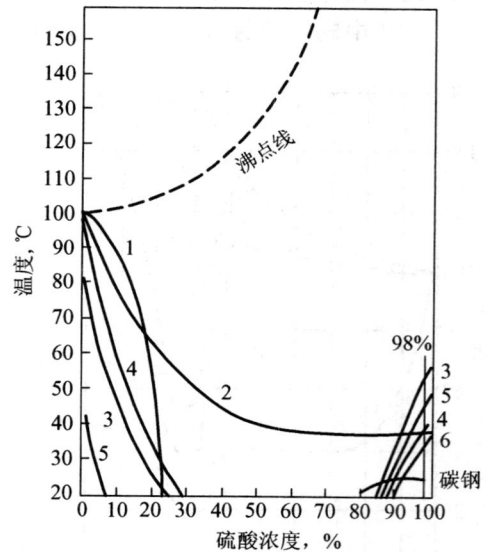

1——UNS S32950；　　　2——UNS N08904（904L）；
3——UNS S31603（316L）；4——UNS S31726（317LMN）；
5——UNS S30403（304L）；6——UNS S43035（439）

图 C-2-27　几种不锈钢在硫酸中的等腐蚀曲线
（0.1mm/a）

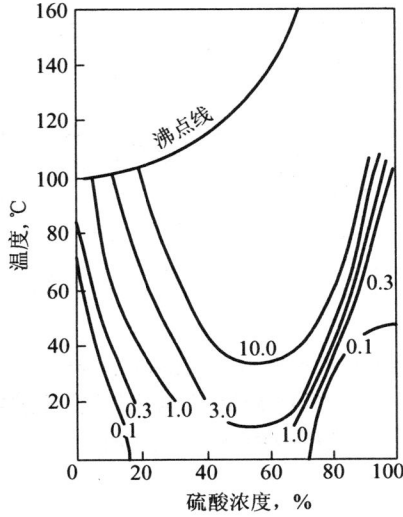

图 C-2-28　S31608（06Cr17Ni12Mo2）在
硫酸中的等腐蚀曲线（mm/a）

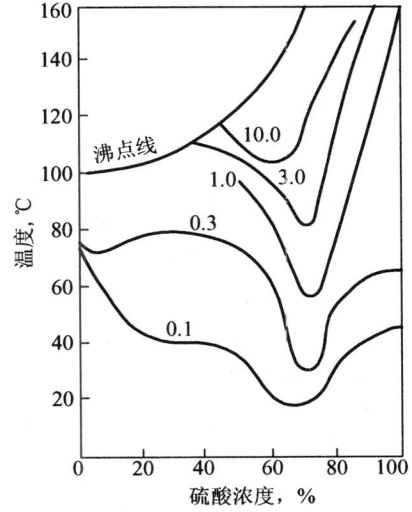

图 C-2-29　铬镍钼铜钢（C0.05%；Cr18%；
Ni18%；Mo2%；Cu2%；Nb）在
硫酸中的等腐蚀曲线（mm/a）

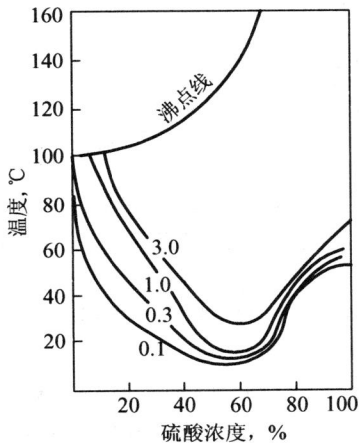

图 C-2-30　0Cr17Ni13Mo5 钢在在硫酸
中的等腐蚀曲线（mm/a）

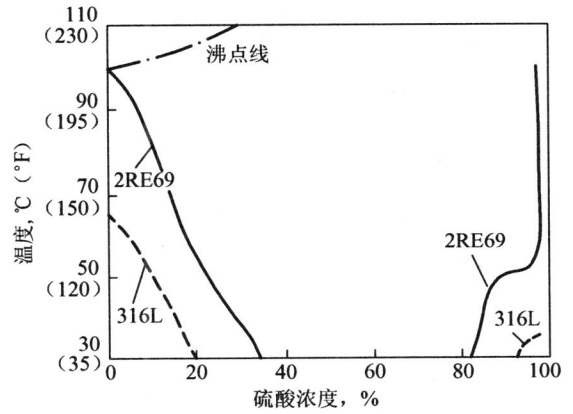

图 C-2-31　S31603（022Cr17Ni12Mo2）（316L）
及 S31053（022Cr25Ni22Mo2N）
（2RE69）在硫酸中的等腐蚀曲线
（0.1mm/a）

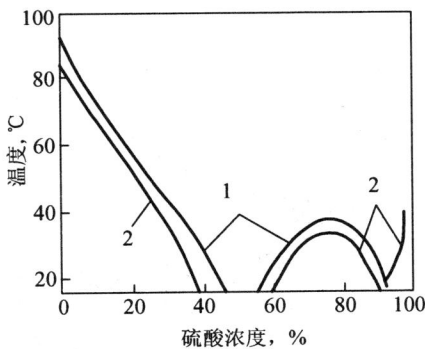

1——00Cr20Ni18Mo6CuN；
2——00Cr20Ni25Mo4.5Cu（904L）

图 C-2-32　在含 200×10⁻⁶Cl⁻硫酸中的等
腐蚀曲线（0.1mm/a）

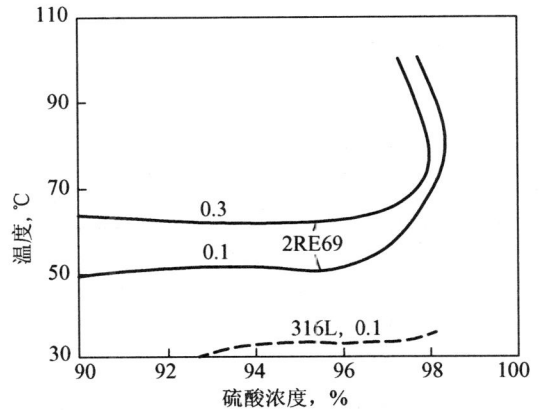

图 C-2-33　2RE69（022Cr25Ni22Mo2N）
和 316L（022Cr17Ni12Mo2）
活化试样在浓硫酸中的等腐
蚀曲线（0.1mm/a 及 0.3mm/a）

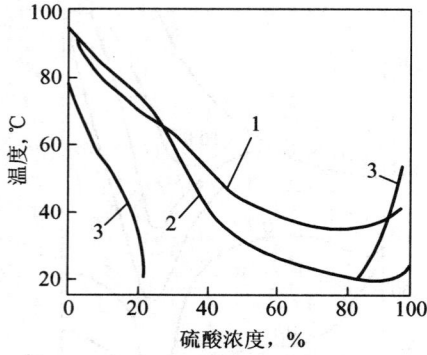

1——00Cr20Ni25Mo4.5Cu（904L）；
2——00Cr20Ni18Mo6CuN；
3——00Cr17Ni14Mo2（316L）

图 C-2-34　三种不锈钢在硫酸中的
等腐蚀曲线（0.1mm/a）

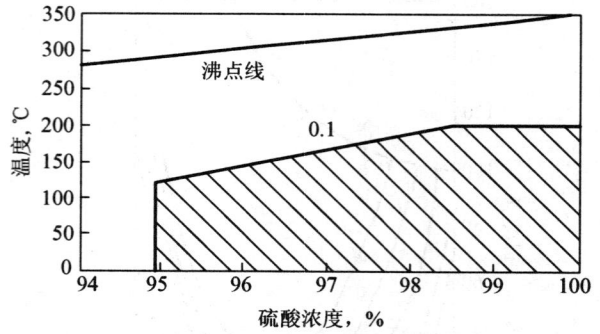

图 C-2-35　00Cr28Ni4Mo2Nb（Cronifer 2803）
超级铁素体不锈钢在浓硫酸中的
等腐蚀曲线（0.1mm/a）

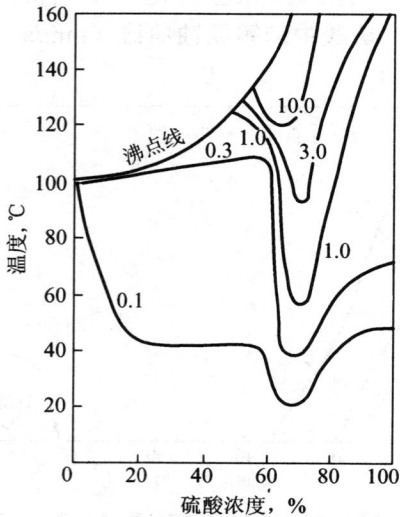

图 C-2-36　铬镍钼铜钢（C0.05%；Cr20%；
Ni25%；Mo3%；Cu2%）在硫
酸中的等腐蚀曲线（mm/a）

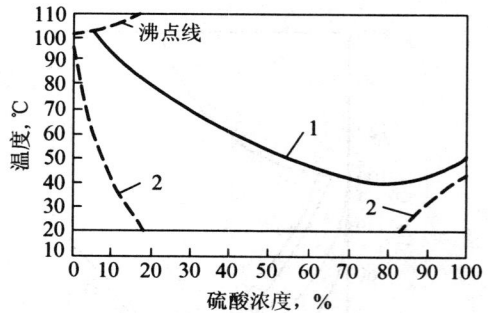

1——00Cr20Ni25Mo4.5Cu（904L）；
2——00Cr18Ni12Mo2（316L）

图 C-2-37　00Cr18Ni12Mo2（316L）及
00Cr20Ni25Mo4.5Cu（904L）
在硫酸中的等腐蚀曲线
（0.1mm/a）

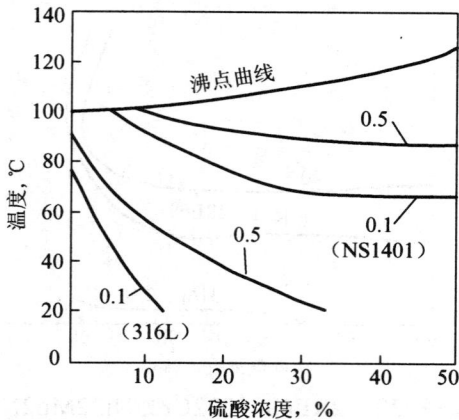

图 C-2-38　NS1401（00Cr26Ni35Mo3Cu4Ti）
与316L（022Cr17Ni12Mo2）在硫
酸中的等腐蚀曲线（mm/a）

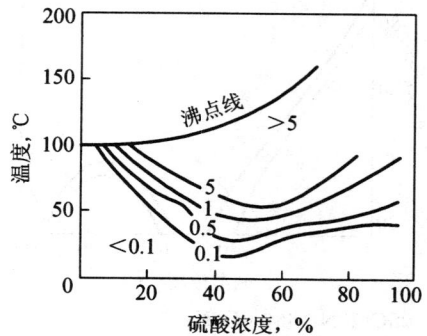

图 C-2-39　CD-4MCu不锈钢铸件在硫酸中
的等腐蚀曲线（mm/a）（C≤
0.04，Cr25，Ni5，Mo2，Cu3）

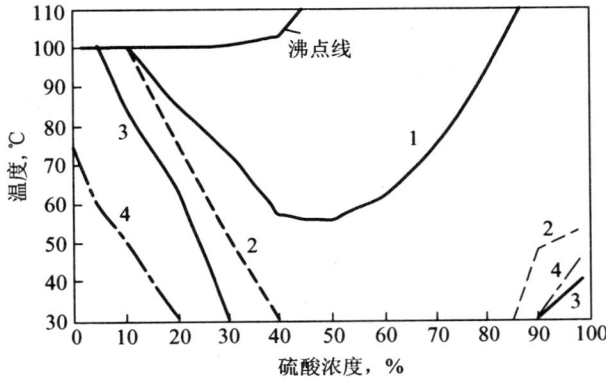

1——UNS S32760(Zeron100)； 2——UNS S32750（2507）；
3——UNS S32205（2205）； 4——UNS S31603（316L）

**图 C-2-40   几种不锈钢在硫酸中的等腐蚀曲线
　　　　　　（0.1mm/a）**

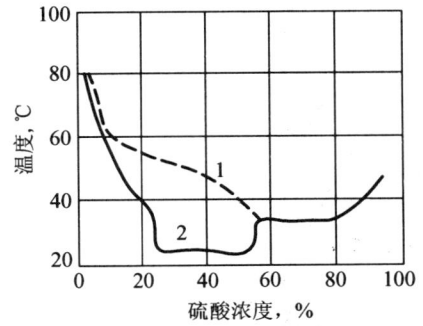

1——ZG1Cr17Mn9Ni3Mo3Cu2N；
2——ZG1Cr18Ni12Mo3Ti

**图 C-2-41   两种不锈铸钢在硫酸中的
　　　　　　等腐蚀曲线（0.1mm/a）**

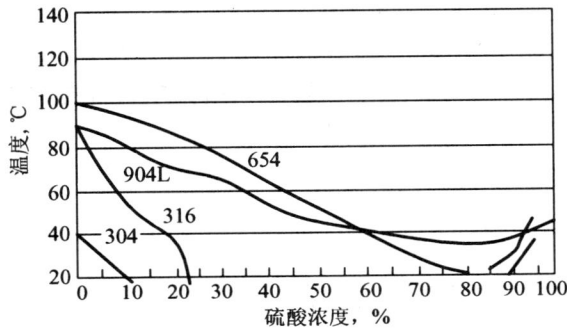

654——UNS S32654；904L——UNS N08904；
316——UNS S31600；304——UNS S30400

**图 C-2-42   几种不锈钢在硫酸中的等
　　　　　　腐蚀曲线（0.1mm/a）**

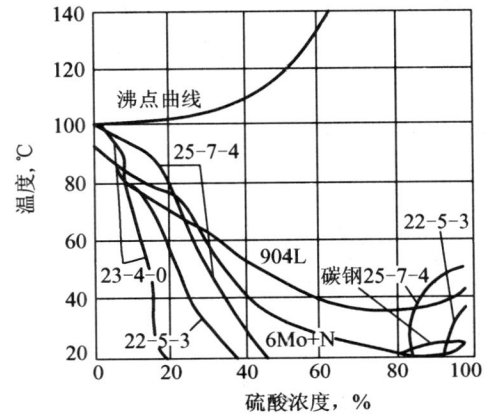

904L——UNS N08904；22-5-3——UNS S32205；
25-7-4——UNS S32750（2507）；
6Mo+N——UNS N08926；
23-4-0——UNS S32304（2304）

**图 C-2-43   几种不锈钢在硫酸中的等腐蚀
　　　　　　曲线（0.1mm/a）**

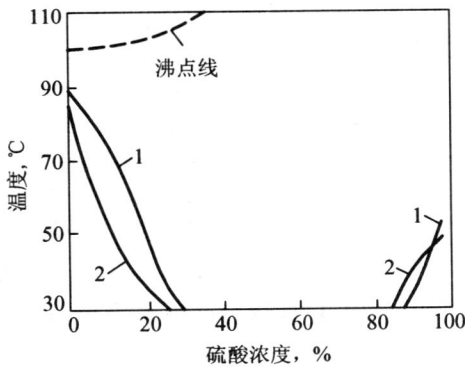

1——3RE60(022Cr19Ni5Mo3Si2N, UNS S 31500)；
2——316L（022Cr17Ni12Mo2, UNS S 31603 ）

**图 C-2-44   3RE60 和 316L 在硫酸中的等
　　　　　　腐蚀曲线（0.1mm/a）**

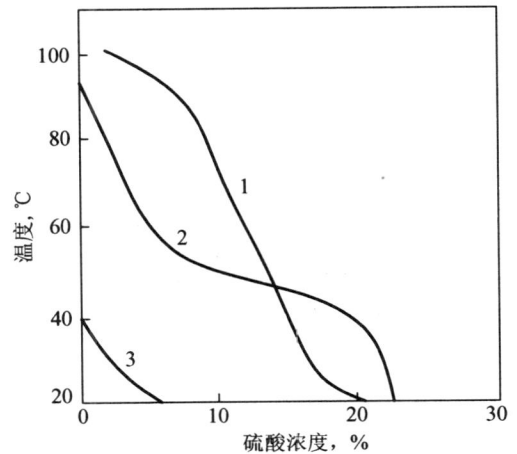

1——2304（022Cr23Ni4MoCuN, UNS S32304）；
2——316（06 Cr17Ni12Mo2, UNS S31600）；
3——304（06 Cr19Ni10, UNS S30400）

**图 C-2-45   2304，316，304 在硫酸中的
　　　　　　等腐蚀曲线（0.1mm/a）**

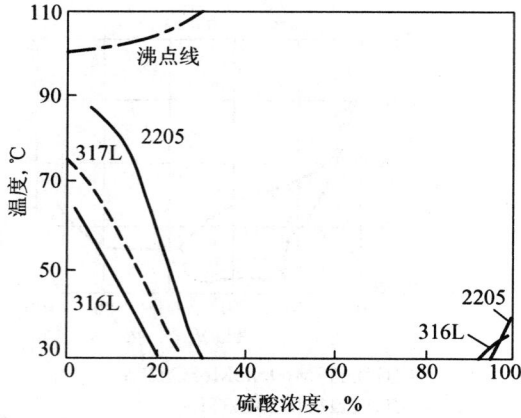

2205——022 Cr23Ni5Mo3N（UNS S32205）；
317L——022 Cr19Ni13Mo3（UNS S31703）；
316L——022 Cr17Ni12Mo2（UNS S31603）

图 C-2-46　2205、317L、316L 在硫酸中的等腐蚀曲线（0.1mm/a）

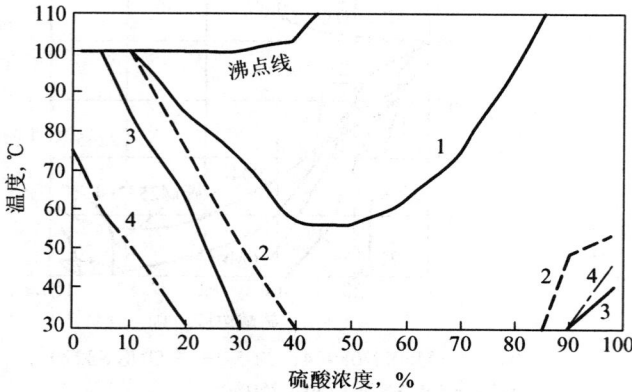

1——Zeron100（022 Cr25Ni7Mo4W CuN，UNS S32760）；
2——SAF 2507（022 Cr25Ni7Mo4N，UNS S32750）；
3——SAF 2205（022 Cr23Ni5Mo3N，UNS S32205）；
4——316L（022 Cr17Ni12Mo2，UNS S31603）

图 C-2-48　几种不锈钢在硫酸中的等腐蚀曲线

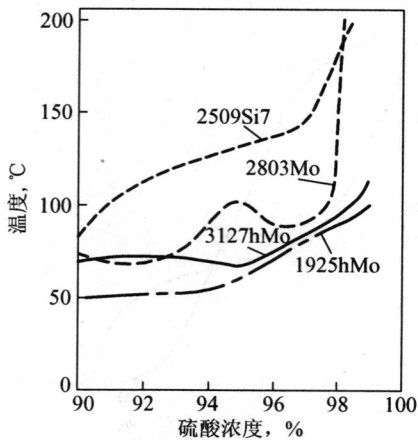

2509Si7——0Cr25Ni9Si7；
2803 Mo——00Cr18Ni4 Mo2Nb（Cronifer 2803）；
3127hMo——UNS N08031（00Cr27Ni31Mo7CuN）；
1925h Mo——UNS N08926（00Cr20Ni25Mo6N）

图 C-2-50　4 种合金在硫酸中的等腐蚀曲线（0.1mm/a）

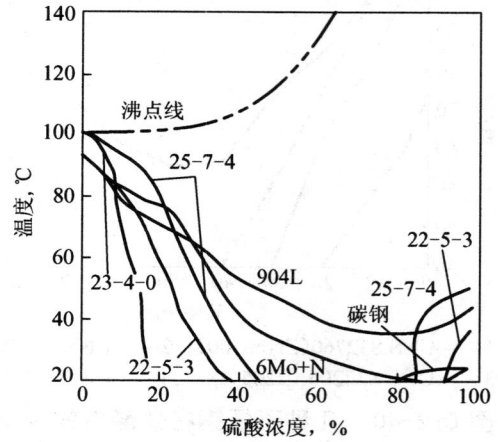

25-7-4——022 Cr25Ni7Mo4N（UNS S32750）；
25-5-3——03 Cr25Ni6Mo3Cu2N（UNS S32550）；
25-4-0——022Cr23Ni4MoCuN（UNS S32304）；
904L——015Cr21Ni26Mo5Cu2（UNS N08904）；
6Mo+N——015Cr20Ni18Mo6CuN（UNS S31254）

图 C-2-47　几种钢在硫酸中的等腐蚀曲线（0.1mm/a）

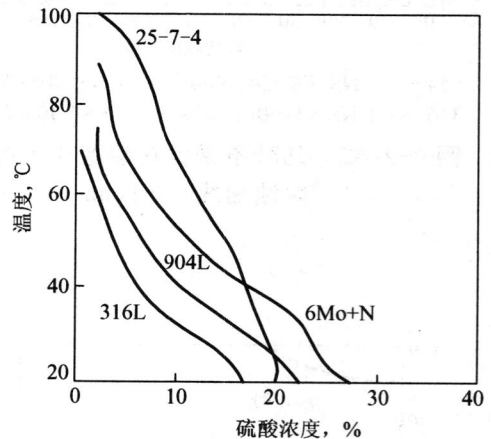

25-7-4——022 Cr25Ni7Mo4N（UNS S32750）；
6 Mo+N——015Cr20Ni18Mo6CuN（UNS S31254）；
904L——015Cr21Ni26Mo5Cu2（UNS N08904）；
316L——022 Cr17Ni12Mo2（UNS S31603）

图 C-2-49　4 种不锈钢在含 $2000×10^{-6}Cl^{-}$ 的硫酸中的等腐蚀曲线（0.1mm/a）

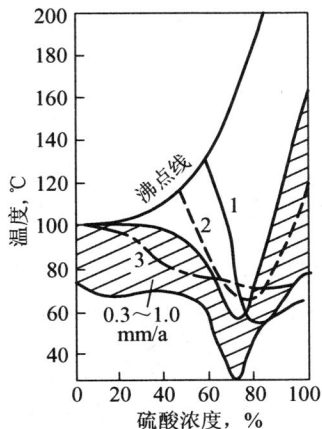

阴影区——0Cr18Ni18 Mo2Cu2Nb；

1——0Cr12Ni25 Mo3Cu3SiNb；

2——UNS N08825（825）（中国 NS 1402）；

3——UNS N08020（20Cb3）（中国 NS 1403）；

阴影区为 0.3~1.0 mm/a；

1、2、3 为 0.5 mm/a

图 C-2-51 几种不锈钢与合金在硫酸中
的等腐蚀曲线（mm/a）

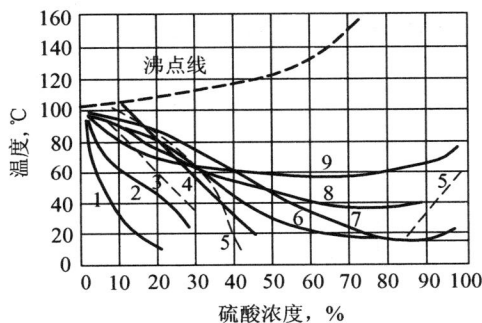

1——UNS S31603（316L）；

2——UNS S31726（317LMN）；

3——UNS S32205（2205）；

4——UNS S32750（2507）；

5——UNS S44635（MONIT25-4-4）；

6——UNS S37654（654 Mo）；

7——UNS S31254（254 Mo）；

8——UNS S08904（904L）；

9——UNS N08082（20Cb-3）

图 C-2-52 9 种不锈钢和合金在硫酸中
的等腐蚀曲线（0.1mm/a）

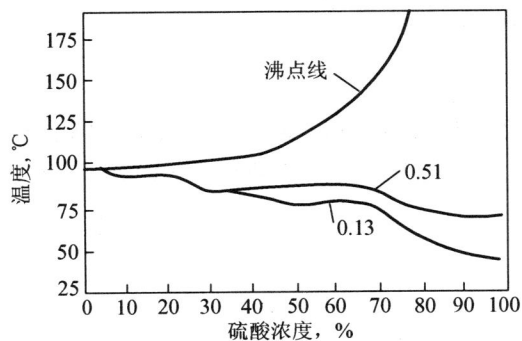

图 C-2-53 UNS S31277（Incoloy 27-7 Mo）
在硫酸中的等腐蚀曲线（mm/a）

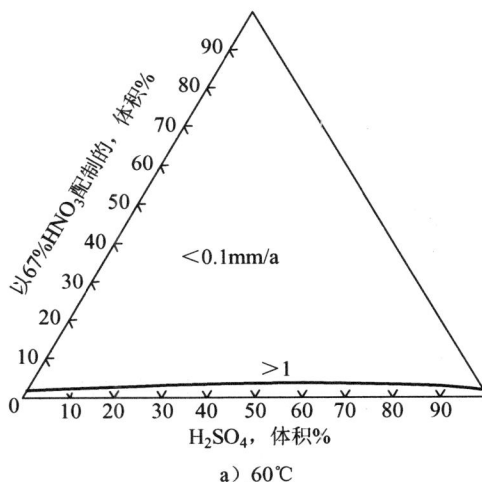

a）60℃

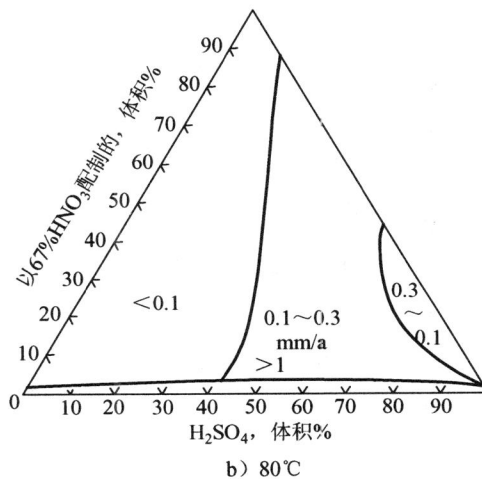

b）80℃

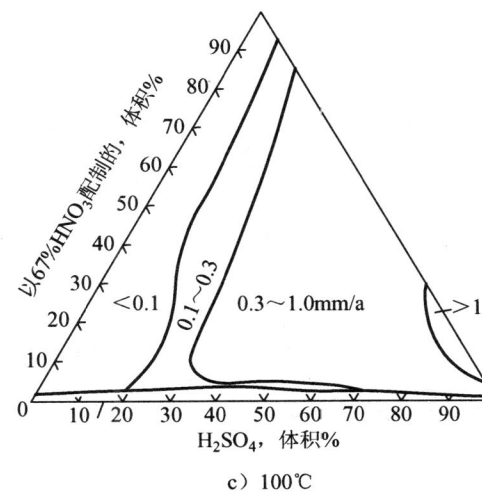

c）100℃

图 C-2-54 304 不锈钢在不同温度硝酸——硫
酸混酸中的等腐蚀曲线（mm/a）

263

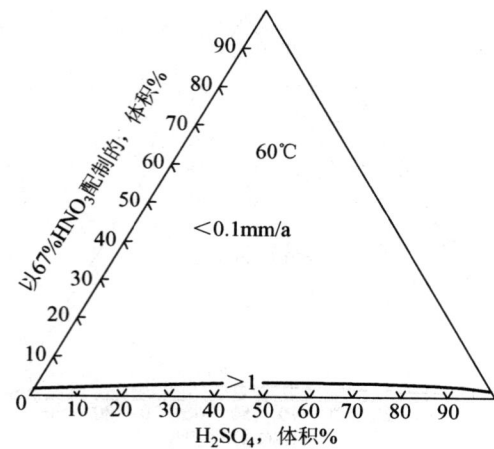

a)

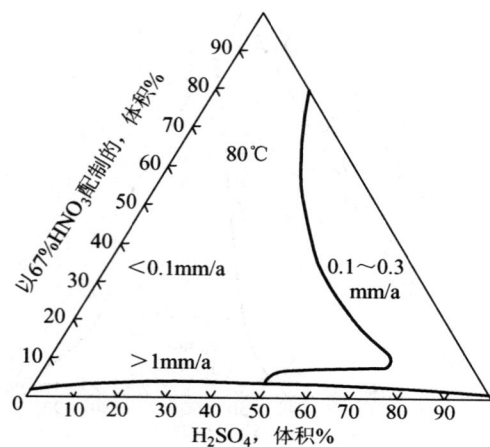

b)

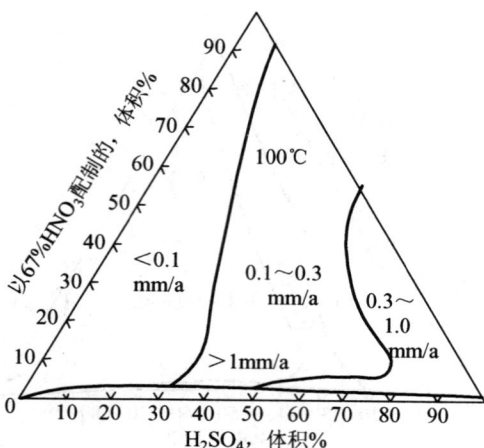

c)

图 C-2-55 316不锈钢在不同温度的硝酸——
硫酸中的等腐蚀曲线（mm/a）

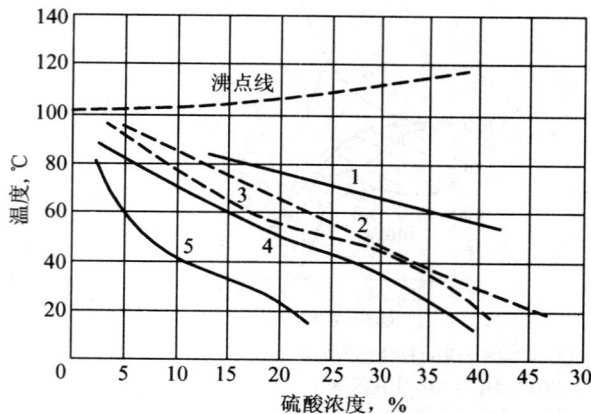

1——UNS N08904（904L），无 Cl⁻;
2——UNS S32654（654SMO），2000PPM Cl⁻;
3——UNS N08367（AL-6XL），200 PPM Cl⁻;
4——UNS N08904（904L），200 PPM Cl⁻;
5——UNS N08904（904L），2000 PPM Cl⁻

图 C-2-56 几种合金在不同氯离子含量的硫
酸中的等腐蚀曲线（0.1mm/a）

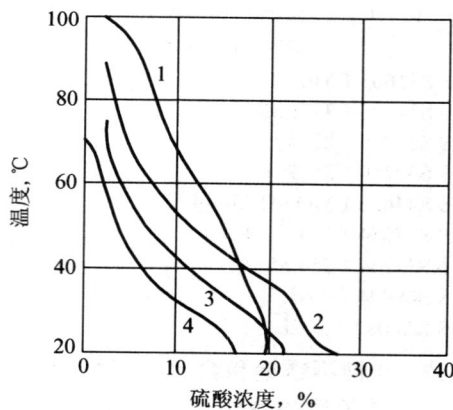

1——UNS S32750（2507）;
2——UNS N08926（25-6 Mo）;
3——UNS N08904（904L）;
4——UNS S31603（316L）

图 C-2-57 几种不锈钢在含0.2% Cl⁻的硫酸
中的等腐蚀曲线（0.1mm/a）

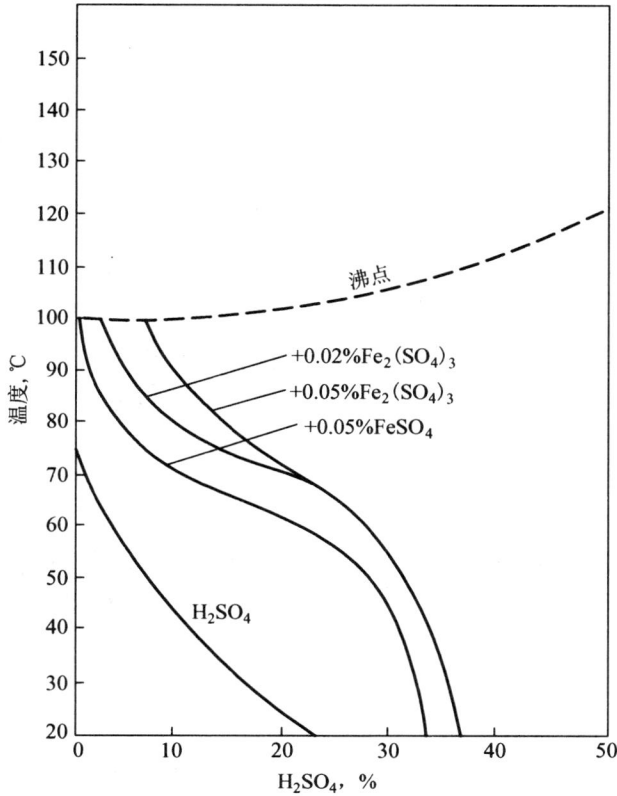

图 C-2-58　在含有不同量硫酸铁的硫酸中，Cr17Ni12Mo2.5 类不锈钢的等腐蚀（0.1mm/a）曲线

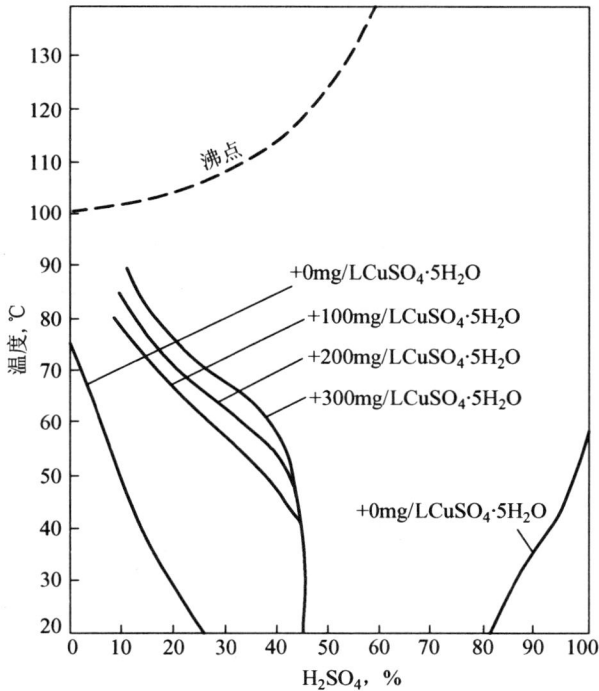

图 C-2-59　在含有不同量硫酸铜的硫酸中，Cr17Ni12Mo2.5 类不锈钢的等腐蚀（0.1mm/a）曲线

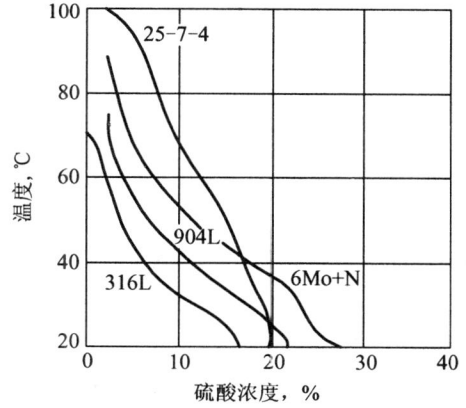

25-7-4——UNS S32750（2507）；
6Mo+N——UNS N08926；
904L——UNS N08904；
316L——UNS S31603

图 C-2-60　几种不锈钢在含 $2000×10^{-6}Cl^-$ 的硫酸中的等腐蚀曲线（0.1mm/a）

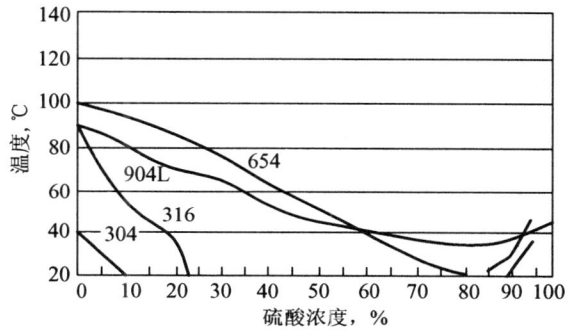

654——UNS 32654；
904L——UNS N08904；
316——UNS S31600；
304——UNS S30400

图 C-2-61　几种不锈钢在硫酸中的等腐蚀曲线（0.1mm/a）

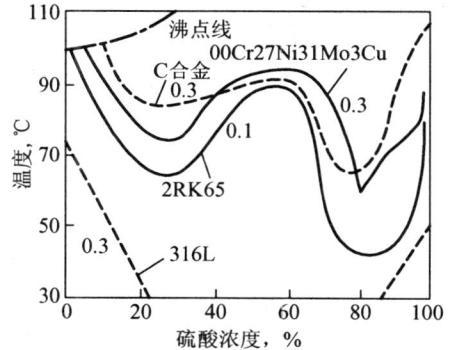

00Cr27Ni31Mo3Cu——Sanicro 28
　　　　　　　　　NiCrofer 3127LC；
C 合金——NS 3303，Hastelloy C；
2RK65——UNS N08904，904L；
316L——UNS S31603

图 C-2-62　几种不锈钢与合金在硫酸中的等腐蚀曲线（mm/a）

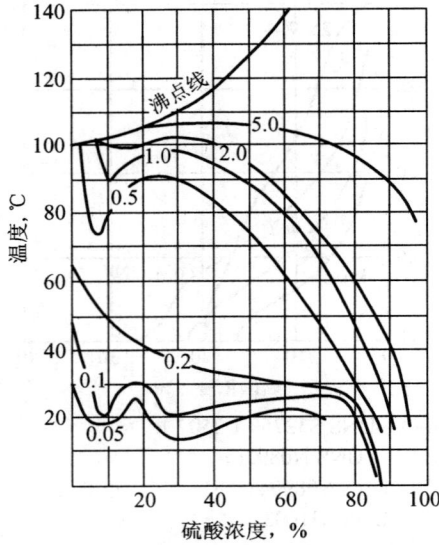

图 C-2-63　纯镍（99%Ni）在硫酸中
的等腐蚀曲线（mm/a）

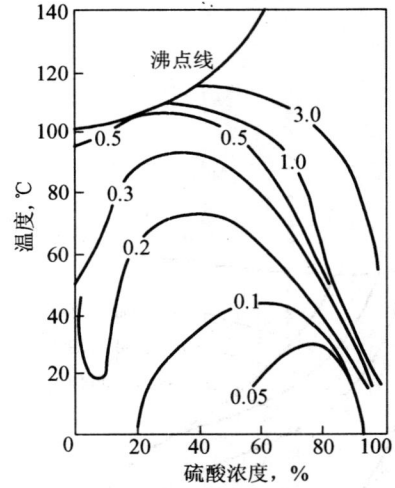

图 C-2-64　中国 NCu30（美 UNS N04400）
镍铜合金在硫酸中的等腐蚀曲
线（mm/a）

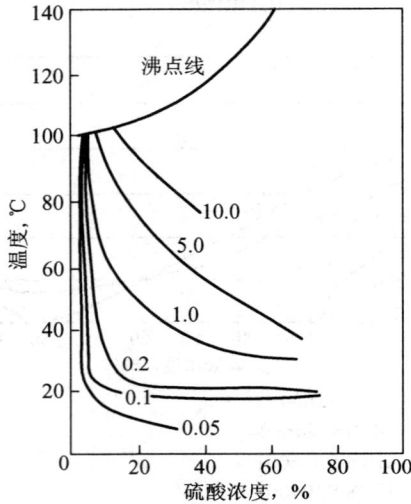

中国牌号　NS3102；
美国牌号　UNS N6600

图 C-2-65　Inconel 600 合金在硫酸中
的等腐蚀曲线图（mm/a）

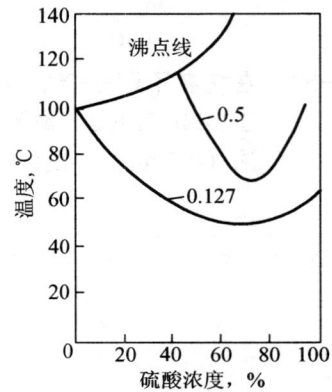

中国牌号　NS 1402；
美国牌号　UNS N08825

图 C-2-66　Incoloy 825 在硫酸中的
等腐蚀曲线图（mm/a）

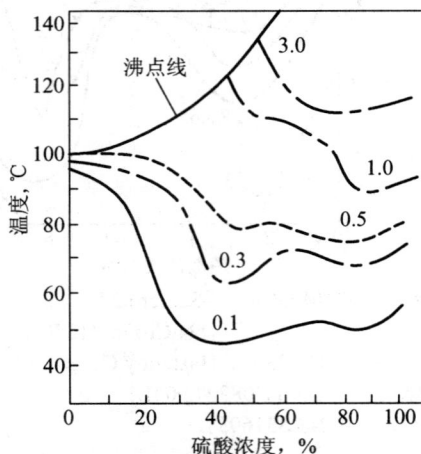

图 C-2-67　NS 1403（UNS N8020，Carpenter 20Cb3）
在硫酸中的等腐蚀曲线（mm/a）

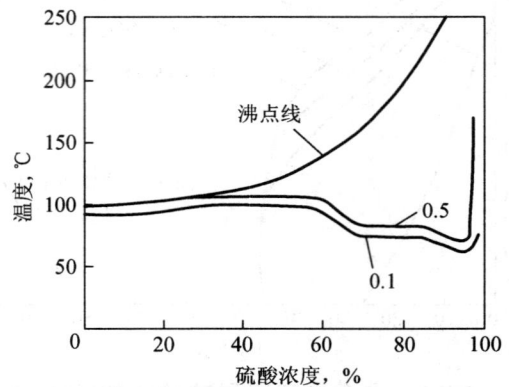

图 C-2-68　NS 1404（UNS N08031，NiCrofer
3127hMo）在硫酸中的等腐蚀曲线
（mm/a）

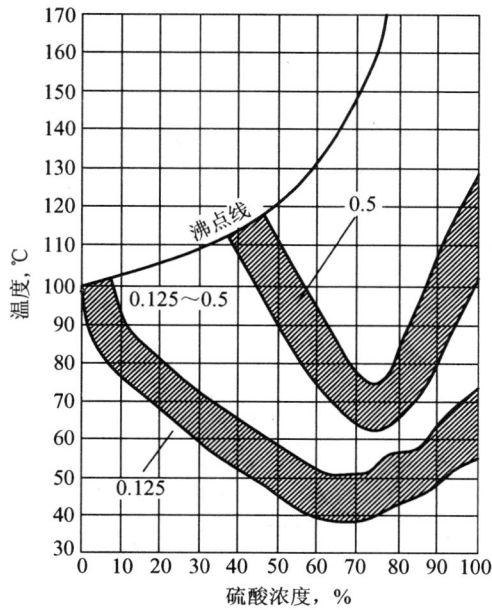

图 C-2-69　NS 1402（UNS N08825，Incolly 825）在硫酸中的等腐蚀曲线 （mm/a）

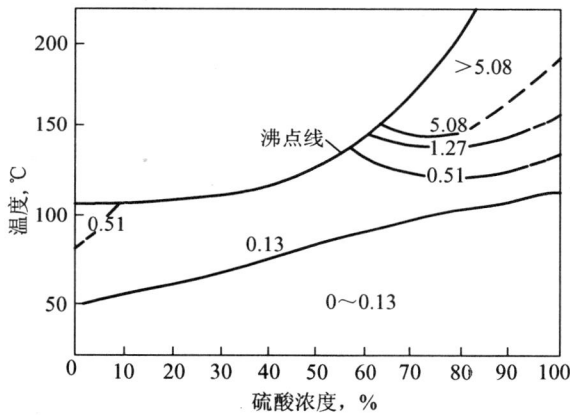

图 C-2-70　NS 3202（UNS N10665，Hastelloy B-2）在硫酸中的等腐蚀曲线（mm/a）

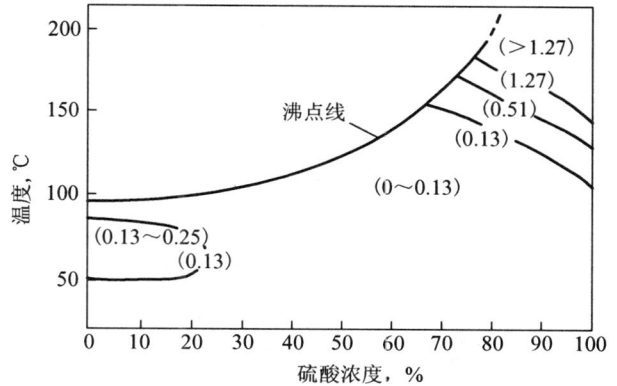

图 C-2-71　Chlorimet 2（0Mo28Ni65V）铸态镍钼合金在硫酸中的等腐蚀曲线图（mm/a）

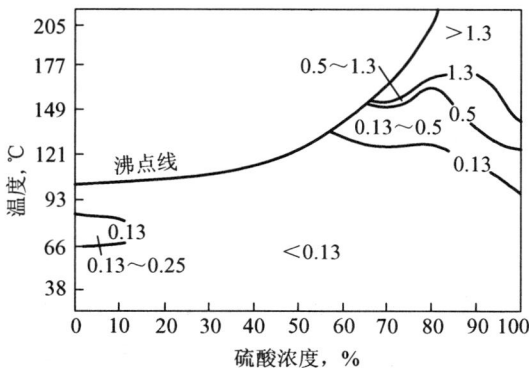

图 C-2-72　NS 3201（NS N10001，Hastelloy B）在硫酸中的等腐蚀曲线 （mm/a）

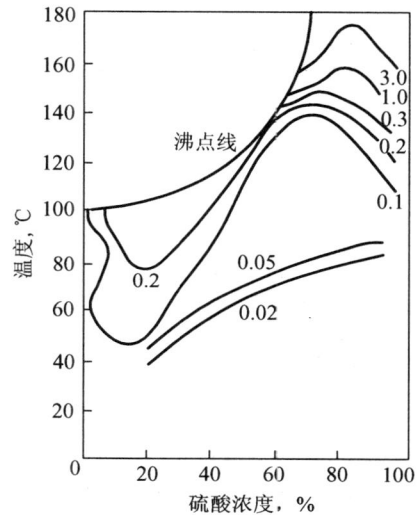

图 C-2-73　NS 3201（UNS N10001，Hastelloy B）在硫酸中的等腐蚀曲线（mm/a）

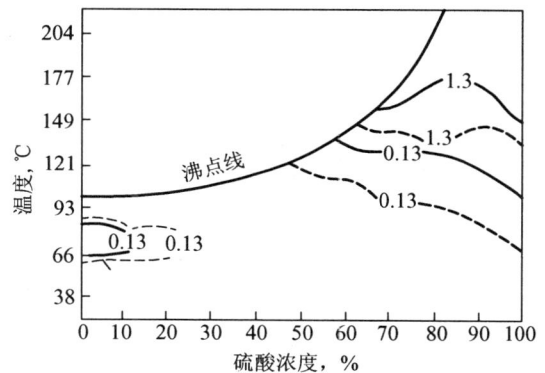

实线——纯硫酸；虚线——硫酸+200ppmCl⁻

图 C-2-74　NS 3202（UNS N10665，Hastelloy B-2)在纯硫酸和含氯硫酸中的等腐蚀曲线 （mm/a）

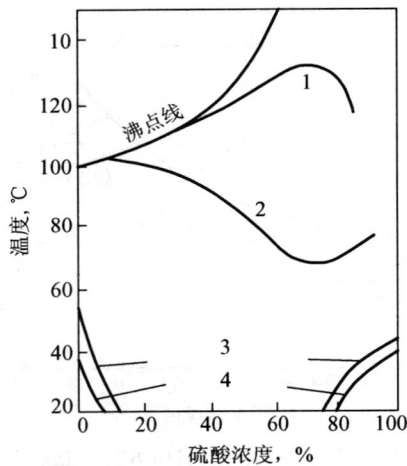

1——NS 3201（Hastelloy B）；
2——OCr23Ni28Mo3Cu3Ti；
3——1Cr17Ni13Mo2Ti；
4——07Cr19Ni11Ti（UNS S32109）

图 C-2-75　Hastelloy B 及三种不锈钢在硫
　　　　　 酸中的等腐蚀曲线（0.1mm/a）

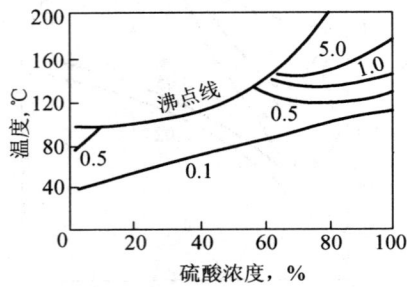

图 C-2-76　NS3202（UNS N10665，Hastelloy B-2）
　　　　　 在硫酸中的等腐蚀曲线（mm/a）

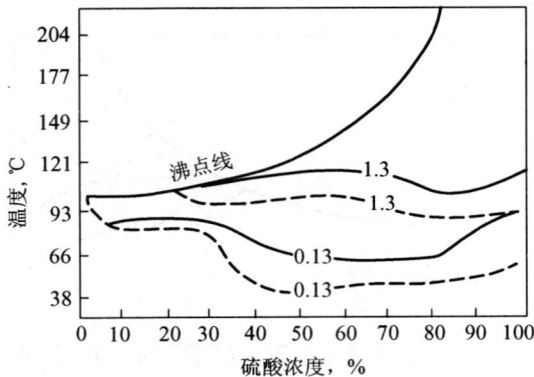

图 C-2-77　Ni66%-Mo28%合金在硫酸
　　　　　 中的等腐蚀曲线（mm/a）

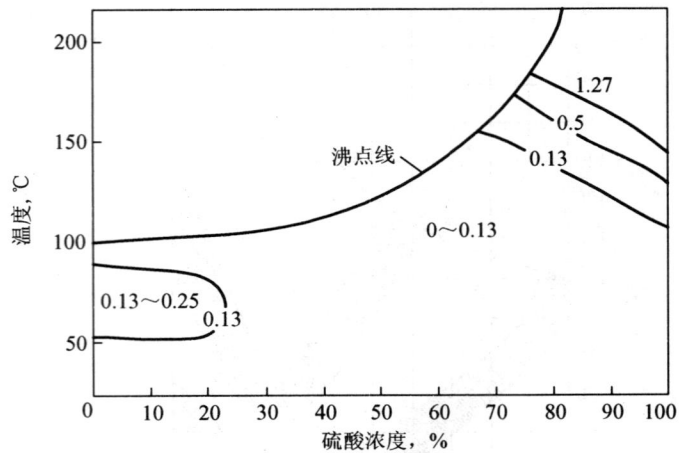

图 C-2-78　NS 3304（UNS N10276，Hastelloy C-276）
　　　　　 在硫酸中的等腐蚀曲线（mm/a）

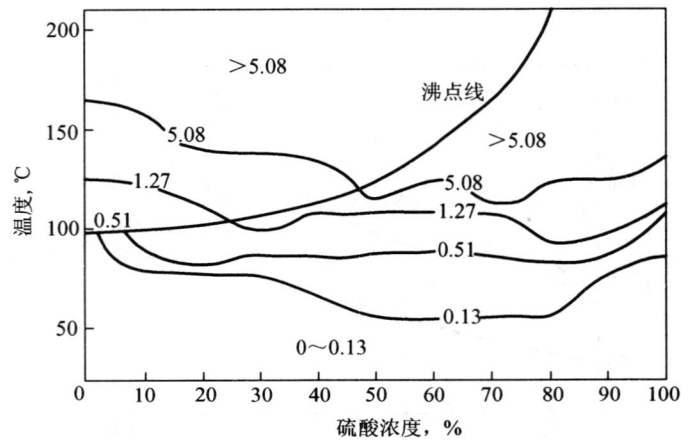

实线——纯硫酸；
虚线——硫酸+200ppmCl⁻

图 C-2-79　NS 3304（UNS N10276，Hastelloy
　　　　　 C-276）在硫酸和含氯硫酸中的等腐
　　　　　 蚀曲线（mm/a）

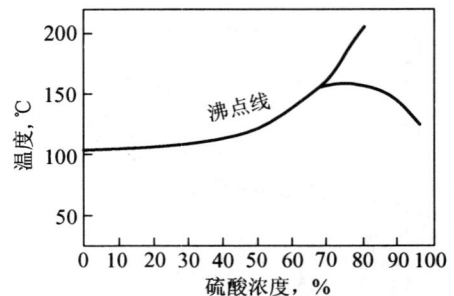

图 C-2-80　NS 3203（UNS N10675，
　　　　　 Hastelloy B-3）在硫酸中
　　　　　 的等腐蚀曲线（0.1mm/a）

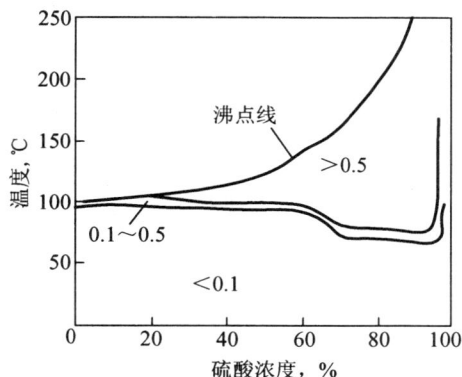

图 C-2-81 UNS N06059（Hastelloy C-59，
C-59，00Cr23Ni59Mo16）在
硫酸中的等腐蚀曲线（mm/a）

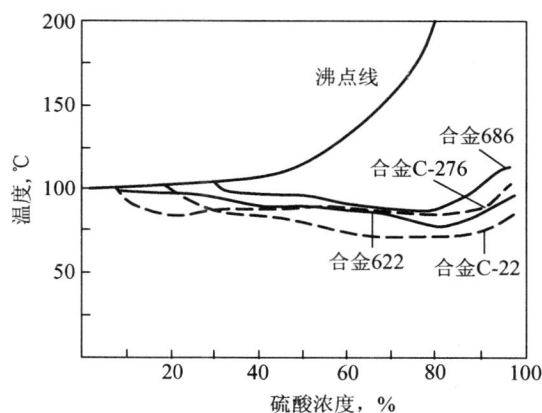

686——NS 3309（UNS N06686，Inconel 686 00Cr21Ni56Mo16W4）；
C-276——NS 3304（UNS N10276，Hastelloy C-276，00Cr16Ni60Mo16W4）；
622——00Cr20Ni59Mo14W3Fe2；
C-22——NS 3308（UNS N6022，Hastelloy C-22，00Cr22Ni60Mo13W3）

图 C-2-82 几种镍合金在硫酸中的等腐蚀曲线（0.1mm/a）

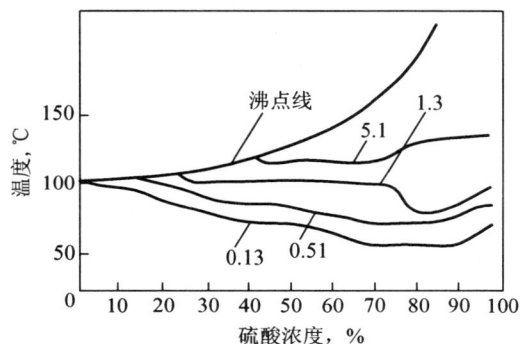

图 C-2-83 NS 3308（UNS N6022，
Hastelloy C-22）在硫酸
中的等腐蚀曲线（mm/a）

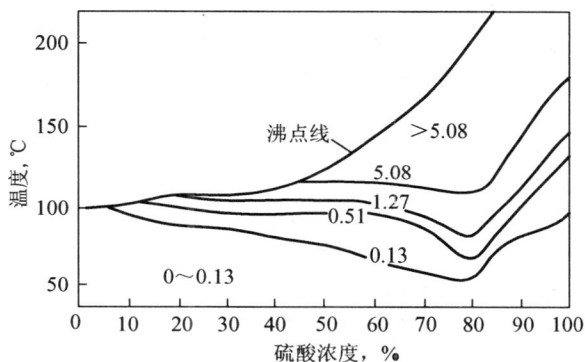

图 C-2-84 NS 3302（Chromet-3；0Cr18Ni60Mo17）
在硫酸中的等腐蚀曲线（mm/a）

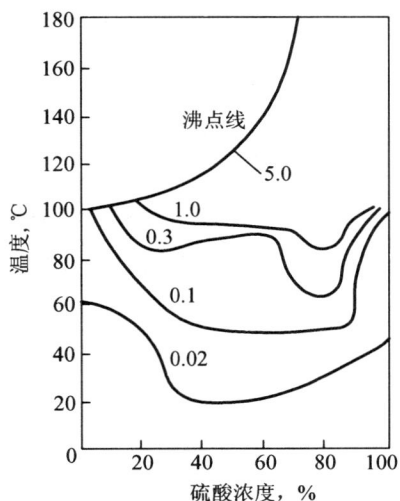

图 C-2-85 NS 3303（Hastelloy C）在硫
酸中的等腐蚀曲线（mm/a）

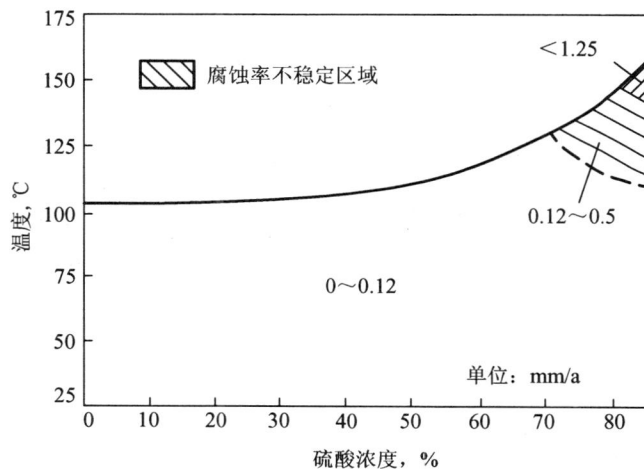

图 C-2-86 NS 3302（00Cr18Ni60Mo17）
合金在含氯离子 200ppm 的硫
酸中的等腐蚀曲线（mm/a）

269

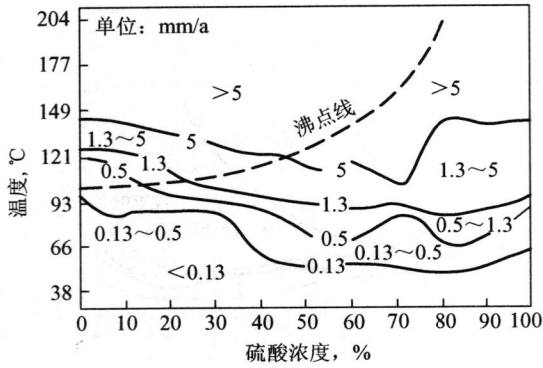

中国牌号 NS 3305；
美国牌号 UNS N06455

图 C-2-87 Hastelloy C-4 合金在硫
酸介质中的等腐蚀曲线

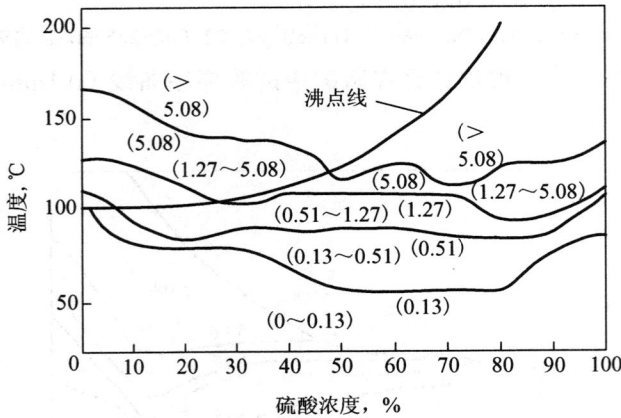

图 C-2-88 NS 3304（UNS N 10276，Hastelloy C-276）
在硫酸中的等腐蚀曲线 （mm/a）

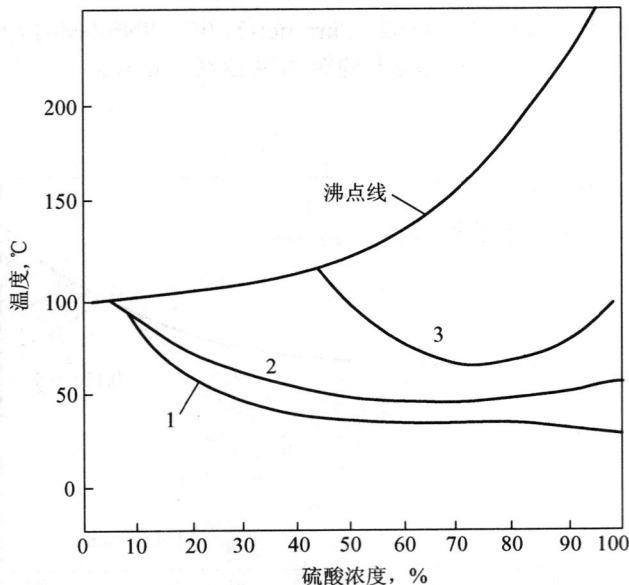

1——Hastelloy F，0.125 mm/a；

2——Hastelloy F，0.5 mm/a；Incoloy 825，0.125 mm/a；

3——Incoloy 825，0.50mm/a

图 C-2-89 在硫酸中的等腐蚀曲线 （mm/a）

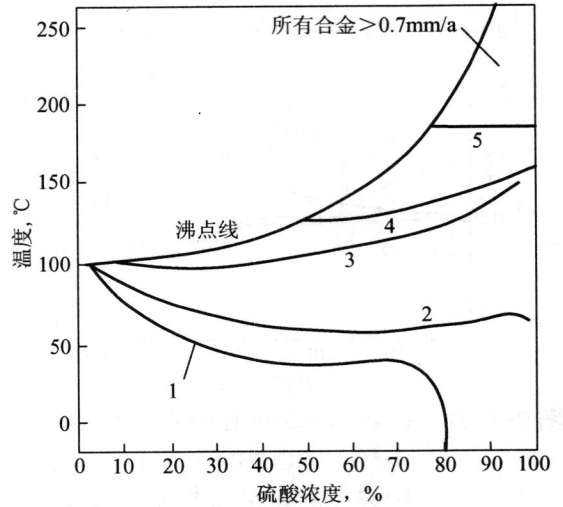

1——Monel（不含空气），0.125 mm/a；
2——Hastelloy C，0.125 mm/a；
3——Hastelloy D，0.125 mm/a；
4——Hastelloy B，0.125 mm/a；
5——所有合金，0.7 mm/a

图 C-2-90 一些典型的镍基合金在硫酸
中的等腐蚀曲线图 （mm/a）

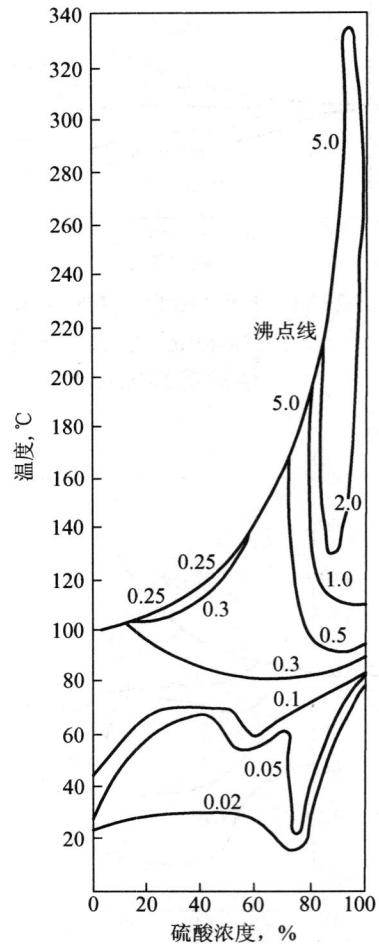

图 C-2-91 Hastelloy D（0.1C-82Ni-10Si-
3Cu-2Fe-1.5Co-1Cr）在硫酸中
的等腐蚀曲线 （mm/a）

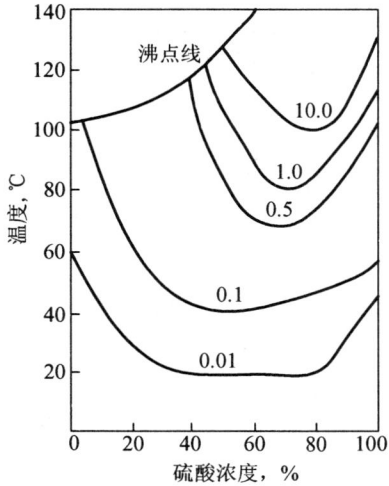

图 C-2-92　Hastelloy F（0.1C-44Ni-30Fe-22
Cr-6.5Mo-2Mn-1Si）在硫酸中的
等腐蚀曲线（mm/a）

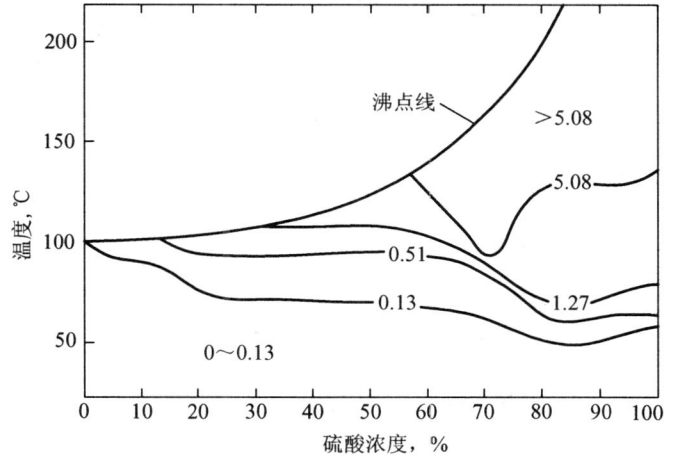

图 C-2-93　NS 3402（UNS N06007，Hastelloy G）
在硫酸中的等腐蚀曲线（mm/a）

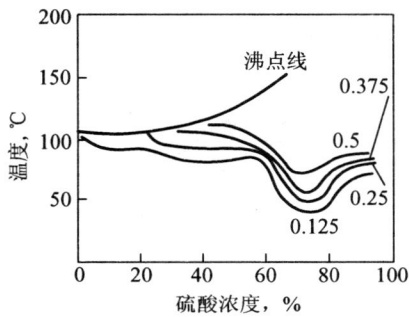

（C≤0.2，21~24Cr，5~7Mo，5~7Fe，5~7Cu，
余为 Ni）

图 C-2-94　Illium G 镍合金铸件在硫酸
中的等腐蚀曲线（mm/a）

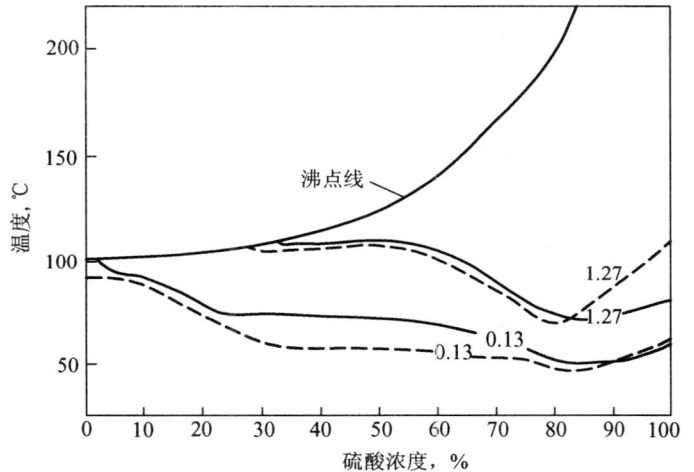

实线——硫酸；虚线——硫酸+200ppm Cl⁻（NaCl）

图 C-2-95　NS 3402（UNS N06007，Hastelloy G）在
硫酸和含氯硫酸中的等腐蚀曲线（mm/a）

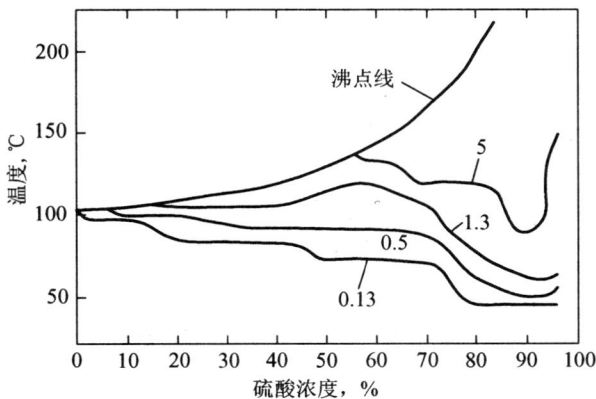

图 C-2-96　NS 3404（UNS N06030，Hastelloy
G-30）在硫酸中的等腐蚀曲线（mm/a）

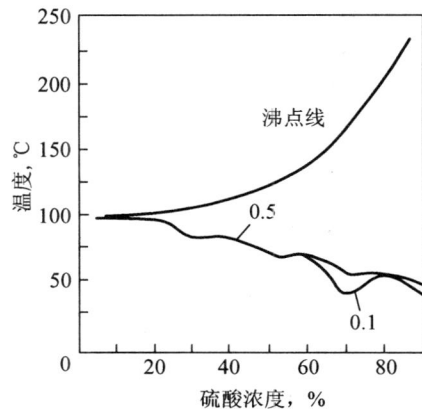

图 C-2-97　Hastelloy G-35（0Cr33Ni55Mo8）
在硫酸中的等腐蚀曲线（mm/a）

【盐酸】

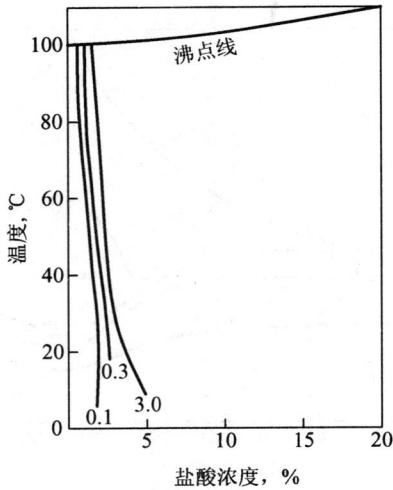

图 C-3-1　0.6C-30Cr 不锈铸钢在盐酸
中的等腐蚀曲线（mm/a）

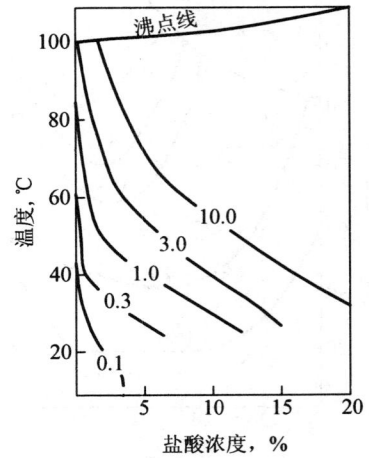

图 C-3-2　12Cr18Ni9（UNS S30200，302）
在盐酸中的等腐蚀曲线（mm/a）

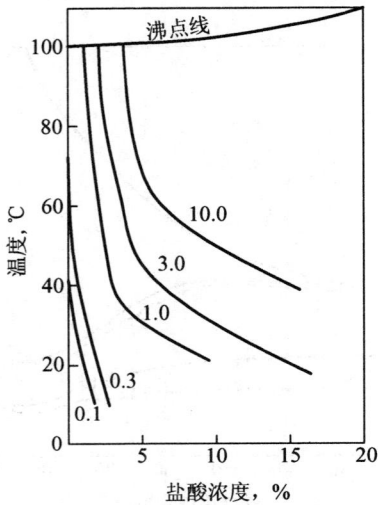

图 C-3-3　06Cr17Ni12Mo2（UNS S31600）
在盐酸中的等腐蚀曲线（mm/a）

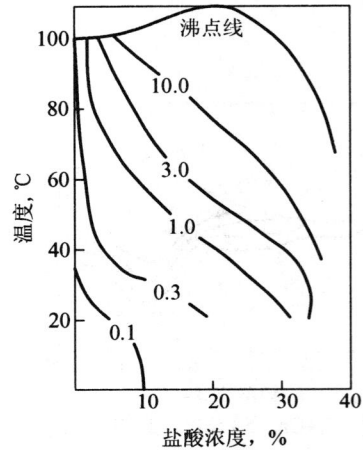

图 C-3-4　0.05C-18Cr-18Ni-2Mo-2Cu-微量 N_b 不
锈钢在盐酸中的等腐蚀曲线（mm/a）

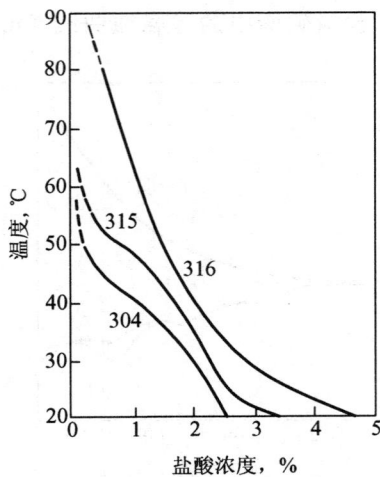

316——06 Cr17Ni12 Mo2（UNS S31600）；
315——022 Cr19Ni5 Mo3Si2N（UNS S31500）；
304——06 Cr19Ni10（UNS S30400）

图 C-3-5　316、315、304 在盐酸中的
等腐蚀曲线（1.15mm/a）

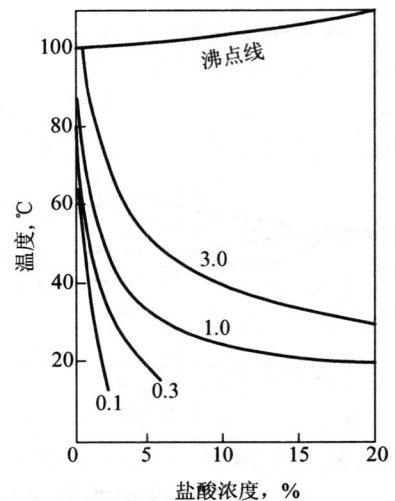

图 C-3-6　0.05C-17Cr-13Ni-5Mo 不锈钢在
盐酸中的等腐蚀曲线（mm/a）

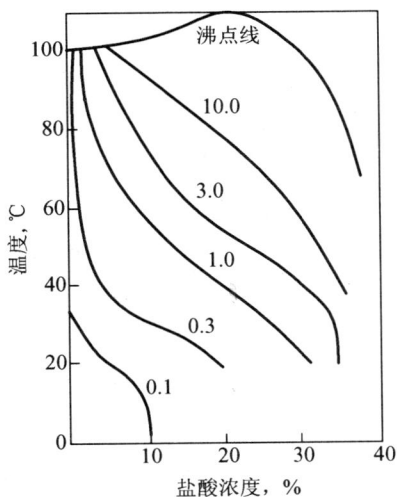

图 C-3-7   0.05C-18Cr-18Ni-2Mo-2Cu 不锈钢
在盐酸中的等腐蚀曲线（mm/a）

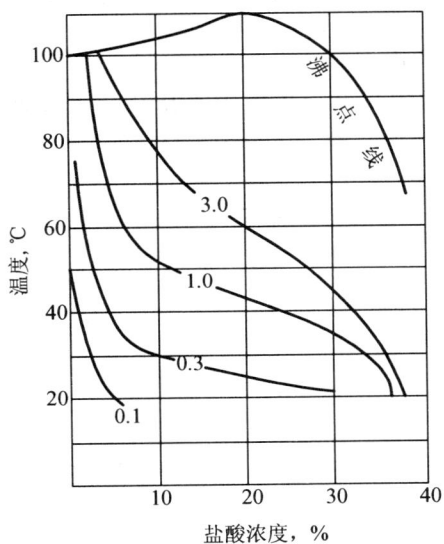

图 C-3-8   0.05C-20Cr-25Ni-3Mo-2Cu 不锈
钢在盐酸中的等腐蚀曲线（mm/a）

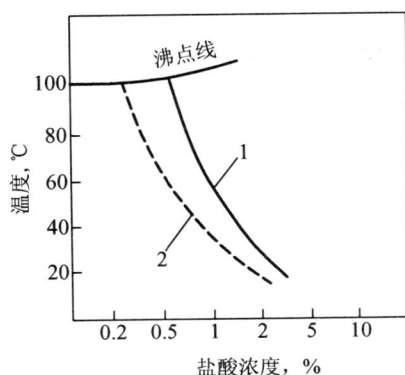

1——SUS 329J1（00Cr25Ni5Mo2）；
2——316L（022Cr17Ni12Mo2，UNS S31603）

图 C-3-9   SUS329J1 和 316l 在盐酸中
的等腐蚀曲线（0.1mm/a）

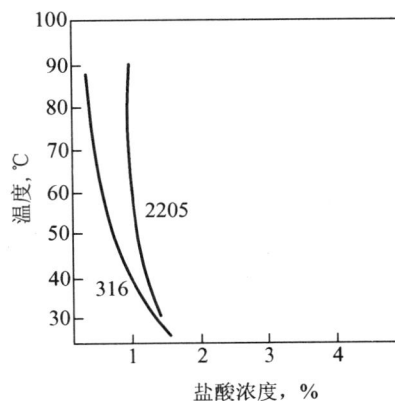

2205——022 Cr23Ni5 Mo3N（UNS S32205）；
316——06 Cr17Ni12Mo2（UNS S31600）

图 C-3-10   2205 和 316 不锈钢在盐酸中
的等腐蚀曲线（0.1mm/a）

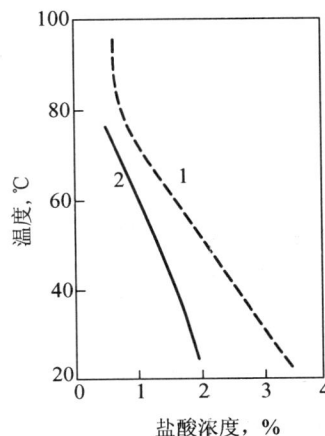

1——254SMO（015Cr20Ni18Mo6CuN，UNS S31254）；
2——904L（015Cr21Ni26Mo5Cu2，UNS N08904）

图 C-3-11   254SMO 和 904L 在稀盐酸中的
等腐蚀曲线（0.1mm/a）

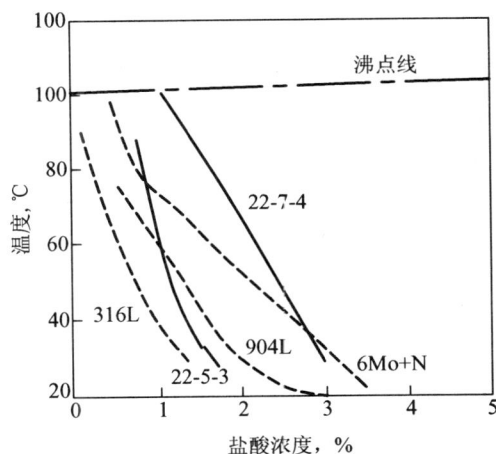

25-7-4——022Cr25Ni7 Mo4N（UNS S32750，2507）；
6Mo+N——015Cr20Ni18Mo6CuN（UNS S31254）；
904 L——015Cr21Ni26Mo5Cu2（UNS N08904）；
25-5-3——03Cr25Ni6Mo3Cu2N（UNS S32550，225）；
316L——022Cr17Ni12Mo2（UNS S31603）

图 C-3-12   5 种不锈钢在稀盐酸中的等腐蚀
曲线（0.1mm/a）

273

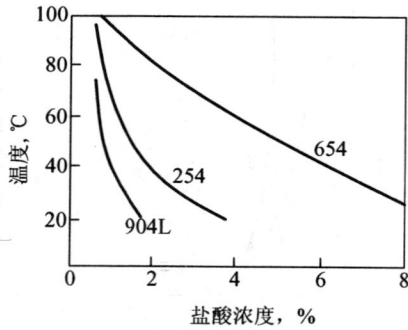

654——015Cr24Ni22Mo8Mn3CuN（UNS S32654）；
254——015Cr20Ni18Mo6CuN（UNS S31254）；
904L——015Cr21Ni26Mo5Cu2（UNS N08904）

图 C-3-13　654、254 和 904L 不锈钢在稀盐
酸中的等腐蚀曲线（0.1mm/a）

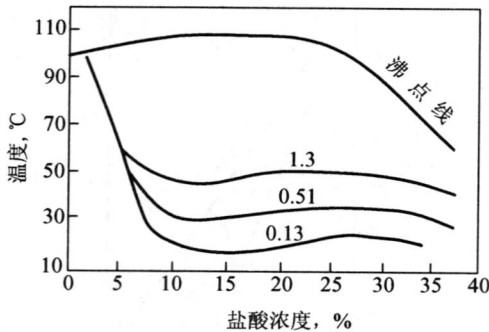

图 C-3-15　UNS S32707（SAF 2707 HD、
Incoloy 27-7Mo）在盐酸中的
等腐蚀曲线（mm/a）

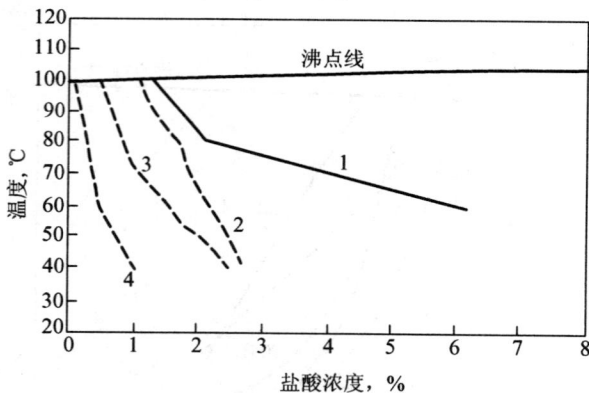

1——Zeron 100（022Cr25Ni7Mo4WCuN、UNS
　　S32760，1.4501，X2CrNiMoCuW25-7-4）；
2——SAF 2507（022Cr25Ni7Mo4N、UNS S32750、
　　1.4410，X2CrNiMoN25-7-4）；
3——254 SMO（015 Cr20Ni18Mo6 CuN、UNS
　　S31254，1.4547，XICrNiMoN 20-18-7）；
4——316L（022 Cr17Ni12Mo2，UNS S31603）

图 C-3-17　4 种不锈钢在盐酸中的等腐
蚀曲线（0.1mm/a）

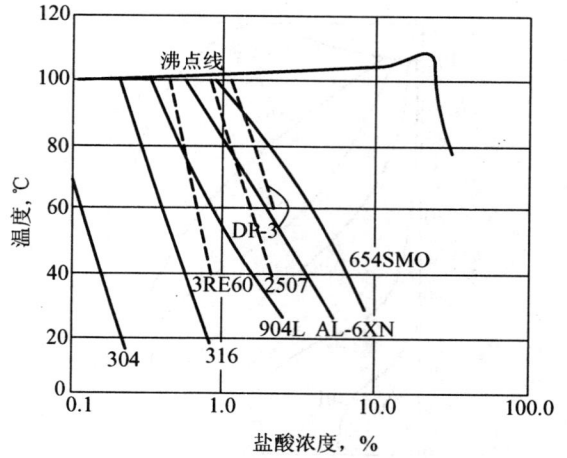

654SMO——015Cr24Ni22Mo8Mn3CuN（UNS S32654）；
DP-3——022Cr25Ni7Mo3WCuN；
AL-6XN——UNS N08367（SUS 836L）；
2507——022Cr25Ni7Mo4N（UNS S32750）；
904L——015Cr21Ni26Mo5Cu2（UNS N08904）；
3RE60——022Cr19Ni5Mo3Si2N（UNS S31500）；
316——06Cr17Ni12Mo2（UNS S31600）；
304——06Cr19Ni10（UNS S30400）

图 C-3-14　7 种不锈钢在盐酸中的等腐蚀曲
线（0.1mm/a）

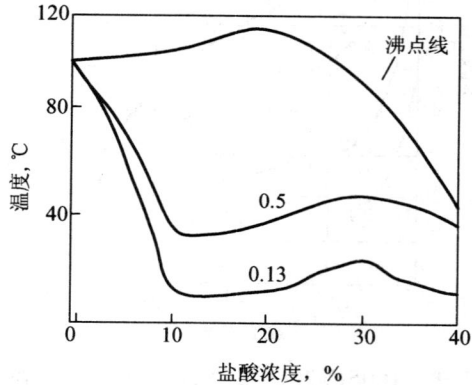

图 C-3-16　NS1404（00Cr27Ni31Mo7CuN、UNS
N08031，1.4362，XINiCrMoCu32-28-7，
Alloy31，Nicrofer3127hMo）在盐酸中
的等腐蚀曲线（mm/a）

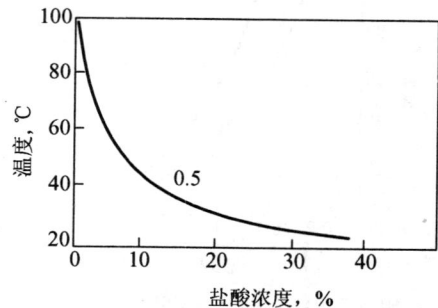

图 C-3-18　015Cr21Ni26Mo5Cu2（UNS
N08904，904L）在盐酸中的
等腐蚀曲线（0.5mm/a）

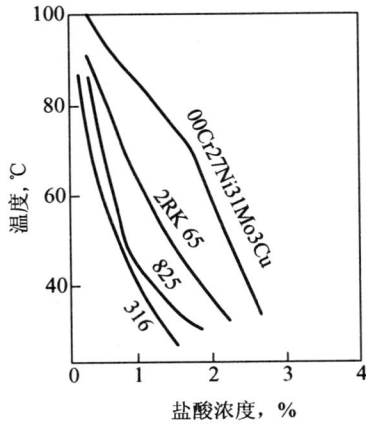

00Cr27Ni31Mo3Cu——Sanicro28，（Nicrofer312LC；alloy28）；
2RK65——015Cr21Ni26Mo5Cu2（UNS N08904，904L）；
825——NS 1402（UNS N08825，Incoloy 825，2.4858）；
316——06Cr17Ni12Mo2（UNS S31600）

图 C-3-19 4 种不锈钢和镍合金在稀盐酸中的等腐蚀曲线（0.1mm/a）

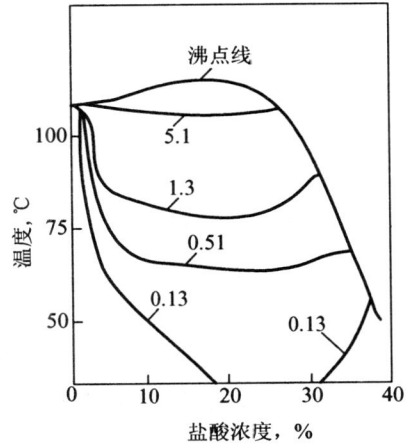

图 C-3-20 NS 3308（UNS N06022，Inconel 622，2.4602）在盐酸中的等腐蚀曲线（mm/a）

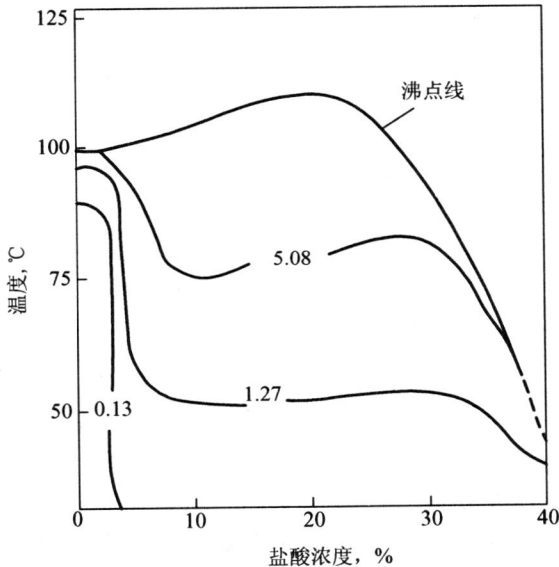

图 C-3-21 NS 3402（UNS N06007，Hastelloy G，Nicrofer 4520hMo，2.4618）在盐酸中的等腐蚀曲线（mm/a）

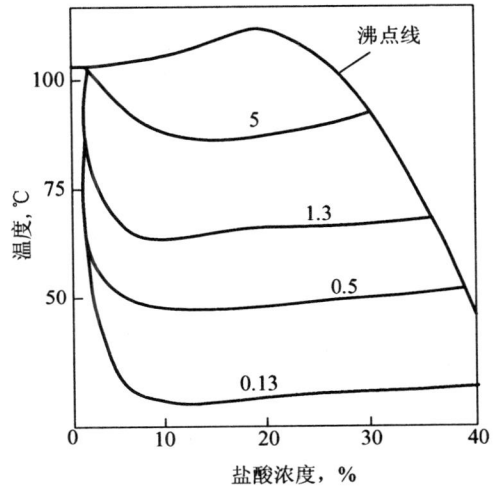

图 C-3-22 NS 3404（UNS N06030，Hastelloy G-30，2.4603）在盐酸中的等腐蚀曲线（mm/a）

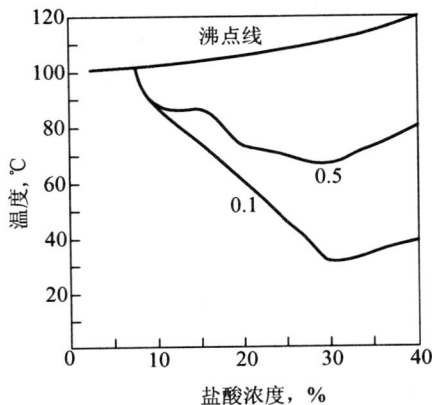

图 C-3-23 G35（Hastelloy G35，0Cr33Ni55Mo8）在盐酸中的等腐蚀曲线（mm/a）

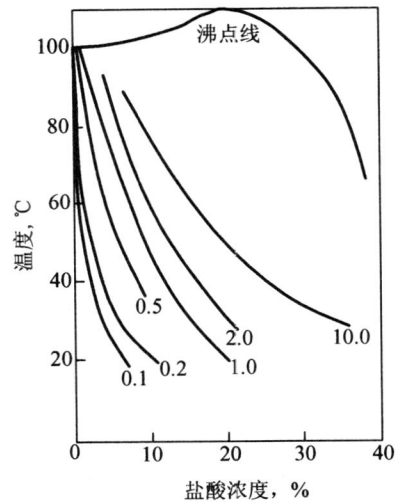

图 C-3-24 NCu30（UNS N04400，Monel 400）在盐酸中的等腐蚀曲线（mm/a）

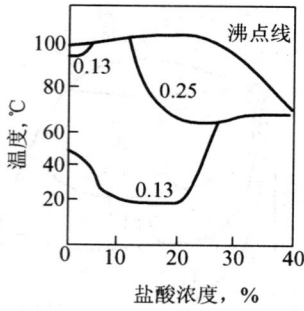

图 C-3-25　NS 3201（UNS N10001，Hastelloy
　　　　　B）在盐酸中的等腐蚀曲线（mm/a）

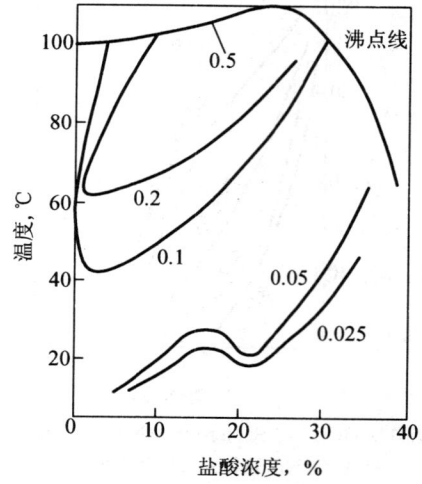

图 C-3-26　NS 3201（UNS N10001，Hastelloy
　　　　　B）在盐酸中的等腐蚀曲线（mm/a）

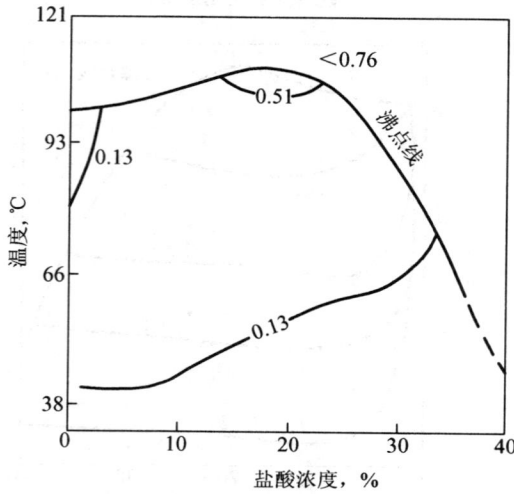

图 C-3-27　NS 3201（UNS N10001，Hastelloy
　　　　　B）在盐酸中的等腐蚀曲线（mm/a）

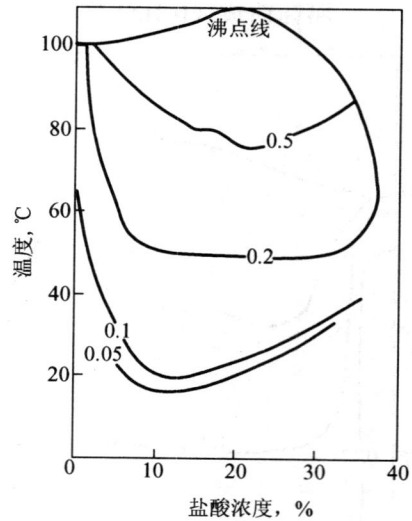

图 C-3-28　Bergit B（0.1c-62 Ni-32Mo-6Fe）
　　　　　镍钼合金在盐酸中的等腐蚀曲线
　　　　　（mm/a）

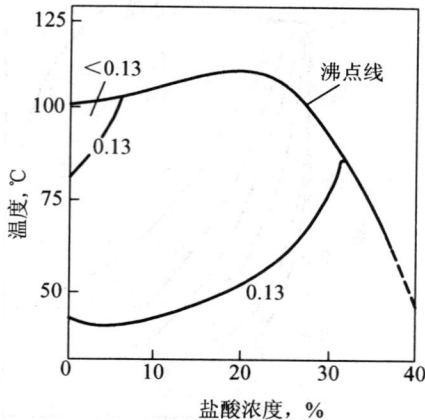

图 C-3-29　NS 3202（UNS N10665，Hastelloy
　　　　　B-2，2.6928，Nimofer 6928）在盐酸
　　　　　中的等腐蚀曲线（mm/a）

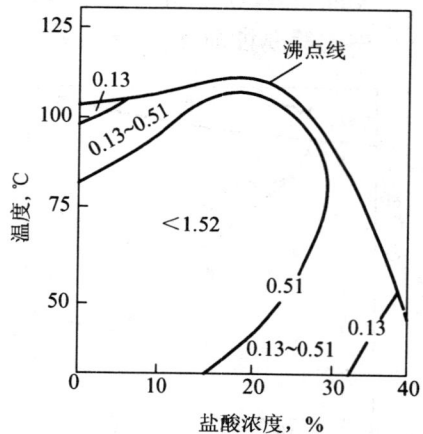

图 C-3-30　NS 3202（UNS N10665，Hastelloy
　　　　　B-2，2.6928，Nimofer 6928）在通入
　　　　　氧气的盐酸中的等腐蚀曲线（mm/a）

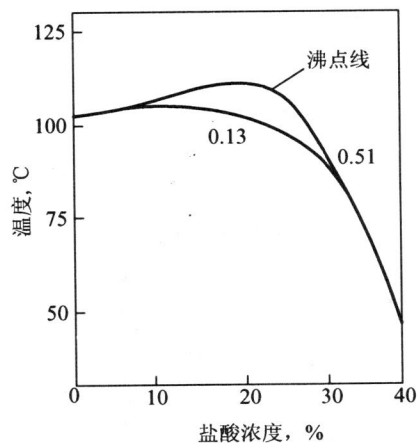

图 C-3-31 NS 3202（UNS N10665，Hastelloy B-2，2.6928，Nimofer 6928）在通入氮气的盐酸中的等腐蚀曲线（mm/a）

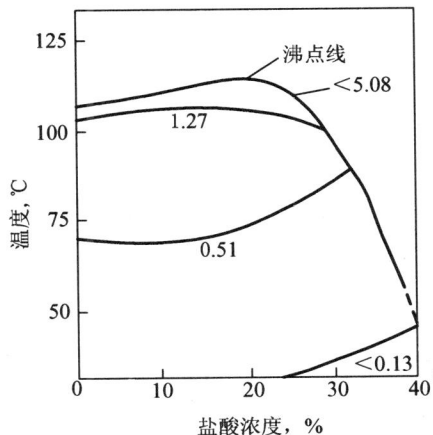

图 C-3-32 NS 3202（UNS N10665，Hastelloy B-2，2.6928，Nimofer 6928）在含 50ppmFe^{3+} 的盐酸中的等腐蚀曲线（mm/a）

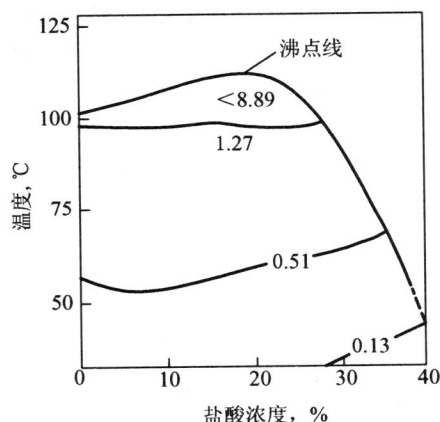

图 C-3-33 NS 3202（UNS N10665，Hastelloy B-2，2.6928，Nimofer 6928）在含 100ppmFe^{3+} 盐酸中的等腐蚀曲线（mm/a）

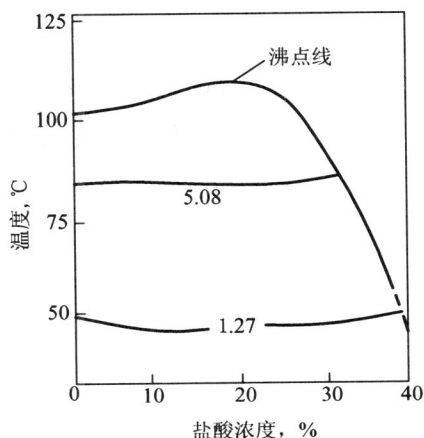

图 C-3-34 NS 3202（UNS N10665，Hastelloy B-2，2.6928，Nimofer 6928）在含 500ppmFe^{3+} 盐酸中的等腐蚀曲线（mm/a）

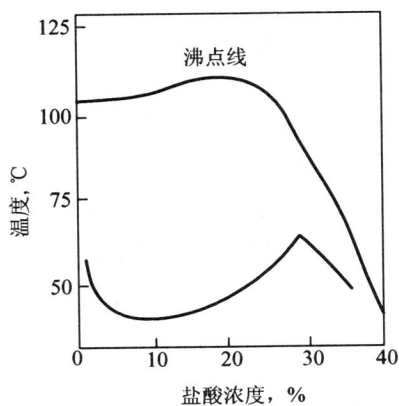

图 C-3-35 NS 3203（UNS N10675，Hastelloy B-3）在盐酸中的等腐蚀曲线（0.1mm/a）

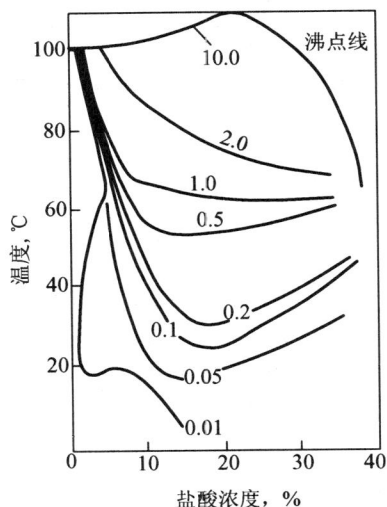

图 C-3-36 NS 3203（Hastelloy C，0Cr15Ni60Mo16W5Fe5）在盐酸中的等腐蚀曲线（mm/a）

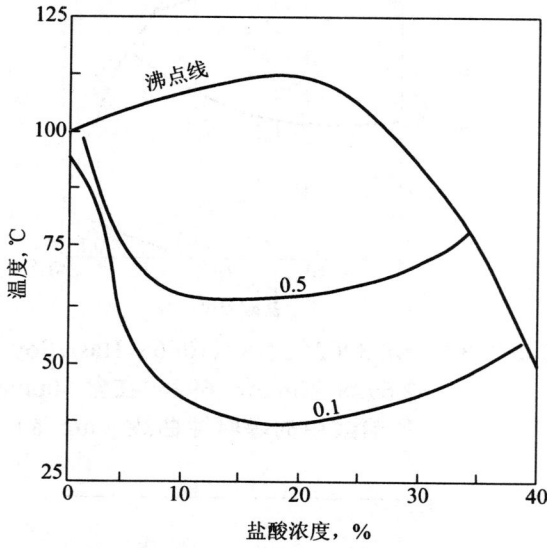

图 C-3-37　NS 3302（chromet-3，00Cr18Ni60Mo17）在盐酸中的等腐蚀曲线（mm/a）

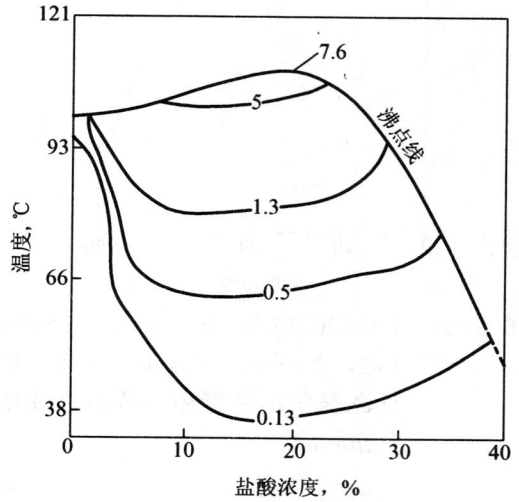

图 C-3-38　NS 3305（UNS N06455，Hastelloy C-4，2.4610）在盐酸中的等腐蚀曲线（mm/a）

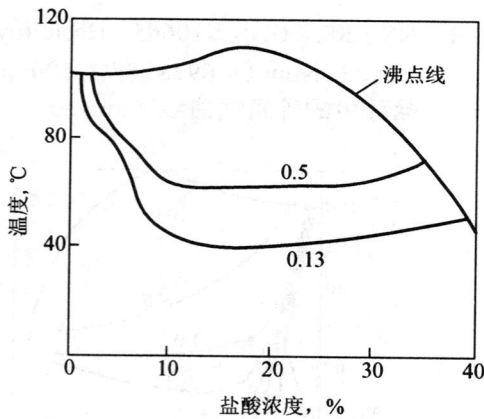

图 C-3-39　NS 3311（UNS N06059，Hastelloy C-59，59Ni-23 Cr-16 Mo）在盐酸中的等腐蚀曲线（mm/a）

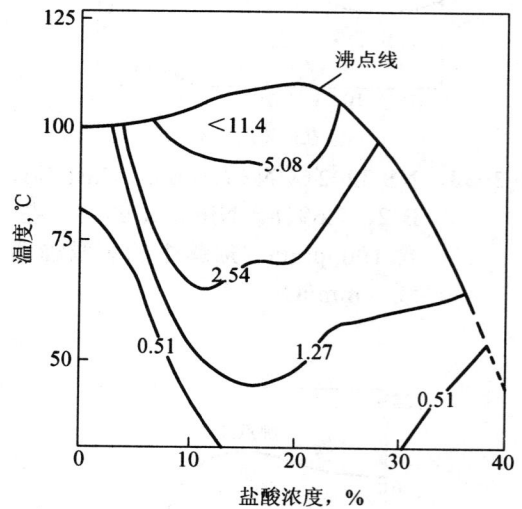

图 C-3-40　NS 3304（UNS N10276，2.4819，Hastelloy C-276）在含饱和氧的盐酸中的等腐蚀曲线（mm/a）

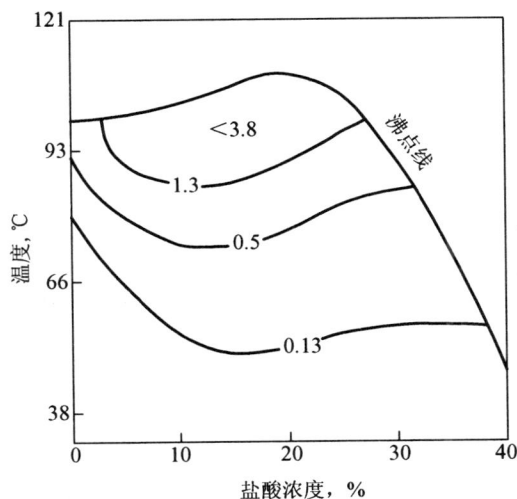

图 C-3-41 NS 3304（UNS N10276，Hastelloy C-276）在用氮气饱和的盐酸中的等腐蚀曲线（mm/a）

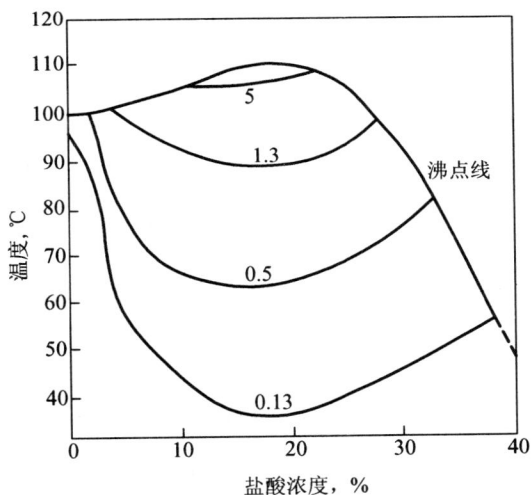

图 C-3-42 NS 3304（UNS N10276，Hastelloy C-276）在未脱气的盐酸中的等腐蚀曲线（mm/a）

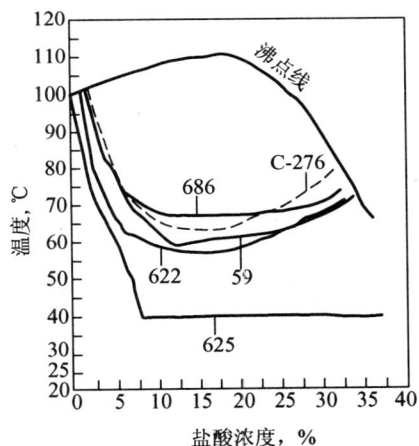

C-276——NS 3304（UNS N10276，Hastelloy C-276）；
686——NS 3309（UNS N06686，Inconel 686）；
59——NS 3311（UNS N06059，2.4605）；
622——NS 3308（UNS N06022）；
625——NS 3306（UNS N06625，Inconel 625）

图 C-3-43 5 种合金在盐酸中的等腐蚀曲线（0.1mm/a）

【磷酸】

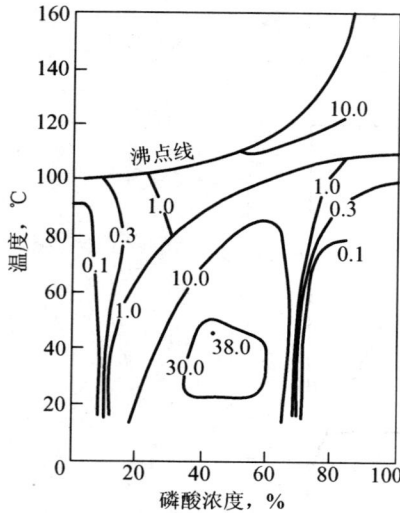

图 C-4-1　20Cr13（UNS S42000，420）在
磷酸中的等腐蚀曲线（mm/a）

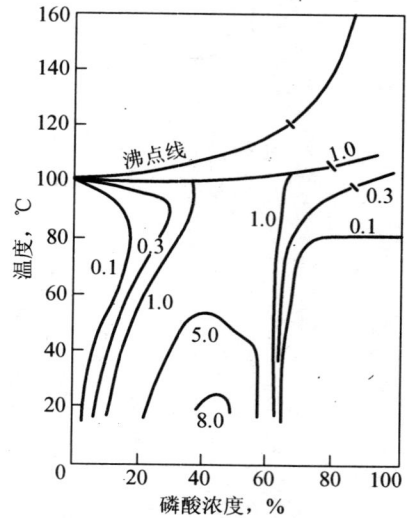

图 C-4-2　铬钢（C0.22%，Cr17%）在磷
酸中的等腐蚀曲线（mm/a）

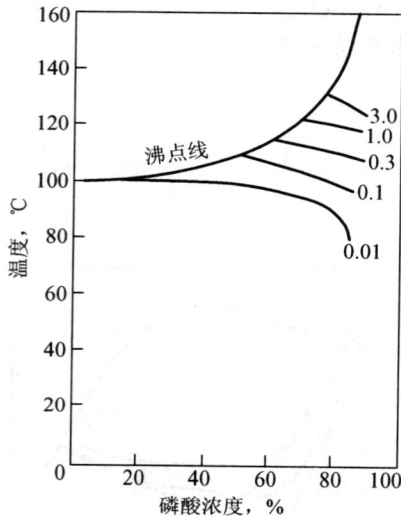

图 C-4-3　铬钢（C0.6%，Cr30%）在磷
酸中的等腐蚀曲线（mm/a）

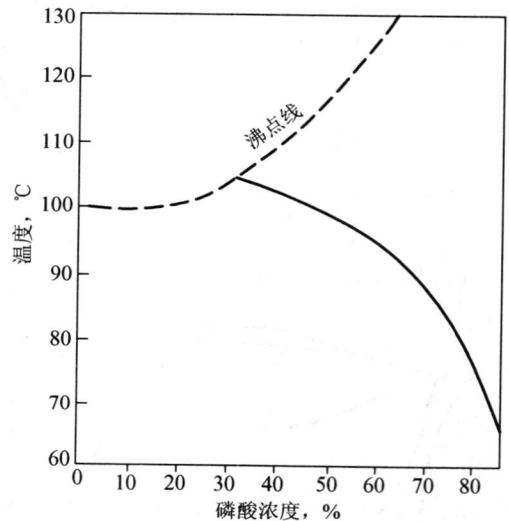

图 C-4-4　06Cr19Ni10（304）钢在磷酸
中的等腐蚀曲线（0.1mm/a）

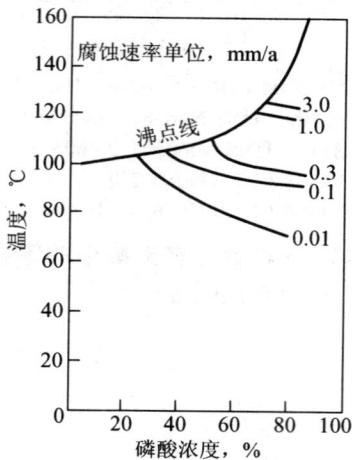

图 C-4-5　06Cr17Ni12Mo2（UNS S31600，
316）不锈钢在磷酸中的等腐蚀
曲线（mm/a）

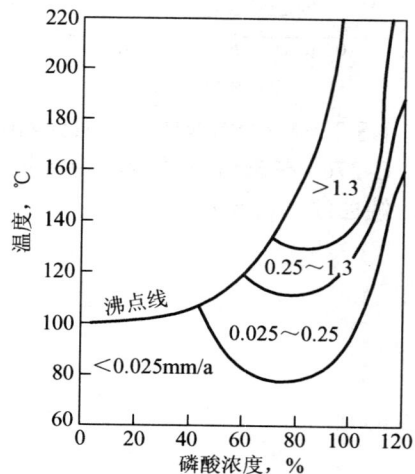

图 C-4-6　铬镍钼不锈钢（Cr18%，Ni12%，Mo2%）
在磷酸中的等腐蚀曲线（mm/a）

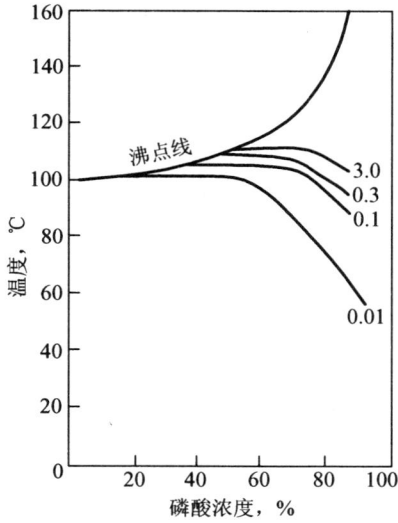

图 C-4-7 12Cr18Ni9（UNS S30200，302）
在磷酸中的等腐蚀曲线（mm/a）

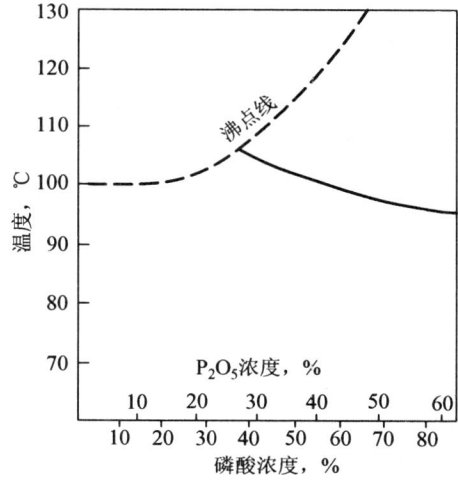

图 C-4-8 06Cr17Ni12Mo3Ti2（UNS S31635，316Ti）
在磷酸中的等腐蚀曲线（0.1mm/a）

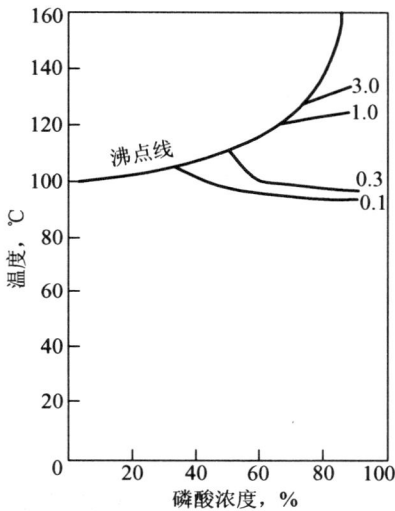

图 C-4-9 铬镍钼不锈钢（C0.05%、Cr17%、
Ni13%、Mo5%）在磷酸中的等腐
蚀曲线（mm/a）

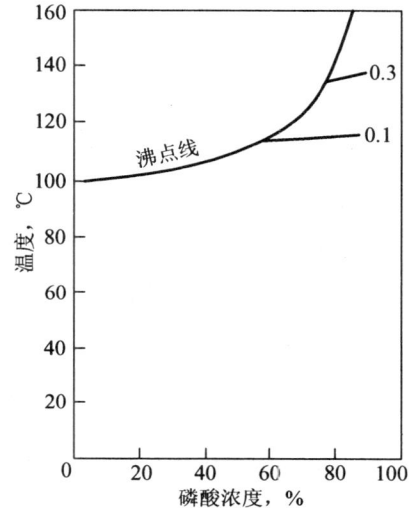

图 C-4-10 铬镍钼铜不锈钢（C0.05%、Cr18%、
Ni18%、Mo2%、Cu2%，）在磷酸中
的等腐蚀曲线（mm/a）

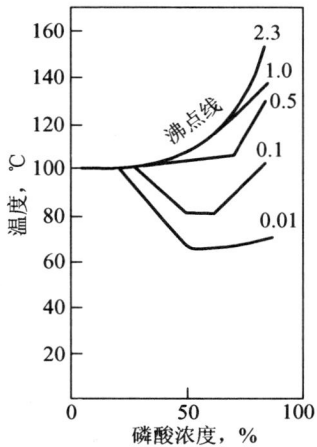

图 C-4-11 铬镍钼铜不锈钢（C＜0.07%，
Cr18%、Ni18%、Mo2%、Cu2%）
在磷酸中的等腐蚀曲线（mm/a）

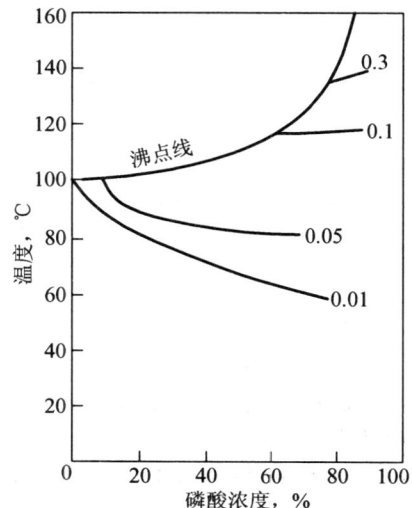

图 C-4-12 铬镍钼铜不锈钢（C0.05%、Cr20%、
Ni25%、Mo3%、Cu2%）在磷酸中的等
腐蚀曲线（mm/a）

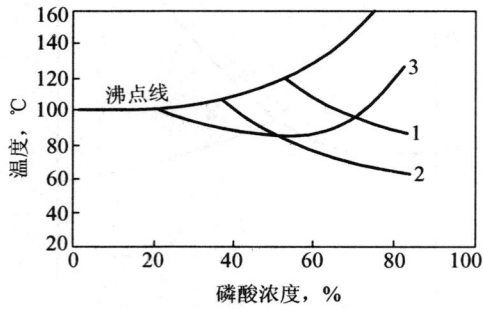

1——C0.1%、Cr17.5%、Ni9.2%、Mo2.3%；
2——C0.07%、Cr17%、Ni13.5%、Mo4.5%；
3——C0.07%、Cr16.5%~18.5%、Ni16.5%~18.5%、
　　Mo2%~2.5%、Cu1.8%~2.3%

图 C-4-13　铬镍钼不锈钢在纯磷酸中的等
　　　　　腐蚀曲线（0.11mm/a）

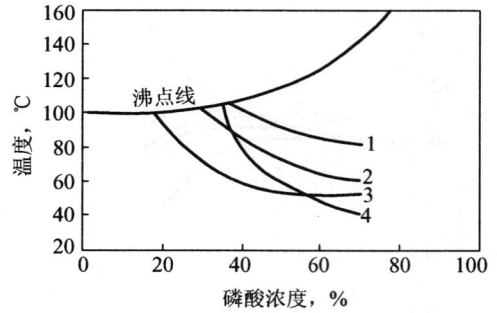

1——0.01C—17.5Cr—9.2Ni—2.3Mo；
2——0.07C—17Cr—13.5Ni—4.5Mo；
3——0.07C—（16.5~18.5）Cr—（16.5~18.5）Ni—
　　（2~2.5）Mo—（1.8~2.3）Cu；
4——0.1C—（17~19）Cr—（9~11.5）Ni—Ti

图 C-4-14　铬镍钼不锈钢在工业磷酸中的
　　　　　等腐蚀曲线（0.11mm/a）

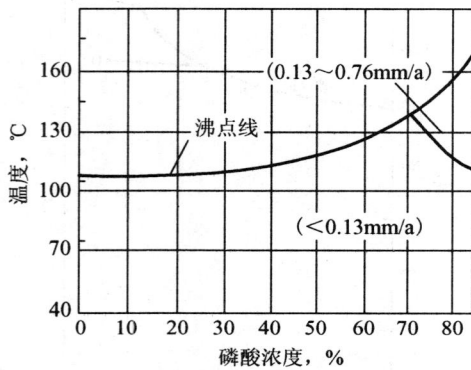

图 C-4-15　超级奥氏体不锈钢 UNS 31277
　　　　　（Incoloy 27-7Mo）在磷酸中的
　　　　　等腐蚀曲线（mm/a）

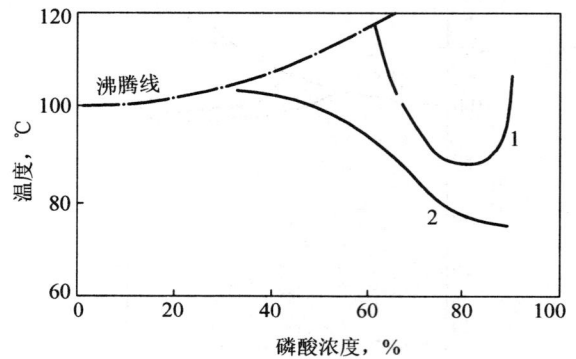

1——904L；　2——316L

图 C-4-16　904L 和 316L 在磷酸中的等
　　　　　腐蚀曲线（0.1mm/a）

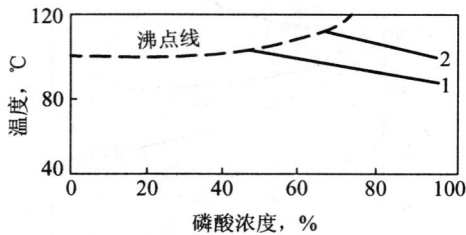

1——015Cr21Ni26Mo5Cu2（UNS N08904，904L）；
2——019Cr25Mo4Ni4NbTi（UNS S44635，25-4-4）

图 C-4-17　904L 和 25-4-4 不锈钢在磷酸中的
　　　　　等腐蚀曲线（0.1mm/a）

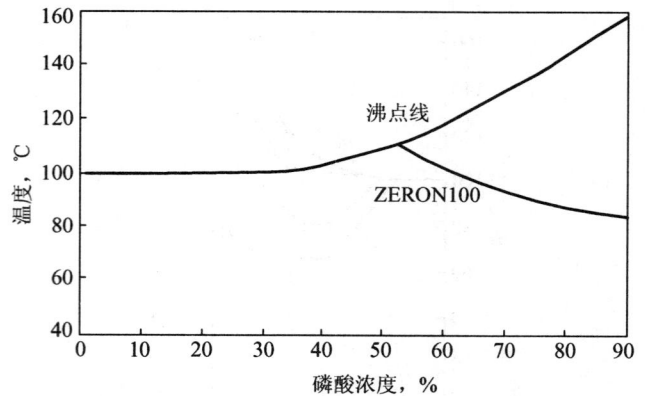

图 C-4-18　Zeron100（022Cr25Ni7Mo4WCuN、UNS
　　　　　S32760）在磷酸中的等腐蚀曲线
　　　　　（0.1mm/a）

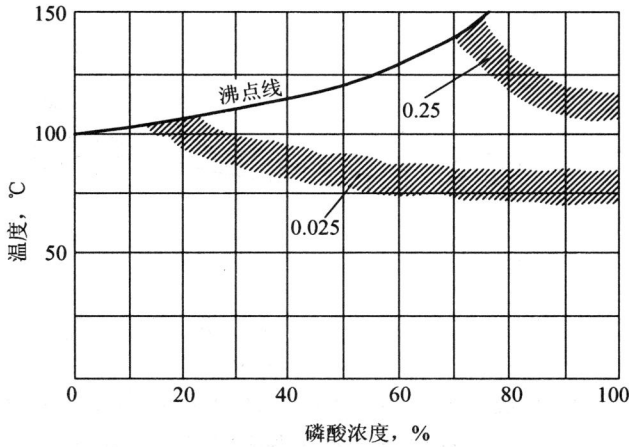

图 C-4-19 NS1402（UNS N08825，Incoloy 825）
在磷酸中的等腐蚀曲线（mm/a）

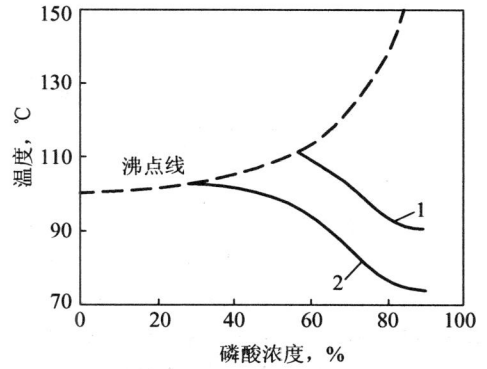

1——3RE60；
2——316L

图 C-4-20 3RE60（022Cr19Ni5Mo3Si2N，
UNS S31500）和 316L 在磷酸
中的等腐蚀曲线图（0.1mm/a）

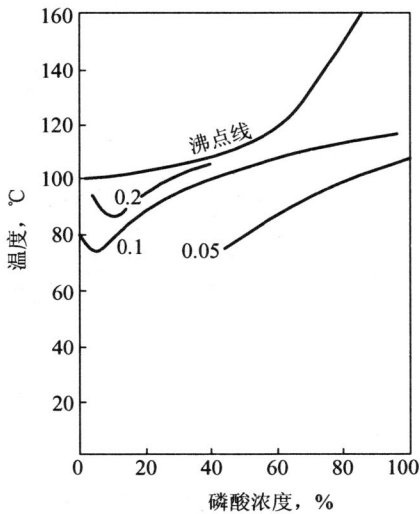

图 C-4-21 NCu30（UNS N04400，Monel 400）
在磷酸中的等腐蚀曲线（mm/a）

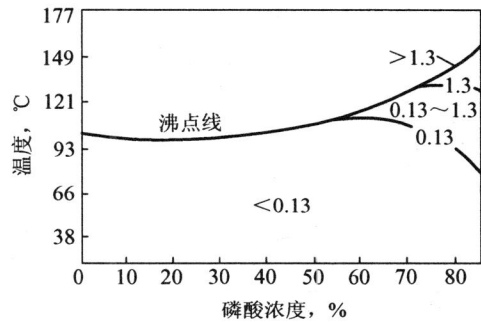

图 C-4-22 镍铬钼合金 Haynes No.20（C0.05%、
Cr21%~23%、Mo4%~6%、Ni25%~27%、
Fe 基）在磷酸中的等腐蚀曲线（mm/a）

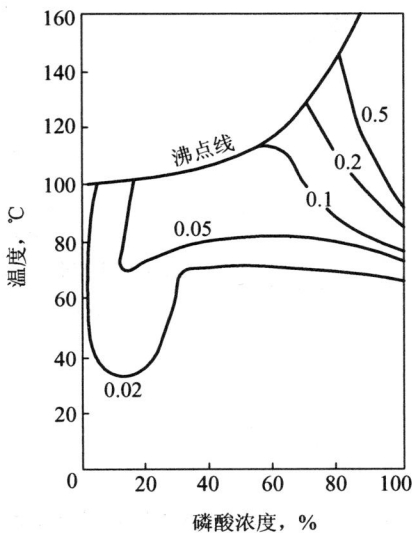

图 C-4-23 NS3201（UNS N10001、Hastelloy
B）在磷酸中的等腐蚀曲线（mm/a）

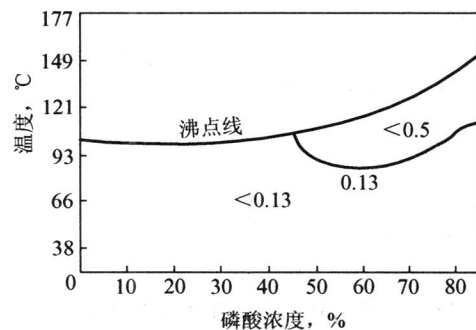

图 C-4-24 NS 3202（UNS N10665，Hastelloy
B-2）在磷酸中的等腐蚀曲线（mm/a）

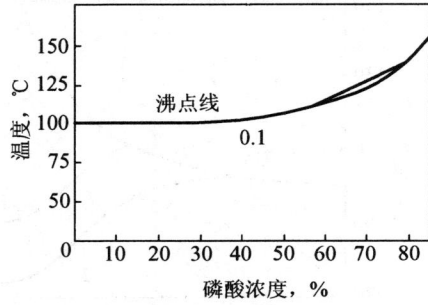

图 C-4-25　NS 3203（UNS N10625，Hastelloy B-3）
在磷酸中的等腐蚀曲线（0.1mm/a）

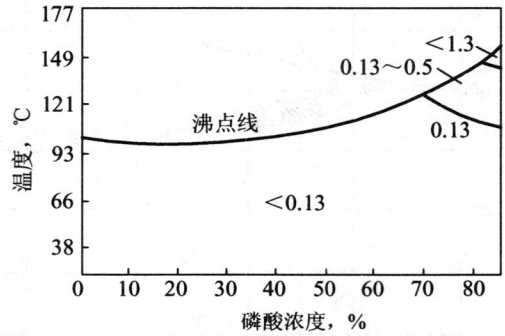

图 C-4-26　NS 3304（UNS N10276，Hastelloy C-276）
在磷酸中的等腐蚀曲线（mm/a）

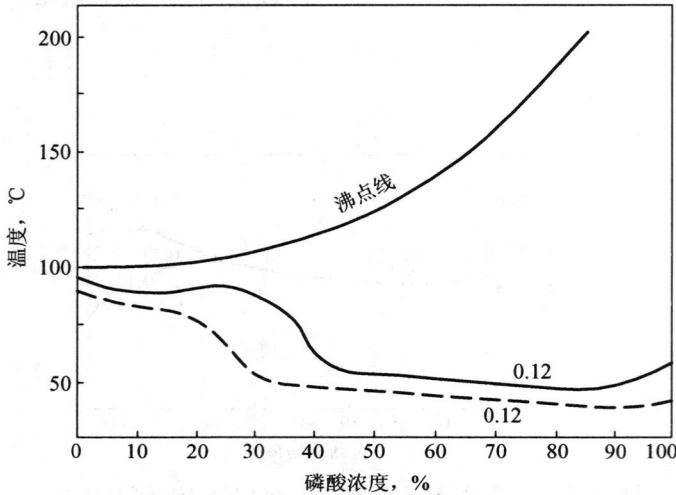

图 C-4-27　NS 3202（00Cr18Ni60Mo17）合金
在磷酸中的等腐蚀曲线（两线之间
的区域为 0.12mm/a）

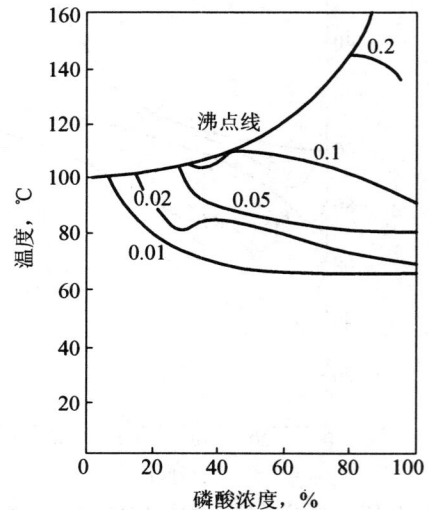

图 C-4-28　NS 3303（0Cr15Ni60Mo16W5Fe5，
Hastelloy C）在磷酸中的等腐蚀曲
线（mm/a）

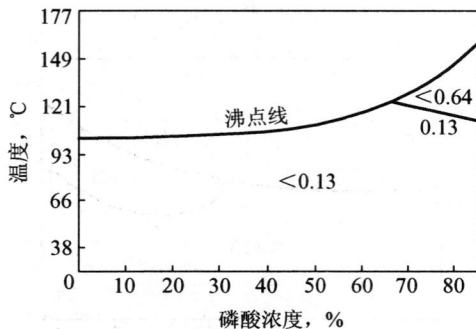

图 C-4-29　NS 3305（00Cr16Ni65Mo16Ti，
UNS N06455，Hastelloy C-4）在
磷酸中的等腐蚀曲线（mm/a）

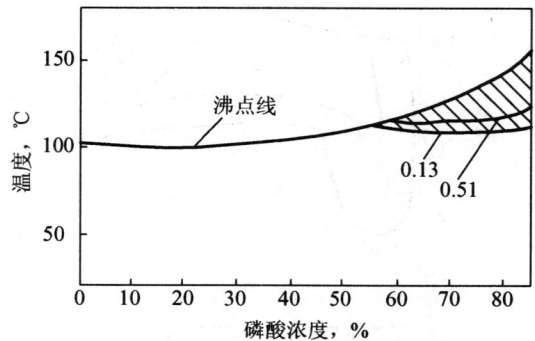

图 C-4-30　NS 3308（UNS N06022、Hastelloy
C-22）在磷酸中的等腐蚀曲线
（mm/a），影线部位不够稳定

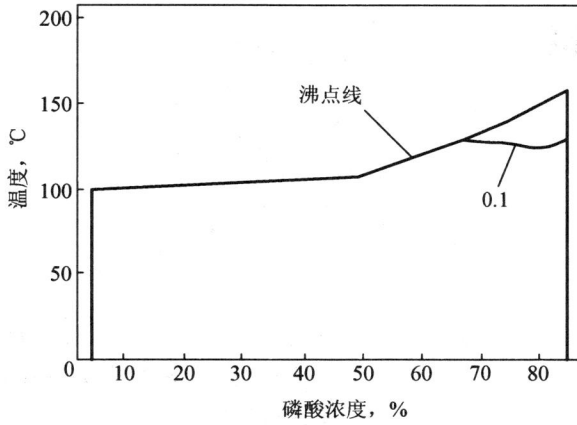

图 C-4-31　NS 3405（UNS N06200，Hastelloy C-2000）在磷酸中的等腐蚀曲线（0.1mm/a）

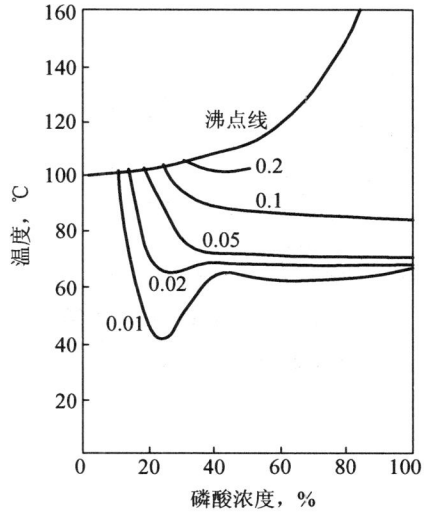

图 C-4-32　镍铬钼合金 Hastelloy F（C0.1%、Ni44%、Fe30%、Mo6.5%、Mn2%、Si1%）在磷酸中的等腐蚀曲线（mm/a）

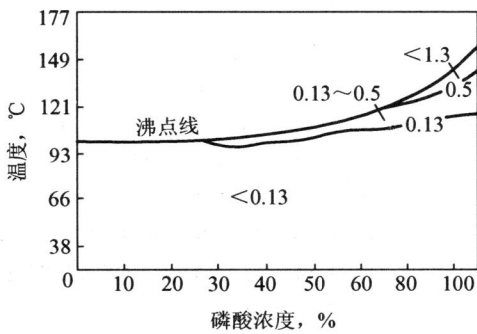

图 C-4-33　NS 3402（UNS N06007，Hastelloy G）在磷酸中的等腐蚀曲线（mm/a）

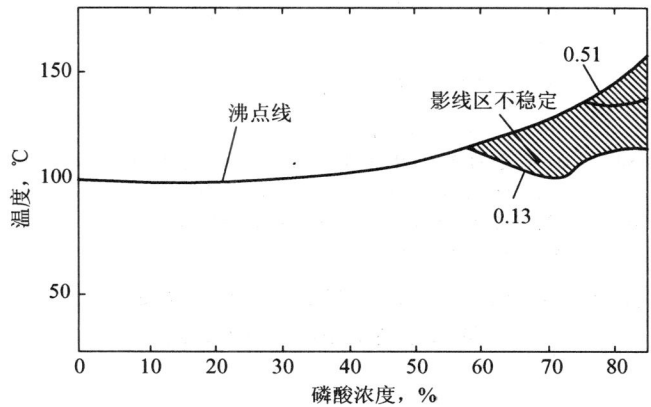

图 C-4-34　NS 3404（UNS N06030，Hastelloy G-30）在磷酸中的等腐蚀曲线（mm/a）

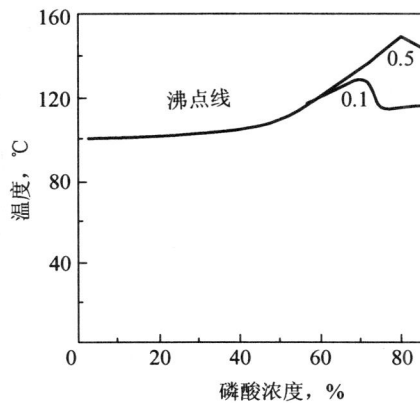

图 C-4-35　Hastelloy G35（0Cr33Ni55Mo8）在磷酸中的等腐蚀曲线（mm/a）

285

【氢氟酸】

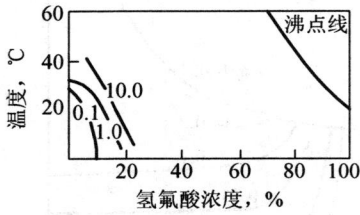

图 C-5-1　06Cr17Ni12Mo2（UNS S31600）在氢氟酸中的等腐蚀曲线（mm/a）

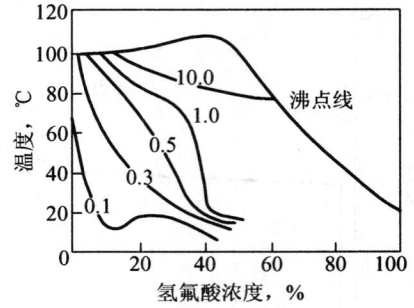

图 C-5-2　20Cr-29Ni-2.5Mo-3.5Cu-1Si 不锈钢在氢氟酸中的等腐蚀蚀曲线（mm/a）

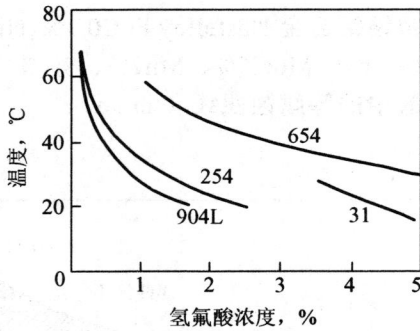

654——015Cr24Ni22Mo8 Mn3 CuN（UNS S32654）；
254——015Cr20Ni18Mo6CuN（UNS S31254）；
904——015Cr21Ni26Mo5Cu2（UNS N08904）；
31——NS1101（UNS N08800、Sanicro 31）

图 C-5-3　654、254、904L、31 在氢氟酸中的等腐蚀曲线（0.1mm/a）

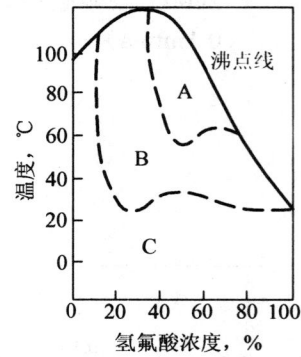

A——脱气时，＜0.5mm/a；通气时，＞0.5mm/a；
B——脱气时，＜0.25mm/a；通气时，＜0.6mm/a；
C——脱气时，＜0.025mm/a；通气时，＜0.25mm/a

图 C-5-4　NCu30（UNS N04400，Monel 400）在氢氟酸中的等腐蚀曲线（mm/a）

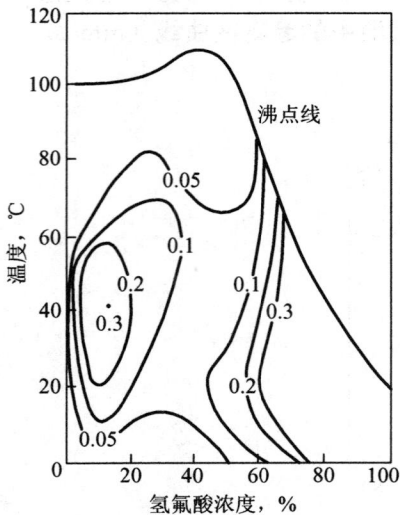

图 C-5-5　NCu30（UNS N04400，Monel 400）在氢氟酸中的等腐蚀曲线（mm/a）

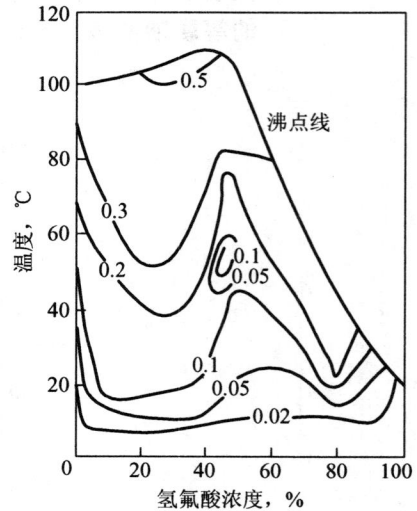

图 C-5-6　NS3201（UNS N10001，Hastelloy B）在氢氟酸中的等腐蚀曲线（mm/a）

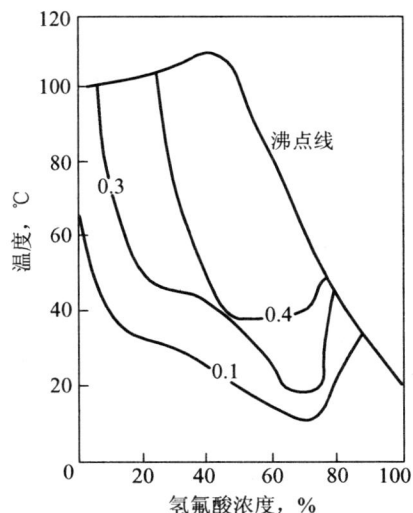

图 C-5-7　NS3303（Hastelloy C）在氢
氟酸中的等腐蚀曲线（mm/a）

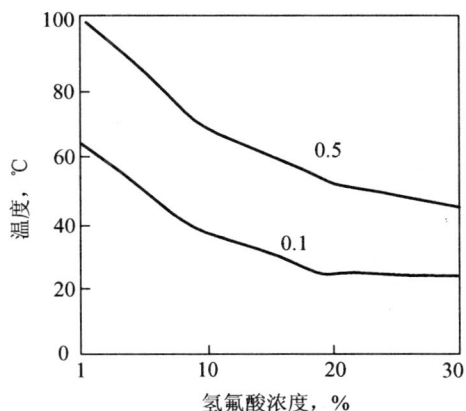

图 C-5-8　NS3405（UNS N06200，Hastelloy C-2000）
在氢氟酸中的等腐蚀曲线（mm/a）

【氢溴酸】

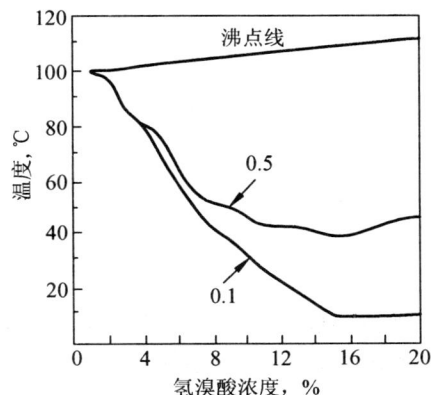

图 C-6-1　Hastelloy G35（0Cr33Ni55Mo8）
在氢溴酸（HBr）中的等腐蚀曲
线（mm/a）

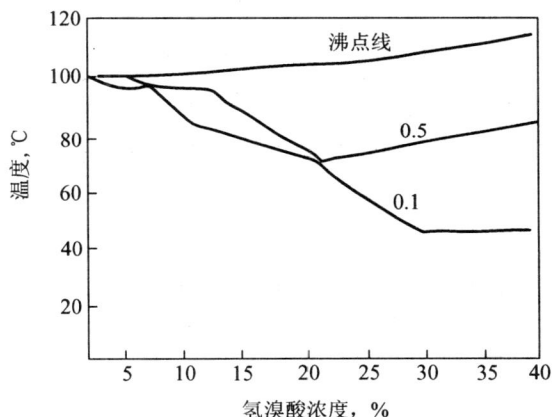

图 C-6-2　NS3405（UNS N06200，Hastelloy
C-2000，2.4675）在氢溴酸中的等
腐蚀曲线（mm/a）

【氟硅酸】

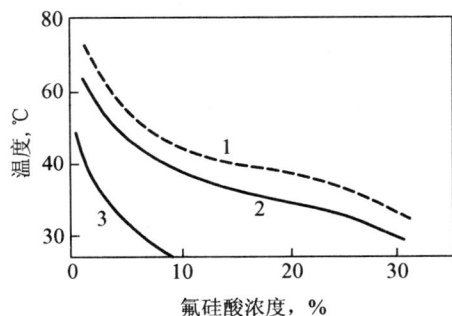

1——015Cr20Ni18Mo6CuN（UNS S31254，1.4547）;
2——015Cr21Ni26Mo5Cu2（UNS N08904，904L）;
3——022Cr17Ni12Mo2（UNS S31603，316L）

图 C-7-1　3 种不锈钢在氟硅酸（H₂SiF₆）中的等
腐蚀曲线（0.1mm/a）

【甲酸】

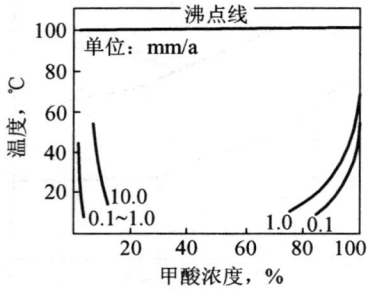

图 C-8-1 铬不锈钢（0.2C-17Cr）在甲酸中的等腐蚀曲线（mm/a）

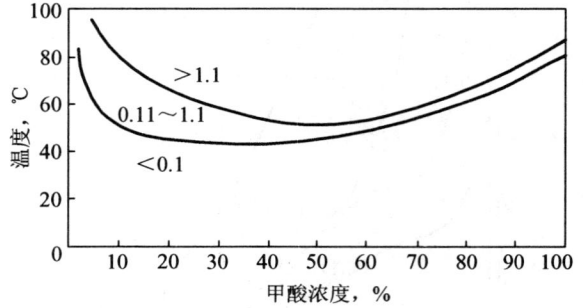

图 C-8-2 铬不锈钢（0.1C-17Cr-Ti）在甲酸中的等腐蚀曲线（mm/a）

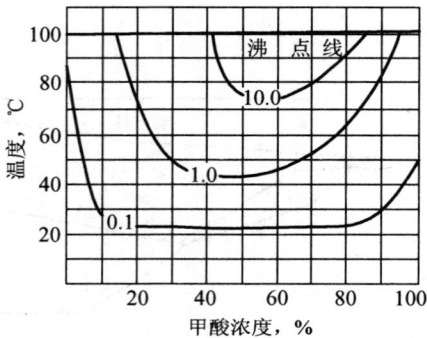

图 C-8-3 铬钼不锈钢（0.08C-17Cr-2Mo）在甲酸中的等腐蚀曲线（mm/a）

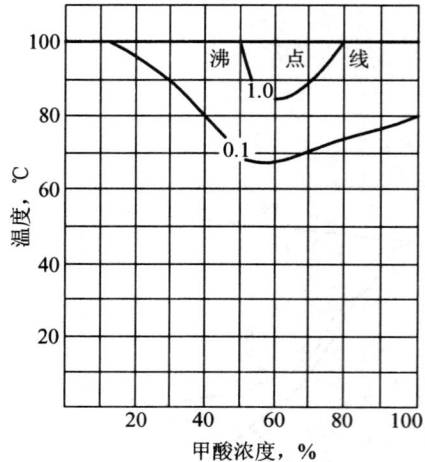

图 C-8-4 铬镍钼不锈钢（0.1C-30Cr-5Ni-1.5Mo）在甲酸中的等腐蚀曲线（mm/a）

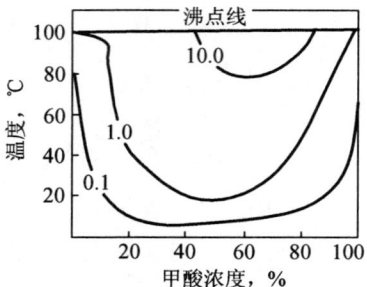

图 C-8-5 12Cr18Ni9（UNS S30200，302）在甲酸中的等腐蚀曲线（mm/a）

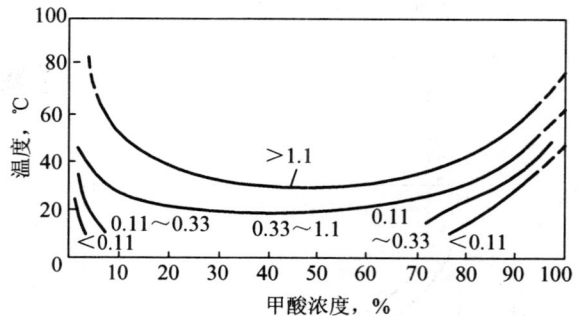

图 C-8-6 06Cr19Ni10（UNS S30400，304）在甲酸中的等腐蚀曲线（mm/a）

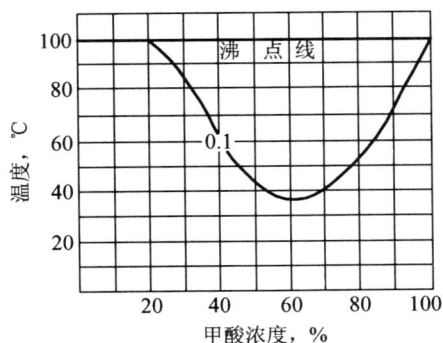

图 C-8-7　0.05C-20Cr-25Ni-3Mo-2Cu 不锈钢
　　　　　在甲酸中的等腐蚀曲线（0.1mm/a）

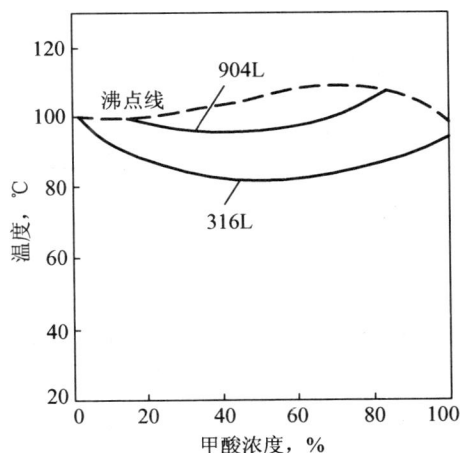

904L——015Cr21Ni26Mo5Cu2（UNS N08904）;
316L——022Cr17Ni12Mo2（UNS S31603）

图 C-8-8　904L 和 316L 在甲酸中的等腐蚀曲
　　　　　线（0.1mm/a）

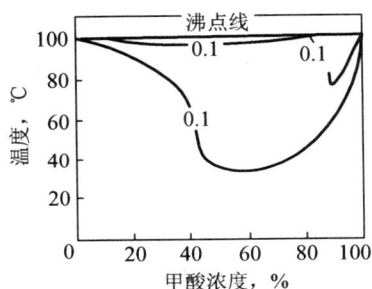

图 C-8-9　铬镍钼不锈钢（0.05C-18Cr-10Ni-2Mo）
　　　　　在甲酸中的等腐蚀曲线（mm/a）

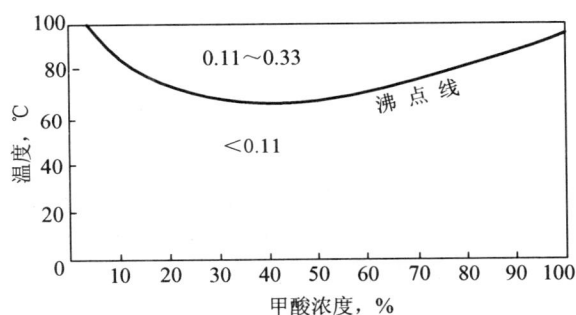

图 C-8-10　06Cr17Ni12Mo2（UNS S31600，316）
　　　　　　在甲酸中的等腐蚀曲线（mm/a）

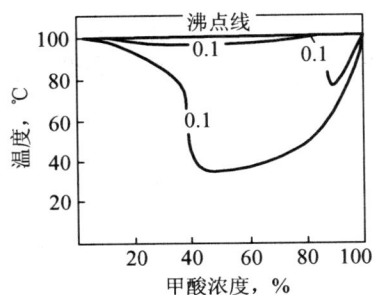

图 C-8-11　03Cr18Ni16Mo5（SUS 317J1）
　　　　　　在甲酸中的等腐蚀曲线（mm/a）

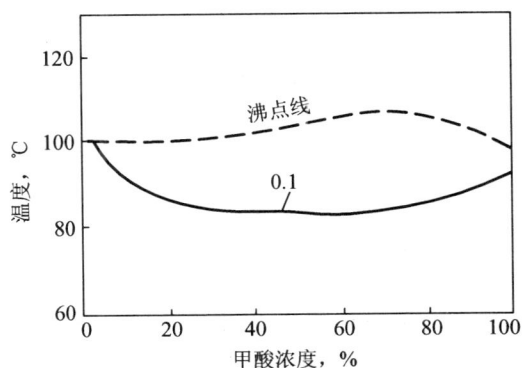

图 C-8-12　06Cr17Ni12Mo2Ti（UNS S31635，316Ti）
　　　　　　在甲酸中的等腐蚀曲线（0.1mm/a）

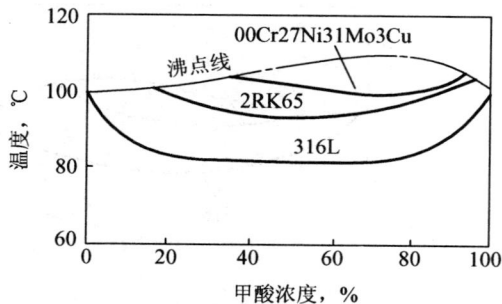

00Cr27Ni31Mo3Cu——Sanicro28（Nicrofer 3127LC）;
2RK65——0.02C-19.5Cr-25Ni-4.5Mo-1.5Cu
（UNS N08904，904L）;
316L——022Cr17Ni12Mo2（UNS S31603）

图 C-8-13 3 种牌号在甲酸中的等腐蚀曲线（0.1mm/a）

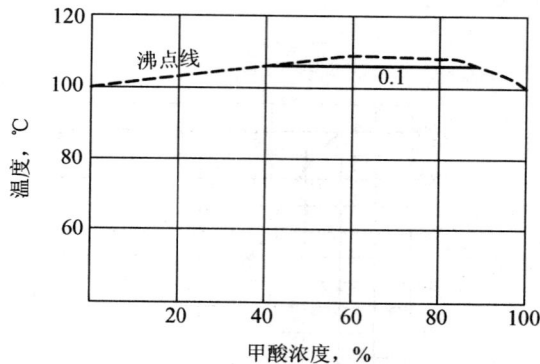

图 C-8-14 UNS S32707（SAF 2707HD）在甲酸中的等腐蚀曲线（0.1mm/a）

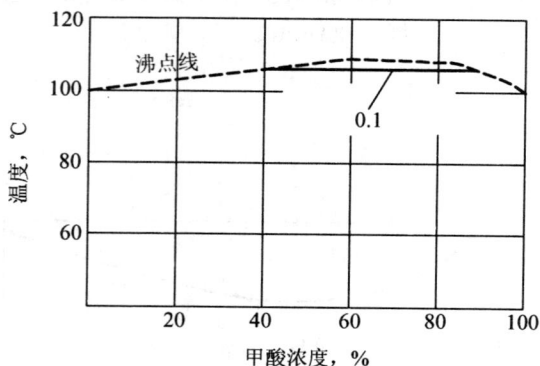

图 C-8-15 UNS S32707（Sandvik SAF 2707HD，00Cr27Ni7Mo5N）在甲酸中的等腐蚀曲线（0.1mm/a）

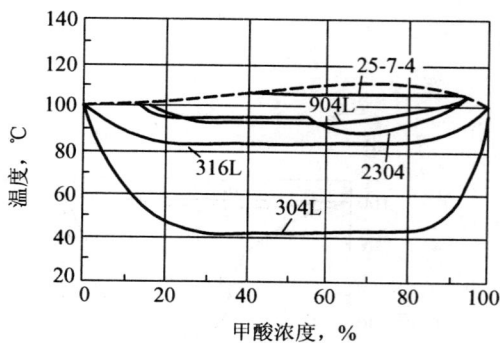

25-7-4——UNS S32707（SAF 2707HD）;
904L——015Cr21Ni26Mo5Cu2，UNS N08904;
2304——022Cr23Ni4Mo CuN;
316L——022Cr17Ni12Mo2，UNS S31603;
304L——022Cr19Ni10Mo2，UNS S30403

图 C-8-16 5 种不锈钢在甲酸中的等腐蚀曲线（0.1mm/a）

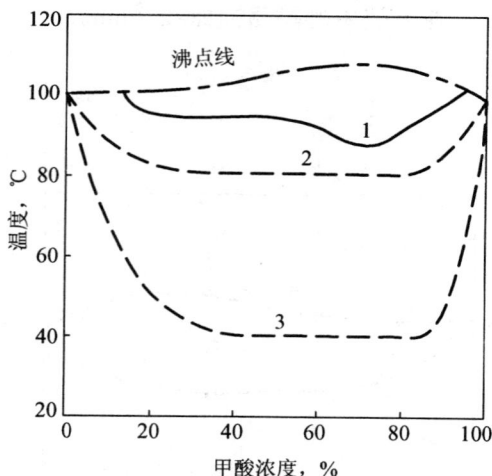

1——022Cr23Ni4MoCuN，UNS S32304;
2——022Cr17Ni12Mo2，UNS S31603;
3——022Cr19Ni10，UNS S32304

图 C-8-17 三种不锈钢在甲酸中的等腐蚀曲线（0.1mm/a）

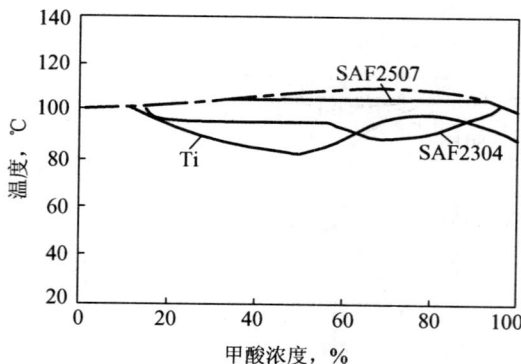

SAF 2507——UNS S 32750，022Cr25Ni7Mo4N;
SAF 2304——022Cr23Ni4MoCuN;
Ti——工业纯钛

图 C-8-18 三种材料在甲酸中的等腐蚀曲线（mm/a）

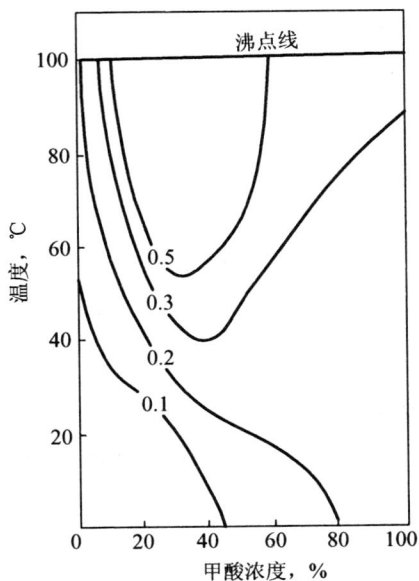

图 C-8-19 NCu30（UNS N04400，Monel（合金）在甲酸中的等腐蚀曲线（mm/a）

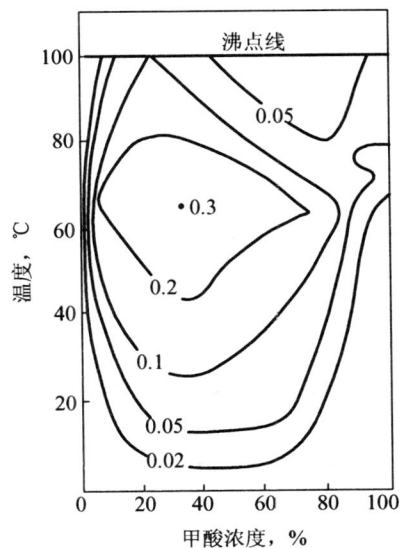

图 C-8-20 NS3201（UNS N10001，Hastelloy B）在甲酸中的等腐蚀曲线（mm/a）

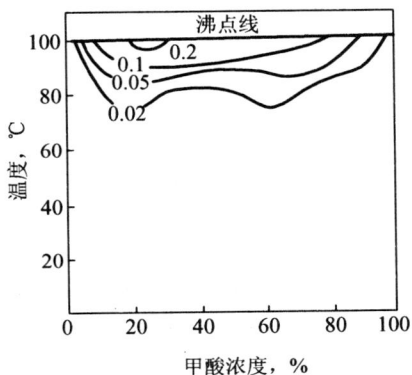

图 C-8-21 NS3303（Hastelloy C）在甲酸中的等腐蚀曲线（mm/a）

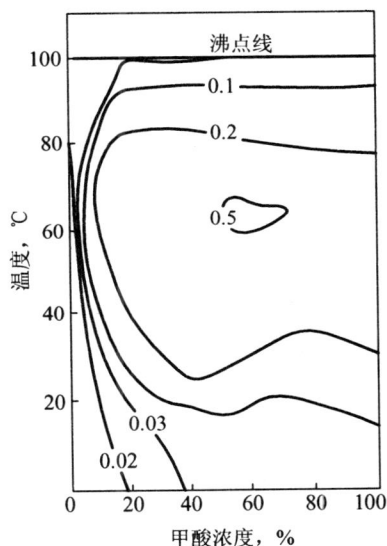

图 C-8-22 Hastelloy D（0.1C-82Ni-10Si-3Cu-2Fe-1.5Co-1Cr）在甲酸中的等腐蚀曲线（mm/a）

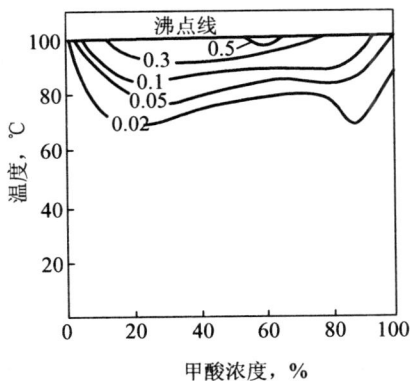

图 C-8-23 Hastelloy F（0.1C-44Ni-30Fe-22Cr-0.5Mo-2Mn-1Si）在甲酸中的等腐蚀曲线（mm/a）

【乙酸】

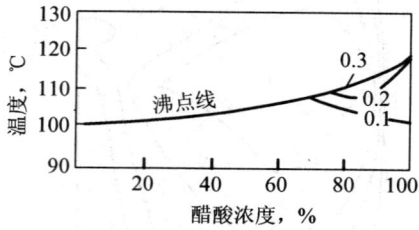

图 C-9-1　铬镍钼不锈钢（0.05C-18Cr-10Ni-2Mo）在醋酸中的等腐蚀曲线（mm/a）

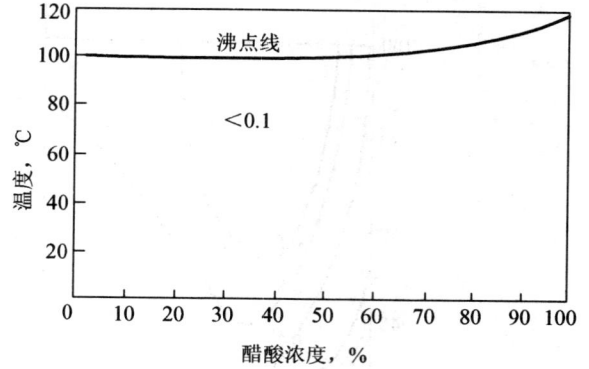

图 C-9-2　06Cr17Ni12Mo2（UNS S 31600，316）在醋酸中的等腐蚀曲线（mm/a）

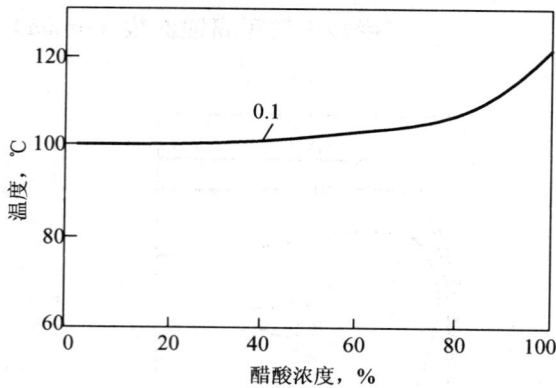

图 C-9-3　06Cr17Ni12Mo3Ti（UNS S 31635，316Ti）在醋酸中的等腐蚀曲线（mm/a）

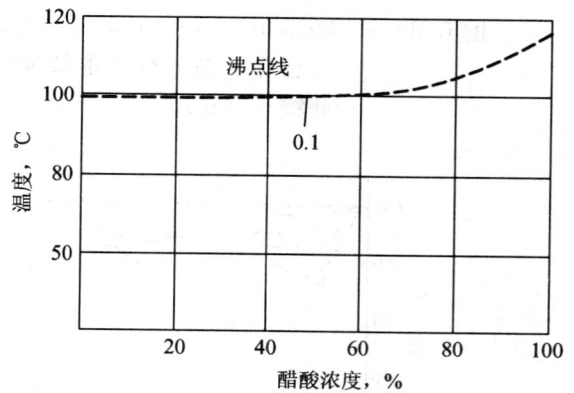

图 C-9-4　UNS S 32707（SAF 2707 HD，00Cr27Ni7Mo5N）在醋酸中的等腐蚀曲线（0.1mm/a）

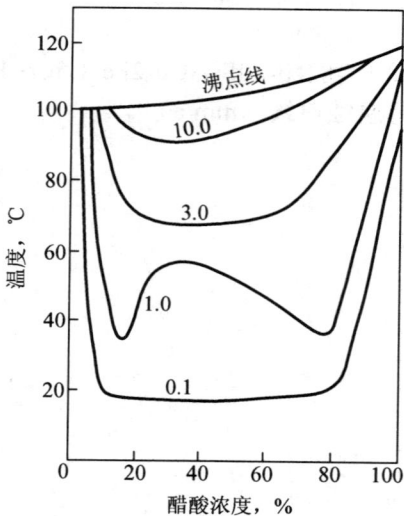

图 C-9-5　10Cr17（UNS S 43000）在醋酸中的等腐蚀曲线（mm/a）

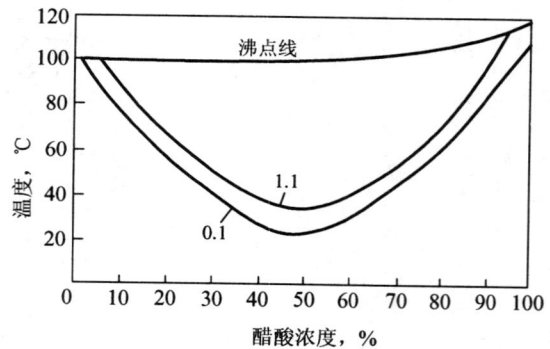

图 C-9-6　铬不锈钢（0.08C-16.2Cr）在醋酸中的等腐蚀曲线（mm/a）

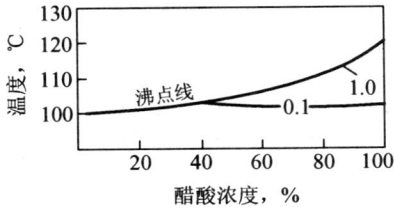

图 C-9-7 高铬不锈铸钢（0.06C-30Cr）在
醋酸中的等腐蚀曲线（mm/a）

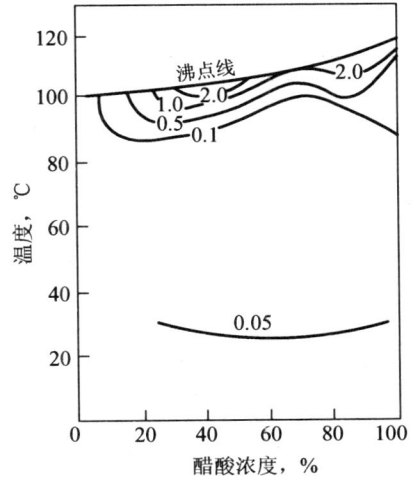

图 C-9-8 12Cr18Ni9（UNS S 30200）在
醋酸中的等腐蚀曲线（mm/a）

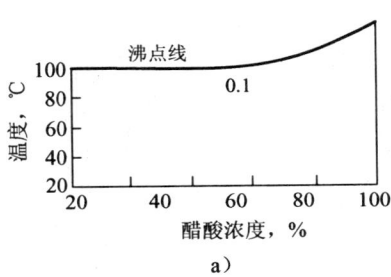

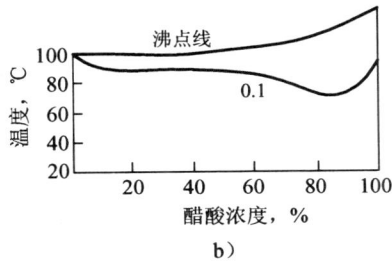

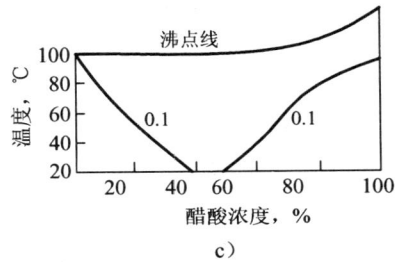

a）Cr7 型不锈钢；
b）07 Cr19Ni11Ti（UNS S 32109，321H）；
c）1Cr18Ni12Mo2Ti

图 C-9-9 不锈钢在醋酸中的等腐蚀曲线（0.1mm/a）

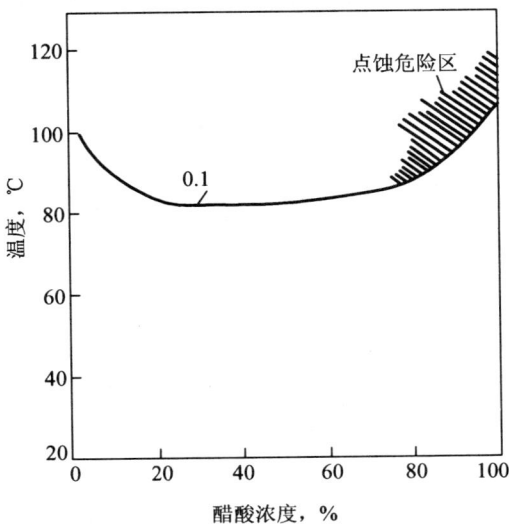

图 C-9-10 06Cr19Ni10（UNS S 30400，304）
在醋酸中的等腐蚀曲线（0.1mm/a）

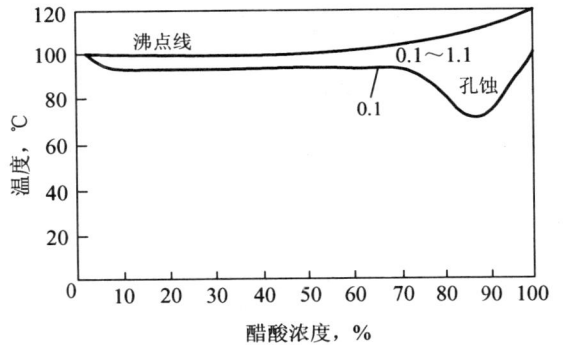

图 C-9-11 06Cr19Ni10（UNS S 30400，304）
在醋酸中的等腐蚀曲线（mm/a）

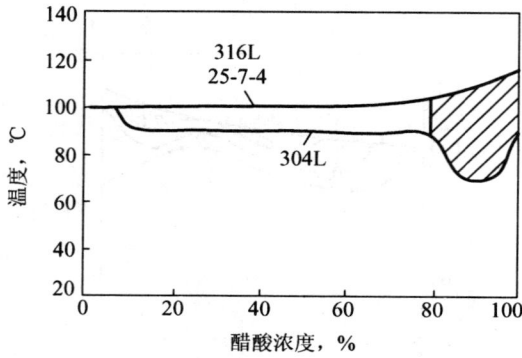

25-7-4——022Cr25Ni7Mo4N（UNS S 32750）；
316L ——022Cr17Ni12Mo2（UNS S 31603）；
304L——022Cr17Ni10（UNS S 30403）
注：图中阴影部分表示 304L 钢产生局部腐蚀，316L
和 25-7-4 的曲线与介质的沸点相吻合。

图 C-9-12 25-7-4，316L，304L 在醋酸中的等腐蚀曲线（0.1mm/a）

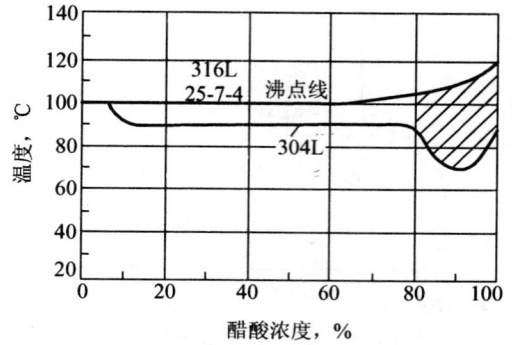

316L——022Cr17Ni12Mo2（UNS S 31603）；
25-7-4——UNS S 32750（2507，022Cr25Ni7 Mo4N）；
304L——UNS S 30403（022Cr19Ni10）
注：316L 和 25-7-4 的曲线与沸点相吻合。阴影部分 304L
有局部腐蚀。

图 C-9-13 三种不锈钢在醋酸中的等腐蚀曲线（0.1mm/a）

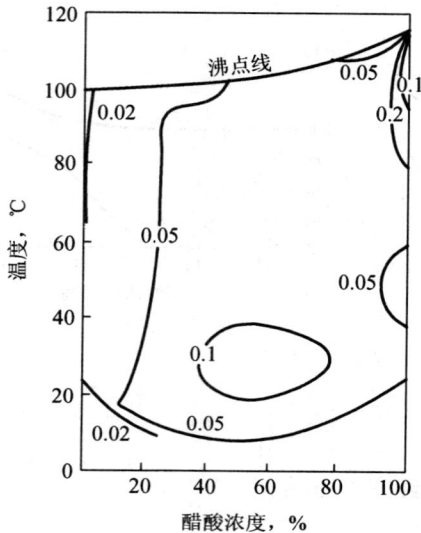

图 C-9-14 NCu30（UNS N04400，Monel（合金））在醋酸中的等腐蚀曲线（mm/a）

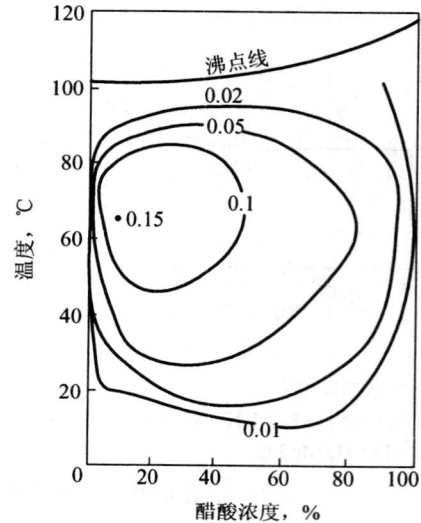

图 C-9-15 NS3201（UNS N10001，Hastelloy B）在甲酸中的等腐蚀曲线（mm/a）

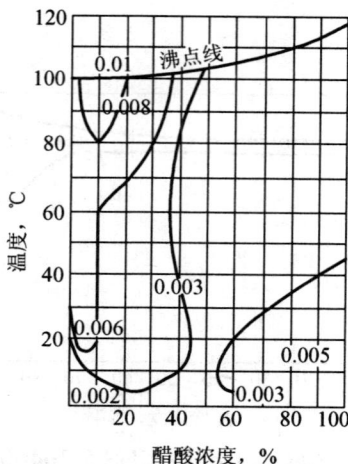

图 C-9-16 NS3303（Hastelloy C）在醋酸中的等腐蚀曲线（mm/a）

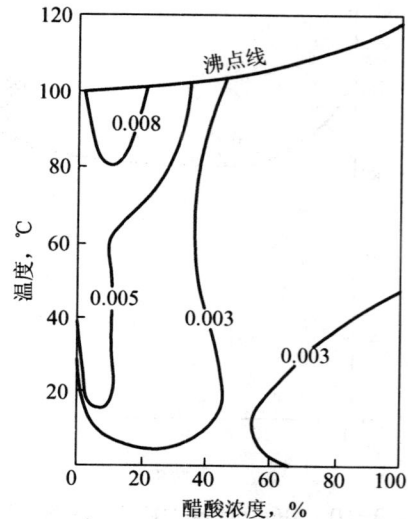

图 C-9-17 NS3303（Hastelloy C）在醋酸中的等腐蚀曲线（mm/a）

【草酸】

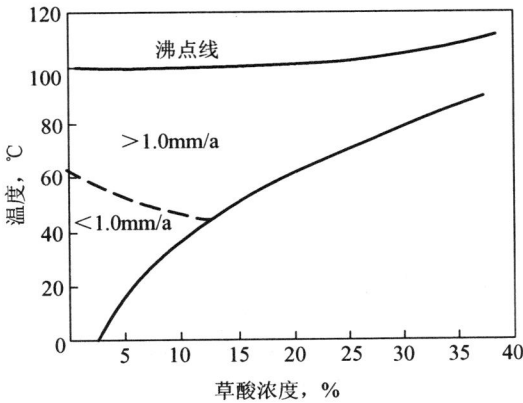

图 C-10-1 0.08C-16.2Cr 不锈钢在草酸
（$C_2H_2O_4$）中的等腐蚀曲线
（1.0mm/a）

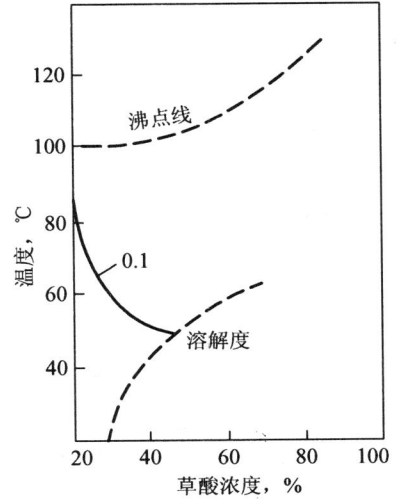

图 C-10-2 06Cr19Ni10（UNS S 30400，
304，1.4301）在草酸（$C_2H_2O_4$）
中的等腐蚀曲线（0.1mm/a）

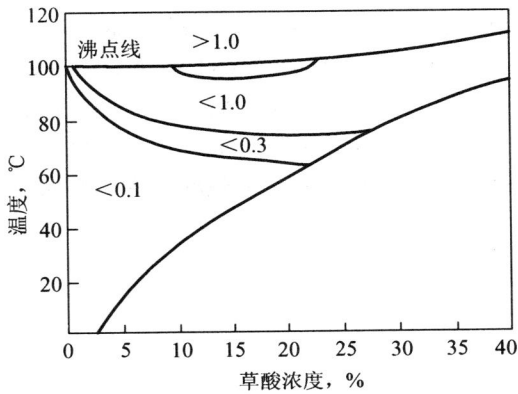

图 C-10-3 06Cr17Ni12Mo2（UNS S 31600，
316，1.4401）在草酸（$C_2H_2O_4$）
中的等腐蚀曲线（mm/a）

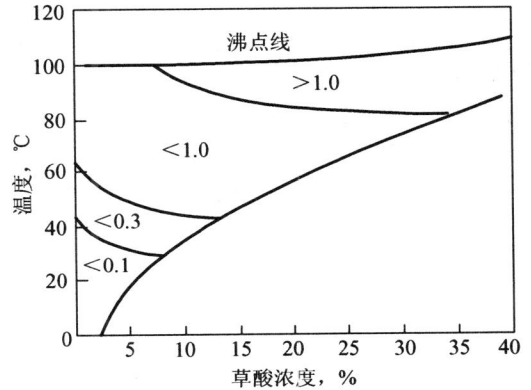

图 C-10-4 06Cr19Ni10（UNS S 30400，304）
及 07Cr19Ni11Ti（321H，UNS
32109）在草酸（$C_2H_2O_4$）中的
等腐蚀曲线（mm/a）

【酒石酸】

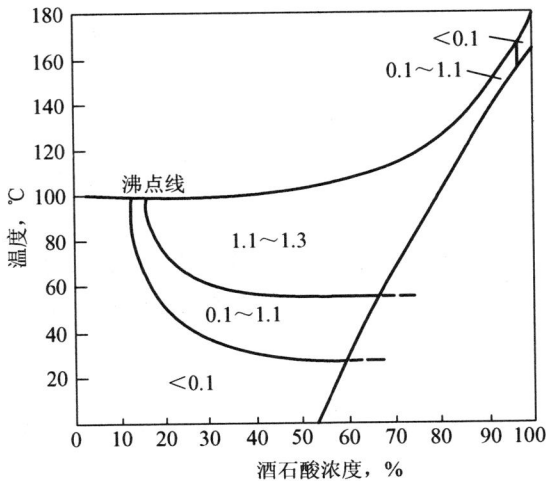

图 C-11-1 06Cr19Ni10（304）和 06Cr18Ni11Ti
（321）在酒石酸（$C_4H_6O_6$）中的
等腐蚀曲线（mm/a）

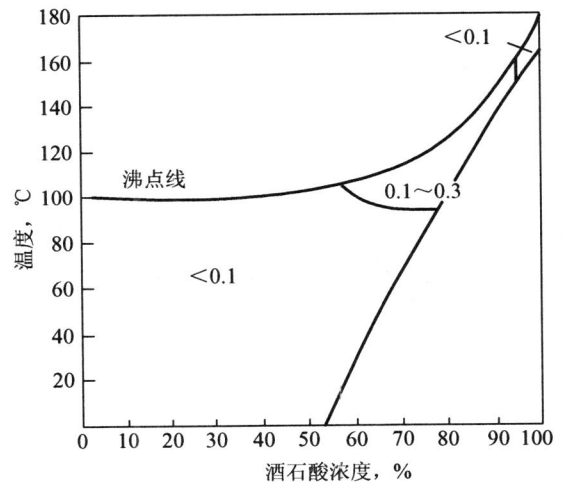

图 C-11-2 06Cr17Ni12Mo2（316）在酒石酸
（$C_4H_6O_6$）中的等腐蚀曲线（mm/a）

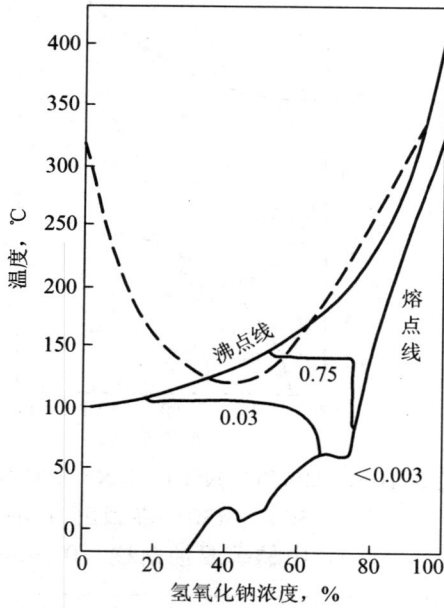

【NaOH】

注：虚线以下为不产生应力腐蚀区域，虚线以上为产生应力腐蚀区域。

图 C-12-1　06Cr19Ni10（UNS S 30400，304）和 06Cr17Ni12Mo2（UNS 31600）在氢氧化钠溶液中的等腐蚀曲线（mm/a）

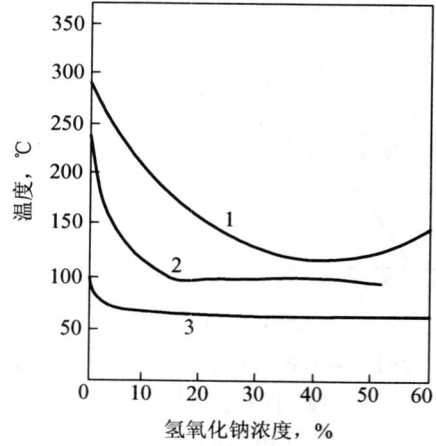

1——线上侧—天开裂；
2——线上侧 100~300 天开裂；
3——线下侧不会产生腐蚀

图 C-12-2　06Cr19Ni10（304），06Cr18Ni11Ti（321），06Cr18Ni11Nb（347）及 06Cr17Ni12Mo2（316）不锈钢在氢氧化钠（NaOH）溶液中产生碱脆型应力腐蚀的温度与浓度范围

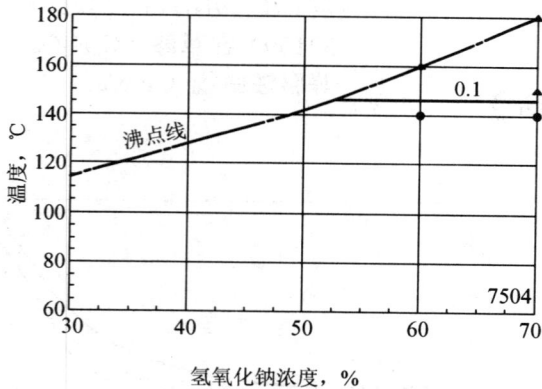

图 C-12-3　UNS S 32906（SAF 2906，00Cr29Ni6Mo2N）在充空气的氢氧化钠（NaOH）溶液中的等腐蚀曲线（0.1mm/a）

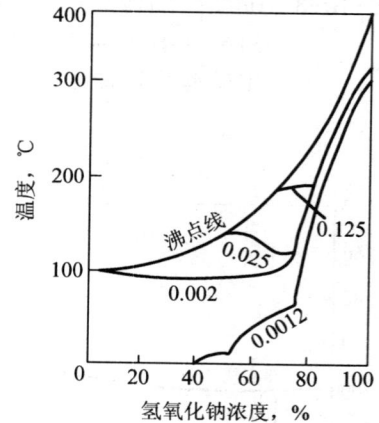

图 C-12-4　纯镍在氢氧化钠溶液中的等腐蚀曲线（mm/a）